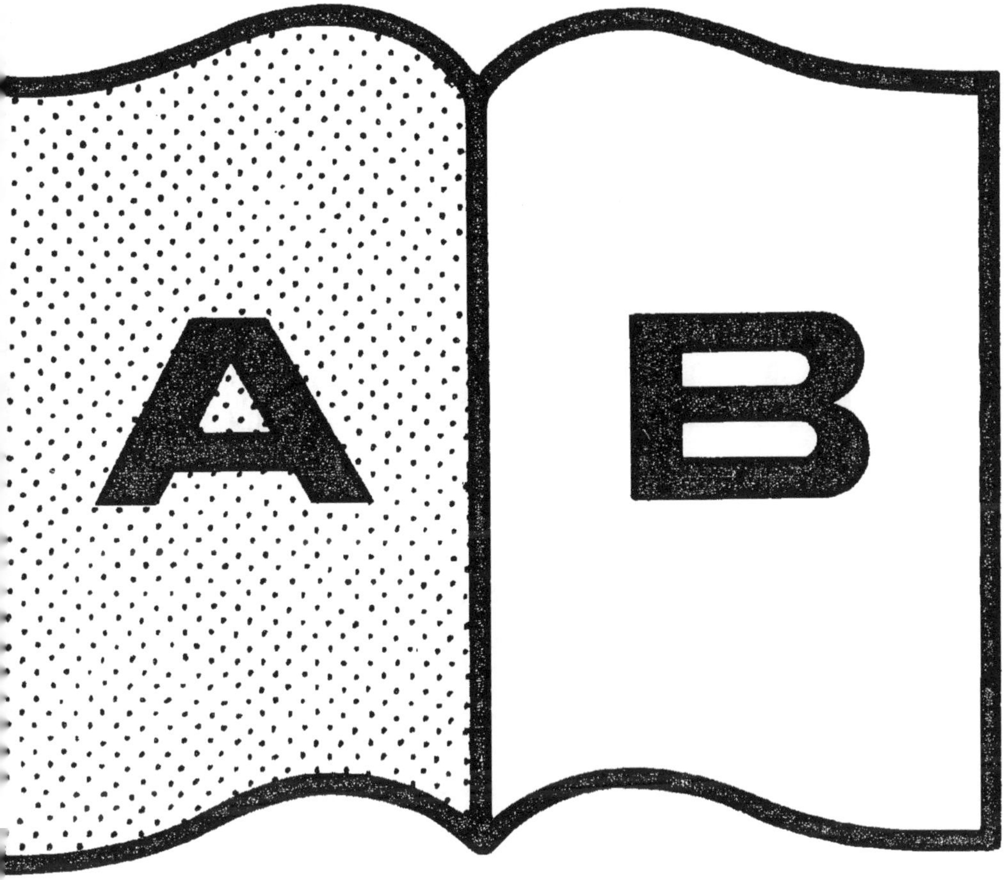

GÉOLOGIE PRATIQUE

DE

LA LOUISIANE

PAR

R^D THOMASSY,

ANCIEN ÉLÈVE DE L'ÉCOLE IMPÉRIALE DES CHARTES,
ANCIEN MEMBRE DU COMITÉ CENTRAL DE LA SOCIÉTÉ DE GÉOGRAPHIE DE PARIS,
MEMBRE DE LA SOCIÉTÉ GÉOLOGIQUE DE FRANCE,
MEMBRE DE L'ACADÉMIE DES SCIENCES DE LA NOUVELLE-ORLÉANS, ETC.

(Accompagné de 6 planches.)

CHEZ L'AUTEUR
A LA NOUVELLE-ORLÉANS,
ET A PARIS
E. LACROIX
LIBRAIRIE SCIENTIFIQUE, INDUSTRIELLE ET AGRICOLE,
15, Quai Malaquais, 15.
1860

MONTPELLIER, IMPRIMERIE DE J. MARTEL AINÉ.

GÉOLOGIE PRATIQUE

DE

LA LOUISIANE.

GÉOLOGIE PRATIQUE

DE

LA LOUISIANE

PAR

R. THOMASSY,

ANCIEN ÉLÈVE DE L'ÉCOLE IMPÉRIALE DES CHARTES,
ANCIEN MEMBRE DU COMITÉ CENTRAL DE LA SOCIÉTÉ DE GÉOGRAPHIE DE PARIS,
MEMBRE DE LA SOCIÉTÉ GÉOLOGIQUE DE FRANCE,
MEMBRE DE L'ACADÉMIE DES SCIENCES DE LA NOUVELLE-ORLÉANS, ETC.

(Accompagné de 6 planches.)

CHEZ L'AUTEUR
A LA NOUVELLE-ORLÉANS,
ET A PARIS
E. LACROIX,
LIBRAIRIE SCIENTIFIQUE, INDUSTRIELLE ET AGRICOLE,
15, Quai Malaquais, 15.
1860

AVANT-PROPOS.

Ce premier Essai sur la *Géologie pratique de la Louisiane* n'est point un livre fait seulement avec le secours d'autres livres ; ce serait bien plutôt le contraire, car il est surtout résulté d'observations personnelles, durant quatre et cinq campagnes d'exploration sur les bords du Mississipi et les contours de son delta, sur le littoral Louisianais et celui des États voisins. Un mérite ou un défaut de ce travail sera donc l'indépendance des idées préconçues. J'ajoute que, coordonné à la hâte, par mon empressement à répondre aux désirs de quelques amis, il pèche encore par beaucoup de lacunes ; néanmoins, je n'ai point hésité de le livrer à l'impression, à titre d'étude limitée à la Basse-Louisiane et au bassin inférieur du Mississipi.

Le prospectus, qui fit accueillir l'idée de cette publication par mes souscripteurs américains, ne saurait lui nuire en France, et lui sert maintenant de préambule.

I.

La Louisiane, qui aspire à bon droit au premier rang des États de l'Union, est peut-être le seul d'entre eux qui n'ait point encore été l'objet d'une exploration géologique. L'oubli où elle s'est laissée choir sous ce rapport, a quelque chose de singulier, pour ne pas dire d'affligeant. Il ferait en effet supposer qu'elle ignore ou dédaigne l'importance universellement attribuée à la géologie : science, qui seule peut lui apprendre à connaître ses richesses souterraines, et mille ressources inaperçues, dont l'exploitation mettrait le comble à sa prospérité présente.

Il est vrai que certaines explorations géologiques ont paru d'une utilité fort contestables, et, quoique très-coûteuses, n'ont abouti qu'aux plus minces résultats : de là peut-être, parmi nous, tant d'indifférence pour ce genre de recherches.

Trop souvent enfin les traités sur la géologie l'ont rendue stérile autant que prétentieuse, par une nomenclature incohérente et une *technicalité* superflue. C'est ainsi que cette science est devenue inintelligible, repoussante même pour bien des gens désireux d'en pénétrer les secrets. Dans la Louisiane, en particulier, d'excellents esprits s'en éloignent obstinément, alors pourtant que le vaste territoire de cet État en rendrait l'étude aussi attrayante sous le rapport spéculatif, qu'utile dans ses innombrables applications.

II.

Ce territoire offre, en effet, les deux champs d'observation les plus distincts, avec toutes facilités de passer de l'un à l'autre, soit pour étudier leurs rapports, soit pour jouir de leurs contrastes. L'un est le domaine créé par les alluvions du Mississipi, du Washita et de la Rivière Rouge. C'est le dernier-né de la géologie américaine, datant à peine de l'époque où la terre devenait habitable, et où le sol raffermi, l'air purifié y permettaient le développement des sociétés humaines. C'est la région de la Basse-Louisiane, dont les secrets ont été entrevus par le forage du puits artésien de la Nouvelle-Orléans, et dont la formation peut d'autant mieux être étudiée à l'embouchure du fleuve, qu'elle s'y poursuit comme par le passé, en empiétant sans cesse sur le golfe du Mexique.

L'autre région, bien moins observée que la précédente, est néanmoins assez connue quant à l'antiquité de son origine, pour nous convaincre que sa formation est une des plus anciennes et des plus curieuses du continent américain. Cette dernière est celle des monts Washita, qui, bien que s'étendant dans l'état de l'Arkansas, n'en appartient pas moins d'abord à la Louisiane, et justifierait à elle seule une exploration géologique. Toutes les richesses minérales semblent s'y être donné rendez-vous, et pourtant, malgré le besoin des métaux utiles, malgré la soif des métaux précieux, on n'en sait rien encore de positif. Bien plus, un géologue de mérite me disait, tout récemment : « Que faire en Louisiane? Et quelle collection de roches y former? », oubliant ainsi les monts Washita, et se méprenant sous un autre rapport, au point de borner la géologie à l'étude des roches, qui n'est que le point de départ d'où cette science ne tarde pas à se bifurquer.

Considérées dans leur composition et leur gisement, les roches sont la base de la géologie appliquée à l'industrie et aux arts, lesquels trouvent au milieu d'elles les minérais fournissant les métaux utiles. Mais considérées dans leur décomposition et les alluvions qui en dérivent, elles n'offrent pas une étude moins intéressante, surtout quand ces alluvions proviennent, comme en Louisiane, des monts Alleghanies par l'Ohio, du plateau du Minnesota par le Haut-Mississipi, des Montagnes Rocheuses par le Missouri, du *Llano Estacado* par la Rivière Rouge, enfin du Washita par les divers courants formant la Rivière Noire. Ces atterrissements, gigantesques et si divers, se sont alternés et superposés sous nos pieds, par suite d'inondations, dont il importerait de bien connaître la puissance respective et les points de départ. Arrivaient-elles surtout du nord, ou bien de l'est ou de l'ouest? Si nous le savions, nous pourrions bien mieux déterminer la part qui revient au Mississipi et à chacun de ses affluents, dans la formation de notre territoire.

En attendant que ce problème soit résolu, il est au moins éclairci, en Louisiane, par la nature et l'épaisseur des diverses couches souterraines, qui reportent notre pensée aux phénomènes de leur origine, et aux régions lointaines d'où leurs sédiments ont été transportés par les eaux. Ce faisant, nous remontons des effets à la cause, c'est-à-dire du fond du bassin géologique à ses gradins et plateaux supérieurs, comme nous descendons de la cause aux effets, quand, pour mieux étudier les roches de ces plateaux, nous en suivons la décomposition et pouvons en reconnaître les éléments à mille lieues de distance, jusque dans le delta du Mississipi. Or, dans l'un ou l'autre cas, il est évident que l'étude des alluvions et celle des roches sont également importantes en géologie, l'une étant tour-à-tour le point de départ ou d'arrivée de l'autre, et toutes d'eux se contrôlant et se vérifiant mutuellement.

C'est donc à ce titre que la géologie de la Louisiane, fût-elle réduite à la seule étude de ses terrains d'alluvion, serait encore indispensable à la géologie de la grande vallée américaine. Elle y joue de plus un rôle décisif; car, sans elle, comment comprendre les fonctions sédimentaires du Mississipi? Elle tient donc la clef de ce grand problème d'une si haute portée pour le monde savant; et grâce à la solution qu'elle seule peut en donner, il ne faudrait pas s'étonner que notre État, si dédaigné des géologues contemporains, ne devînt à son tour le champ favori des géologues à venir.

Ce n'est pas tout : dans les périodes antérieures à l'existence du Mississipi, parmi les conditions du continent américain alors si différentes de celles de nos jours, il y en avait nécessairement de semblables, sinon de parfaitement identiques à ces dernières : par exemple, des æstuaires où les fleuves diluviens entraînaient toute espèce de débris et de sédiments, et, par suite, des deltas que leur mode de formation rendait analogues à nos deltas modernes. On conçoit dès-lors combien l'étude de ceux-ci jetterait de lumière sur l'origine des autres, sur leurs incommensurables radeaux transformés en bancs de lignites ou de houille, et sur les dépôts si divers que les eaux salées et les eaux douces y accumulèrent tour-à-tour. Le connu nous conduisant ainsi à l'inconnu, toute question, bien résolue pour le delta de la Basse-Louisiane, prépara de semblables solutions pour les terrains analogues des périodes antérieures. Nouvelle preuve que l'étude, toute modeste qu'elle semble, des alluvions modernes, tient pourtant la clef des problèmes les plus intéressants par leur antiquité comme par leur importance intrinsèque.

C'est dire enfin que, dans les recherches de ce genre, les considérations spéculatives doivent toujours reposer sur les données de l'observation la plus positive, et même de l'expérience la plus usuelle. Ce n'est que par les phénomènes qui s'accomplissent sous nos yeux que nous pouvons juger sainement des phénomènes primitifs. L'action du Mississipi a pu varier dans la mesure de son influence et dans la puissance de ses alluvions; mais les lois qui régissent ce fleuve n'ont pas changé, et, en les bien observant aujourd'hui, nous ne saurions manquer de découvrir comment elles ont fonctionné dès l'origine.

III.

C'est sur le delta en cours de formation que le Mississipi nous donne le dernier chapitre de son histoire, le résumé de toutes ses influences. Là est donc le théâtre qu'on ne saurait trop bien examiner, et où les moindres phénomènes peuvent acquérir la plus haute importance. Sir Charles Lyell y dirigea son esprit d'observation, pour se faire une idée des atterrissements du fleuve. Malheureusement, les témoignages les plus irrécusables lui firent défaut; aussi reconnut-il lui-même, après avoir publié ses impressions de voyage (vol. II, p. 189), qu'elles n'avaient à cet égard rien de précis ni de concluant. Par une méprise ou distraction également regrettable, ce célèbre géologue ne remarqua point le rôle des *mud springs* et *mud lumps*, sources et monticules de boue, qui sortent des flots du golfe du Mexique, parfois même au milieu des passes du fleuve, et accusent la présence d'un nouvel agent dans la formation progressive du delta. Comme cet agent y intervient sans cesse, on n'en saurait trop bien rechercher l'origine. J'ai cru la reconnaître, et l'ai rattachée à l'existence de nappes d'eau souterraines, dont ces sources de boue seraient les soupiraux visibles, tandis qu'une multitude d'autres orifices resteraient cachés à tous les yeux dans les profondeurs du golfe du Mexique. C'est ainsi que les bouches du Mississipi m'ont offert un sujet d'étude, dont la nouveauté n'était pas le moindre intérêt.

Refaisant donc les calculs adoptés par M. Lyell, j'ai reporté la question des atterrissements sur un terrain plus sûr, celui de la cartographie comparée, dont les témoignages semblent les seuls concluants, surtout lorsqu'ils sont expliqués et confirmés par les relations des premiers explorateurs du fleuve.

Ayant d'ailleurs retrouvé les plus anciens de ces documents, ceux d'abord du célèbre De la Salle, ensuite ceux des ingénieurs qui songèrent un instant à fonder, devant l'ancienne Balise, un port et une place maritime, j'avais dans les mains le premier anneau qui a toujours manqué pour un pareil travail. — 25 à 30 autres cartes hydrographiques me sont ensuite parvenues, et compléteront la série des pièces probantes, dont la dernière sera la reconnaissance du delta, faite par le *Coast Survey* des États-Unis, sous l'exacte et savante direction de M. Bache.

Une fois ces témoignages comparés entre eux et éclaircis, soit par des documents officiels, soit par les traditions les plus authentiques, il serait difficile, à coup sûr, de ne pas se faire une idée juste du progrès des alluvions du Mississipi. La précision des témoignages linéaires nous le fera toucher et mesurer au compas. Connaissant alors la quantité précise, dont le fleuve agrandit annuellement son domaine dans le golfe du Mexique, nous devinerons tous les développements antérieurs du delta, et pourrons en apprécier la durée. — Ajoutons que pour rendre ce calcul plus exact et irréprochable, on ne saurait y négliger le rôle des alluvions maritimes. Celles-ci, par suite des faibles marées du golfe, n'exercèrent peut-être pas en Louisiane une action aussi puissante que sur d'autres rivages ; néanmoins, faudra-t-il en tenir compte, pour savoir quelle part revient à la mer dans la formation du delta.

Le développement de ce territoire par le concours des alluvions fluviales et maritimes, offre un des plus beaux sujets d'étude que je connaisse, et il s'agira de lui donner un cadre, en dessinant les contours du grand æstuaire. C'est alors que nous aurons à signaler l'intervention des forces hydro-thermales et volcaniques : notion entièrement nouvelle dans la géologie de la Louisiane, et preuve de plus que la variété n'y fera point défaut ! Nous verrons donc comment et vers quelle époque les soulèvements et les convulsions du sol contribuèrent à former les cordons littoraux, derrière lesquels le Mississipi devait accumuler ses atterrissements. Les buttes de *Belle-Ile, Côte Blanche, Grand'-Côte, Petite Anse,* sont les témoins irrécusables d'une première convulsion souterraine qui sépara l'æstuaire de la pleine mer, vers le sud-ouest. Un autre mouvement du sol, rayonnant au nord par les coteaux du Vermillon et des Opelousas, fixa de cet autre côté la limite des alluvions, et les distingua des terrains diluviens et tertiaires du Calcassieu et de la Sabine.

Sans examiner encore ces derniers terrains qui sortent de notre cadre actuel, nous irons reprendre l'æstuaire primitif, au-delà du Mississipi, à Port-Hudson et à Bâton-Rouge, pour le compléter, en contournant les lacs Maurepas et Pontchartrain. Les terrains diluviens et tertiaires de ce dernier contour, aussi bien que ceux de l'ouest, nous rappelleront les limites de ce premier Essai, et nous y rentrerons pour nous occuper exclusivement du meilleur emploi des eaux et des alluvions.

Cette étude générale du Mississipi comprendra quelques études particulières, tout-à-fait négligées jusqu'à ce jour, et pourtant d'un intérêt majeur : entre autres, celle de ses fonctions absorbantes et de ses atterrissements souterrains, et celle non moins curieuse de son influence sur le climat du sud. C'est à la suite des crues, produites par la fonte des neiges dans son bassin supérieur, que l'influence du fleuve se fait sentir sur l'atmosphère, aussi bien que sur le sol de la Louisiane. Les eaux qu'il y entraîne alors sont à la glace, et leur action réfrigérante y modère les plus fortes chaleurs. C'est à la fois l'inverse et l'analogue du *gulf stream,* dont les eaux chaudes vont modérer les froids de l'Europe occidentale et la dotent du climat le plus tempéré.

Cette étude du Mississipi, que nous tâcherons de rendre aussi précise que complète, constituera l'*Hydrologie* de la Basse-Louisiane, et en sera la première et principale étude géologique, puisque le rôle de l'eau y est vraiment créateur et souverain.

Le fleuve, dont le nom indien signifiait *Père des eaux,* n'est guère enfin moins puissant pour le mal que pour le bien des contrées qu'il arrose. Les questions de salubrité dépendent beaucoup de ses crues, et c'est alors que l'ingénieur hydraulique et le géologue deviennent, à leur tour, de vrais médecins. Médecins des terres malsaines et malades, qui sait s'il ne leur est pas réservé de prévenir la fièvre jaune, comme d'autres ont mission de la guérir ? A chacun son rôle ; et, en attendant, cherchons à l'envi un but pratique.

IV.

Le titre de cet Essai montre assez que l'application y suivra toujours de près la théorie, et s'éclairera même, à cette fin, de l'expérience des contrées étrangères, pour compléter l'étude de chaque sujet. Les aperçus comparatifs que donne l'habitude des voyages, deviendront alors nos plus utiles auxiliaires ; car eux aussi, comme tous les phénomènes en cours de développement, conduisent du connu à l'inconnu par la méthode de l'induction, et en jetant des éclairs sur les questions les plus obscures, permettent souvent d'en saisir les solutions les plus inespérées.

Grâce, par exemple, aux inondations périodiques du Mississipi, autant qu'à la puissance sédimentaire de ses eaux, la Louisiane est vraiment l'Égypte du Nouveau-Monde ; ce qui devait bien lui faire imiter les chefs-d'œuvre de l'hydraulique des Pharaons. Malheureusement, la science qui inspira de pareils travaux, la géologie, fille de l'observation des œuvres de la nature, est restée jusqu'à ce jour négligée des populations ; et ce ne sera probablement qu'à la suite d'un enseignement populaire et répété, qu'on apprendra aux habitants à tirer le meilleur parti possible des alluvions du Mississipi.

Quant à notre méthode de traiter cette question, elle reposera sur des arguments visibles et concluants pour tous les yeux : le succès triomphant de l'hydraulique naturelle en Italie, et le témoignage des ingénieurs hollandais qu'on invoquait contre nous, mais qui s'est trouvé précisément le plus décisif en notre faveur.

Nous aurons encore à tenir compte du grand nombre de sources minérales résultant de la dislocation du sol sur les rebords de l'æstuaire, et y formant quelquefois par agglutination les roches sous-marines du cordon littoral. Telles sont les sources ferrugineuses, au nord du lac

Pontchartrain ; les sources, salées et boueuses tout ensemble, qui forment des *mud lumps* à l'embouchure du Mississipi ; une autre source salée près du volcan de Petite-Anse ; d'autres, enfin, dans l'ouest, sur les bords du Tèche et les coteaux des Opelousas. Ajoutons ici que les régions à sources minérales sont généralement des régions à puits artésiens : ce qui déjà nous montre un des côtés les plus pratiques et les plus utiles de nos recherches sur le simple contour de l'æstuaire Louisianais.

Telles seront les limites de notre premier Essai, que nous complèterons plus tard par l'exploration des autres parties de la Louisiane, notamment par celle des monts Washita, la plus importante de toutes sous le rapport minéralogique. Nous n'attendrons pas, du reste, ces dernières recherches pour donner à notre travail tout le caractère pratique qu'il réclame. Nous l'avons déjà dit : les études de géologie ne prendront racine en Louisiane que par l'utilité de leurs applications ; aussi le but spécial de cet Essai est-il de multiplier le plus possible les rapports de cette science avec les grands intérêts de l'État.

V.

Le premier de ces intérêts est l'agriculture. C'est à répondre à tous ses besoins que notre Géologie pratique travaillera d'abord, en recherchant, soit dans la connaissance du sous-sol, soit dans l'étude des éléments de la surface, la meilleure exploitation de chaque espèce de terrain. Bien entendu, à ce propos, que nous n'aurons pas la prétention d'apprendre aux planteurs ce qu'ils savent mieux que personne : par exemple, la culture des terres d'alluvion qui semblent inépuisables en Louisiane, et qu'il est d'ailleurs si facile de renouveler à l'aide de profonds labours.

Quant aux formations antérieures, spécialement aux terrains tertiaires de l'État, on ne saurait en faire l'objet d'une étude trop approfondie. Il faut, en effet, bien distinguer les diverses espèces de ces terrains. Quand ils ne renferment que les dépôts d'un seul et même élément, sable ou chaux, la terre végétale, dénuée d'autres éléments qui lui sont également utiles ou même indispensables, y devient bientôt impropre à la culture.

C'est précisément le cas du sol des Pinières, qui suffit à peine à une récolte par l'impuissance où sont les plantes d'y puiser et digérer toujours la même alimentation minérale. La variété des aliments leur est absolument nécessaire; mais si elles n'y trouvent le plus souvent que l'élément siliceux, comment ne s'épuiseraient-elles pas à cette digestion uniforme ? Elles périraient de même sur un terrain qui ne contiendrait que l'élément calcaire; car il leur faut l'un et l'autre élément, et bien d'autres encore, dont les grandes alluvions se trouvent toujours abondamment pourvues.

Ces derniers terrains, si différents des précédents, ne sont, en effet, qu'un mélange infini d'autres matières minérales provenant d'anciennes roches, et outre le sable ou la chaux, contenant du mica, feldspath, sulfate de chaux, alumine, oxyde de fer, etc., auxquels viennent s'ajouter les débris lacustres ou marins. Cette dernière qualité des terrains tertiaires est celle qui se rencontre dans les *bluffs* du Mississipi et ceux de la Rivière Rouge : inutile de faire remarquer combien elle l'emporte en fertilité sur le pauvre et invariable sol des Pinières. Quand donc on va s'établir dans celles-ci, il importerait d'examiner si leur élément siliceux, quand celui-ci domine trop exclusivement, trouvera dans le voisinage ses correctifs, et si le chaulage ou l'argilage y est praticable sans trop de frais. Parfois aussi on rencontre dans les coulées des Pinières des *glaizes* ou *licks*, dont les argiles salées seraient les meilleurs amendements des terres circonvoisines. Ce sont de vraies mines d'engrais; pourtant je n'ai jamais vu qu'on y eût recours. N'importerait-il pas, enfin, de connaître la nature précise de ces sols de Pinières? Tous ne sont pas siliceux; il en est d'argileux, de calcaires, de magnésiens; et pour savoir le meilleur parti à tirer de chaque espèce, il faudrait d'abord les bien distinguer. Aussi leur classification sur la carte d'un pays serait-elle un véritable service à rendre à l'agriculture.

J'en dirai autant des terres marécageuses qu'il faut bien distinguer entre elles. Celles où les eaux douces stagnantes engendrent les tourbes sont par là même rendues impropres à la culture, à moins de puissants correctifs; celles, au contraire, qui reposent sur d'anciennes alluvions maritimes, ou que les marées du golfe amendent naturellement de leurs éléments salins, ont une supériorité incontestable et sont éminemment productives. Ce sont celles-là que recherchent surtout les Hollandais, malgré le danger des tempêtes et des inondations. En faisant la part de ce danger qu'ils estiment à la perte d'une récolte sur dix et considèrent comme le prix d'exploitation de ces terrains, ils se croïent très-enrichis par la seule acquisition des neuf autres récoltes. En attendant que l'accroissement de valeur dans le sol Louisianais fasse imiter cet exemple, il ne faudra point oublier que les terres du littoral doivent à leurs éléments salins d'être éminemment convenables à la culture du coton longue soie, et capables d'en produire d'une qualité sans rivale.

Ce dernier exemple suffira sans doute à montrer les notables services que la géologie pourrait rendre à l'agriculture Louisianaise, et comment une meilleure exploitation des terres actuellement habitées et habitables serait l'infaillible résultat d'une exploration géologique plus complète.

VI.

Quant à l'industrie de l'État, sait-on combien de matières premières elle devra tôt ou tard à cette même science? Le plâtre, le kaolin, les meilleurs argiles plastiques, les chaux et mortiers hydrauliques, dont la consommation est illimitée et la valeur toujours croissante, seraient des trésors dont la seule découverte, sans compter celle des métaux précieux ou simplement utiles, paierait au centuple à la Louisiane les frais de l'exploration qui lui fait défaut.

Quant à nous, qui l'avons commencée par le seul amour de la science, nous espérons démontrer par ce premier Essai que l'État, sous le rapport pratique, doit incontestablement compter la géologie au nombre de ses grands intérêts publics. Il ne s'est guère occupé jusqu'ici que de ses richesses apparentes, celles qu'il a partout sous la main et n'a que la peine de recueillir. Mais il lui reste à connaître également celles cachées dans les entrailles du sol, et à les mettre au service de la surface, c'est-à-dire de l'agriculture, du commerce et de l'industrie. C'est ainsi que la géologie pratique a toujours ouvert de nouvelles voies à la prospérité d'un pays.

La plupart des travaux scientifiques n'ayant été publiés dans les États-Unis que sous les auspices de souscriptions privées, nous n'avons nullement essayé de faire exception à cette règle générale. Nous savions aussi que, tout affairé qu'il est, le peuple n'y a jamais dissimulé ses vives sympathies pour la science : celle-ci est *la sentinelle avancée* de l'avenir, et lui s'appelle le *peuple en avant!* C'est donc à lui que nous avons dédié notre Essai sur la *Géologie pratique de la Louisiane*, et nous lui en offrons en ce moment le premier volume.

Nouvelle-Orléans, le 8 mai 1859.

INTRODUCTION.

La plupart des ouvrages sur la Géologie Américaine ont, à tort ou à raison, été accusés de faire une part trop large aux généralités scientifiques, et, en même temps, beaucoup trop restreinte aux détails et faits particuliers qui, seuls, peuvent donner à l'étude d'un sujet son caractère pratique et positif. J'essaierai d'éviter cet écueil. Je ne puis, toutefois, me dispenser, pour plus d'un lecteur qu'aucun livre n'a pu initier à la géologie de la Louisiane, d'en rappeler les notions élémentaires, en les établissant sur les théories fondamentales de la science.

Qu'est-ce, en effet, que généraliser ainsi dès le début, sinon donner à notre sujet, dont le caractère est tout spécial, le cadre qui doit le distinguer dans l'ensemble des travaux sur la géologie du Nouveau-Monde?

Pour ne pas compliquer ici la difficulté, nous ne demanderons pas ce qu'était la Louisiane à l'origine de la Création; c'est certes bien assez, dans cette première étude, que nous remontions jusqu'au déluge! Le déluge, qui est le point de départ de toutes les divagations littéraires et oratoires, ne sera guère ici, pour nous, qu'un point d'arrivée; et c'est pour l'atteindre sûrement, pas à pas, en allant du connu à l'inconnu, que nous choisissons de préférence l'étude des terrains modernes, et y prendrons avant tout pour guide l'observation des phénomènes actuels.

Pour savoir donc quelle forme avait la Louisiane à l'origine des temps historiques, voyons les conditions présentes de ces derniers terrains, leur relief et leurs profondeurs, leurs contours et surtout leurs rivages, où les transformations sédimentaires se font toujours mieux remarquer. Une fois que nous connaîtrons les lois de développement qui régissent ce sol moderne, nous devinerons plus aisément les conditions de son ancien régime, les formes de son æstuaire primitif, quelle était sa végétation d'alors, et quelles espèces maintenant disparues y distinguaient son règne animal. Nous saurons, en un mot, par quelles périodes de calme ou d'agitation ce territoire est arrivé à son état présent, et comment il faut juger de ses conditions antérieures par les témoignages qui en sont parvenus jusqu'à nous.

La Louisiane, telle qu'elle existait à l'époque où nous allons d'abord la considérer, était couverte, en grande partie, par la mer. Du nord-est des lacs Borgne et Pontchartrain à la rive ouest du bayou Vermillon, et des bords du golfe de Mexique jusqu'aux pieds des monts Washita, sur un espace égal au delta du Gange et plus grand que celui du Nil, elle n'était qu'un immense æstuaire, où les alluvions fluviales et les alluvions maritimes commençaient à jouer un rôle également important, et travaillaient en commun à la formation du delta du Mississipi.

Cette formation, qu'on dit vulgairement n'être qu'une création du fleuve, a été d'une origine beaucoup plus complexe.

D'abord, l'action des eaux salées n'y a jamais été absente : la présence des sables marins, alternant partout avec les dépôts du Mississipi, ne laisse aucun doute à cet égard.

En second lieu, les forces volcaniques que nous y avons découvertes, ont puissamment coopéré à la formation du cordon littoral : ce qui a dû retenir les alluvions dans l'æstuaire primitif, et y accélérer la marche des atterrissements de toute nature.

Un troisième agent ne devra pas non plus être oublié : c'est l'influence des vents dominants. Les bois de dérive et même les alluvions charriées par les eaux échouent et se déposent toujours sous le vent : c'est évidemment de ce côté que le Mississipi a commencé à élargir et consolider ses rives. Le mode de création de son delta est donc, à certains égards, un effet des courants atmosphériques, et nous devons étudier le rôle de ces derniers, en même temps que celui des feux souterrains, des eaux salées du golfe de Mexique et des eaux douces du Mississipi. En somme, trois agents : le feu, l'air et l'eau, ont indubitablement coopéré à la formation géologique qui nous occupe; et c'est du dernier des trois, comme le plus actif, le plus constant et le plus facile à observer, qu'il faudra surtout nous rendre compte.

I.

ASPECT HYDROGRAPHIQUE DE LA BASSE-LOUISIANE.

Ouvrons la carte de l'État de la Louisiane, et consultons d'abord son hydrographie, c'est-à-dire la condition moderne de ses cours d'eau. Leur action primitive s'est de plus en plus restreinte par les progrès de la culture et du dessèchement; mais elle n'en est pas moins frappante sur près des trois quarts du territoire. Là est, en effet, le bassin inférieur du Mississipi, et, soit par son cours principal, par ses affluents ou ses ramifications, c'est le fleuve qui domine la contrée entière. Les vallées de l'est, arrosées par l'Amite et les rivières aboutissant aux lacs Maurepas et Pontchartrain, en sont géologiquement détachées par l'origine antérieure de leur sol; mais, sous le rapport hydrographique, elles ne sont qu'une dépendance du bassin principal.

Le reste du territoire se divise entre les bassins du Washita et de la Rivière Rouge, du Calcassieu et de la Sabine. Or, ces deux derniers, étant les seuls qui n'aboutissent point au grand æstuaire du Mississipi, constituent dans le sud-ouest de l'État une section hydrographique entièrement distincte, et ce n'est que plus tard que nous aurons à nous en occuper.

Tel est donc le cadre général où la Basse-Louisiane nous apparaît comme le produit d'une époque géologique, relativement très-récente.

Il suffit, pour s'en convaincre, de comparer le delta moderne, en cours de formation et s'allongeant sans cesse aux bouches du fleuve, avec son delta primitif, qui dut commencer au-dessus de l'Atchafalaya, à 250 milles et plus de l'embouchure actuelle. Celui-ci, formé tout ensemble par les alluvions du Washita, de la Rivière Rouge et du Mississipi, continua la triple opération de leurs atterrissements auparavant divisés, et, en les concentrant dans un lit commun, dut leur donner une rapidité d'accroissement inconnue aux dépôts antérieurs. Le fond de la Basse-Louisiane est sorti de ce concours d'alluvions, qui ont été se prolongeant sans cesse, en s'entrecoupant par des canaux naturels, selon la prédominance des courants et la nature plus ou moins meuble des terrains. C'est ce qu'après chaque inondation on peut très-bien encore remarquer aux diverses bouches du fleuve et dans leurs nombreux embranchements. Le sol inconstant de cette région inférieure y rend d'autant plus visible l'empreinte de la nature. Celle-ci y marche en souveraine, et l'on aimera à y suivre de près son travail conquérant dans les eaux du golfe mexicain.

Nous devinons, dès à présent, que ces bouches du cours principal du Mississipi ne sauraient trop fixer nos regards. Pour en comprendre l'importance géologique, il suffit d'y remarquer comment elles se détachent de la ligne générale du littoral et se projettent sur les eaux profondes comblées par la marche rapide de leurs atterrissements. On dirait qu'elles veulent y faire province à part. En tous cas, nul autre delta, comparé avec son æstuaire, n'offre un avancement aussi prodigieux, ni surtout aussi distinct que celui des bouches actuelles du Mississipi. Voyez celles du Gange, du Nil ou du Rhin : elles étendent leurs atterrissements vers la pleine mer sous forme de contours et comme par une loi régulière d'épanouissement. Mais le Mississipi, après avoir fait l'application de cette loi à son æstuaire et à son delta primitifs, s'en est entièrement dispensé pour ses atterrissements les plus modernes : c'est ainsi qu'il les a prolongés bien au-delà du cordon littoral, où les fleuves semblent reconnaître la limite naturelle de leurs alluvions. Il a fait encore plus, comme l'indique le *promontoire boueux* qui jadis le faisait reconnaître dans le golfe de Mexique. *Cabo de lodo*, tel est le nom que ses empiètements sur la mer avaient reçu des anciens hydrographes espagnols; ce qui montre bien comment, à leurs yeux, le Missisipi atterrissait rapidement le golfe du Mexique.

Gardons-nous bien toutefois d'exagérer son pouvoir sédimentaire, car des causes spéciales, que nous examinerons plus tard, lui viennent ici en aide ; et ce n'est qu'en faisant la part légitime de celle-ci, que nous pourrons déterminer exactement la masse des alluvions du fleuve.

En attendant, pour le mieux connaître, pénétrons dans son cours et voyons comment il a formé ses rives les plus récentes. Celles qu'il étend en plein golfe comme une avant-garde des autres terrains sédimentaires, sont un composé d'argiles sableuses et de détritus, où poussent de hautes herbes et de gigantesques roseaux.

Cette végétation sert de point d'arrêt à une immense quantité de matières végétales, qui, descendant à chaque premier flot d'inondation, recouvrent et exhaussent successivement les rives naissantes. Les masses d'argile viennent s'y déposer à leur tour et achèvent d'étouffer momentanément la végétation. Mais celle-ci reparaît bientôt après, en attendant d'être recouverte de la même manière par la prochaine crue des eaux ; ce qui fait un accroissement continuel de dépôts terreux, dont le plus grand exhaussement se fait toujours où sont les premiers points d'arrêt, c'est-à-dire sur les rebords mêmes du fleuve. Poussés par des coups de vent, c'est aussi là qu'échouent les bois de dérive, troncs d'arbres et débris de forêt recueillis sur un parcours de mille lieues, et dont la fréquente accumulation ajoute de nouvelles assises à la formation riveraine. Celle-ci se relève donc chaque fois au-dessus des alluvions antérieures, et le point culminant en reste constamment rapproché du fleuve.

Du mode et des progrès de cette formation, on peut en inférer les formations antérieures et celles du delta tout entier. On devine également qu'un des caractères distinctifs du Missisipi est d'y courir entre des rives d'un niveau généralement supérieur à celui des basses-terres, en sorte qu'il traverse la contrée comme sur un dos-d'âne ou colline d'irrigation. Le fait est que ses eaux, une fois débordées, ne peuvent plus rentrer dans leur lit, et sont forcées de chercher directement leur écoulement vers la mer.

Ces écoulements, sans retour dans le lit primitif, ont reçu, en

Louisiane ; le nom de *bayou*. Or, ces bayous y constituent l'inverse de ce qu'on voit dans la plupart des bassins hydrographiques, où les fleuves, en suivant le *thalweg* (la voie du fond), y reprennent toujours les eaux qu'ils ont momentanément laissé sortir de leur lit. Le Missisipi fait tout le contraire dans la Basse-Louisiane, et ce n'est pas le trait le moins curieux de cette contrée.

Une conséquence de cette formation est que les écoulements latéraux du fleuve ou ses bayous, comme nous les nommerons désormais, se comportent exactement comme le fleuve lui-même. Ils courent à leur tour sur des collines d'irrigation, et ont, en outre, leur régime, leurs ramifications, leur delta particulier. On dirait donc une procréation successive, où le vieux Meschacébé, après avoir donné naissance à de nouveaux courants, les agrandit peu à peu et en fait de véritables fleuves ; puis, quand ils sont capables de suffire à la navigation de leur propre bassin, on le voit les abandonner peu à peu, enfin s'en séparer. C'est alors qu'il va plus bas en créer d'autres non moins importants, qu'il abandonnera de même, en les laissant suivre son exemple dans le développement de leurs domaines respectifs.

Ainsi, le Missisipi agit comme un père qui émancipe des enfants arrivés à l'âge de la virilité. Il distribue à chacun d'eux une part de ses fonctions souveraines, et leur apprend à créer à leur tour une nouvelle progéniture de bayous et de deltas. Or, ceux-ci, obéissant à leur origine, se prêtent à tous les phénomènes qui jadis présidèrent à la gigantesque formation du delta général. Pour mieux étudier ce dernier, nous aurons donc recours plus d'une fois aux autres, dont le théâtre, plus restreint et plus facile à observer, nous exposera d'autant moins aux chances d'erreur.

Le travail qui s'opère à la surface du sol, suffit déjà pour montrer comment le Missisipi étend son domaine sur le golfe du Mexique. Il y projette son delta moderne et ses embouchures, comme ferait une hydre à sept têtes avançant sur les flots. Mais tandis qu'à travers les dépôts les plus récents il s'ouvre de nouveaux passages à la mer, il semble en vouloir boucher d'autres, en commençant par les plus anciens. C'est ainsi que les bayous Manchac et Lafourche se trouvaient encombrés de bois de dérive à l'origine de la colonisation ; en sorte que, sans le soin des premiers gouverneurs à les ouvrir et nettoyer, ils se seraient atterris à leur effluent, et privés de communication directe avec le cours du fleuve. Il en serait arrivé d'eux comme du bayou Tensas, qui s'est trouvé séquestré du Mississipi, en même temps que le lac où il s'alimente. Combien d'autres bayous ont subi le même sort dans le bassin de la Rivière Rouge, dont ils apportaient directement les eaux à l'Atchafalaya et au golfe du Mexique ! Les bois de dérive et les alluvions, accumulés à leur bifurcation du cours principal, les ont peu à peu séparés de lui, et ont même parfois rendu problématique leur ancienne provenance.

Un dernier caractère à signaler, dès à présent, dans la Basse-Louisiane, est le double réseau de bayous profonds, partant des deux rives du Mississipi et coulant à la mer à travers une multitude de lacs et de marais. Il en résulte diverses séries de nappes d'eau, formant chapelet, et donnant à l'hydrographie de la contrée une physionomie des plus significatives. Ainsi, le bayou Manchac se détache sur la rive gauche, et traversant les lacs Maurepas, Pontchartrain et Borgne, nous conduit au golfe du Mexique. Sur la rive droite, et en suivant les embranchements de l'Atchafalaya, du Plaquemine et du Lafourche, nous rencontrons des lacs, moins étendus, mais bien plus nombreux, formant tantôt des séries, tantôt des groupes, qui se prêtent à toutes les combinaisons de l'hydraulique, assurent à la contrée la supériorité des transports par eau, et y témoignent partout de l'action présente ou passée du Mississipi.

Tel est l'aspect hydrographique, c'est-à-dire tout extérieur et superficiel qui a pu faire considérer la Basse-Louisiane, ainsi qu'on a jadis fait de la Basse-Égypte, comme une pure création fluviale. Nous avons déjà dit combien cette conception géologique serait exagérée, inexacte aussi par son caractère exclusif. C'est maintenant aux principes les plus avancés de la science, à nous faire mieux apprécier les divers éléments qui ont concouru à la formation qui nous occupe.

II.

DE L'HYDROLOGIE CONSIDÉRÉE COMME SCIENCE NOUVELLE.

L'hydrographie se borne à la description des eaux et s'arrête à la surface du sol ; c'est à l'hydrologie de nous en faire pénétrer les profondeurs, pour nous montrer le rôle des éléments liquides jusque dans l'intérieur de la croûte terrestre. Comme cette dernière science dérive aussi des phénomènes de la surface, c'est à elle encore à les classer, en précisant les rapports qu'ils ont entre eux.

Ces phénomènes se réduisent à trois : l'évaporation des eaux, leur précipitation, enfin leur retour à leur point de départ, pour être de nouveau évaporées et recommencer la circulation des éléments liquides, l'une des conditions vitales de notre globe. Telles sont les données de la science, dont nous signalerons et tâcherons de remplir quelques *desiderata,* à propos de nos études sur le Mississipi.

Reportons-nous d'abord à l'état primitif du globe, alors que sa fluidité ignée, vaporisant les eaux, ne leur permettait pas encore de revenir à l'état liquide. Mille substances métalliques, aujourd'hui solidifiées, restaient de même à l'état volatil; ce qui fait très-bien concevoir que tous les corps aient pu passer par les trois états : *gazeux, liquide* et *solide,* sous lesquels le monde actuel se révèle.

Dans tous ces corps, il en est un, l'eau, qui est éminemment doué de cette triple transformation, car elle passe avec une égale facilité à l'état de glace ou de vapeur, pour revenir à son état le plus général, à celui de liquide. C'est grâce à cette triple propriété que l'eau mérite une étude particulière, et a toujours fixé l'attention des philosophes. Cette étude a constitué jusqu'à ce jour une des branches les plus importantes de la physique. Mais il reste, ce me semble, à reprendre cette étude à un point de vue plus général, ou plutôt universel, comme le globe que l'eau enveloppe tout entier de ses vapeurs, et dont elle couvre plus des trois quarts, soit à l'état liquide, soit à l'état de glaces polaires ou de neiges éternelles. C'est à ce point de vue que l'étude de l'eau, comme élément cosmogonique, semble devoir constituer une nouvelle science que nous avons déjà nommée *hydrologie*.

Cette science, dont le nom est nouveau, du moins dans le sens où je l'emploie, sera à l'hydrographie du globe, ce que la géologie est maintenant à la géographie. Allant ainsi du connu à l'inconnu, l'hydrologie, au lieu de s'arrêter à des études de surface, en fera tout au contraire son point de départ pour des études de fond, interrogeant à cette fin, non-seulement le lit des fleuves ainsi que des mers, mais allant plus bas demander à leur sous-sol l'explication des phénomènes terrestres ou maritimes, dus aux influences aqueuses et au rôle immense que les eaux jouent dans la constitution de la croûte terrestre. Remarquons encore que ce rôle semble spécialement réservé aux eaux douces. Formées, en effet, de l'évaporation des eaux salées, elles vont, sous forme de neiges ou de glaces, s'établir au sommet des plus hautes montagnes; et de-là, pénétrant dans les entrailles de la terre, délayant ou dissolvant les diverses formations disloquées, elles retournent au sein des mers, s'y déchargent de leurs sédiments; puis, évaporées de nouveau, elles recommencent le même circuit des éléments liquides, en reprenant leur première action, soit à la surface, soit dans l'intérieur de l'écorce du globe.

Tel sera la nature et l'ensemble des notions hydrologiques, dont j'ai cherché la vérification au sujet d'une triple étude sur le Mississipi, la Louisiane et le golfe du Mexique.

La *Géographie physique de la mer* du capitaine Maury est, jusqu'à ce jour, le plus bel ouvrage consacré à l'hydrologie maritime. Toutefois cet illustre hydrologue n'y a guère approfondi que les questions relatives à l'Océan Atlantique; de même que, avant lui, le comte Marsigli n'avait esquissé, au même point de vue, que les questions relatives à la Méditerranée. Je vais essayer, à mon tour, d'ajouter une page au livre de la science nouvelle, en attendant de traiter de l'hydrologie fluviale du Mississipi et de l'hydrologie maritime du golfe du Mexique. La Basse-Louisiane, baignée par cette mer et arrosée par ce fleuve, sera naturellement le point central de ces études et le trait d'union de leur double aspect.

Quand une science ou un homme a de l'avenir, il n'est jamais difficile de lui trouver un passé et des ancêtres. Voyons donc, comme antécédents du sujet qui va nous occuper, la belle théorie des anciens sur l'universelle circulation des éléments liquides. La plupart de leurs philosophes, et Sénèque à leur tête, crurent à la porosité des continents et à l'existence d'une multitude de cavernes et de communications souterraines entre la mer et la naissance des cours d'eaux. D'après eux, la mer pénétrait par toutes ces voies secrètes, et après y avoir déposé son amertume native, elle apparaissait sur les continents, s'y faisant fontaine, rivière et fleuve, et, sous ces nouvelles formes, retournant à son point de départ, c'est-à-dire à elle-même. Dans cette rotation éternelle et merveilleuse, il n'y avait pas de point d'arrêt, il n'y avait ni commencement ni fin. Et c'est juste pour cela, disait-on, que les fleuves coulaient sans cesse, et que, dans la furie de leurs débordements, ils se montraient les dignes fils d'un père irritable, l'Océan !

A cette doctrine des anciens philosophes, a succédé une science fondée sur une observation plus exacte de la nature, mais ne différant guère de la précédente que par la marche inverse des éléments de la question. Et d'abord, pour nous comme pour les anciens, les fleuves viennent également de la mer. La mer est la vraie source des eaux terrestres, non pas sans doute au moyen des communications souterraines, mais par les voies aériennes de l'évaporation et de la précipitation. Quant aux innombrables cavernes et voies cachées entre la mer et la terre, elles existent aussi pour la science moderne ; mais, au lieu des eaux salées s'y engouffrant et s'y adoucissant pour surgir en sources rafraîchissantes, c'est au contraire l'eau douce qui pénètre dans les couches terrestres, leur enlève une partie de leurs sels et la restitue à l'Océan.

Ainsi, la circulation imaginée dès la plus haute antiquité, est bien en effet l'ordre de la nature ; mais elle s'effectue par des moyens tout différents de ceux qu'on lui supposait, commençant où on la faisait finir, finissant où on la faisait commencer, néanmoins permanente et universelle, et prouvant que les anciens ne se trompaient que sur le mode de l'opération. Exemple frappant d'une série complète de phénomènes observés en sens inverse de leur succession naturelle, et d'une belle théorie viciée seulement par une mauvaise classification des faits [1].

Nous savons donc maintenant que l'eau vient bien de la mer à la terre, mais sous forme de vapeurs et transportée par l'évaporation atmosphérique. Puis, quand cette eau a été distribuée aux continents par les phénomènes de la rosée, des neiges ou de la pluie, elle ne retourne pas seulement à la mer par des écoulements superficiels; elle y retourne aussi par des canaux souterrains dont les fonctions, comprises à rebours par les anciens philosophes, ont été trop oubliées des savants les plus illustres de nos jours.

Devant un tel oubli, on conçoit que plus d'un devoir nous soit imposé. Le premier de tous sera de bien préciser les *desiderata* scientifiques que nous allons essayer de remplir.

Il s'agit de bien établir d'abord la notion fondamentale de l'hydrologie, savoir : la distribution des eaux pluviales, non-seulement durant les phénomènes de la précipitation, ce qui est indiqué par l'ombromètre et par les cartes *hyétales,* mais aussi quand elles retournent à leur état antérieur ou à leur point de départ, c'est-à-dire à l'atmosphère ou à la mer. Or, ce dernier point de vue de la question n'est encore, que je sache, devenu l'objet d'aucune observation approfondie. La grande lacune à remplir concernerait donc la seconde distribution des pluies, entre : 1° l'évaporation locale qui les rend à l'atmosphère; 2° les écoulements superficiels qui les portent directement à la mer; 3° les écoulements souterrains qui les ramènent plus lentement mais infailliblement au même réservoir.

Trois parts sont ainsi à faire dans la quantité totale des pluies et autres phénomènes aqueux. Une seule pourtant a jusqu'ici été recherchée : c'est celle des eaux retournant à la mer par les écoulements de la surface terrestre. Mais cette part n'est que la moindre des trois, et comme

[1] Cette erreur d'alors, comme tant d'autres de nos jours, n'était que l'abus d'une observation locale, celle des cavernes et gouffres (*Katavothrons*) si nombreux dans les terrains crétacés de la Grèce. M. Boué nous apprend à ce sujet qu'à Céphalonie, par exemple, l'eau de mer s'engouffre sous terre sans qu'on en découvre la sortie. Cette eau va peut-être se vaporiser à des foyers volcaniques; mais où qu'elle disparaisse, elle donnait bien une apparence de raison au retour souterrain des eaux de la mer vers les sources de la surface terrestre.

on va le voir bientôt, elle est même insignifiante par rapport aux deux autres réunies ; de sorte que le problème fondamental de l'hydrologie, loin d'être résolu, n'a pas même été posé dans le monde scientifique. C'est dire, en d'autres termes, que cette science est entièrement à créer, et que le premier *desideratum* à y remplir est précisément la position de ce problème.

III.

DE L'HYDROMÉTRIE.

Pour bien raisonner des eaux, il faudrait en connaître la distribution générale et l'avoir mesurée sous le triple rapport que nous venons d'indiquer ; mais jusqu'ici l'hydrométrie n'ayant pu considérer que l'écoulement superficiel de quelques bassins, ce préliminaire de l'hydrologie reste lui-même à compléter dans son objet et à généraliser dans ses applications. Sous ce dernier rapport, par exemple, il faudrait placer un *Nilomètre* à l'extrémité inférieure de chaque grande vallée fluviale ; on arriverait ainsi à connaître la somme des écoulements de la surface terrestre. Ce serait là un des éléments de notre problème, et un pas immense vers sa solution. Quant aux expériences faites à cette même fin, malgré leur caractère tout local et partiel, elles n'en ont pas moins établi déjà un fait majeur pour la question qui nous occupe, savoir : que les phénomènes aqueux versent sur terre beaucoup plus d'eau que les courants superficiels n'en déchargent à la mer.

C'est, par exemple, ce que les expériences de Perrault et de Mariotte ont prouvé pour la Seine, laquelle n'écoule, d'après eux, que le $^1/_6$ des pluies tombées dans son bassin. Le même calcul, refait d'après les données beaucoup plus exactes d'aujourd'hui, prouverait que cet écoulement n'est que le $^1/_8$ des eaux pluviales. Que deviennent donc les $^7/_8$ ou les $^5/_6$ restants ? Et comment se distribuent-ils entre l'évaporation et l'infiltration du même bassin ? Les puits artésiens y ont déjà révélé une extrême abondance des eaux souterraines ; mais quelle en est la proportion, d'un côté, avec les courants de la surface, de l'autre, avec la portion évaporée ?

Tel est le premier problème hydrologique à résoudre pour chaque bassin fluvial, mais que personne, ce me semble, n'a encore posé en Europe. Aussi ne faut-il pas s'étonner qu'on n'y ait point songé davantage dans le Nouveau-Monde, et que l'hydrométrie du Mississipi ne soit pas plus avancée que celle de la Seine. Tout ce qu'on sait en effet de ce *Père des eaux*, c'est qu'il écoule $^{1}/_{10}$ à peine des eaux pluviales de son bassin[1]; ce qui représente la question dans les mêmes termes que précédemment : que deviennent les autres $^{9}/_{10}$ des pluies, dans la grande vallée de l'Amérique du Nord?

Là d'abord, comme partout ailleurs, l'opinion vulgaire est que toutes les rivières courent à la mer. Ce qui n'est point exactement vrai; car nous le verrons, il en est beaucoup qui se perdent dans les entrailles de la terre, et d'autres aussi qui disparaissent dans les airs par voie d'évaporation. Quant à l'*Association américaine pour l'avancement des sciences*, elle déclarait, en 1848, que les eaux pluviales ne pouvaient

[1] Voici sur quels chiffres et quelles observations repose ce calcul, que j'emprunte à un rapport de M. Andrew Brown, de Natchez, à l'*Association américaine pour l'avancement des sciences* (session de 1848, à Philadelphie). Le Comité chargé de l'étude du Mississipi s'exprima comme il suit, sur ce rapport (p. 5 et 6) :

« *Your Committee have found the aggregate annual quantity of water discharged by the Mississippi River, to be* 14,883,360,636,880 *cubic feet*, *or* 551,235,579,143 *cubic yards*. 101.1 *cubic milles* = 101 $^{1}/_{10}$.

» *Now the fact being notorious, that the Mississippi River is the only visible outlet for all the surplus waters of that vast valley, through which it passes on its way to the ocean, there are involved considerations of no little importance; for the Mississippi valley has been found to contain an area very little, if any, short of fourteen hundred thousand square miles.*

» *What then is the relative difference between the quantity of rain water falling annually in this valley, and that discharged by the river?*

» *We find by examination of the meteorological register of the late Dr. H. Tooley, of Natchez, kindly furnished by his family, that the mean quantity of rain water which falls annually at Natchez is between fifty-five and fifty-six inches; but, as such is the quantity for the southern extremity of the valley, it may be regarded as overestimating, if taken for an average of the whole area. We will therefore assume the mean quantity to be* 52 *inches, and then we will have for the whole valley,* 169,128,960,000,000 *cubic feet, which is about* 11 $^{5}/_{3}$ *or* 11.3636 *times the quantity which is discharged by the river.*

» There can be but two ways by which this immense quantity of water can make its escape from the valley; one is by the course of the river, and the other by evaporation. *Hence, we perceive that there is but one relative portion of this quantity passing off by the river, for every* 10 $^{3}/_{8}$ *parts which are exhaled into the atmosphere, or* $^{8}/_{91}$ *parts are carried off by the river, and* $^{33}/_{81}$ *parts by evaporation.* »

échapper de la vallée du Mississipi que par deux voies : le cours du fleuve et l'évaporation. Franklin avait pourtant indiqué une explication plus complète, en constatant l'existence des eaux souterraines et les jugeant capables d'occasionner des tremblements de terre[1]. Pour qu'il leur attribuât un tel pouvoir, il fallait certes qu'il les crût répandues sans mesure dans les cavités du globe ; et comment y seraient-elles venues, sinon des eaux pluviales ? Quoi qu'il en soit, il est évident qu'en Amérique on n'a point encore tenu compte des écoulements souterrains, et qu'à cet égard la méthode hydrométrique y est à compléter aussi bien qu'en Europe.

Répétons donc qu'il y a trois moyens de s'expliquer la disparition des pluies : l'évaporation, l'écoulement superficiel et l'écoulement souterrain à la mer. Or, de ces voies de retour à l'atmosphère ou au réservoir commun du golfe du Mexique, une seule est individuellement connue pour la vallée du Mississipi : c'est le jaugeage des eaux du fleuve, qui donne l'écoulement apparent des pluies de la vallée. Il s'agirait maintenant de distinguer avec la même exactitude et la quantité des écoulements souterrains et celle de l'évaporation, l'une et l'autre ayant été confondues et mises par erreur sur le compte de l'évaporation seulement. Nous savons, en outre, que le chiffre total de ces deux quantités est dix fois le chiffre partiel du jaugeage du fleuve ; de sorte que si nous faisions de ce total deux parts égales, nous aurions, pour la part des écoulements souterrains, une masse d'eau cinq fois plus considérable que le cours du Mississipi. Ce partage égal n'est, bien entendu, qu'une pure supposition, en attendant que les vraies portions en soient connues. Mais tels quels, et quelle qu'en soit la rectification ultérieure, les chiffres précités n'en permettent pas moins de déduire la question des écoulements souterrains dans la vallée du Mississipi. J'ai à rechercher maintenant les meilleurs moyens de la résoudre.

Ceux-ci, négligés à leur tour, et non moins que leur but, ne sont autres que les cartes de l'évaporation qu'il s'agirait de comparer avec les cartes déjà usitées de la précipitation atmosphérique. Jusqu'à ce jour les cartes

[1] « *The subterraneous waters may occasion earthquakes by their over flowing cutting out new courses.* » (B. Franklin, vol. VI, p. 1.)

thermales ont paru remplir ce *desideratum* de la science, et correspondre ainsi aux cartes *Hyétales* [1] qui donnent la distribution des pluies et les phénomènes de la précipitation en général. Mais cette corrélation supposée n'existe aucunement; car les cartes thermales, en s'occupant de la distribution de la chaleur sur le globe, n'indiquent en rien comment s'y distribuent les forces évaporantes. Celles-ci sont bien loin, en effet, de dépendre uniquement de la température de l'atmosphère. Elles dépendent même beaucoup plus des vents et surtout des vents secs, que de la chaleur. C'est en effet le vent sec et fort, alors même qu'il est glacial, qui est le grand agent de l'évaporation. Ainsi la *Bora,* ou vent du Nord, quand il descend des Alpes neigeuses sur les salines de l'Istrie et de la Dalmatie, leur enlève en quelques heures des masses d'eau inconcevables, et, comme par enchantement, y couvre de sel tous les bassins. Au contraire, le *Sirroco,* malgré sa chaleur africaine et suffoquante, mais humide, est à jamais incapable d'obtenir un résultat tant soit peu approchant. Ce sont les ouvriers et propriétaires de Pirano, avec qui j'avais fait un traité pour introduire dans leurs salines les procédés perfectionnés de l'industrie française, qui me signalèrent cette différence, en nommant la *Bora* le messager des froids et en même temps de l'évaporation.

Ainsi les cartes thermales, que l'on a cru trop souvent suffisantes pour expliquer ce grand phénomène, n'en rendent qu'un compte très-imparfait. La chaleur n'est, en effet, qu'un élément de l'évaporation; elle conçoit la vapeur aqueuse, mais il lui faut des auxiliaires pour la mettre au jour. Ces auxiliaires sont les vents qui font bien plus pour vaporiser les eaux, que n'importe quelle chaleur, quand cette chaleur est seule, par exemple, durant les calmes des tropiques, où elle n'engendre par elle-même que l'humidité. La chaleur et l'évaporation sont deux termes si peu équivalents, que c'est l'absence d'évaporation, souvent égale à la chaleur des climats tropicaux, qui rend ces climats si délétères. Voyez, au contraire, la zône où soufflent les vents alisés : il y fait bien

[1] Ὕετος, pluie. D'où *hyétographique*, qu'on a remplacé par *hyétal*. Au mot ὕετος, on pourrait préférer ομβρος, qui comprend tous les phénomènes de la précipitation; d'où *ombromètre*, instrument pour mesurer la pluie, la rosée, la neige.

moins chaud, mais les forces évaporantes, y étant très-supérieures, y créent les régions les plus salubres et les plus tempérées du monde.

N'oublions pas enfin que le plus ou moins d'évaporation dépend aussi de l'état hygrométrique de l'air : ce qui explique très-bien pourquoi elle devient généralement si rapide après les pluies torrentielles, l'air se trouvant alors déchargé de son humidité par l'effet même de la précipitation. Ces exemples, qu'on pourrait multiplier à l'infini, montrent que le problême de l'évaporation est aussi variable et complexe que celui de la chaleur est simple et constant. *Évaporation* et *chaleur* sont donc loin d'être des termes corrélatifs, proportionnels. D'où résulte également ce que nous voulions prouver, savoir : que les cartes thermales ne peuvent en rien suppléer celles de l'évaporation. Les premières viendront sans doute en aide aux secondes, mais celles-ci auront en outre besoin des cartes anénométriques ou de la force du vent, puisque celui-ci est le principal évaporateur. Les données hygrométriques seront enfin indispensables aux calculs de l'évaporation. De sorte que les nouvelles cartes, qu'il s'agit d'introduire dans la science, dépendront du thermomètre, de l'anénomètre et de l'hygromètre, ce dernier indiquant spécialement la pression de la vapeur aqueuse, c'est-à-dire l'obstacle qu'une quantité d'eau déjà évaporée oppose à toute évaporation ultérieure. Le grand progrès à faire maintenant, serait de simplifier l'appréciation de ces données complexes, à l'aide d'un seul instrument combiné des trois autres, et qui rendrait compte de l'évaporation comme l'ombromètre de la précipitation.

Ce n'est pas tout, non plus, que signaler la nécessité du nouvel instrument, l'essentiel est d'en faire bon usage. Or, cet usage est entouré de difficultés pratiques très-délicates, où l'on est tour-à-tour exposé à diminuer ou à augmenter la moyenne des forces évaporantes. A côté de l'ombromètre, a-t-on, par exemple, un bassin d'évaporation exposé au soleil et au vent : tant que l'eau y est à fleur de vase, le vent agit dans toute sa force ; mais l'eau baisse-t-elle, le vent n'agit plus, et c'est l'agent principal qui se trouve ici neutralisé, tandis qu'il continue d'agir partout ailleurs dans la nature. De-là les graves erreurs de calcul auxquelles sont exposés les observateurs des forces évaporantes.

Pour mieux faire la part des divers agents de l'évaporation, rappelons encore ici les principes de ce phénomène. Le soleil et les vents n'y agissent qu'en proportion du rôle même que l'air y joue. Le soleil, en échauffant cet élément, le dilate et le fait s'élever chargé de vapeur humide ou molécules d'eau. Mais là s'arrêterait l'influence solaire, si les vents ne venaient ajouter à l'eau de nouvelles molécules d'air, qui, en s'y dilatant et s'élevant comme les premières, se chargent d'une nouvelle humidité et accélèrent l'évaporation. Le rôle des vents est donc de renouveler successivement l'air, qui est à la fois l'évaporateur et le précipitateur de l'eau : évaporateur par la double action de la chaleur et des vents, et précipitateur par le refroidissement de ses propres couches. D'où l'on voit que le rôle du soleil, dans le phénomène de l'évaporation, se réduirait à bien peu de chose, si les vents ne renouvelaient sans cesse les molécules aériennes. A cet égard, la circulation ou le mouvement artificiel des eaux produit le même effet que les vents, et c'est ce qui constitue le plus important procédé de la fabrication du sel marin.

Tous ces faits prouveront, sans réplique, combien les seules données de la chaleur solaire ou cartes thermales sont impropres à nous faire calculer, même approximativement, les forces évaporantes. Or, sans ce calcul distinct et précis, l'hydrométrie ne saurait être constituée ; sans elle, impossible de nous rendre compte des écoulements souterrains, impossible par conséquent de résoudre la question des eaux pluviales dont le Mississipi n'écoule que la dixième part. Le calcul distinct de l'évaporation sera le point de départ de tous ces travaux, en même temps que le *desideratum* à remplir, à l'aide des instruments hydrométriques précités.

Posé de la sorte, le problème hydrologique se réduit à savoir trois termes, pour en déduire un quatrième. Le premier est le total des trois autres : c'est la quantité des eaux pluviales dont nous cherchons la répartition. Le second est la part de ces eaux qui revient à l'atmosphère ; le troisième, la part qui s'écoule visiblement à la mer ; le quatrième, celle qui s'y écoule invisiblement et manque aux deux parts précédentes pour égaler le total des pluies. L'ombromètre ou les tables hyétales nous donnent ce total ; le second terme résultera des tables d'évaporation ;

le troisième, du jaugeage fait à l'embouchure des fleuves; le quatrième enfin, qui est la quantité disparaissant dans les entrailles de la terre, est celui qu'il faut trouver. Or, ces trois derniers termes réunis devant nécessairement égaler le premier pour maintenir la circulation universelle des éléments liquides, le problème se réduit à dire que, le total des eaux pluviales étant connu, ainsi que deux des trois parts de sa distribution, la troisième se déduira du chiffre total par la simple soustraction des deux autres.

Connaissant ainsi la quantité des eaux souterraines, quelle facilité n'aurons-nous pas pour en apprécier le rôle aux diverses époques de l'histoire du globe ?

IV.

DE L'HYDROLOGIE EN GÉNÉRAL.

Puisqu'il est si bien reconnu que les phénomènes aqueux versent sur terre beaucoup plus d'eau que les courants apparents n'en déchargent dans la mer, et qu'il y a même entre les uns et les autres une énorme disproportion, il n'en devient que plus intéressant d'étudier les eaux soustraites à l'écoulement superficiel, et rechercher comment elles se distribuent, par des voies invisibles, entre l'atmosphère et l'Océan. Nous n'aurons plus toutefois à considérer que la part spéciale de l'infiltration et des écoulements souterrains. Encore ceux-ci ne comprennent-ils pas les eaux de source qui reparaissent à la surface de la terre-ferme pour s'écouler ensuite à la mer : ce qui limiterait nos observations aux cours d'eau débouchant directement et invisiblement à ce réservoir commun : question immense, qui ne sera résolue qu'après de longues recherches, et dont il s'agit seulement de poser ici quelques préliminaires.

L'importance n'en saurait d'abord être méconnue; car, quelle que soit la part des eaux souterraines, elles jouent à coup sûr un rôle considérable, surtout quand elles agissent à travers les formations calcaires si spongieuses par nature, ou bien les terrains perméables et crevassés, comme ceux qui abondent autour du golfe du Mexique.

La Floride, par exemple, n'est que du sable recouvrant un dépôt madréporique ; tout y facilite les filtrations et les écoulements souterrains. De même dans l'Alabama, dont les couches inférieures sont éminemment calcaires[1]. Les états du Mississipi, de la Louisiane et du Texas, peuvent, à leur tour, rivaliser sous le rapport des formations perméables et absorbantes. Quant au versant oriental du Mexique et aux vallées de la Sierra-Madre, de même qu'à celles du Yucatan dont les rivages et les bas-fonds sablonneux se rapprochent de plus en plus de Cuba, ce serait plutôt par des crevasses volcaniques que les eaux souterraines s'écouleraient dans les profondeurs du golfe.

Quelles que soient les voies de ces divers écoulements, la masse en doit être énorme, et l'on peut s'en faire une idée par l'étendue des bassins qui les alimentent. La seule vallée du Mississipi comprend dans sa surface plus d'un million de milles carrés, et ce fleuve écoule à peine le $^1/_{10}$ des pluies qu'elle reçoit. Combien d'autres fleuves secrets doivent donc être formés par les eaux d'infiltration : les uns prenant leurs sources aux grands lacs du Nord ; les autres, à l'est, d'où ils pénètrent les terrains sédimentaires des Alléghanies à leur ligne de jonction avec les terrains granitiques, tandis qu'à l'ouest plusieurs Missouri souterrains s'abreuvent de la fonte des neiges dans les Montagnes Rocheuses, traversent inaperçus le désert des Grandes Prairies, et, se joignant à des courants semblables sortis du *Llano-Estacado*, viennent aboutir au réservoir mexicain ! Par

[1] Parmi les courants artésiens de l'Alabama, j'en cite un trop oublié :

Spring Hill, à six milles ouest de la baie de Mobile, est un Bluff formant la limite orientale de la terrasse à pinières qui entoure cette baie. C'est à huit milles ouest sud-ouest de Spring Hill qu'on trouve le *Thundering Spring*, ainsi nommé à cause du bruit caverneux et souterrain que l'on entend à son alentour.

« *It boils up, in the edge of a valley 2 or 300 yards wide, with such copiousness as to form a considerable brook. The water is transparent, but throws up a quantity of yellowish sand, which*, in part deposited around, has formed a sort of crater. *A pole can be thrust down about ten feet, when it strikes a rock, which judging from quarries in the Neighborhood, must be a soft tertiary sandstone..... The name, which this fountain has received, was suggested by a remarquable particularity; a subterranean sound like that of distant, & muttering thunder, is distinctly heard at short but no regular or rhythmical intervals... Some very susceptible persons affirm, that they can, by their feet, feel a slight vibration of the ground. The radius of the sound in so limited, as to indicate, that the peculiar movement of the water or some other agency which occasions it, is not far below the surface.* » (Dr Daniel Drake, *Deseases of the interior valley of north America*, p. 56.)

d'autres écoulements de ce dernier plateau, le bassin du Texas alimente le *Rio Colorado*, le *Rio Grande del Norte*; mais l'extrême sècheresse du territoire indique bien aussi que l'eau s'y échappe par des rivières souterraines au golfe du Mexique, comme font les eaux du Sahel algérien dans la mer de sables du Sahara [1].

Ce tableau parlera peut-être à l'imagination; mais c'est la raison qui doit avant tout nous servir de guide, et c'est dans les détails étudiés avec exactitude que nous pouvons seulement la reconnaître. A cet effet, je voudrais d'abord me rendre compte des cours d'eau, soit superficiels, soit voisins de la surface du sol ou faciles à atteindre dans leur profondeur géologique à l'aide de la sonde, et que pour cela j'appellerai *artésiens*. Grands ou petits, ces divers cours d'eau donnent lieu aux questions suivantes : Comment et où se forment-ils? Comment marchent-ils sous terre? Comment et où en sortent-ils? En d'autres termes, quelles sont les lois qui président à l'alimentation, à la circulation et à l'écoulement des cours d'eau artésiens? Tel est le sujet à étudier en général, pour le mettre en rapport avec l'*hydrologie souterraine et sous-marine* qui va ci-après nous occuper, en attendant d'y joindre plus tard l'*hydrologie maritime et glaciale*, titres sous lesquels je complèterai ces aperçus.

Et d'abord, les lois qu'il s'agit d'approfondir et de préciser nous sont déjà connues pour les sources débouchant à la surface du sol. Celles-ci, en effet, après s'être formées d'innombrables filets et veines d'eau filtrées dans les terrains perméables, rencontrent une couche qu'elles ne peuvent franchir; et c'est de là qu'elles vont circulant sous terre, à peu près

[1] L'État du Texas ne devrait pas oublier que les habitants du Sahara connaissent depuis un temps immémorial l'art de forer leur sol aride pour en obtenir de l'eau. « Les villages Oued-Rig, dit Shaw, situés fort avant dans le Sahara, n'ont ni sources ni fontaines; mais les habitants s'y procurent de l'eau d'une manière singulière, en creusant des puits à cent et quelquefois deux cents brasses de profondeur, et ils ne manquent jamais de trouver de l'eau en grande abondance. Ils enlèvent à cet effet diverses couches de sable et de gravier, jusqu'à ce qu'ils rencontrent une espèce de pierre qui ressemble à de l'ardoise, et que l'on sait être précisément au-dessus de ce qu'ils appellent *Bahar taht el erd*, ou la *mer au-dessous de la terre*. Cette pierre se perce aisément : après quoi l'eau sort si subitement et en si grande quantité que les hommes qui descendent pour cette opération sont quelquefois surpris et noyés. »

La sècheresse du Texas n'existe également qu'à la surface du sol. Lui aussi doit avoir la *mer au-dessous de la terre*, ou tout au moins bien des nappes d'eau souterraines qui suppléeraient au défaut des sources apparentes.

comme les eaux pluviales le font au-dessus. Elles coulent donc sur les pentes des couches inclinées, au bas desquelles elles vont surgir, à moins que des issues plus voisines leur permettent de sortir plus tôt des terrains de transport qui les emprisonnent. C'est ce qui a fait dire ce mot important de la question : *Qu'en général, chaque vallée géographique et même chaque pli de terrain a son premier et son second lit d'écoulement, son cours d'eau apparent et son cours d'eau caché.* Apparent, il coule à la surface, soutenu qu'il y est par une couche imperméable ; caché, il coule aussi sur une couche imperméable, dont les conditions correspondent à l'encaissement supérieur. Ainsi, les mêmes lois régissent les uns et les autres, et la méthode de l'analogie est rigoureusement applicable à leur appréciation.

Maintenant, si des sources voisines de la surface nous descendons jusqu'aux nappes artésiennes, il est aisé de comprendre que ces dernières s'alimentent à leur tour des eaux descendues sur leur couche imperméable, et qu'elles sont d'une formation parfaitement analogue à celle des fleuves coulant à ciel ouvert. De l'origine, des lois et des circonstances bien connues de ceux-ci, nous pourrons donc conclure à celles qui règlent la condition des autres ; car, non-seulement tout bassin hydrographique a son fleuve apparent et son fleuve caché, mais l'un et l'autre sont le plus souvent situés de manière que ce qui est su du premier devient par analogie très-applicable au second. Ce qui indique une fois de plus la véritable méthode à suivre pour l'étude des cours d'eau souterrains.

Le bassin de la Seine nous donne un exemple frappant à cet égard. Sous ce fleuve est, en effet, une abondante nappe d'eau traversant les couches marneuses, et au-dessous de celles-ci une autre nappe également inépuisable et circulant dans les formations d'argile plastique. Les recherches ordonnées par le Gouvernement et confiées aux soins de M. A. Delesse, ingénieur des mines, ont prouvé que ces deux nappes existent des deux côtés de la Seine, et que le *thalweg* de l'une et de l'autre correspond à celui même du fleuve. Voilà donc trois *thalweg* concordants dans le bassin de la Seine, c'est-à-dire trois fleuves superposés, sans compter celui dont le puits artésien de Grenelle accuse également l'existence à plus de 500 mètres au-dessous des précédents. Quoi qu'il en soit de ce dernier, la concordance des trois déjà connus est un fait significatif; car il prouve que, les mêmes lois les régissant, on peut inférer des deux courants souterrains tout ce qui est connu du courant de la surface.

Du reste, bien des courants cachés reviennent à la surface : ce qui les remet dans la condition des eaux ordinaires. Il en est aussi dont le retour s'opère par mouvements brusques ou périodiques, qui les font d'autant plus remarquer. On connaît la multitude de sources qui s'élèvent, bouillonnent ou débordent, sans qu'aucune pluie soit tombée dans leur voisinage. Ce serait là des effets sans cause, si les nouvelles eaux qui occasionnent ces crues n'étaient parvenues à ces sources, à l'aide d'écoulements souterrains partis de réservoirs souvent fort éloignés. La fontaine de Vaucluse est de ce nombre, et toutes celles qui lui ressemblent doivent leur caractère distinctif à l'état éminemment poreux ou crevassé de leurs formations géologiques. Les formations calcaires surtout absorbent des masses d'eau considérables; et celles-ci, filtrant au travers, se tamisent et s'emmagasinent dans les couches perméables, d'où tantôt elles s'échappent en sources et courants d'eau superficiels, tantôt aussi s'engouffrent en des pertuis insondables, qui les conduisent à des distances infinies de leur point de départ.

Ce que nous venons de dire des sources, s'applique également aux lacs, et à plus forte raison aux bassins maritimes, où sont les vrais *thalweg* des eaux souterraines.

« Les lacs offrent souvent à leur surface des phénomènes fort remarquables, tels que des dégagements de gaz, des bouillonnements et des soulèvements d'eau singuliers peu observés et encore moins expliqués[1] ». C'est Malte-Brun qui constate par ce dernier mot l'état de la question à résoudre.

Le lac de Genève, notamment, présente un de ces phénomènes connu sous le nom de *seiches*. De Saussure le décrit ainsi : « Le lac s'élève tout-à-coup de 4 à 5 pieds, s'abaisse ensuite avec la même rapidité, et continue ces alternatives pendant quelques heures. Ce phénomène

[1] Voir *Géographie universelle* de Malte-Brun, édit. de 1836, T. II, p. 232.

est moins sensible sur les bords du lac qui correspondent à sa plus grande largeur; il l'est davantage aux extrémités où le lac est plus étroit[1]. »

La Méditerranée a aussi ses *seiches*, sans qu'on sache bien si elles commencent par l'abaissement des eaux ou bien par leur soudaine élévation. Celles-ci ont été encore moins observées que celles des lacs, et nulle explication n'en a même été essayée.

Appliquez cependant à tous ces phénomènes la théorie des cavités du globe et des cours d'eau souterrains, et l'aspect mystérieux en disparaît aussitôt. Le simple fait d'irruptions analogues à celle dont nous parlerons plus bas, et qui en 1857 adoucit à moitié la mer de *Key-West*, en Floride, permet aisément de s'en rendre compte. En 1812, par exemple, le port de Marseille fut le théâtre d'un retirement soudain des eaux de la Méditerranée, et puis de leur reflux également impétueux. Aucun tremblement de terre ne fut alors ressenti; et il est bien plus naturel de supposer qu'une des cavités sous-marines, comme il y en a tant sur les côtes de Provence[2], ayant ouvert un gouffre auprès du port, y attira d'abord les eaux voisines, puis les fit regorger avec la même violence, et produisit le phénomène dont l'inattendu fit peut-être exagérer les proportions.

Comme dans un sujet encore obscur, cette explication pourrait ne pas satisfaire tous les lecteurs, j'ai à la développer maintenant sous d'autres points de vue.

V.

DE L'HYDROLOGIE SOUTERRAINE.

Une des lois fondamentales de la géologie est la lutte originaire des eaux et des feux souterrains. Cette lutte se continue encore, et c'est d'elle surtout qu'est sortie la théorie des volcans et des soulèvements primitifs, à laquelle correspond celle des déchirements et boursoufflures de la croûte du globe. Cette seconde théorie étant inséparable

[1] *Voyages dans les Alpes*, T. 1, p. 17.

[2] La rivière souterraine débouchant au port Miou, près de Cassis, en est un exemple.

de la formation des montagnes par voie de soulèvement, il en résulte qu'à leur relief correspond partout un vide caverneux. Tant que les cavernes se maintiennent, les monts conservent leur élévation primitive; mais souvent la voûte se rompt, des failles s'opèrent, et le soulèvement tantôt s'abaisse, tantôt s'affaisse entièrement. Selon la forme de ces ruptures, il se produit des cratères d'effondrement ou des vallées longitudinales. A ces conditions de l'écorce du globe il faut ajouter ses inégalités de contraction et de dilatation, qui n'ont cessé de multiplier les anciens déchirements et perpétuer ainsi les voies des écoulements souterrains, crevassant et fissurant en tous sens l'intérieur des couches terrestres; ce qui doit ouvrir aux eaux torrentielles presque autant d'issues secrètes qu'elles en ont d'apparentes à la surface du sol.

Les matières entraînées dans les torrents ont, sans doute, maintes fois, bouché les anciennes issues; mais combien d'autres ont été ouvertes par l'effet des mêmes causes, et où la circulation souterraine des eaux se perpétue comme durant les périodes antérieures! Les eaux ont d'ailleurs une double action, délayante et dissolvante, également propre à élargir ou créer des conduits souterrains. Elles dissolvent les calcaires par leur acide carbonique, et mécaniquement elles délaient les couches marneuses, sableuses et autres, de manière à y produire souvent des cavités immenses où circulent de profondes rivières. Les faits connus à cet égard nous permettent d'imaginer ceux qu'on ignore, et de conclure avec certitude à la multiplicité de ces courants secrets et à l'abondance des nappes d'eau qui les alimentent [1].

[1] Voici quelques exemples de la multiplicité des nappes d'eau souterraines, découvertes seulement par quelques trous de sonde :

« Les travaux entrepris pour chercher la houille près Saint-Nicolas d'Aliermont, aux environs de Dieppe, y ont constaté sept nappes d'eau abondantes ainsi disposées :

» La première de 25 à 30 mètres de profondeur, la deuxième à 100 mètres, la troisième de 175 à 180 mètres, la quatrième de 210 à 215 mètres, la cinquième à 250 mètres, la sixième à 287 mètres, la septième à 333 mètres.

» Toutes ces nappes étaient douées d'une force ascensionnelle remarquable. Pendant le percement du puits de la gare de Saint-Ouen, on a trouvé cinq nappes d'eau distinctes :

» La première à 30 mètres de profondeur, la deuxième à $45^{m}\ 50^{c}$, la troisième à $51^{m}\ 50^{c}$, la quatrième à $59^{m}\ 50^{c}$, et la cinquième à $66^{m}\ 50^{c}$.

» A Tours, les trois nappes ascendantes se trouvent sous le terrain de la place de la Cathédrale : la première à 95 mètres de profondeur, la deuxième à 112 mètres, la troisième à 125 mètres.

Telle est la déduction qu'il s'agira d'appliquer à nos études, et qui, par la théorie des rivières souterraines, nous conduira à l'explication des phénomènes les plus singuliers, non-seulement du Mississipi, mais aussi du golfe du Mexique. Ces phénomènes, à leur tour, nous permettront d'éclaircir la théorie, et c'est en la complétant qu'ils feront peut-être faire un pas de plus à la science.

A cet effet, procédons avec ordre et méthode. Et d'abord, remarquons que l'écorce terrestre comprenait, dans son chaos primitif, de l'eau, de l'air, et toute espèce de gaz mêlés à ses autres éléments. Or, ces eaux et ces gaz, dilatés par la chaleur interne du globe, n'ont pu s'échapper primitivement qu'en boursoufflant le sol, formant des cavernes et des fissures, ouvrant partout des issues dont les eaux de pluie ont dû nécessairement faire plus tard leur voies souterraines. Ce que le dégagement et l'explosion des gaz avaient dû produire à l'origine, les tremblements de terre et les déchirements volcaniques plus modernes n'ont cessé de le continuer depuis. Et maintenant, si l'on songe à l'étendue de ces déchirements, à la profondeur de leurs soupiraux d'explosion et à l'immensité des communications qu'ils établissent parfois d'une extrémité à l'autre d'un même continent, on comprendra aussitôt le rôle de ces conduits mystérieux et insondables, et comment ils absorbent, promènent sous terre et déversent au sein des mers l'immense portion

»Au sein des massifs stratifiés, on trouve parfois des nappes d'eau courante, plus ou moins profondément dans les intervalles compris entre certaines couches imperméables. On rencontre de ces rivières souterraines même sous le sol de Paris. Lors d'un puits artésien à la barrière de Fontainebleau, on perçait lentement un banc noir argilo-pierreux et pyriteux, de 33 centimètres d'épaisseur et d'une extrême dureté. Dès qu'on l'eut traversé, la sonde s'échappa des mains des ouvriers et s'enfonça brusquement de 7m 50c. Sans la manivelle placée dans l'œil de la première tige et qui ne put passer par le trou déjà fait, la chute eût été probablement plus considérable : en effet, la sonde ne reposait pas sur un terrain ferme et se trouvait fortement agitée par un courant. Ce ne fut qu'avec peine que les ouvriers parvinrent à la retirer. Déjà l'eau les gagnait et gênait les manœuvres ; mais aussitôt qu'ils eurent enlevé la sonde et qu'ils l'eurent entièrement dégagée de l'orifice du coffre, il jaillit tout-à-coup dans le puits, par-dessus leur tête, à près de 10 mètres de hauteur, un volume d'eau considérable. De semblables courants ont été constatés à la gare de Saint-Ouen, à Stain, près Saint-Denis, à 64 mètres de profondeur. La célèbre fontaine de Nimes ne donne, dans les grandes sècheresses, que 1,330 litres d'eau par minute : s'il vient à pleuvoir fortement dans le nord-ouest, le débit de la fontaine est porté rapidement à 10,000 litres par minute. » (*Géographie et statistique médicale* du Dr Boudin, T. I, p. 108.)

des eaux de pluie qui échappe soit à l'écoulement superficiel, soit à l'évaporation.

L'étendue des phénomènes volcaniques a plusieurs fois embrassé toute la chaîne des Andes, c'est-à-dire un espace de mille lieues de longueur. Le tremblement de terre qui, en 1755, détruisit presque entièrement Lisbonne, ébranla une grande partie du globe. Ce qu'il y eut de singulier et d'important pour la question qui nous occupe, c'est que les sources thermales de Bohème, d'Italie, de Provence et d'Espagne, éprouvèrent alors des variations simultanées; tandis que les Antilles étaient particulièrement envahies par les ondulations de la mer, et que le bassin du Mississipi et le lac Ontario en ressentirent aussi le contre-coup. De pareils tremblements ont produit des effets non moins remarquables en Asie, entre autres celui qui affaissa une province entière de l'Indoustan, bouleversa le *Coutch* et rendit navigable une branche de l'Indus [1].

Ces gigantesques phénomènes supposent naturellement des bouleversements souterrains d'une égale étendue, et dès-lors des fissures, des crevasses et des cavités capables de livrer passage à la part des eaux pluviales qui échappent à l'évaporation et à l'écoulement superficiel.

L'énorme quantité d'eau, qui doit ainsi pénétrer et circuler sous terre, n'est encore démontrée qu'*à priori;* mais les faits abondent qui la proclament également. Quelle preuve en effet plus frappante de l'existence de ces rivières inconnues et de leurs réservoirs souterrains, que de voir les entrailles du globe ne s'entr'ouvrir presque jamais sous l'effort des volcans, sans que l'eau, soit à l'état liquide, soit à l'état de vapeur, n'en sorte en même temps que le feu? Ce phénomène est assez rare dans les volcans de la Méditerranée, qui se distinguent plus spécialement par des éjections de laves; mais il n'en est pas de même de ceux de l'Amérique du Sud et des îles de la Sonde. Les volcans Javanais, par exemple, n'ont presque jamais donné de laves; mais il en sort fréquemment des torrents de boue et d'eau chaude, dont les vapeurs forment d'impénétrables nuages au-dessus des cratères. L'un d'eux, celui

[1] Voir la relation d'Alexandre Burns.

de *Papandayan*, qui, en 1772, était la plus haute montagne du pays, s'engloutit alors dans un lac de boue, entraînant 40 villages et leurs habitants dans la catastrophe [1].

Les volcans des Andes, dont M. de Humboldt a si bien esquissé l'histoire, se distinguent encore par la présence de l'eau, puisqu'ils ne rejettent guère que des cendres et des vapeurs, et que l'eau s'y dégage aussi en torrents boueux non moins terribles que les laves brûlantes de l'Etna ou du Vésuve.

Les cavernes et les boursoufflures ne font, par suite, que s'y agrandir. L'épouvantable quantité de laves et de matières brûlantes que les mêmes volcans ne cessent de vomir, montre bien en effet que les excavations, propres aux chaînes de montagnes d'origine ignée, se continuent. Le volcan du mont Etna a eu, depuis le XIIe siècle de l'ère chrétienne, vingt-six éruptions, dont chacune a produit une quantité de lave suffisante pour former des élévations prodigieuses. Or, qu'en résulte-t-il, sinon que les excavations de ce fameux volcan ont dû, chaque fois, s'agrandir en proportion, et qu'aujourd'hui le Mont-Blanc ou les pics les plus élevés de l'Europe trouveraient peut-être place dans ses profondeurs? Celles-ci sont sous-marines autant que souterraines, et dès-lors on peut se figurer ce qu'une chaudière volcanique de cette étendue doit vaporiser d'eau de mer, quand bien même les éruptions ne s'en montrent guère composées que de laves. Les immenses formations de sel de roche enterrées sous le massif de l'Etna ne peuvent être que les résidus primitifs de cette ébullition souterraine.

On voit donc que des montagnes volcaniques, dont l'intérieur s'est évidé de siècle en siècle par suite des éjections de lave, de bitume ou de boue, offrent aux eaux de pluie des réservoirs de plus en plus considérables; et c'est à la vaporisation des eaux qui affluent au sein de ces montagnes embrasées, aussi bien qu'aux feux souterrains qui s'y élancent des couches inférieures, qu'on peut attribuer le phénomène des éruptions.

[1] « Dans l'île Formose il existe un volcan où l'eau et le feu jaillissent d'une même source. A côté, il y a du feu qui ne donne point de fumée; mais si l'on prend du bois sec et qu'on le place à son sommet, alors la fumée s'échappe aussitôt. » Ainsi s'exprime la carte chinoise que M. Jomard a publiée de cette île. (*Bulletin de la Société de géographie de Paris*. Décembre 1858.)

Quand l'eau ne s'y est point vaporisée, elle en sort, comme on l'a vu, en torrents de boue, capables d'engloutir des contrées entières. Un autre exemple à cet égard est celui du mont *Carguaraizo*, qui, en 1698, s'écroula en couvrant de fange dix-huit lieues de pays. L'éruption eut ici pour effet de briser les roches qui soutenaient les boursoufflures volcaniques, et la montagne, minée par des déperditions successives, s'abîma tout-à-coup comme une masure rongée par le temps. Ce qui suit ordinairement ces phénomènes, nous en donne la meilleure explication. Ce sont des lacs qui remplacent ces cratères affaissés : preuve que l'eau existait auparavant sous leur voûte, dont elle couvre maintenant et domine les débris. La plupart des lacs élevés au-dessus des terres d'alluvion ne sont que des cratères de volcans écroulés; et des phénomènes, dont l'histoire a fixé le souvenir, confirment pleinement cette loi générale.

Ainsi, en 1638, le pic de l'île Timor, qui se voyait à plus de trente lieues en mer et servait de phare aux matelots, disparut en entier au milieu d'une violente éruption, et un lac, qu'on y voit aujourd'hui, occupa sa place : preuve que ces eaux existaient antérieurement dans les cavités de son massif.

Une autre preuve péremptoire, mais plus étrange, de la pénétration des cavités volcaniques par les eaux de la surface, c'est que, dans les éruptions du Pérou, il arrive fréquemment que leurs eaux bourbeuses sont remplies d'infusoires et de petits poissons dont l'espèce vit dans les lacs voisins [1]. Voilà donc un vivant témoignage sur le voile encore mystérieux des eaux souterraines. Or, si les torrents de feu, qui semblent propres aux volcans de la Méditerranée, sont un des plus grands problèmes de la science, les torrents d'eau qui accompagnent de préférence les volcans Javanais et Américains, ne soulèvent-ils pas une question également surprenante et tout aussi digne de fixer l'attention du monde savant ?

C'est ce dernier problème que nous voudrions éclaircir, bien qu'il nous semble déjà résolu par le fait évident d'innombrables cours d'eau

[1] La quantité de ces poissons a été parfois assez considérable pour occasionner des maladies épidémiques par leur putréfaction. (Beudant, *Géologie*, p. 56.)

et réservoirs souterrains, et par la tendance irrésistible des eaux de pluie à communiquer, par les fissures terrestres et à des profondeurs insondables, avec le grand réservoir des mers. Parvenue à ces profondeurs, l'eau se trouve déjà chauffée par la chaleur normale du globe; vienne alors l'éruption d'un foyer inférieur ou latéral, et cette eau, bouillante, se vaporise, et, sous l'incalculable effort de sa pression, soulève et boursouffle la croûte terrestre. C'est ainsi que des montagnes d'origine ignée, ayant été formées vides, se maintiennent souvent boursoufflées comme l'auraient fait des échaudés volcaniques.

Ajoutons que, dans ces phénomènes et dans mille autres, ce sont presque toujours des eaux douces qui font ainsi leur apparition. Il est dès-lors bien évident qu'elles proviennent de la part des eaux pluviales, soustraite à l'évaporation atmosphérique et aux écoulements superficiels.

Telle est, en un mot, l'abondance, la profondeur et la puissance des filtrations dans les cavités du globe, que certains géologues attribuent à la seule vaporisation de ces eaux par la chaleur centrale, tous les effets des volcans, tremblements de terre, sources thermales ou minérales, et fumaroles de tous genres. Quoi qu'il en soit des diverses causes des phénomènes volcaniques et de la part qu'y jouent les cours d'eau souterrains, l'existence de ceux-ci, ni leur grand nombre, ni leur importance, ni leur provenance des pluies terrestres, ne peuvent être révoqués en doute. On s'est occupé, avec beaucoup de succès, de leurs gisements, pour la question des puits artésiens; le hasard en a fait également découvrir dans la poursuite des richesses minérales; et comme chaque année en augmente rapidement la connaissance, il n'en devient que plus indispensable de coordonner les notions relatives à un tel sujet.

L'hydrologie souterraine n'est d'ailleurs qu'une branche de la science, destinée à montrer qu'aujourd'hui encore l'eau joue un rôle égal à celui du feu, et qu'au lieu d'être contraire à cet élément dans les vues de la Création, elle concourt pleinement avec lui dans la triple opération du relief des montagnes, des soulèvements sous-marins et des cordons littoraux. Au lieu donc d'insister sur l'ancien antagonisme de l'eau et du feu, c'est leur accord qu'il faudrait faire ressortir, et c'est ce que les volcans

F

de la Basse-Louisiane nous permettront de faire pour la géologie particulière de cette contrée.

Je ne saurais quitter le sujet si fécond des eaux souterraines, sans dire un mot des êtres qui les habitent et s'y reproduisent avec des formes toutes particulières d'existence. On connaît les poissons aveugles de la célèbre *Mammouth Cave* du Kentucky. Des êtres analogues existent dans la gigantesque caverne de Zirknitz, en Carniole. Ce qu'il y a de plus singulier dans cette dernière, c'est qu'on y trouve, en outre, des canards aveugles. Ces oiseaux aquatiques, faits pour vivre dans l'air presque autant que sur l'eau, sont, comme les poissons précités, privés non-seulement de la vue, mais aussi de tout organe visuel. Or, cette privation d'un organe, pour nous inséparable de la vie terrestre, est précisément ce qui soulève un des plus graves problèmes de la nature. Constitue-t-elle, en effet, chez les canards et les poissons aveugles, un état embryonnaire, qui cesserait à la longue si leurs œufs venaient à éclore en plein soleil? Ou bien est-ce un état fixe et normal, les constituant dès-lors en espèce à part, dont la cécité et la privation d'organe visuel seraient un des caractères distinctifs? Telle est la question d'où peut-être dépend la solution des problèmes de l'embryogénie et de la progression des êtres [1].

L'hydrologie souterraine ne saurait enfin manquer d'éclaircir une des questions les plus importantes pour les rapports de la géologie et de

[1] Ma conviction intime qu'à l'hydrologie souterraine devait correspondre une faune de même nature, vient de se fortifier de plusieurs faits nouveaux, dont je dois la connaissance à mon ami le Dr Girard.

Le poisson aveugle de *Mammouth Cave*, l'*Amblyopsis speleus*, a maintenant un confrère trouvé dans le même bassin hydrologique du Kentucky. Celui-ci a été ramené du fond d'un puits à *Bowling green;* et M. Girard, découvrant en lui un nouveau type générique, lui a appliqué le nom de *Typhlichthys*. Le même naturaliste m'apprend, en outre, que des poissons aveugles, au nombre de plusieurs espèces, avaient également été découverts dans les cavernes de l'île de Cuba par M. le professeur Poey, de la Havane, lequel devait en faire le sujet d'un prochain mémoire.

J'ajoute enfin, sur la foi du *Selma sentinel* (Alabama), que la grotte de Talladega, rivale de celle de Mammouth (?), lui ressemblerait non-seulement par son cours d'eau souterrain, mais aussi par les poissons sans yeux qu'on y trouverait en grand nombre.

Les poissons ne sont pas les seuls êtres qu'on découvre dans ces cavernes; il s'y rencontre également des reptiles, des crustacés et des insectes qui paraissent propres aux diverses localités dans lesquelles on les trouve, soit en Illyrie, soit en Amérique.

l'histoire : c'est la question relative à la découverte de squelettes humains, trouvés soit dans des cavernes à ossements, soit dans des tufs identifiés avec des formations antérieures. Les grottes et cavernes de ces formations ne s'expliquent guère d'abord que par l'action dissolvante ou délayante des eaux souterraines ; mais leur vide une fois fait par voie d'entraînement ou de dissolution, d'autres courants ont pu survenir, qui l'ont de nouveau rempli de leurs propres matériaux de transports. C'est ainsi qu'ils y auraient entraîné des débris d'espèces depuis long-temps éteintes, en même temps que des ossements humains. Ce sont ces derniers qu'on a parfois considérés, mais sans raison suffisante, comme contemporains des premiers. Pour décider la question, il eût pourtant fallu tenir compte des pétrifications modernes et autres circonstances des métamorphismes aqueux. Aussi, n'est-ce guère qu'à cette condition qu'il sera possible de vérifier l'objet d'un ancien débat, et savoir si l'homme a été le contemporain des animaux gigantesques, aux ossements desquels les siens se sont trouvés mêlés [1]

VI.

DE L'HYDROLOGIE SOUS-MARINE.

L'hydrologie sous-marine, commençant où s'arrête l'hydrologie souterraine, achèvera de nous rendre compte de la distribution des eaux de pluie. Nous savons que la part de ces eaux, disparaissant par les fissures et les crevasses du sol, quelle qu'en soit la proportion, est toujours assez abondante pour former des courants considérables. Arrêtés à une faible profondeur par les couches imperméables des terrains stratifiés, ces courants forment les réservoirs d'où surgissent la plupart des eaux artésiennes ; mais d'autres fois, particulièrement

[1] Ce sont les ossements des animaux de la période tertiaire, mastodontes, mammouths et autres, qui donnèrent lieu à la tradition mythologique des géants.

Voir, sur la même question, *Recherches géologiques et historiques sur les cavernes*, par M. Desnoyers, bibliothécaire du Muséum d'histoire naturelle ; — *Des ossements humains et des ouvrages de main d'homme enfouis dans les roches et les couches de la terre*, par M. Alf. Maury, membre de l'Institut.

quand ils s'alimentent aux réservoirs alpestres des neiges éternelles, ils glissent sur les pentes des terrains primitifs, disparaissent dans leurs cavités volcaniques; ou bien, passant à travers les couches soulevées des formations postérieures, ils pénètrent jusqu'aux plus grandes profondeurs. C'est dans ce cas surtout qu'ils doivent aboutir à la mer et y produire des effets proportionnés à l'élévation de leur point de départ.

Agissant alors par des pressions de plusieurs milliers de pieds, ils forcent leurs eaux de sortir par le côté où elles éprouvent le moins de résistance. Une presse hydraulique de ce genre est capable d'entr'ouvrir le flanc des montagnes et d'en faire éclater des masses de rochers. Mais quand cette pression s'exerce en dessous des terrains stratifiés et désagrégés et aboutit réellement jusqu'à la mer, des effets plus prodigieux encore et proportionnés à cette profondeur doivent en résulter. De là bien des soulèvements sous-marins, surtout quand ces eaux, vaporisées par la chaleur centrale, arrivent à faire explosion. Dans le cas de leur écoulement naturel et direct, on devine aussi quels dépôts calcaires, argileux ou arénacés, se forment rapidement autour de leurs orifices, le plus souvent disposés selon des lignes de dislocation parallèles au littoral.

D'autres fois le travail des eaux souterraines est beaucoup plus lent, car elles n'arrivent que par filtrations. Néanmoins, elles entraînent des sables, des argiles, des matières calcaires et autres dont elles se chargent dans leur cours. Alors, sous la pression des eaux salées, qui contrebalance en partie celle de leur colonne continentale, tous ces matériaux se déposent sur les bords des ouvertures sous-marines. Or, qu'en résulte-t-il encore après des milliers d'années de ce travail successif, sinon des hauts-fonds, puis des bancs où se fixent les crustacés et les madrépores; enfin, des îlots qui se recouvrent de végétation et s'accroissent rapidement de tous les relais de mer?

Telle est sûrement, sinon la principale, du moins une des causes de la formation des cordons littoraux, qui ont dû plus ou moins commencer aux débouchés des suintements ou courants souterrains. Cette idée, parfaitement rationnelle et déjà justifiée par les faits, trouvera sa complète vérification dans les phénomènes en cours de développement sur les bords du golfe du Mexique et aux bouches du Missíssipi. Voyons, en attendant, si la question ne se présente pas sous d'autres points de vue, qui nous conduisent tous aux mêmes résultats.

Les sources thermales et minérales proviennent, comme on sait, des eaux superficielles qui ont acquis ces qualités dans leurs trajets souterrains. Eh bien! ces sources, si fréquentes dans le voisinage des grands æstuaires, y coopèrent toujours à la formation des cordons littoraux. Leur présence en pareils lieux est d'abord due à la dislocation des couches souterraines, dont ces eaux tantôt dissolvent, tantôt délaient les éléments. Ces éléments, à leur tour, donnent à ces mêmes eaux une puissance d'agglutination qui reforme les roches, particulièrement les grès et les calcaires. C'est ce que nous aurons encore occasion de remarquer dans l'æstuaire du Mississipi, les sources minérales y abondant sur la base maritime, aussi bien que sur les côtés intérieurs de son triangle. Or, à chacune de ces sources correspondent presque toujours des concrétions ou pétrifications sous-marines, sortes de pitons rocheux qui, en s'exhaussant et se multipliant, forment les vrais cordons littoraux.

C'est à une base de roches semblables, mais beaucoup mieux enchaînées et presque continues, que s'appuie, par exemple, le delta du Nil. D'après M. Russeger, cité par M. Élie de Beaumont, ces roches, surtout les calcaires d'Alexandrie, appartiennent à la période géologique moderne, et elles seraient en cours de formation sur tous les contours du delta.

« Toute la côte de la Basse-Égypte, dit cet habile observateur, forme, depuis la tour des Arabes jusqu'à la bouche de Dybeb, près de l'isthme de Suez, une suite de récifs rocheux couverts çà et là de dunes. Ces récifs, qui résistent comme une digue puissante aux vagues de la mer, sont composés d'une roche dont *la formation se continue encore, sous les yeux, d'un grès marin récent résultant de l'agglutination de coquilles brisées et de coquilles microscopiques.* Parmi les débris organiques dont ce grès se compose, on trouve aussi très-fréquemment des coquilles d'eau douce et terrestres que le Nil entraîne dans la mer et que la mer rejette sur la côte pêle-mêle avec des coquilles marines.... La couleur de ce grès marin est d'un blanc grisâtre. Sa consistance n'est pas très-grande; cependant il est çà et là assez solide pour être employé comme pierre de construction, et les anciens y ont creusé d'innombrables catacombes, ainsi que les excavations nommées *Bains de Cléopatre*. De nombreuses coquilles perforantes y ont creusé leurs demeures, et sa rapide destruction par l'eau de la mer lui donne l'aspect d'un corps rongé et celluleux. »

Ainsi, tandis que la mer détruit à la surface du sol la roche en question, celle-ci serait continuellement reformée sous les sables du littoral. Or, comment se reformerait-elle, si ce n'était par l'effet d'eaux minérales incrustantes et jaillissant du sol disloqué que nous retrouvons dans le voisinage de tous les delta? C'est ainsi du moins que se forment les grès qu'on fait sauter avec la poudre à la passe sud-ouest du Mississipi, et ceux qu'on rencontre à l'état naissant sur divers points de son æstuaire. Le travail des infusoires produirait-il de pareilles pétrifications? Ce qui est beaucoup plus probable, c'est qu'elles résultent de l'infiltration lente d'eaux chargées de matières calcaires ou ferrugineuses; et ce sont ces eaux, dont l'action chimique solidifie tant de sables mouvants sur les rivages, que nous croyons provenir des réservoirs cachés dans les plateaux voisins.

Des sources d'eaux douces ou minérales voisines de la terre-ferme, passons à celles qui aboutissent au fond des bassins maritimes. La pente de ces derniers n'étant que la continuation des pentes du littoral, y appelle généralement les courants souterrains les plus considérables. C'est là qu'aboutissent les formations secondaires, celles qui se distinguent le plus, sinon par le nombre, au moins par la puissance des courants; là enfin où l'émergence des continents a dû disloquer les couches terrestres et multiplier les issues pour les eaux d'infiltration.

Qu'on se rappelle, en outre, ce que nous avons dit des volcans et de leur relation avec les eaux souterraines; ce n'était qu'une partie, et peut-être la moindre de notre sujet. La principale concernerait, en effet, les volcans sous-marins, qui, bien que peu ou pas du tout observés, jouent un rôle pour le moins égal à celui des volcans terrestres, les seuls dont il ait encore été question. Ces nouvelles considérations s'appliqueraient surtout à la mer Mexicaine, qui n'est pas moins influencée par les feux souterrains que le Mexique lui-même. Le fond du golfe a été maintes fois ébranlé par des phénomènes volcaniques, et le *goudron de mer* qu'on a vu flotter sous forme d'huile noirâtre et qu'on trouve si fréquemment échoué sur le littoral, soit à Cuba, soit à la Louisiane ou au Texas, atteste l'existence de nombreuses sources sous-marines d'asphalte, qui accusent à leur tour le voisinage et les effets de la chaleur centrale.

Le fond du golfe pourrait donc être considéré comme un foyer de volcans sous-marins, éteints sans doute, mais néanmoins susceptibles de nouvelles commotions, comme ceux qui ont soulevé l'île de Cuba, et pleins de cavités pareilles à celles existant sous la terre-ferme. Or, à des moments donnés, ces nouvelles cavités ne sauraient manquer d'être remises en communication, soit entre elles, soit avec les fissures continentales; peut-être même cette communication est-elle permanente. En tous cas, les eaux pluviales ne sauraient manquer de la rétablir sous la pression de leur colonne, souvent supérieure de plusieurs mille mètres au niveau des eaux salées, et dont la base peut en élever la puissance au-dessus de tout calcul humain.

Que se passe-t-il alors sous la pression d'une telle colonne, surtout quand elle est directement alimentée par la fonte des neiges perpétuelles? Les sables, les boues et autres matériaux entraînés dans le courant souterrain en sortent avec l'eau qui les rejette sur les bords de son orifice; et c'est là que, se superposant en couches généralement concentriques, ils donnent lieu à des concrétions, à des monticules, ensuite à des îlots, lesquels se forment, comme on vient de le voir, autour de chaque déversoir sous-marin.

La nature de ces formations est celle même des éléments dont les eaux se sont chargées durant leur voyage sous terre : silicieux, argileux, calcaires ou ferrugineux, selon les roches et les stratifications qu'elles ont traversées en route. Si elles y ont rencontré de l'oxyde de fer, elles s'en sont colorées, ou bien du carbonate de chaux, elles le tiennent en dissolution; et de-là les concrétions qui doivent se former au sein des mers, comme on en remarque si souvent à la sortie des sources thermales et minérales. Le connu aérien nous conduit, à cet égard, à l'inconnu sous-marin, et en démontre d'autant plus la puissance, que le fond de l'Océan, étant le *thalweg* des grandes vallées souterraines, y reçoit forcément les eaux les plus abondantes.

Sous l'effort de la pression qui nous occupe, il n'est pas de ruptures et de soulèvements des cavités sous-marines qui ne soient possibles; et c'est alors que des irruptions d'eau douce, comme celle dont j'ai vu les suites à Key-West, viennent de temps à autre jeter la perturbation dans la faune des eaux salées. Le phénomène que j'ai à rappeler à ce sujet étant le plus significatif que je connaisse, il importe de lui bien conserver ses caractères d'authenticité. Je n'en parlerai donc que d'après des témoins oculaires, particulièrement d'après M. W.-C. Denis, qui en fit alors même l'objet d'une enquête scientifique[1].

Le journal de la localité, *la Clef du Golfe*, s'exprima d'abord en ces termes, dès le 3 janvier 1857 : « Depuis la semaine dernière, notre port » présente le plus singulier et le plus inexplicable phénomène, par la » dessalaison de l'eau et la grande quantité de poissons morts flottant » à la surface. L'eau est douce en des courants qui sillonnent la baie » entière, et en certains endroits elle est très-décolorée et boueuse (*highly » discolored and muddy*). Des poissons de la pleine mer, mêlés à ceux du » rivage et à des reptiles, surnagent dans le port en état de décomposition. » Ce fait est inouï dans l'histoire des cayes. »

« Le 5 janvier suivant, d'après M. Denis, un fort vent du nord porta le courant d'eau douce jusqu'au port; ce qui se renouvela deux fois jusqu'au 19 du même mois. Le 28 février, même invasion des eaux douces par un vent nord-ouest. Or, dans l'intervalle et vers le 1er février, un navire se rendant de Key-West à Cedar-Key avait rencontré, à 15 milles au nord, un courant d'eau trouble d'une largeur de 4 milles. Cette eau se distinguait aussi bien que celle des bouches du Mississipi, et elle courait du sud-ouest au nord-est, aussi loin que l'œil pouvait apercevoir.

» Deux semaines après, le même vaisseau, en revenant à Key-West, traversa le même courant, dans les mêmes lieux, direction et circonstances où il l'avait remarqué une première fois. Plusieurs autres vaisseaux ont également, depuis le 1er janvier, rencontré beaucoup d'eau trouble et saumâtre. En somme, il semblerait que ce nouvel écoulement, pour

[1] Voir ses deux articles publiés dans le *National Intelligencer*, des 24 mars et 21 avril 1857. Son récit est d'ailleurs confirmé et complété par le journal de Key-West, *the Key of the Gulf*, du 3 janvier.

avoir produit les effets qu'il a eus dans la baie, a dû, depuis un mois ou deux, décharger autant d'eau qu'ordinairement le Mississipi. »

On voit par là l'importance de cette éruption d'eau douce. M. Denis crut pourtant l'expliquer par un écoulement provenu des marais des Everglades, situés en Floride, à 50 milles de Key-West; ce qui serait attribuer un grand phénomène à des causes sans rapport comme sans proportion avec lui, à des causes vraiment microscopiques. Voyons plutôt les faits qu'il a consciencieusement recueillis, et dont il nous reste à user dans l'intérêt de la science. N'oublions pas aussi que, parlant d'un bruit sourd et d'une commotion inusitée des flots dont les pêcheurs de la Floride auraient été témoins, il suppose à ce propos qu'un tremblement de terre, occasionnant une rupture de canaux caverneux, aurait produit cette éruption d'eau douce.

Ce qui me frappa le plus dans les autres témoins oculaires qui voulurent me donner une idée du même phénomène, c'est que tous le comparaient à l'entrée des eaux du Mississipi dans le golfe du Mexique. Les courants d'eau douce et trouble, me disaient-ils, arrivaient, en surnageant l'eau salée, jusqu'aux rivages de Key-West, et les pêcheurs en faisaient leur boisson en pleine mer, exactement comme des eaux du fleuve [1]. D'autres m'affirmaient que cette révolution maritime s'était étendue vers la terre-ferme jusqu'à 30 milles au nord. Enfin, le commandant si expérimenté du steamer *Isabel*, M. Rollins, qui était revenu plusieurs fois dans ces mêmes parages pendant la répétition du phénomène, m'affirmait encore, l'année suivante, en conserver le souvenir comme d'un évènement qui avait rempli d'eau douce tout l'espace compris entre Key-West et la Floride, c'est-à-dire une mer de 30 milles de largeur. Or, si l'on remarque que le Mississipi, dans ses plus fortes crues, ne s'épanouit sur le golfe qu'à 15 et 20 milles au plus de ses embouchures [2], on ne doutera guère que l'inondation dont il s'agit n'ait

[1] Un de ces témoins oculaires, M. Russel, chez qui je logeais à Key-West, m'ajoutait à ce propos, qu'une multitude de poissons soit d'eau douce, soit d'espèces marines, furent pêle-mêle jetés morts ou mourants sur la plage. Ce fut bientôt une vraie peste, dit-il, dont une marée extraordinaire nous délivra fort heureusement, la grosse mer la remportant comme elle nous l'avait apportée.

[2] Cet épanouissement en éventail ne doit pas être confondu avec les traînées isolées des eaux

pu lui être à certains égards supérieure. C'était donc un vrai Mississipi sous-marin, dont l'écoulement cessa d'être apparent, aussitôt que les nappes alimentaires se furent mises en rapports réguliers avec les eaux du golfe, et peut-être aussi avec le *gulf stream.*

Un dernier détail nous révèle encore l'importance de cette éruption sous-marine : c'est que les eaux douces diminuèrent de moitié la salure de la mer; ce qui fut constaté par le salomètre, instrument incapable d'erreur à cet égard, surtout manié par un homme expert et exact comme M. Denis, le propriétaire des salines du lieu. Qu'on réfléchisse donc à la quantité d'eau douce capable d'amener un tel résultat, et l'on devinera toute la portée de ce phénomène, considéré comme inouï à Key-West, uniquement parce qu'on n'y a pas tenu compte de ses semblables [1]. »

Après de telles irruptions, comment douter que le fond de l'Océan n'abonde en sources d'eau douce alimentées par des nappes continentales et formant des dépôts argilleux, calcaires et de toute autre nature. On y rencontre même des poissons qui, par leur *facies,* semblent dépaysés dans le domaine des eaux salées. C'est ce qui aurait lieu pour certains poissons pêchés dans les parages de Key-West, si je m'en rapporte au témoignage très-compétent du docteur Girard [2]. D'autres fois les courants d'eau douce y jaillissent jusqu'à la surface. Dans un voyage

du fleuve, qui, par des temps et des brises favorables, s'étendent jusqu'à 50, 60 et même 80 milles en mer. A cette distance et bien avant, les eaux troubles se sont clarifiées et ne sont plus que des flaques miroitantes, que l'évaporation amoindrit peu à peu et fait enfin disparaître de la surface des eaux salées. En pareilles circonstances, le Mississipi n'a pas même le pouvoir d'amoindrir tant soit peu la salure du golfe, ses eaux, spécifiquement plus légères, s'envolant avec les courants aériens, et retournant parfois avec eux dans le bassin supérieur du fleuve.

[1] Le Dr Drake rapporte un autre fait, confirmant ce phénomène des irruptions d'eau douce dans les bas-fonds de la Floride : c'est une destruction de poissons pareille à la précédente, durant une longue et violente tempête d'hiver. Il attribue, il est vrai, cette destruction à l'influence glaciale s'étendant au sud jusqu'à Key-West. Mais cette interprétation, aussi étrange qu'erronée, est indépendante du fait qu'il atteste; et celui-ci rentre parfaitement dans l'ordre de ceux précités.

« *Commander Johnston, U. S. N., when stationed on that coast, has seen many of its fish benumbed and even destroyed, by one of these long continued and violent winter tempest, acting on the shoal water of the Florida Reef.* » (Pag. 37, *Deseases in the interior valley of North America.*)

[2] M. Girard est connu par ses *Contributions à l'histoire naturelle des poissons d'eau douce de l'Amérique du Nord,* et par ses travaux, publiés dans le *Pacific Rail Road exploration and Survey,* sur les poissons marins de la Californie et de l'Orégon.

que je fis, en 1858, autour de la côte nord du golfe du Mexique, je comptais du pont du bâteau à vapeur huit ou neuf larges nappes, surgissant, à 8 ou 10 milles en mer, avec des flaques d'eau miroitantes qui ne permettaient pas de les méconnaître. Elles provenaient des côtes ouest de la Floride, entre Apalachicola Bay et St Marks [1]. Sur le rivage oriental de la même péninsule, les marins parlent aussi de rivières sous-marines, et j'ai cru les reconnaître à des nappes également miroitantes, sur les bords où les eaux chaudes du *gulf stream* se distinguent des eaux froides descendues du Nord [2].

Un fait encore plus caractéristique rentre dans le même ordre d'idées. Par 37° 10′ latitude nord, et 74° 10′ longitude de Greenwich, vis-à-vis la baie de Cheasepeak, où affluent tant de courants d'eau douce, et à 100 milles du cap Charles, la carte du *Coast Survey* signale un parage océanique où l'eau est profondément décolorée : *Water highly discolored*. Or, ce fait, permanent autant qu'exceptionnel dans ce parage où domine le bleu foncé *(deep blue sounding)*, n'atteste-t-il pas un mélange d'eau douce? Le capitaine Murray, commandant le steamer *Nashville*, m'a dit avoir plusieurs fois traversé cette eau verdâtre sur les limites intérieures du *gulf stream*; et il ajoutait à ce propos : « Tous les navigateurs savent, aussi bien que moi, que l'eau est également décolorée et verdâtre au milieu du bleu océanique, vis-à-vis les côtes de la Caroline du Nord, depuis le cap *Look out* jusqu'au cap *Fear* et plus au sud; et cela a lieu

[1] Ces rivières souterraines me firent plus tard mieux comprendre quelques indications précieuses, trop oubliées, d'une des plus belles cartes publiées par l'Amirauté britannique : la *Carte des côtes de la Floride occidentale et de la Louisiane*, relevée par George Gault, de 1764 à 1771, et publiée en 1803. A côté du chiffre des sondages, faits à 30 lieues marines environ en plein golfe et sous le méridien de l'entrée de *St Rose's Bay*, j'y remarque l'indication suivante :

« N. B. *In coming upon the Bank in sounding, the water changes from the deep Sea-Blue to a dirty blackish blue colour.* » Eh bien! un pareil changement, en pleine mer, peut-il s'attribuer à autre cause qu'à une irruption d'eau souterraine et boueuse?

Après avoir passé la baie d'Apalachicola et en contournant le golfe vers l'est, on lit encore en maints endroits de la même carte : « *Fine Greenish sand with black specks et broken shells* »; et puis : « *Grassy bottom* », ou bien encore : « *Here it shoals gradually to the shore, being an easy flat with grassy bottom and sometimes flat rock like pavement.* »

[2] C'était durant un double voyage à bord du steamer *Isabel*, où je n'ai eu qu'à me féliciter des attentions du capitaine Rollins.

à 50 ou 60 milles en pleine mer, en même temps que cette eau verdâtre est aussi chaude ou à peu près que celle du *gulf stream.* »

Maintenant, je le demande : d'où peuvent venir et cette chaleur et cette décoloration, sinon des écoulements sous-marins résultant de la constitution géologique de la Caroline du Nord ? On est autorisé à le croire pour ces parages, au moins autant que pour ceux de la Floride.

Voici encore un fait concluant, auquel on ne manquera pas d'en ajouter bien d'autres. « Un convoi anglais, sur lequel Buchanan se trouvait embarqué, rencontra par un calme plat, dans les mers de l'Inde, une abondante source d'eau douce à 45 lieues de Chittagong et à environ 35 lieues du point de la côte le plus voisin. Ce cours d'eau souterraine avait donc plus de 35 lieues d'étendue[1]. » Il débouchait en plein Océan, comme les eaux troubles ci-dessus signalées à 100 milles de la baie de Cheasepeak.

Après de tels faits, nous pouvons donc le répéter : le fond des mers n'étant que la continuation des rivages, on doit y trouver des sources d'autant plus abondantes, qu'elles y surgissent au *thalweg* des pentes du littoral. Ce qui est sûr, c'est que les formations d'eau douce y abondent ; on pourrait même dire que les calcaires d'eau douce tapissent en mille endroits le fond des mers. J'en ai, par exemple, découvert à Key-West, sur lequel l'oolite se trouvait déposé au bord du *gulf stream :* indice probable que ce courant maritime ne subit pas seulement l'influence des eaux salées.

Je ne laisserai pas le sujet de l'*hydrologie sous-marine* sans émettre un doute relatif à certaines explications du *gulf stream.* Ce courant, renommé bien avant la découverte de la Louisiane, ne peut, quant à son mouvement initial, être guère attribué qu'aux vents alisés. Ces vents soufflent, en effet, de manière à pousser constamment les eaux des Caraïbes dans le golfe du Mexique. Ces eaux, une fois entrées par le détroit de Cuba au Yucatan, n'en sortent que par le détroit de Cuba à Key-West, qui va se resserrant jusqu'au débouché du canal de Bahama. Or, comme cette sortie est deux fois plus étroite que l'entrée ; comme, d'un autre côté, la profondeur n'influe en rien sur des écoulements de surface, il en

[1] *Traité de géographie et de statistique médicales*, déjà cité, T. Ier, p. 109. Paris, 1857.

résulte : 1° que les eaux accumulées dans le golfe doivent s'y maintenir à un niveau supérieur ; 2° qu'elles s'en écoulent avec une rapidité proportionnée à l'impulsion initiale et au resserrement prolongé de la sortie. Ainsi, leur écoulement, qui constitue le *gulf stream*, tiendrait d'abord à la supériorité de niveau du golfe : fait non encore démontré, mais qui semble évident, quand on remarque l'élévation extraordinaire que des vents de quelques jours peuvent y donner aux marées. Le flux ordinaire s'élève d'abord de deux pieds. Qu'un vent violent souffle alors, il en neutralisera le premier reflux, puis un second, puis un troisième et un quatrième. Voilà aussitôt les eaux du golfe exhaussées de huit à dix pieds ; et cela, rien que par la durée exceptionnelle d'un fort vent de l'est, tournant au sud et s'ajoutant à l'impulsion donnée aux mêmes eaux par les vents alisés. Cette exception, heureusement fort rare, et qui occasionne tant de désastres sur les terres-basses du littoral, nous montre comment, sous le régime de ces vents réguliers, les eaux du golfe s'y maintiennent à un niveau toujours *supérieur* et en même temps inaperçu, par suite de sa constance même. Il en résulterait donc qu'à l'ouest de la Floride, ce niveau domine de plusieurs pieds les eaux de l'est ou de l'Atlantique. Ce qui nous expliquerait plus d'un phénomène propre à cette péninsule, et fixerait les opinions quant à l'origine du courant océanique, dont la permanence atteste une des grandes lois de l'économie maritime.

C'est ici que vient le vrai point en discussion, et c'est la température plus élevée, mais si variable des eaux du *gulf stream*, dont je désire me rendre compte autrement qu'en l'attribuant à la seule chaleur des eaux tropicales, accumulées dans le golfe du Mexique par les vents alisés. Cette chaleur, on le sait, est constante comme une loi générale de la nature ; mais la chaleur du *gulf stream* présente des variations qui n'ont aucunement ce caractère. Celles-ci ont été constatées sur place par les officiers du *Coast Survey*, et sous l'exacte et savante direction de M. Bache. Or, voici comme il s'exprime à ce sujet : « Par rapport à la » température observée en février, si nous n'en avions pas d'autres pour » nous guider, l'irrégularité en est telle que nous devrions désespérer » d'arriver à un résultat. » (Rapport de 1854, p. 60.)

Je me demande donc la cause de ces variations de température, et d'autant plus que, de mon côté, j'ai par trois fois remarqué des variations semblables dans la salure de ce courant. Or, ce qui varie est local, accidentel, et je ne puis l'attribuer qu'à des causes pareilles. Nous avons constaté l'irruption des eaux douces dessalant de moitié la mer, à *Key-West*. Les eaux douces parties des entrailles de la terre ont, en outre, une chaleur thermale. Pourquoi donc cette chaleur ne se communiquerait-elle pas, de temps à autre, aux masses sous-marines du *gulf stream ?* C'est un doute, bien entendu, que j'émets à cet égard ; et loin de moi d'en exagérer la portée ! L'influence du Mississipi sur le golfe du Mexique a été si fort exagérée, que pour rien au monde je ne voudrais agir de même avec n'importe quel Mississipi souterrain ou sous-marin.

L'hydrologie sous-marine éclaircira peut-être un autre problème de moindre importance, mais du même genre. On connaît l'écoulement de la Mer Noire s'effectuant par le canal du Bosphore. C'est un trop plein d'eau presque saumâtre qui se verse à la Méditerranée, comme un autre courant d'eau salée y pénètre de l'Océan par le détroit de Gibraltar. Or, je le demande maintenant : Le courant du Bosphore vient-il, comme on l'a supposé, de ce que les fleuves, débouchant dans la Mer Noire, y jettent plus d'eau que l'évaporation n'en enlève ? Si par *fleuves* on n'entend ici que les écoulements superficiels des eaux pluviales, il serait douteux qu'ils puissent même compenser les pertes de l'évaporation, loin de les surpasser. Cherchons donc ailleurs le dernier mot de la question.

On n'a point oublié que, d'après l'*Association américaine pour l'avancement des sciences,* l'évaporation de la vallée du Mississipi y enlèverait dix fois plus d'eau que ce fleuve n'en décharge à la mer : chiffre fort exagéré, puisqu'il doit aussi comprendre la part des écoulements souterrains omise dans ce calcul. Néanmoins, tout en réduisant ce chiffre, c'est-à-dire la force évaporante, de moitié ou des trois quarts si l'on veut, pour les vallées débouchant à la Mer Noire, il resterait toujours à la calculer sur cette mer, dont la superficie présente un immense bassin d'évaporation. Ajoutons qu'ici l'agent évaporateur n'a plus à lutter contre les obstacles de la végétation et du relief de la terre-ferme ; il est libre sur cette plaine liquide, et il y atteint son *maximum* de puissance, qu'il applique à la réduction des écoulements du littoral. Cette réduction est si rapide sur le golfe du Mexique, qu'au plus fort de la crue du Mississipi, en juin 1859, je n'ai pu, le salomètre à la main, en apercevoir la moindre trace à 40 ou 50 milles en mer. Or, qu'est-ce, à côté du Mississipi, que le Danube, le Dnieper, le Don et tous les autres fleuves débouchant à la Mer Noire? Et qu'en peut-il rester à 20 ou 30 milles de leurs diverses embouchures? Qu'on ne m'explique donc plus l'écoulement du Bosphore par un excès de leurs eaux superficielles; car l'évaporation les a déjà réduites à néant[1]. Dès-lors, si un excès d'eau demande à s'écouler de la Mer Noire, comme il n'y arrive point par la surface, d'où viendrait-il, sinon du fond? En tous cas, la difficulté se simplifie par le fait des écoulements sous-marins. Des communications souterraines pourraient très-bien exister d'ailleurs avec la mer d'Aral, qui de siècle en siècle baisse de niveau, en même temps qu'elle reste encore supérieure d'environ 11 mètres à celui de la Mer Noire. En ne considérant, enfin, cette dernière que dans son propre bassin hydrographique, elle est comme un bassin continental dont l'écoulement donne plus d'eau qu'il ne semble en être tombé dans son périmètre : ce qui ne s'explique alors que par des additions cachées provenant d'infiltrations et d'écoulements souterrains.

Le golfe du Mexique ne serait-il pas un peu dans un cas semblable? Ce ne seraient plus alors le Mississipi et les autres fleuves superficiels, mais la multitude des écoulements sous-marins joints à ceux de la

[1] Ce que nous disons du pouvoir de l'évaporation sur la Mer Noire et de la nécessité d'y tenir compte des écoulements de fond, se trouve indirectement confirmé par l'application des mêmes forces évaporantes aux lacs de Genève et de Constance. Voici comme s'exprime, à ce dernier sujet, M. Babinet, de l'Institut :

« Si le Rhône et le Rhin, en traversant le lac de Genève et de Constance, ne sont pas épuisés par l'immense évaporation de ces belles nappes d'eau douce, *c'est qu'ils reçoivent par des sources de fond bien d'autres eaux que celles des fleuves qui les traversent.* »

Le même savant dit ailleurs :

« Les rivières que reçoit la Seine à partir de Rouen sont d'un si médiocre volume, que l'augmentation des eaux du fleuve doit être attribuée *principalement aux sources de fond, qui viennent sourdre dans le lit même.* » (Voir dans la *Revue des Deux-Mondes* les articles : *Quillebœuf* et *Méditerranée.*)

surface, qui feraient l'*apoint* nécessaire à l'exhaussement des eaux du golfe et à la formation du *gulf stream*[1].

Les écoulements, que j'ai signalés autour du golfe du Mexique, n'y sont point connus encore en nombre assez considérable pour résoudre de tels problèmes; mais combien d'autres ne peuvent-ils pas y être découverts, quand leur recherche sera devenue un but scientifique spécial! En attendant ce résultat, n'oublions pas les écoulements semblables reconnus sur les bords de la Méditerranée, et l'hypothèse qu'ils ont suggérée à l'amiral Smyth dans son savant ouvrage sur cette mer. Les sources d'eau douce, surgissant au milieu des eaux salées du littoral, y ont été parfaitement remarquées par l'auteur. Ainsi, dans le golfe de la Spezzia, dans les ports de Syracuse et de Tarente, en Grèce surtout et ensuite en Syrie, ces sources sont signalées comme ajoutant aux fleuves superficiels des écoulements souterrains, dont on a beaucoup trop négligé l'importance. Contredisant alors la vieille opinion que la Méditerranée reçoit peu d'eau de ses affluents, l'amiral soulève un des plus graves problèmes de l'hydrologie.

« Il se peut bien, dit-il, que, sans les constantes additions reçues par » les détroits de Gibraltar et de la Mer Noire, la Méditerranée ne rece-

[1] Voici encore un problème dont l'hydrologie sous-marine me semble donner la clef:

M. D'Archiac, dans sa belle *Histoire des progrès de la géologie*, parlant de l'espace où les matières alluviales du Gange ont relevé le lit de l'Océan, mentionne une portion de mer de cinq ou six lieues de long, sur trois ou quatre de large, où le fond n'a jamais été atteint. « C'est *le trou sans fond des* » *cartes;* anomalie remarquable, dit-il, qui n'a pas encore reçu d'explication satisfaisante. » Qu'on se rappelle pourtant ce qui a été dit des courants souterrains et sous-marins propres à chaque vallée, et l'on reconnaîtra que ceux débouchant de la vallée du Gange dans l'Océan-Indien peuvent très-bien être capables d'entraîner les sondes; ce qui empêcherait de sonder certains parages soumis à leur action directe, entre autres celui précité. Le salomètre aurait du moins permis d'y reconnaître la présence des eaux douces ou saumâtres. (*Histoire des progrès de la géologie*, T. Ier, p. 342, par M. le vicomte D'Archiac, citant la *Géologie et minéralogie du voyage de la Bonite*, p. 324, par E. Chevalier.)

En attendant que l'hydrologie explique tant de phénomènes sous-marins, et les fasse d'abord vérifier et coordonner, il en est un que je ne puis omettre ici.

« L'île Baharen (dans le golfe Persique) n'a qu'une eau malsaine et salée, et ceux qui ne peuvent » s'en contenter, en envoient prendre au fond de la mer à une lieue du rivage. Deux hommes plon- » gent avec des vases bien bouchés attachés à leur ceinture; arrivés au fond, ils débouchent et » emplissent les vases, puis les rebouchent et montent : l'eau se trouve fort bonne et douce; elle » l'est jusqu'à deux ou trois pieds du fond. » (Extrait du *Voyage de Gemelli Carreri*, dans la *Collection abrégée des Voyages autour du monde*, par F. B...l, T. III, p. 219. Paris, 1808.)

»vrait pas un équivalent de ce que l'évaporation lui fait perdre de ses »eaux fluviales et pluviales ; mais d'après les faits qui précèdent, il est »évident qu'on a conclu en sautant par-dessus les difficultés, et que »la question réclame beaucoup plus d'attention qu'on ne lui en a donné »jusqu'ici [1]. »

Les écoulements sous-marins doivent donc entrer en ligne de compte [2], et c'est pour les avoir négligés que tous les calculs relatifs aux eaux de la Méditerranée sembleraient à refaire. Telle est la conclusion indirecte mais évidente de l'amiral Smyth, qui se met aussitôt lui-même à refaire les supputations de Halley sur les forces de l'évaporation appliquées à la superficie de cette mer. Or, quelle est son autre conclusion à cet égard ? C'est que le célèbre astronome anglais reste ici bien au-dessous de ce qu'il aurait pu faire, et au milieu de ses beaux calculs se trouve pris en flagrant délit de somnolence.

[1] P. 143. *The Mediterranean, a memoir physical, historical and nautical*, by rear-admiral W. H. Smyth (London, 1854). — *Voir* aussi l'article de la *Revue des Deux-Mondes*, où M. Babinet a si bien fait apprécier ce bel ouvrage.

[2] *Idem*, p. 142. Après avoir parlé des sources jaillissant dans les eaux salées du littoral, et des eaux douces qu'on rencontre partout auprès de la mer dans les rivages sablonneux, l'amiral touche, en note, une nouvelle série de faits : ce sont les ébullitions et émissions de gaz par des fissures sous-marines près des régions volcaniques ; et il ajoute qu'il en parle, *quoiqu'elles ne rentrent pas exactement dans le même ordre d'idées* Or, j'en demande pardon à l'illustre amiral ; car ces fissures prouvent, en pareil cas, comment les forces volcaniques ont contribué à faciliter et multiplier les issues et les écoulements, non-seulement près du littoral où il les a si bien remarquées, mais au fond des mers, où les courants d'eau douce doivent presque toujours rester inaperçus.

A l'appui de cette opinion et des considérations présentées au début de notre *Hydrologie sous-marine*, nous rappellerons les *catavothrons*, si nombreux dans les terrains crétacés de la Grèce, et dont plusieurs débouchent en pleine mer : ainsi, le lac Copaïs, qui ne doit qu'à de pareils écoulements de ne point submerger la Béotie. Or, voici le rôle que, dès la plus haute antiquité, y jouaient les forces volcaniques ; c'est Strabon qui nous le fait ainsi connaître : « Il y arrive souvent, dit-il, »d'affreux tremblements de terre qui bouchent ici les issues souterraines, tandis que là ils en ouvrent »de nouvelles... Tantôt des canaux cachés entraînent les eaux courantes sous la terre, tantôt des »éboulements superficiels les forcent à se répandre en marais et en lacs... Voilà pourquoi l'on trouve »ici des villes placées près d'un lac, lesquelles autrefois n'en avaient point dans leur voisinage. Quel»quefois aussi des villes, menacées d'être englouties par la crue des eaux, ont été abandonnées, et »les habitants en ont bâti de nouvelles sous les mêmes noms. » (T. XII, p. 359 de la *Géographie universelle de Malte-Brun*, corrigée et complétement refondue par M. E. Cortembert. Paris, 1859.)

Qu'on se figure maintenant la série de phénomènes semblables qui ont fait surgir tant d'îles volcaniques dans le voisinage des continents, et l'on aura une idée des conduits souterrains et sous-marins qui permettent aux eaux pluviales de s'écouler dans les bas-fonds océaniques.

On voit donc une fois de plus, par cet exemple [1], tout ce qui est à faire en hydrologie, puisque les données fondamentales de l'évaporation n'y sont encore que des inconnues. Ceci nous ramène au point de départ de cette science, c'est-à-dire à la nécessité d'un système hydrométrique et au moyen de l'établir par l'emploi des tables d'évaporation. Tant que celles-ci feront défaut, c'est en vain qu'on traitera de la distribution des eaux de pluie, soit dans les bassins maritimes, soit sur la terre-ferme, puisqu'on n'en peut déterminer, ni la part rendue à l'atmosphère par les forces évaporantes, ni celle retournant à la mer par la double voie des écoulements superficiels et des écoulements de fond.

VII.

PROBLÈMES DONT L'HYDROLOGIE DONNE OU PRÉPARE LA SOLUTION.

Après avoir esquissé le rôle et démontré l'importance des eaux souterraines et sous-marines, il convient de tirer des notions ainsi acquises quelques conséquences d'un intérêt scientifique plus général. Je me bornerai, pour le moment, aux déductions applicables à l'étude des terrains peut-être les plus négligés, et appartenant, soit aux temps modernes, soit aux périodes anciennes : je veux parler des formations d'eau douce, dont un si grand nombre, maintenant à sec, ont été d'abord sous-marines et déposées par des sources calcarifères, ferrugineuses et autres, tantôt près des rivages, tantôt au sein des mers primitives.

Pour reconnaître ces anciennes formations, on peut infailliblement se guider par celles de nos jours qui ont une origine semblable. On sait, par exemple, comment certaines sources écartent et rejettent sur leurs bords, en jaillissant, les sables d'où elles sortent; comment d'autres aussi, chargées de matières agglutinantes, accumulent les concrétions autour de leurs orifices. Tantôt ces concrétions s'exhaussent, jusqu'à ce que le conduit des eaux sédimentaires se bouche par un excès de matières

[1] Les Mémoires de Halley sur l'évaporation maritime sont imprimés dans les *Philosophical Transactions* et dans le premier volume des *Miscellanea curiosa*.

entraînées ; tantôt la hauteur même de l'ascension, ne permettant plus à la source de s'élever, la fait s'échapper latéralement et produire à l'entour d'autres dépôts semblables aux premiers. Quand la source jaillit sous mer, c'est encore la répétition des mêmes phénomènes, les portions des couches souterraines entraînées ne pouvant s'y déposer autrement que nous le voyons sur la terre-ferme. Or, dans tous ces cas, ces formations ont des caractères distinctifs, qui, une fois observés, ne permettent pas qu'on les confonde avec d'autres. Ainsi, leurs orifices ressemblent tous à des cratères, et leur exhaussement par des dépôts successifs en fait autant de cônes tronqués. L'origine en est d'ailleurs facile à reconnaître, au-dedans par leurs couches irrégulières et concentriques, au-dehors par l'isolement qui les détache des terres environnantes. Ajoutons que ces formations, se produisant où jaillissent les sources, se rencontrent le plus souvent au *thalweg* des collines, aux pieds des grands plateaux.

Tous ces caractères devront maintenant se retrouver dans les anciennes formations analogues dont nous avons à nous rendre compte. Et d'abord, si on les a méconnues, c'est parce qu'on les confondait avec des terrains sans rapports avec elles, sauf une ressemblance toute extérieure, celle de l'élévation et de l'isolement. Cette ressemblance provient de ce que la dégradation et l'entraînement des terres autour d'un point qui reste intact, en font aussitôt un point culminant et créent une élévation. Des buttes, des collines, des montagnes sont ainsi résultées de l'érosion des grands courants diluviens, qui les ont taillées dans le niveau des plaines tertiaires, et les ont laissées comme témoins de l'état antérieur du sol. Eh bien ! c'est parmi les terrains de ce dernier genre que les concrétions et dépôts des sources ont été classés le plus souvent, considérés qu'ils étaient comme des hauteurs formées par dénudation. Il importait cependant, et il était également facile de les distinguer par leurs caractères intrinsèques. Car, ces hauteurs se forment-elles de couches parallèles puissamment stratifiées, il est évident qu'elles ont fait partie d'un vaste ensemble, et sont les restes de grands dépôts disparus. Sont-elles, au contraire, irrégulières, sans parallélisme, concrétionnées et avec des aspects concentriques, il n'est pas moins évident que leur formation a été locale, et s'est développée autour d'un ou plusieurs centres, selon qu'il y avait une ou plusieurs sources sédimentaires, et qu'elle étaient intermittentes, périodiques ou continues.

C'est cette distinction essentielle et trop oubliée que l'hydrologie mettra dans tout son jour, non-seulement pour les terrains modernes, mais aussi pour ceux qui les ont précédés. D'où l'on voit, par ce premier exemples combien cette science doit faciliter l'étude des anciens âges du globe et concourir aux progrès de la géologie proprement dite.

La distinction des buttes formées par dénudation, de celles produites par les dépôts des sources sédimentaires, ne permettra plus d'abord de confondre l'influence des eaux superficielles avec celle des eaux souterraines, l'une et l'autre devant très-bien se reconnaître à ses propres œuvres. Tout porte ensuite à croire que ces deux influences ont dû constamment se maintenir dans les mêmes rapports, soit entre elles, soit avec les phénomènes généraux de la précipitation et de la distribution des pluies; d'où il résulterait que, connaissant bien les rapports actuels entre les écoulements superficiels et les écoulements souterrains, nous connaîtrions par là même leur corrélation durant les âges antérieurs. Durant la période diluvienne, par exemple, les fleuves étaient autrement larges et impétueux que ceux de nos jours. Les éléphants, les rhinocéros, le gigantesque mégathérium qui en habitaient les rives, y trouvaient une végétation proportionnée à leurs besoins alimentaires. Le règne animal et le règne végétal se conformaient, sur une échelle colossale, aux conditions de l'atmosphère et des eaux pluviales de cette période. Or, voudrait-on par hasard excepter de cette loi les eaux d'infiltration, et, les supposant sans corrélation avec celles de la surface, admettre une infériorité d'importance pour les seuls écoulements souterrains ? Rien ne serait moins fondé pour une période, où les grandes commotions volcaniques étaient plus récentes, sinon contemporaines; où les crevasses béantes du sol n'avaient eu le temps ni de se boucher ni de s'amoindrir, et où l'air plus chaud et plus chargé d'acide carbonique augmentait et accélérait d'autant l'action dissolvante des eaux. En un mot, quand les actions physique, chimique et mécanique, se réunissaient pour accroître le rôle des eaux souterraines, voudrait-on prétendre que ce rôle n'en avait reçu aucun accroissement, et que les effets n'en étaient point proportionnés à ceux des courants qui lavaient et remaniaient alors toute la surface du globe ?

Rien, à coup sûr, ne serait plus illogique que cette conclusion ; il faut donc la repousser comme incompatible avec la vraie répartition des pluies dans leur retour, soit apparent, soit caché, au réservoir des mers. C'est ce qui nous a fait admettre, comme un des principes fondamentaux de l'hydrologie, la constante corrélation existant entre les eaux souterraines et les eaux superficielles, celles-ci n'ayant pu croître en puissance, sans que les autres n'en fissent autant de leur côté. Quant aux forces de l'évaporation, aidées qu'elles étaient par les courants aériens et une plus haute température du globe, elles suivaient évidemment la même loi, pour maintenir la circulation des éléments liquides.

Ceci posé, en voici la conséquence pour l'étude des formations provenant, par exemple, des sources diluviennes. Grâce à la température d'alors beaucoup plus élevée que celle de nos jours, favorisées d'ailleurs par des émanations gazeuses plus abondantes, les eaux souterraines devenaient rapidement thermales et acides. Or, comment auraient-elles passé à travers les crevasses terrestres, sans les corroder, sans y former d'immenses vides ? De là tant de cavernes dont l'étendue ne doit plus nous surprendre, puisqu'elle était tout simplement proportionnée aux effets de l'érosion superficielle. Celle-ci dénudait et ravinait les terres élevées au-dessus des mers, détruisait l'uniformité des anciennes plaines, les découpait en collines et en vallées, en côtes et en bassins, et, tout en creusant les lits des fleuves modernes, elle entraînait des amas sédimentaires qui préludaient à la formation des deltas. Eh bien ! durant tous ces phénomènes et en corrélation avec eux, l'érosion souterraine rivalisait avec son émule ; et, après avoir formé d'innombrables excavations, elle se produisait au-dehors en y accumulant les matériaux dont elle s'était chargée ou saturée.

C'est alors que des courants calcarifères, gypseux, ferrugineux et autres, jaillissant à travers les fentes d'un sol bouleversé, déposèrent, à leur sortie, les amoncellements qu'on a pris souvent, de nos jours, pour des buttes ou collines formées par dénudation. Chaque période géologique en a eu du même genre, et méconnus de la même manière.

Cette confusion a été surtout regrettable pour la vallée du Mississipi, où les falaises riveraines, et celles bordant le contour de l'æstuaire primitif, sont presque uniquement considérées comme restes de deltas antérieurs, emportés ou remaniés par les courants diluviens. Ces falaises (*écors* ou *bluffs*, comme on les appelle) auraient dès-lors été formées par dénudation. Mais c'est là précisément la question à examiner : ce que nous ferons, quand nous aurons terminé l'étude des terrains sédimentaires de la Louisiane.

Quant aux dépôts sous-marins accumulés près des rivages ou dans les profondeurs océaniques, il était difficile qu'ils sortissent aisément reconnaissables du milieu, où ils avaient été formés. Bientôt, en effet, ils durent perdre, avec leur élévation primitive, leur aspect conique et cratériforme, lavés qu'ils étaient par les vagues et les tempêtes; puis de nouveaux relais de mer, se superposant à ces terrains aplanis, produisirent le phénomène des formations d'eau douce, si souvent intercalées parmi des formations marines.

Cette intercalation a été maintes fois expliquée par des soulèvements et abaissements successifs de la terre-ferme. Mais il serait tout aussi simple et souvent mieux fondé d'en demander la cause aux dépôts formés par les irruptions d'eau douce. Qui peut douter, par exemple, que l'irruption sous-marine de *Key-West*, comparée par tous les témoins oculaires à l'entrée du Mississipi dans le golfe du Mexique, n'ait laissé autour de son orifice un immense atterrissement fluviatile, que recouvrent maintenant de nouveaux sables marins? Or, ce qui a lieu de nos jours sur de telles proportions, ne laisse pas douter que les dépôts d'eau douce ne fussent bien supérieurs durant la période diluvienne. Chaque période géologique a eu d'ailleurs les siens propres, et il importe à chacune d'elles de pouvoir les déterminer : d'où l'on voit maintenant ce que la science réclame, et d'où lui viendra la clarté nécessaire à ses progrès. C'est à l'hydrologie de mettre fin à cette longue confusion et dissiper à cet égard l'obscurité répandue dans l'étude des terrains anciens. Ses principes y seront un vrai flambeau pour aborder les mystères de la géologie. Une voie nouvelle est donc ouverte, où les découvertes ne sauraient se faire attendre. Le pressentiment en devient général, et déjà l'École des géologues Belges y a planté d'importants jalons par la valeur qu'elle a reconnue aux terrains tufacés ou *geysériens* [1].

L'étude de ces dépôts, où l'action chimique des eaux souterraines a joué le rôle principal, ne devra point faire oublier ceux résultant seulement de leur action mécanique : ainsi, les dépôts arénacés ou argileux formés par déversement à la sortie des orifices. Comme les formations tufacées, ceux-ci se distinguent également des terrains, soit plutoniques, soit neptuniques; ils en sont aussi les intermédiaires, et c'est à ce titre que leur véritable classification ne saurait manquer de croître en valeur.

Les calcaires tufacés, si fréquents dans l'Inde où on les nomme *kunkur*, semblent presque tous le produit de sources calcarifères, comme celles qui, de nos jours, y empâtent tant de cailloux roulés et en font des conglomérats. Des tufs semblables existent aussi dans l'île de Java, et y sont actuellement déposés par des sources minérales. Quant à celles de l'Hindoustan, leurs dépôts ont été formés sur une échelle immense, et l'on ne peut s'en expliquer l'étendue que par l'abondance des sources diluviennes, la plupart thermales, et bien plus chargées d'acide carbonique et d'alcali que les eaux de la période moderne [2]. Les bancs qui se trouvent à l'entrée du Gange ou du Mississipi et y forment les fonds durs, dangereux pour les navires, indiqueraient, à leur tour, les traces d'anciens courants d'eaux minérales qui en ont solidifié les matériaux. Tous ces exemples et mille autres viendront augmenter l'importance des terrains concrétionnés, tufacés ou geysériens, c'est-à-dire formés chimiquement de substances métallifères ou lithoïdes, tenues en solution dans les sources, comme elles le sont aujourd'hui dans les *geysers* d'Islande.

[1] M. D'Homalius d'Halloy, dans son *Abrégé de géologie* (Paris, 1853, p. 250 et 283), distingue fort bien les dépôts formés par l'action mécanique des eaux répandues à la surface terrestre, et ceux formés par l'action chimique des eaux qui sortent du sein de la terre. C'est à cette dernière catégorie qu'il applique le nom de *tufacé*, pour en désigner les formations qui sont réellement distinctes de toutes les autres.

Voyez encore la *Note sur la division des terrains en trois classes, d'après leur mode de formation, et sur l'emploi du mot* GEYSÉRIEN *pour désigner la troisième de ces classes*, par M. Dumont. (Bulletin de l'Académie royale de Belgique, 1852, T. XIX, 2e part., p. 18.)

[2] Voir p. 314, *Géologie du voyage de la Bonite*, par M. E. Chevalier, lieutenant de vaisseau.

Quant au groupe de dépôts résultant des alluvions entraînées et dégorgées par les eaux souterraines ou sous-marines, il a été le plus méconnu de tous, et je ne sache point qu'on y ait jamais fait allusion. Cependant les îles et monticules de boue, produits par le même mécanisme, aux bouches du Mississipi, nous montrent chaque jour l'importance de cette subdivision. Leur formation est incessante, et comme on en peut suivre tous les développements, elle facilitera d'autant mieux l'intelligence des formations analogues durant les anciennes périodes. La seule différence propre à ces dernières, c'est que les dépôts des eaux, infiltrées et engouffrées, y correspondaient en nombre et en importance à la supériorité d'entraînement et de dissolution des fleuves superficiels. Il ne faudrait donc pas mesurer ces anciens dépôts aux faibles proportions de leurs analogues modernes, mais au contraire nous servir de ceux-ci, pour aller, par voie d'induction, à la découverte des autres et leur assigner enfin leur véritable place.

GÉOLOGIE

PRATIQUE

DE LA LOUISIANE.

PREMIÈRE PARTIE.

I.

CARTOGRAPHIE DE L'ÉTAT DE LA LOUISIANE.

Considérations préliminaires sur ce sujet; William Darby en a compris l'importance, mais ne l'a abordé que pour y échouer. —Valeur des cartes allemandes de l'ancienne Louisiane. — Combien les cartes anglaises sont supérieures à cet égard, par l'aveu loyal qu'elles n'ont fait que copier les cartes françaises. — Prétentions contraires de la France et de l'Angleterre, révélées et précisées par leurs cartes géographiques. — La Cartographie Louisianaise, unie à celles de la Caroline et du Canada, s'élève à la plus haute importance historique. — Digression à propos du *Détour à l'Anglais*, et réparation faite au caractère chevaleresque de Bienville. — Appréciation plus complète des fondateurs de la Louisiane, due aux cartes qui nous font suivre tous leurs pas, en même temps qu'elles reproduisent le sol primitif où ils s'établissaient.

La Cartographie ou l'examen comparatif des anciennes cartes de la Louisiane constitue les premières archives de sa géologie pratique. Chacun de ces documents y marque, en effet, une période fixe dans la direction des cours d'eau, dans la forme des rivages, dans le progrès des atterrissements. C'est donc là le vrai point de comparaison de l'état passé avec l'état présent des lieux : point de départ aussi pour l'investigation des périodes antérieures et sans lequel on ne pourrait rien conclure d'utile ni de sûr pour l'avenir.

Grâce à l'ensemble de ces cartes géographiques, nous embrasserons d'abord plus d'un siècle et demi de l'histoire territoriale de la contrée. Comparant ensuite les plus anciennes d'entre elles avec les plus récentes, nous y mesurerons toutes les transformations que les alluvions modernes ont opérées dans le sol. Puis, suivant la marche de leurs empiètements sur le golfe de Mexique, et remontant de ceux-ci aux atterrissements antérieurs, nous déduirons la durée totale des uns et des autres, et pourrons enfin résoudre le grand problème de la Géologie Louisianaise : celui du temps employé par le Mississipi pour combler son æstuaire et créer son gigantesque delta.

Rendons d'abord justice à nos devanciers.

Willam Darby, ancien arpenteur du Gouvernement Fédéral, a écrit sur la Louisiane, dont il avait déjà publié une carte, le meilleur ouvrage statistique que j'aie pu consulter jusqu'à ce jour. Homme pratique avant tout, il y a sans doute été guidé plus par des instincts que par de vraies connaissances scientifiques ; mais il n'en a pas moins le mérite d'y avoir signalé beaucoup de faits nouveaux, et, tout erroné ou incomplet qu'il est dans les explications qu'il en donne, il en a certainement facilité l'étude : on ne saurait trop lui en tenir compte. Son bon sens lui fit sentir, par exemple, l'importance des anciennes cartes, dont nous commençons à publier les plus précieuses. Aussi les rechercha-t-il, surtout les cartes d'origine française, qui, faites par et pour les anciens colons, renfermaient naturellement les plus authentiques témoignages sur l'état primitif de la Louisiane. Malheureusement il ne put se procurer celles-ci, et il en fut réduit à consulter des cartes allemandes et anglaises, copies plus ou moins altérées des précédentes et qu'il eut le tort de prendre pour des originaux. C'est ainsi qu'au début de sa *Description de la Louisiane*[1], il reproduit, comme la plus ancienne carte de la contrée, celle de Jean-Baptiste Homann, de Nuremberg, laquelle est bien le plus pauvre document qui pût lui tomber sous la main.

Ce qu'il y a de plus grave au point de vue scientifique, c'est que Darby l'a reproduite sous la date précise de 1712, qu'elle n'a aucunement, et qui est

[1] *Geographical description of the state of Louisiana.* 2e édit., 1817.

même en contradiction avec son propre texte où il la suppose *antérieure à 1719 ou d'environ 1712.* Le mot *environ (about)* ne permettait donc pas de lui attribuer une année fixe ; ce qui aurait bien dû empêcher Darby d'y afficher une erreur, en avançant ce qu'il ignorait.

D'un autre côté, le personnage de J.-B. Homann, qui empruntait à toutes les sources ses documents géographiques et les reproduisait invariablement sans date, aurait dû faire suspecter la valeur chronologique d'une carte sortie de pareilles mains. Dès-lors l'exacte ressemblance de la *Louisiane* d'Homann avec celle publiée à Paris, en 1713, dans la relation de Joutel, compagnon de voyage de Robert de la Salle, ne permettait pas d'hésiter. Des deux cartes pareilles, celle avec date certaine devait évidemment passer pour l'original, surtout quand l'autre, écrite en latin, portait le mot français de SABLONNIÈRE *flumen.* C'est pourtant celle-ci, bien que non datée, que Darby a jugée la plus ancienne et le type des autres [1], ignorant en outre que parmi les cartes d'Homann relatives à la Louisiane, celle qu'il adoptait, était juste la plus grossièrement inexacte, puisque la rivière d'Iberville, tracée sur les autres cartes de cet éditeur, était exceptionnellement supprimée sur celle-ci.

Il était donc impossible de plus mal débuter dans la cartographie Louisianaise que l'a fait William Darby. C'est un mauvais service qu'il doit à la carte de Nuremberg, et dont les géographes anglais, bien plus intéressés que les Allemands à connaître les découvertes françaises, l'eussent préservé, à coup sûr, s'il les eût mieux consultés.

Voici, en effet, comment s'exprime le géographe Henri Moll, dans sa carte de 1720, l'une des plus remarquables parmi celles publiées au début du dernier siècle sur l'Amérique du Nord [2]. *La partie sud-ouest de la Louisiane,* nous

[1] *Homann's latin map,* dit-il, *which appears to be the original from which the others have been drawn.* 2e édit., p. 15.

[2] Voir *A new map of the North Parts of America claimed by France under the names of Louisiana, Mississipi, Canada et New France, with the adjoyning territories of England et Spain; by H. Moll, geographer, 1720.* (Bibliothèque impériale, Atlas universel d'Amérique, XXI, N° 20.)

L'auteur ajoute à son titre l'observation suivante :

A great part of this map is taken from the original draughts of M. Blackmore, the ingenious M. Berisford now residing in Carolina, capt Nairn et other never before publish'd. — The south west part of Louisiana is done after a French map published at Paris in 1718.

Plus bas, on lit encore : *N. B. The French map, mention'd in the title, is done by M. Delisle and publish'd by him at Paris, in June 1718, which I am ready to shew to any gentleman that desires it.*

dit-il dans le titre, *est faite d'après une carte française publiée à Paris en 1718* : ce qui montre bien à cet égard la priorité des documents français. Et afin qu'on n'en doute point, il écrit, en avertissement, sur sa carte, qu'*il est prêt à montrer à tout gentilhomme, désireux de le voir, l'original publié à Paris par M. Delisle* [1].

Voilà certes un aveu britannique, significatif autant que loyal, et qui résout sans appel toute question de priorité en matière de cartographie Louisianaise. Comment supposer d'ailleurs que la Louisiane et le Mississipi eussent pu être mieux connus et mieux décrits que par ceux qui les découvrirent et les colonisèrent? De la Salle et Tonti, Iberville et ses frères, et tous leurs compagnons d'aventure et de travail, furent des hommes prodigieux, complets, se préoccupant à l'envi de l'avenir et faisant honneur, non-seulement à l'ancienne France, mais à l'humanité tout entière, et surtout à l'Union Américaine qui les associe à ses propres fondateurs.

Revenons à la carte anglaise de 1720, et n'oublions pas qu'elle a copié de celle de Delisle jusqu'à un cartouche représentant la Basse-Louisiane sur une plus grande échelle (*Pl. II, Fig. 3*). Une telle reproduction montrait bien, non-seulement la priorité déjà reconnue, mais aussi l'importance attachée en Angleterre aux nouvelles découvertes des Français. Et le géographe Moll ne manque pas d'en avouer le motif, qui était « d'éclairer ses compatriotes sur les » droits, intérêts ou prétentions qu'ils pourraient avoir sur les terres réclamées » ou plutôt, disait-il, empiétées par la France [2]. »

[1] Voici le texte même du géographe Moll, qui précise nettement les prétentions anglaises. Je le reproduis comme pièce du grand procès politique, qui devait tant influer sur l'avenir de la Louisiane, et contribuer en même temps aux progrès de sa Cartographie.

« *N. B. The French divisions are inserted on purpose, that those noblemen, gentlemen, merchants, etc., who are interested in our plantations in those parts, may observe wheter they agree with their proprieties, or do not justly deserve the name of incroachments.* »

Enfin, dans un autre avis relatif aux mêmes réclamations territoriales de la France, « *According to a French map published at Paris* », Moll ajoute : *The English claim the property of Carolina from lat. 29 deg, as part of Cabot's discoveries, who set out from Bristol in 1498 at the charge of King Henry the 7th ; but they did not take possession of that country till King Charles the IIs time in 1663, who granted a patent to divers persons to plant all the territories within the north Lat. of 31° to 36°, and so west in a direct line to the South Sea, which limit line is just touched in this map, et to avoid confusion is not continued. — Hence any body may see how much they (the French) would incroach, etc.*

Au surplus, les prétentions de l'Angleterre n'allaient à rien moins qu'à comprendre le territoire de la Louisiane dans la partie occidentale de la Caroline. La France, de son côté, le considérait comme une simple extension du Canada, et le traitait en appendice dont l'annexion était indispensable à ses vues d'avenir. Comme on le voit, l'esprit annexateur n'a jamais fait défaut aux grandes nations, et il se donnait alors pleine et libre carrière à travers le Nouveau-Monde. Il est vrai que la France avait pour elle un droit de découverte, et que, maîtresse du cours supérieur du Mississipi, elle avait un besoin tout spécial d'y joindre l'embouchure du fleuve. C'était donc un esprit de jalousie, bien plus qu'un intérêt direct, qui fit, en 1727, publier à Londres par Daniel Coxe la *Description de la Caroline et du fleuve Meschacébé,* ouvrage curieux par la carte qui l'accompagne, mais bien plus par les noms britanniques que l'auteur essaie de substituer aux dénominations françaises de la Louisiane. Ce qui rend, encore aujourd'hui, ce livre plus amusant qu'instructif, c'est la mauvaise humeur qui l'inspira, au souvenir de la mésaventure qui a rendu fameux le *Détour à l'Anglais.* Or, les Anglais eux-mêmes nous forçant d'y revenir, que l'histoire en soit au moins rétablie dans toute son intégrité !

C'était en l'année 1700, et peu de temps après que l'embouchure du Mississipi avait été reconnue par Iberville. Bienville, son plus jeune frère, alors sous les ordres de Sauvol « et revenant des Natchez pour se rendre à Biloxi, trouva » un petit navire anglais qui était en carène à un détour de trois lieues. Il alla » à lui et lui demanda ce qu'il venait chercher au Mississipi, et s'il ne savait » pas que les Français étaient établis dans le pays. L'Anglais, fort étonné, lui » répondit qu'il n'en savait rien, et partit un moment après pour s'en retourner » à la mer, pestant bien fort contre les Français et M. de Bienville. C'est ce » qui a fait nommer ce détour le *Détour aux Anglais,* dont il porte aujourd'hui » le nom [1]. »

Sauvol vient, à son tour, confirmer l'exactitude de ce récit contemporain. Voici ce qu'il écrivit dans son journal :

« En descendant le fleuve et à 25 lieues de son embouchure, M. de Bienville » a rencontré une frégate anglaise de 12 canons, à laquelle il a fait opposition,

[1] Voir *Annales véritables des 22 premières années de la colonisation de la Louisiane,* par Pénicaut, charpentier de navire. — Mss. Boismare, dans la Bibliothèque de l'État, à Bâton-Rouge.

» comme l'ordre que je lui avais donné portait. Le capitaine, nommé Baam » (Bar), lui avoua ingénuement qu'il n'avait été reconnaître cette rivière que » pour y faire un établissement pour une compagnie ; mais voyant que nous nous » en étions emparés avant eux, et nous croyant établis en haut, il a pris le » parti de s'en retourner, assurant les nôtres qu'on le reverrait l'année » prochaine [1]. »

Voilà, certes, deux témoignages précis et compétents, d'abord sur la reculade anglaise, ensuite sur la conduite aussi franche que ferme du jeune Bienville. Comment donc son caractère a-t-il pu être dénaturé au point que, dans la tradition populaire, on ne lui accorde en cette occasion qu'un mérite vulgaire, celui de la ruse?

Daniel Coxe, dans sa *Description* déjà mentionnée *de la Caroline*, parle également des projets de ses compatriotes de s'établir alors sur le Missississipi ; mais pas plus lui, que les témoins déjà cités, ne songe à revêtir Bienville de la peau du renard, en lui attribuant la réponse faite au capitaine anglais, que le fleuve où ils se trouvaient n'était point le Mississipi, et qu'il fallait le chercher beaucoup plus à l'ouest. Ce mensonge heureux, qui aurait fait partir le navire britannique, n'a donc pu être inventé qu'après coup, et probablement par celui qui avait besoin de se justifier [2]. En tous cas, cette invention n'aurait pas dû atteindre le fondateur de la Nouvelle-Orléans, réfutée qu'elle est par Daniel Coxe lui-même, lequel n'attribue l'insuccès de l'expédition anglaise qu'au manque d'énergie du capitaine Bar.

Le terrain de nos études étant ainsi déblayé, hâtons-nous maintenant d'y rendre à Bienville, à ses frères et à tous ses compagnons d'armes plus d'un vrai mérite que l'oubli des cartes devait forcément laisser ignorer. Cet acte de justice est bien tardif ; mais il est du moins facile aujourd'hui, grâce aux

[1] *Journal inédit de Sauvol*, pag. 80 de la copie Boismare, qui, grâce au bibliothécaire M. Henri Droz, est comme le précédent dans la Bibliothèque de l'État, à Bâton-Rouge.

[2] C'est ainsi que, plus tard, cette invention a dû passer en France, et de là dans la Louisiane, avec Bernard de La Harpe, le premier qui l'ait avancée à la Nouvelle-Orléans, où il n'arriva toutefois qu'en 1718. Voici comme il s'exprime dans son journal : « Le capitaine anglais doutant s'il » était entré dans le Mississipi, Bienville aurait profité de son incertitude, en l'assurant que le fleuve » qu'il cherchait était plus à l'ouest, et que la rivière où il se trouvait était dans la dépendance du » Canada, dont la prise de possession avait été faite au nom de Sa Majesté T. C., et il le sommait » d'en sortir.... C'est par cette ruse que M. de Bienville empêcha les Anglais de prendre possession » du Mississipi. » (Voir le *Journal de l'établissement des Français en Louisiane.)*

précieux documents de la colonie naissante que nous avons retrouvés, soit à la Bibliothèque impériale, soit au Dépôt scientifique du Ministère de la marine, et grâce d'abord à l'obligeance infinie de M. Jomard et de M. l'amiral Mathieu, qui m'en ont, à l'envi, facilité la recherche. Dire combien l'étude m'en a été profitable serait impossible, et mieux vaut pour moi tâcher d'en faire également profiter mes lecteurs.

Qu'il suffise ici d'ajouter que la moindre de ces cartes signale toujours quelques faits nouveaux, et jette des traits de lumière inattendus qui ne manquent jamais de faire mieux connaître les lieux ou mieux interpréter les actes de la colonisation. Ce sont autant de révélations modestes mais pratiques, dont l'éloquence est sans phrase, et dont l'ensemble doit servir de fondement à l'histoire positive de la Louisiane, aussi bien qu'à sa géologie pratique.

Que voyons-nous, en effet, dans cette cartographie esquissée tour-à-tour sur les eaux du golfe de Mexique, sur le fleuve récemment découvert, ou bien sous la hutte de l'Indien encore anthropophage? Des traits saisissants pour la peinture d'une entreprise qui égalait en grandeur les lieux où il s'agissait de la fonder. La première de ces cartes, par exemple, est celle des voyages de Robert de la Salle, laquelle nous fait assister à la plus grande découverte géographique du siècle et aux premières communications civilisatrices du golfe de Mexique avec le Canada. Or, jamais évènement peut-être, si ce n'est la découverte même du Nouveau-Monde, n'eut plus de portée sur l'avenir des sociétés américaines. Et comment fut-il préparé? Par le désir, habilement excité chez les sauvages, de voir venir par la mer du Sud les pacotilles dont ils étaient si avides, et dont les glaces de l'hiver interrompaient trop fréquemment le commerce par la voie du Nord.

Mais laissons parler ici De la Salle lui-même, puisque nous avons retrouvé et sa carte et ses précieux manuscrits :

« On peut passer sûrement », écrivait-il au comte de Frontenac, « par toutes » ces nations, en ayant le calumet de paix. La plupart de celles où nous devons » aller le savent déjà, et se préparent à nous bien recevoir. — Les Ilinois se sont » offerts à nous escorter jusqu'à la mer, dans l'espérance que nous leur avons » donnée qu'il leur viendra par-là tout ce qui leur est nécessaire; et le besoin » qu'ont les autres nations de couteaux et de haches, etc., augmente le désir » qu'ils ont de nous avoir. »

C'est ainsi que De la Salle descendit à l'embouchure du Missisipi, en marquant sur sa carte la statistique de toutes les tribus riveraines, la nature du sol montagneux, boisé ou marécageux, enfin la forme sous laquelle lui apparut l'entrée du grand fleuve, dont les modifications incessantes constituent le plus important problème de la Géologie Louisianaise. On voit, dès-lors, comment la cartographie est non-seulement un préliminaire utile et intéressant, mais absolument indispensable à cette géologie, surtout au point de vue pratique. Aussi, grâce aux anciennes cartes, allons-nous d'abord nous représenter l'ancienne Louisiane telle que les premiers explorateurs l'aperçurent ou crurent la reconnaître. Puis, suivant tous leurs pas sur le sol qu'ils devaient coloniser, nous y apprécierons mieux les difficultés et le mérite de leurs entreprises, et, d'un autre côté, comparant l'ancien état du territoire avec l'état actuel, nous pourrons tout ensemble en deviner le passé et en conjecturer l'avenir.

II.

RELATION DE LA DÉCOUVERTE DE L'EMBOUCHURE DE LA RIVIÈRE MISSISSIPI DANS LE GOLFE DE MEXIQUE, FAITE PAR LE SIEUR DE LA SALLE, L'ANNÉE PASSÉE 1682.

Départ en août 1681 avec 54 compagnons de voyage, parmi lesquels Tonti, le P. Zénobe et Dautray. — Arrivée à l'embouchure de la rivière des Ilinois. — Descente du Mississipi. — Établissement du Fort à Prudhomme. — Suite du voyage. — Tambours et cris de guerre. — Préparatifs de défense. — Gages de paix et d'amitié. — Réception des voyageurs par des Akansa, Indiens à mœurs douces et gaies et bien différents de ceux du Nord. — Leur village situé vis-à-vis le confluent de l'Ohio. — Arrivée chez les Taensa, dont le lac est formé par le Mississipi. — Leurs huit villages, et curieux tableau de leur état social. — Arrivée chez les Nachié et les Koroa, ennemis des Taensa. — Échange de présents. — Le Mississipi divisé en deux par une île de 40 lieues de long. — De la Salle suit la branche orientale du fleuve, et en découvre l'embouchure (7 avril 1682). — Acte de la prise de possession et importance du Mississipi. — Remonte du fleuve. — Incidents du retour. — De la Salle tombe gravement malade chez les Akansa, et envoie Tonti porter la nouvelle de sa découverte. — Noble et touchante conclusion.

« Le sieur De la Salle s'embarqua sur le lac Taronto qui se décharge dans le lac des Hurons, à la fin du mois d'aoust de l'année 1681, et il arriva vers le commencement de novembre à la rivière de Miamis, au fond du lac des Ilinois, du costé du sud. Il travailla d'abord, après son arrivée, à préparer toutes les choses nécessaires pour achever sa découverte. Il choisit 23 François et 18 Nahingans et Abenaquis, sauvages qui avoient quitté leur pays voisin de la Nouvelle Angleterre et s'estoient mis sous sa protection. Ils voulurent mener avec eux dix de leurs femmes, pour leur aprester à manger selon leur coustume pendant qu'ils seroient à la chasse ou à la pesche, et ces femmes conduisirent avec elles trois enfans. Ainsy toute la troupe fut composée de 54 personnes, entre lesquelles étoient le sieur De Tonty, le père Zénobe, recollet, et le sieur Dautray, fils du procureur général de Québec.

» Le 21 décembre, le sieur De la Salle fit embarquer le sieur De Tonty avec une partie de ses gens sur le lac des Ilinois, pour aller vers la rivière *Divine* appelée par les sauvages *Chécagou,* afin d'y préparer des canots et les autres choses nécessaires à son voyage. Le S[r] De la Salle l'y joignit avec le reste de sa troupe le 4 de janvier 1682, et trouva que le sieur De Tonty, la rivière Chécagou estant glacée, avoit fait faire des traisnaux pour y mettre tout leur équipage.

» Ils partirent de cet endroit le 27e du mesme mois, et traînèrent leur bagage et leurs provisions environ 80 lieues. Ils passèrent par le grand village des Ilinois où ils ne trouvèrent persone, les sauvages estant allés hiverner ailleurs. Trente lieues plus bas et au bout d'un élargissement de la rivière nommé le lac de Pimedy, où estoit scitué le fort de Crèvecœur, ils trouvèrent les glaces fondues. Ainsy ils s'embarquèrent dans leurs canots et arrivèrent le 6 février à l'embouchure de la rivière des Ilinois, scituée au 38e degré de latitude.

» Les glaces qui dérivoient sur la rivière Mississipi les arrêtèrent en cet endroit jusqu'au 13e du mesme mois. Ils en partirent le mesme jour, et trouvèrent à six lieues plus bas, sur la main droite, une grande rivière qui vient de l'ouest, appelée la rivière de Missoury. Le 14e, à six lieues de là, ils virent à la main gauche le village de *Tamaroa,* où ils ne rencontrèrent persone parce qu'ils étoient tous allez à la chasse vers la rivière Ouabache, à 46 lieues de là. Le sieur De la Salle laissa dans ce village, ainsi qu'il en avoit laissé dans celui des Ilinois, des marques de sa venue en paix et des signes de sa route qu'il continua durant plus de 100 lieues sans rencontrer aucun homme.

» Il alloit à petites journées, parce que n'ayant pu porter d'autres provisions que de bled d'Inde, il estoit obligé de faire chasser presque tous les jours. Il fit néantmoins 42 lieues sans s'arrester, à cause que les rivages estoient bas et marécageux et pleins de cannes fort épaisses.

» Le 24 febvrier, ceux qu'il avoit envoyés à la chasse revinrent tous, à la réserve d'un de ses gens nommé Pierre Preudhomme; et les autres ayant rapporté qu'ils avoient veu des pistes d'hommes, on craignit qu'il n'eust été pris ou tué par les sauvages. Aussytost le sieur De la Salle fit faire un fort et ordonna à des François et à des sauvages de suivre les pistes qu'on avait veües.

» Le 1er du mois de mars, Gabriel minime et deux des sauvages du sieur De la Salle découvrirent cinq sauvages dont ils en prirent deux, et les amenèrent au fort où le sieur De la Salle leur fit beaucoup de carresses. Il apprit qu'ils estoient d'une nation appelée Sicacha, et que leur village n'estoit éloigné que d'une journée et demie. Ainsy il partit avec la moitié de ses gens pour y aller, dans l'espérance d'apprendre des nouvelles de Preudhomme. Mais après avoir marché durant un jour et demy, il reconnut qu'ils estoient encore bien éloignés du village et que ces deux sauvages l'avoient trompé. Il leur en fit des plaintes et ils luy avouèrent qu'il y avoit encore trois journées, offrant toutefois que l'un d'eux demeureroit avec luy pendant que l'autre iroit au village dont les chefs se rendroient incessamment au bord du fleuve. Le sieur De la Salle accepta leurs offres, et en ayant renvoyé un avec quelques présens de marchandises, il ramena l'autre à son fort. Mais Preudhomme qui s'estoit égaré à la chasse fut retrouvé le mesme jour. Ainsy le S[r] De la Salle renvoya aussy l'autre sauvage avec des présens.

» Le 3e, il continua sa route, et le 13e, après avoir navigué 45 lieues, ils entendirent battre le tambour et faire des cris de guerre, ce qui leur fit juger qu'ils avoient esté découverts par quelques sauvages, dont en effet ils virent aussytost le village à la droite de la rivière.

» Le sieur De la Salle fit d'abord passer ses canots à l'autre bord, où, en une heure, il fit construire un fort de pieux et d'arbres abattus sur une pointe de terre, afin d'éviter d'estre surpris et pour donner aux sauvages le temps de se rassurer. Il fit ensuite avancer quelques uns de ses gens sur le bord de la rivière qui appelèrent les sauvages. Leurs chefs envoyèrent une pirogue qui s'avança à la portée du fusil. On leur présenta le calumet de paix, et deux sauvages s'estant avancés et invitant par leurs gestes les François d'aller à eux, le sieur De la Salle y envoya un François et deux de ses sauvages qui furent receus et régalés avec beaucoup de marques d'amitié. Six des principaux les ramenèrent dans la mesme pirogue, et entrèrent dans le fort où le sieur De la Salle leur fit des présens de tabac et de quelques marchandises. Ils lui firent à leur tour présent de quelques esclaves, et ensuite le plus considérable d'entre eux le convia d'aller à leur village pour s'y rafraischir avec tous ses gens; à quoy le sieur De la Salle consentit. Tous ceux du village, à la réserve des femmes qui avoient d'abord pris la fuite, vinrent au bord de la rivière pour le recevoir. Ils voulurent ensuite emmener ses gens en diverses cabanes pour les mieux régaler; mais le sieur De la Salle ne jugeant pas à propos de les laisser escarter, témoigna que ses gens ne se séparoient pas volontiers les uns des autres. Les sauvages consentirent facilement à les laisser ensemble et bastirent les cabanes qui leur estoient nécessaires, leur portèrent du bois à brusler, leur fournirent des vivres en abondance et leur firent des festins continuels durant trois jours que le sieur De la Salle y demeura.

» Les femmes estant venues leur apportèrent du bled d'Inde, des fèves, de la farine et des fruits de diverses sortes, et on leur fit en récompense de petits présens qu'elles admirèrent.

» Ces sauvages ne ressemblent pas à ceux du Nord, qui sont tous d'une humeur triste et sévère. Ceux-ci sont beaucoup mieux faits : honestes, libéraux et d'une humeur gaye. La jeunesse mesme est si modeste, que, quoiqu'ils eussent une forte envie de voir M. De la Salle, ils se tenoient néantmoins à la porte, sans bruit et sans oser y entrer. On y vit un grand nombre de poules, beaucoup de sortes de fruits et des pesches déjà formées sur les arbres, quoi qu'on fust au commencement de mars.

» La rivière Ohio, qui a sa source dans le pays des Iroquois, se décharge dans le fleuve Mississipi, vis-à-vis de ce village.

» Le 14 du mesme mois, le sieur De la Salle prit possession de ce pays avec beaucoup de cérémonies, faisant planter une croix et y arborant les armes du Roy. Les sauvages en témoignèrent une joye extraordinaire, et le sieur De la Salle, à son retour de la mer, trouva qu'ils avoient entouré cette croix d'une palissade. Ils lui donnèrent ensuite des provisions, et quelques hommes pour le conduire et luy servir d'interprètes chez les Taensa, leurs alliés, qui sont éloignés de 80 lieues de ce village.

» Le 17, le sieur De la Salle continua sa route; et, à six lieues de là, il vit un autre village des Akansa, et un troisième, trois lieues plus bas, où il fut aussy fort bien receu; mais il ne s'y arresta pas, et il en partit après y avoir fait des présens.

» Le 22, il arriva chez les Taensa, qui habitent autour d'un petit lac formé dans les terres par le fleuve Mississipi. Ils ont huit villages; les murailles de leurs maisons sont faites de terres meslées de paille, le toit est de cannes qui forment un dome orné de peinture. Ils ont des lits de bois et beaucoup d'autres meubles, et d'embellissements. Ils ont des temples où ils enterrent les os de leurs capitaines, et ils sont vestus de couvertures blanches faites d'une écorce d'arbre qu'ils filent. Leur chef est absolu et dispose de tout sans consulter persone. Il est servi par des esclaves, ainsy que tous ceux de sa famille. On luy appreste à manger hors de sa cabane, et on luy sert à boire dans une tasse particulière avec beaucoup de propreté. Ses femmes et ses enfans sont traittez de mesme, et tous les autres Taensa luy parlent avec respect et avec de grandes cérémonies.

» Le sieur De la Salle, estant fatigué et ne pouvant aller luy mesme chez les Taensa, y avoit envoyé le sieur De Tonty avec des présens. Le chef de cette nation ne se contenta pas d'envoyer quantité de vivres au sieur De la Salle et de lui faire des présens, il voulut aussy lui rendre visite. Un maistre de cérémonies vint deux heures auparavant, suivi de six hommes à qui il fit nettoyer le chemin par où il devoit passer. Il luy fit préparer une place et la fit couvrir d'une natte de cannes très délicatement travaillée. Ce chef arriva ensuitte vestu d'une très-belle nappe ou couverture blanche; deux hommes le précédoient, portant des éventails de plumes blanches; un troisième portoit une lame de cuivre et une plaque ronde de la mesme matière, toutes deux très polies. Il conserva une gravité extraordinaire dans cette visite, qui fut néantmoins pleine de confiance et de marques d'amitié.

» Tout ce pays est garny de palmiers, de lauriers de deux sortes, de pruniers, de peschers, de meuriez, de noyers de cinq ou six sortes, dont quelques-uns portent des noix d'une grosseur extraordinaire, et de beaucoup d'autres sortes d'arbres fruitiers dont la saison trop peu avancée empescha de reconnoistre les fruits.

» Les guides ne voulurent pas aller plus loin, craignant de rencontrer leurs ennemis, parce que les peuples qui habitent un des rivages de cette rivière sont ennemis de tous ceux de l'autre: il y a 34 villages du costé droit et 40 du costé gauche.

» Le 26e de mars, le sieur De la Salle continua sa navigation; on découvrit à douze lieues de là un pirogue, auquel le sieur De Tonti donna chasse jusqu'à ce que, approchant du rivage, on vit un grand nombre de sauvages. Aussytost le sieur De la Salle, suivant sa précaution ordinaire, gagna le rivage opposé, d'où il leur envoya le calumet de paix par le mesme sieur De Tonti.

» Quelques-uns de ces sauvages traversèrent la rivière, et on apprit d'eux qu'ils estoient de la nation des Nachié, ennemis des Taensa; toutefois, le sieur De la Salle alla dans leur village, éloigné de trois lieues de la rivière, et y coucha; il y fut visité par le chef des Koroa, que les Nachié, leurs alliez, avoient fait avertir pendant la nuit.

» Le lendemain, le sieur De la Salle, après avoir fait des présens aux Nachié, revint dans son camp avec le chef des Koroa qui l'acccompagna jusque dans son village, scitué dix lieues plus bas, sur un costeau entouré de belles prairies. Ce chef fit présent au sieur De la Salle d'un calumet, le régala avec tous ses gens, et lui dit qu'il y avoit encore dix journées jusqu'à la mer. On partit de ce village le 29e de mars. Un peu au-dessous, la rivière estant divisée en deux par une isle de 40 lieues de longueur, ils prirent un bras pour l'autre, ce qui les empescha de voir dix autres nations.

» Le 2e d'avril, après avoir navigé 40 lieues, ils virent des pescheurs de la nation appelée *Quinipisa*, qui prirent la fuite, et aussytost après on entendit des cris de guerre et battre le tambour. Quatre François allèrent leur présenter le calumet avec ordre de ne point tirer, mais ces sauvages leur décochèrent des flèches. Quatre Mahingans y allèrent après, qui eurent un pareil succès. Ainsy, le sieur De la Salle, voyant ces sauvages si peu sociables, continua sa route. Deux lieues plus bas, ils entrèrent dans un village appelé *Tangibao,* où ils trouvèrent trois cabanes pleines d'hommes morts, qui paroissoient avoir esté tuez il y avoit environ vingt jours, et le reste du village bruslé et saccagé. Ils navigèrent ensuite encore 40 lieues, au bout desquelles, le 6e d'avril, ils virent que la rivière se divisoit en trois branches. Le lendemain, 7e, le sieur De la Salle alla reconnoistre le chenal qui estoit à la droite. Il envoya le sieur De Tonty visiter celuy du milieu, et le sieur Dautray celuy qui estoit à la gauche. Ils estoient tous trois fort beaux et fort profonds. Au bout de deux lieues, ils trouvèrent l'eau salée, et peu de temps après la pleine mer, où ils s'avancèrent un peu pour la mieux reconnoistre. Ils remontèrent par les mesmes canaux, et se rassemblèrent tous avec une joye extrème d'avoir heureusement achevé une si grande entreprise.

» Le 9e d'avril, le sieur De la Salle fit planter une croix et arborer les armes de France, et après qu'on eut chanté l'hymné *Vexilla* et le *Te Deum,* il prit, au nom du Roy, possession de ce fleuve, de toutes les rivières qui y entrent et de tous les pais qu'elles arrosent. Il en fit faire un acte authentique signé de tous ses gens, et, ayant fait faire une décharge de fusils, il fit mettre en terre une plaque de plomb où les armes de France et les noms de ceux qui venoient de faire la déconverte estoient gravez.

» Il a suivi durant 350 lieues la rivière Mississipi qui conserve jusqu'à la mer sa largeur de près d'un quart de lieue. Elle est fort profonde partout, sans aucun banc ny rien qui empesche la navigation, quoy qu'on eut en France publié le contraire. Elle tombe dans le golfe du Mexique au delà de la baye du Saint-Esprit, entre le 27e et le 28e degré de latitude, et à l'endroit où quelques cartes marquent le *Rio de la Madalena,* et d'autres *Rio Escondido:* elle est éloignée d'environ 30 lieues de *Rio Bravo,* de 60 de *Rio de Palmas,* et de

90 à 100 lieues de *Rio Panero*, où est la plus prochaine habitation des Espagnols sur la coste. Le sieur De la Salle, qui porte toujours dans ses voyages un astrolabe, a pris la hauteur précise de cette embouchure.

» Le 10e d'avril, le sieur De la Salle commença à remonter la rivière, et il arriva le 12 au village destruit appellé *Tangibao ;* les vivres luy ayant manqué depuis quelques jours, il résolut de tascher d'en obtenir des sauvages voisins. Ceux qu'il envoya à la descouverte luy amenèrent quatre femmes de la nation des Quinipisa, qui avoient tiré des flèches sur ses gens. Il alla camper vis-à-vis de leur village, et, une pirogue ayant paru, il présenta luy-mesme le calumet de paix aux sauvages qui se retirèrent sans le recevoir. Alors il mit une de ces femmes à terre avec un présent de haches, de cousteaux et de rasade, luy faisant entendre que les trois autres la suivroient bientost, et qu'elle luy fist apporter du bled d'Inde.

» Le lendemain, quelques sauvages ayant paru à terre, le sieur De la Salle alla les trouver, et il conclut la paix avec eux ; il receut et donna des ostages, et alla camper auprès de leur village, où l'on luy apporta quelque peu de blé ; le soir il renvoya les femmes et retira ses gens. Le jour d'après, avant le jour, celuy qui estoit en sentinelle avertit qu'il entendoit du bruit parmy les cannes qui bordent la rivière. Le sieur Dautray dit que ce n'estoit rien, mais le sieur De la Salle ayant encore entendu du bruit cria aux armes, et que c'estoient des sauvages. Aussytost on entendit des cris de guerre et décocher des flèches de fort près. Le sieur De la Salle et ses gens firent grand feu : le combat dura deux heures, et le jour estant venu, les sauvages prirent la fuite, après avoir eu des hommes tuez et plusieurs blessez, sans que pas un de la troupe du sieur De la Salle fust tué ny blessé. Ses gens voulurent aller brusler le village de ces perfides ; mais comme il vouloit ménager l'esprit de ces sauvages, il s'y opposa sous prétexte qu'ils avoient peu de munitions.

» Il partit le mesme jour 16e d'avril, et arriva le 1er de may au village des Koroa, après avoir beaucoup souffert avec tous ses gens faute de vivres. Les Koroa estoient alliez des Quinipisa, et ils avoient, à dessein de les venger, ensemblé les sauvages de quatre villages; mais le sieur De la Salle se tint si bien sur ses gardes, qu'ils n'osèrent rien entreprendre. Ainsy il reprit le bled qu'il avoit caché près de là, et il continua sa route. Il fut surpris en cet endroit de voir que le bled de l'Inde, qui commençoit seulement à sortir de terre le 29 mars, estoit desjà bon à manger, et il aprit ensuite qu'il meurissait en 40 jours. Il fut très bien receu par les Taensa et par les Akansa, chez lesquels il arriva le 17e de may. Il tomba dangereusement malade quelques jours après et à cent lieues de la rivière des Ilinois. Cet accident l'obligea d'envoyer devant le sieur De Tonti pour porter les premières nouvelles de sa découverte, qu'il escrivit de Missilimakinac au comte de Frontenac le 23 juillet 1582, après avoir sur sa route sauvé la vie à quelques Iroquois poursuivis par trente *Tamaroa, Caskia* et *Omissoury*.

« Cependant le sieur De la Salle fut arresté 40 jours par sa maladie qui le réduisit à l'extrémité; mais, Dieu luy ayant renvoyé la santé, il s'avança à petites journées à cause de sa faiblesse jusqu'à la rivière des Miamis, où il arriva vers le mois de septembre dernier, mais l'aproche de l'hyver l'a empesché de descendre à Québec. Il a de cette sorte achevé la plus importante et la plus difficile découverte qui ait jamais esté faite par aucun François sans avoir perdu un seul homme, dans des pays où Jean Ponce de Léon, Pamphile de Narvaez et Ferdinand Soto ont péri sans aucun succès, avec plus de deux mille Espagnols. — Jamais aucun Espagnol n'a fait de pareilles entreprises avec si peu de monde et tant d'ennemis. Mais il n'en a tiré aucune utilité pour luy mesme, ses malheurs et les fréquens obstacles qu'il a trouvez luy ayant fait perdre plus de deux cent mille livres, ainsi qu'il le justifiera par des comptes fidèles, à son retour en France. Il s'estimera néantmoins fort heureux s'il avoit pu faire quelque chose pour la gloire et pour l'avantage de la France, et si ses travaux luy peuvent faire mériter la protection de Monseigneur. »

Tel est le texte si long-temps et si vainement cherché, soit en France, soit au Canada, et que j'estime à grand bonheur d'être le premier à publier. Le récit en est saisissant par la simplicité du style autant que par la grandeur du sujet; et l'auteur, parlant à la troisième personne, s'y élève sans orgueil à toute la hauteur du rôle qu'il venait de remplir. A ce témoignage naturellement sommaire, mais qui dit tant de choses en peu de mots, il faudra joindre aussi l'exposition de la carte qui en a été faite par Franquelin en 1684, au moment où De la Salle allait reprendre sa première découverte, en voulant cette fois-ci l'aborder par mer et remonter le Missisipi. (*Fig. I, Pl. I, et Appendice* A.)

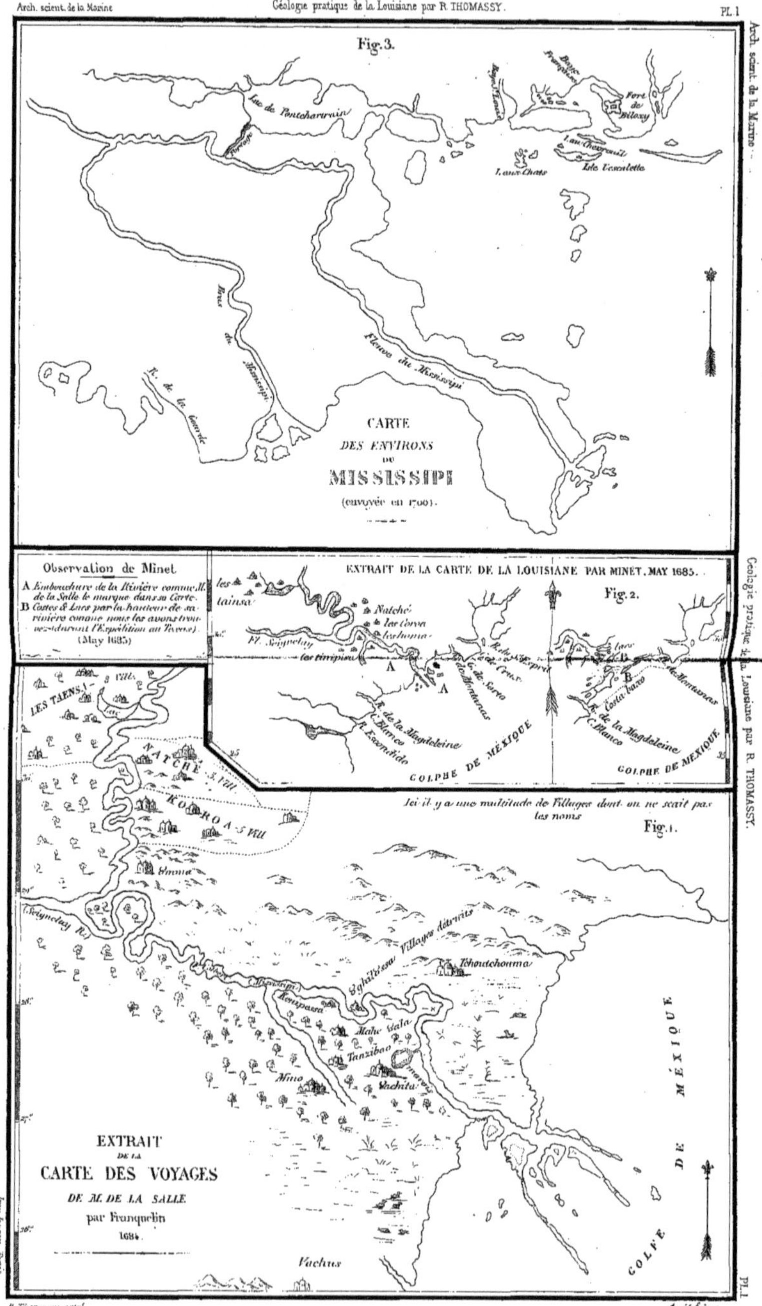
Fig. 3.
Lac de Pontchartrain
Fort de Biloxy
Isle Vasselette
Fleuve du Mississipi
CARTE
DES ENVIRONS
DU
MISSISSIPI
(envoyée en 1700).
Observation de Minet
A Embouchure de la Rivière comme M. de la Salle le marque dans sa Carte.
B Costes & Lacs par la hauteur de sa rivière comme nous les avons trouvés durant l'Expédition au Texas).
(May 1685)
EXTRAIT DE LA CARTE DE LA LOUISIANE PAR MINET, MAY 1685.
Fig. 2.
GOLPHE DE MEXIQUE
LES TAENS
NATCHÉ S. Vill.
KOROA S. Vill.
Ici il y a une multitude de Villages dont on ne scait pas les noms
Fig. 1.
Tchoutchouma
GOLFE DE MEXIQUE
EXTRAIT
DE LA
CARTE DES VOYAGES
DE M. DE LA SALLE
par Franquelin
1684.
Vachus

III

SUITES DE LA DÉCOUVERTE JUSQU'A LA PRISE DE POSSESSION PAR LA FRANCE.

Importance géologique autant qu'historique des premiers témoignages relatifs aux bouches du Mississipi. — Récits du P. Zénobe et du notaire de la découverte. — De la Salle entreprend une seconde expédition, qui doit le ramener par le golfe de Mexique au Mississipi. — Les navires manquent ce fleuve, et De la Salle, qui en cherche au Texas la branche occidentale, rend compte de cette erreur. — Détails précieux pour la première comme pour la seconde expédition. Triste fin de cette dernière. — Tonti redescend aux bouches du fleuve, et, n'y trouvant pas De la Salle, lui adresse une lettre remise plus tard à Iberville. — Un autre De la Salle au moment de la troisième expédition.

Comme on l'a déjà compris sous plus d'un rapport, parmi les découvertes si intéressantes faites par De la Salle, ce sont les bouches du Mississipi qu'il faut particulièrement considérer. Le but d'une prochaine expédition était de les retrouver pour s'y établir ; et la géologie de la Louisiane avait également besoin de les bien connaître, pour savoir à quel degré de formation territoriale le delta du fleuve était parvenu sur la fin du XVIIe siècle. Comme nous ne saurions trop multiplier les témoignages authentiques sur cet ancien état des lieux, voici la relation du Père Zénobe, témoin oculaire de la première découverte, et que De la Salle avait chargé d'explorer une des trois bouches du Mississipi :

« Nous arrivasmes le 6 avril à une pointe où le fleuve se divise en trois chenaux.
» Le sieur De la Salle partagea le lendemain son monde en trois bandes pour
» les aller reconnoistre. Il prit celui de l'ouest; le sieur Dautray, celui du sud ;
» et le sieur De Tonty, que j'accompagnois, celui du milieu. Ces trois chenaux
» étoient beaux et profonds ; l'eau étoit saumâtre ; au bout de deux lieues nous
» la trouvasmes tout-à-fait salée, et, avançant toujours, nous découvrismes la
» pleine mer ; de sorte que le 9 avril nous fismes la cérémonie, avec le plus de
» solennité possible, de planter la croix et arborer les armes de France. Après
» que nous eumes chanté l'hymne *Vexilla regis* et le *Te Deum*, le sieur De la
» Salle prit, au nom de Sa Majesté, possession de ce fleuve, de toutes les
» rivières qui y entrent et de tous les pays qu'elles arrosent. L'on rédigea un

» acte authentique dressé de tous tant que nous estions, et au bruit et décharge » de tous les fusils. L'on mit en terre une plaque de plomb, où les armes de » France et les noms de tous ceux qui venoient de faire la découverte estoient » gravez.

» Le sieur De la Salle, qui portoit toujours un astrolabe, prit la hauteur » de cette embouchure. Quoiqu'il s'en soit réservé le point précis, nous avons » connu que le fleuve tombe dans le golfe du Mexique entre le 27e et le 28e » degré de latitude, et, comme l'on croit, à l'endroit où les cartes marquent le » *Rio Escondido*.

» Nous estimions la baye du Saint-Esprit (celle de Mobile) au nord-est de » notre embouchure; car nous sommes toujours allés depuis la rivière des Ilinois » au sud et sud-ouest. Le fleuve serpente un peu, conserve jusqu'à la mer sa » largeur de près d'un quart de lieue, est fort profond partout, sans aucun » banc ni rien qui empesche la navigation, quoiqu'on ait publié le contraire. » On estime ce fleuve de huit cents lieues de profondeur; nous en avons » fait pour le moins trois cent cinquante, depuis l'embouchure de la rivière de » Seignelay (celle des Ilinois).

» Les vivres nous avoient manqué; nous trouvasmes seulement quelques » viandes boucanées auprès de notre embouchure, dont nous nous servismes » pour satisfaire à la grosse faim; mais peu après on remarqua que c'estoit de » la chair humaine, si bien que nous laissasmes le reste à nos sauvages; elle se » trouvoit fort bonne et délicate. Enfin, le 10 avril, nous commençasmes à » remonter le fleuve, ne vivant que de pommes de terre et de crocodilles. Le » pays est si bordé de cannes et si bas en cet endroit, qu'on ne pouvoit chasser » sans se retarder beaucoup [1]. »

Cette relation est enfin confirmée par l'acte notarié de la découverte, où il est dit : « On continua la navigation jusques au 6e jour d'avril, qu'on arriva » aux trois chenaux par lesquels le fleuve Colbert se décharge dans la mer. On » campa sur le bord du plus occidental, à 3 lieues ou environ de l'embouchure. » Le septième, M. de la Salle le fut reconnoistre et visiter les costes de la mer

[1] Voir *Premier établissement de la Foi dans la Nouvelle France*, par le Père Leclercq, missionnaire récollet; Paris, 1691, T. II, p. 236; ouvrage très-rare, contenant la relation originale du Père Zénobe, et dont la copie manuscrite se trouve actuellement dans la possession de M. Droz, l'obligeant et savant bibliothécaire de Bâton-Rouge.

» voisine, et M. de Tonti le grand canal du milieu. Ces deux ouvertures s'estant » trouvées belles, larges et profondes, le huitième jour on remonta pour trouver » un lieu sec et qui ne fust point inondé[1]. »

C'est là qu'on érigea une colonne aux armes de France, et que l'on constata la prise de possession au nom de *Louis le Grand, roi de France et de Navarre*, le 9 avril 1682[1].

Ainsi, le notaire de l'expédition confirme, au fond, tout le récit antérieur. Quant au P. Zénobe, plusieurs de ses détails sont spécialement remarquables : d'abord, la salure des eaux avant d'atteindre à la mer; ce qui prouve que les eaux du Missisipi étaient basses à ce moment, puisque les marées pénétraient dans son lit ; secondement, les trois chenaux de l'embouchure, dont le plus occidental fut exploré par De la Salle. Or, c'est tout le contraire qui eut lieu, en 1699, dans l'expédition d'Iberville, dont le but était de reconnaître la découverte de 1682. Iberville, arrivant par mer à la branche nord-est du fleuve, en trouva les eaux entièrement douces, comme elles sont toujours durant leurs crues. En outre, cette branche, si différente de celles décrites ci-dessus, se divisait en deux chenaux : l'un sud-est, seul bon pour la navigation ; l'autre, alors impassable, mais qui devait à son tour se rouvrir, comme le précédent devait aussi se refermer. Changements incessants qui expliqueront l'opposition apparente des deux descriptions, en prouvant un fait trop méconnu, savoir : les atterrissements gigantesques du Missisipi.

Cependant, avant la reconnaissance faite par Iberville, une autre semblable avait eu lieu, dont il nous reste à parler, et qui avait déjà permis de remarquer l'instabilité des rives du fleuve. Celle-ci avait été conduite par l'intrépide et fidèle compagnon de De la Salle, le chevalier De Tonti, qui, revenu en 1686 à l'embouchure du Missisipi, y trouva la colonne aux armes de France renversée par les bois de dérive. Il la releva, en la reportant sept lieues plus haut, et la planta sur un terrain plus à l'abri des inondations, lesquelles, variables comme elles le sont toujours, avaient fait défaut lors de la première découverte et n'avaient pu être remarquées.

Mais n'insistons pas davantage sur des changements qui bientôt frapperont de tous côtés nos regards, et hâtons-nous d'éclaircir l'histoire de la première

[1] Ce dernier document a déjà été reproduit par M. Ch. Gayarré (*Histoire de la Louisiane*, p. 45).

expédition par quelques détails de la seconde. De la Salle était revenu en France ; et, ayant rendu compte de ses découvertes, il avait, malgré ses jaloux et ses ennemis, obtenu du marquis de Seignelay, ministre de la marine, des forces destinées à coloniser par mer les lieux où il venait de s'immortaliser. Cette nouvelle expédition, purement navale, devait avant tout retrouver l'embouchure du Mississipi. Les bâtiments qui la composaient étaient partis de Rochefort le 24 juillet 1784. Après avoir relâché à Saint-Domingue et doublé la pointe-ouest de Cuba, ils aperçurent, dès le 6 janvier 1685, la côte-nord du golfe de Mexique. Mais, par une erreur des pilotes, que De la Salle va lui-même nous raconter, les navires, continuant à se diriger vers l'ouest, c'est-à-dire vers le Texas, dépassèrent le Mississipi.

Laissons maintenant parler notre héroïque voyageur, dont les écrits originaux, oubliés jusqu'à ce jour, semblent avoir été poursuivis du même destin qui allait le faire périr au Texas. Il y était débarqué au milieu des circonstances les plus difficiles, et néanmoins il s'y croyait à l'embouchure de la grande branche occidentale, formant, comme il l'a déjà dit, l'*île de 40 lieues de long,* surnommée plus tard l'*île Lafourche*.

C'est de là qu'il écrivit au marquis de Seignelay la lettre suivante, dont le début éclaircit et complète l'histoire de sa première expédition :

« A l'embouchure occidentale du fleuve Colbert, le 4e mars 1685.

» Monseigneur,

» ....La saison étant très-avancée et voyant qu'il me restoit fort peu de temps » pour achever l'entreprise dont j'estois chargé, je résolus de remonter ce canal » du fleuve Colbert, plus tost que de retourner au plus considérable, éloigné de » 25 à 30 lieues d'icy vers le nord-est, que nous avions remarqué dès le sixième » janvier, mais que nous n'avions pu reconnoistre, croyant, sur le rapport des » pilotes du vaisseau de Sa Majesté et des nostres, n'avoir pas encore passé la » baye du Saint-Esprit (celle de la Mobile); mais enfin, après avoir toujours » costoyé la terre de fort près et de beau temps, la hauteur nous a fait remarquer » qu'ils se trompoient, et que ce que nous avions veu, le sixième janvier, estoit » en effet la principale entrée de la rivière que nous cherchions. Si le printemps » n'eust pas esté si proche, j'y aurois retourné. *L'apréhension de passer le reste » de l'hyver à m'élever vers l'est, d'où les vents soufflent quasi continuellement*

» *et poussent le courant vers l'ouest* [1], m'a fait prendre le party de remonter le » fleuve par icy, et de prier M. de Beaulieu d'aller reconnoistre cette autre em- » bouchure pour en rendre compte à Votre Grandeur. *Celle-ci est située par les » vingt-huict degrés dix-huit à vingt minutes de latitude septentrionale ;* le canal » en est large et profond au-dedans de la barre, y ayant presque partout cinq à six » brasses d'eau. Il est vray qu'il n'y en a que deux brasses sur le plus haut fond, » au moins en cette saison, où la rivière, estant glacée dans toutes ses branches, » a trop peu de force pour nettoyer son canal et pour en repousser le sable que » la mer y jette continuellement. Il est même à remarquer que, quand il a long- » temps venté des vents de terre, l'eau diminue, en sorte que parfois il n'en » demeure que dix pieds sur la barre, comme on le remarqua le jour que nos » quatre pilottes y sondèrent, dont ils ont dressé un procès-verbal. Mais quand » l'eau est repoussée par les vents du large, il s'y trouve jusqu'à treize pieds » d'eau, particulièrement aux nouvelles lunes, où les marées sont les plus fortes, » au moins en hyver. Ces deux canaux sortent d'une baye fort longue et fort » large, dans laquelle le fleuve Colbert se décharge. *L'eau y est salée comme » celle de la mer. Il y a marée, et comme on ne voit point d'un costé à l'autre, » il me fut aisé de me tromper en y descendant, et de prendre pour la mer cette » étendue d'eau salée dont on ne voyoit point le bout, et que je ne pus traverser, » n'ayant que des canots d'écorce.* Cette espèce d'isle de sable qui est entre la » mer et cet étang salé, arrestant la force des vagues, le fleuve n'a rien qui » arreste son cours, lorsqu'il s'y décharge et paroist former un très beau port. » Mais les canaux par lesquels il se rend à la mer ne sont pas si sains, à cause » des sables que les vents y poussent..... »

Voilà bien le littoral du Texas tel qu'il est encore aujourd'hui, et telle est la lettre de De la Salle, que nous publierons plus tard en entier, ainsi que les cartes qui l'accompagnent, quand nous aurons à déterminer les vraies positions du débarquement et les itinéraires de cette expédition lamentable. Limitons-nous pour l'instant aux détails concernant le Missisipi, sur lequel le brave Tonti allait bientôt redescendre pour venir en aide à son ancien chef. Il partit, à cet effet, du pays des Ilinois, et dédaignant mille dangers supérieurs

[1] J'ai cru devoir imprimer en italique les passages de cette lettre, sur lesquels nous aurons plus tard à revenir.

à la faiblesse de ses moyens, il arriva aux bouches du fleuve, à la recherche de l'expédition, dont une rumeur sinistre lui faisait déjà redouter la fin tragique. Voici comme il s'exprima plus tard à ce sujet [1] :

« Le 24 août 1686, en Canada.

» Monseigneur,

» Sur les nouvelles que j'ay receues au fort St-Louis, sur la rivière des » Ilinois, que M. de la Salle estoit descendu à la coste de la Floride avec les » gens de guerre et autres, que Sa Majesté luy avoit fait la grâce de luy octroyer, » et qu'il se seroit débarqué dans le mois d'avril de l'année 1685; que un de » ses bastimens se serait brisé à la coste, et que les sauvages de la Floride luy » ayant pillé les marchandises dudit bastiment, cela l'auroit obligé à se battre » contre eux : dans l'espérance d'avoir de ses nouvelles ayant détaché quelqu'un » de nos sauvages vers le fleuve Colbert, lesquels, à leur retour qui fut dans le » mois de février, me dirent n'avoir veu ny entendu de ses nouvelles, et voyant » onze mois de passez, cela me fit prendre résolution de descendre jusqu'à la mer, » dans l'espérance de lui donner secours, tant de vivres que de canots d'écorce » qui sont fort propres pour la navigation de ces lieux-là. Après avoir mis ordre » au fort St-Louis, y ayant laissé un commandant avec 31 François, et ayant » 25 François de bonne volonté pour descendre avec moy (suivent ici leurs noms), » et ayant pris des marchandises pour les présens des villages et munitions de » guerre et de bouche, ustencilles et canots, le tout se montant à six milles » livres tournois : nous sommes partis ensemble du fort St-Louis le *13e de » février 1686,* avec quatre *Chaouenons* que j'avois loué pour venir avec nous. » Après avoir traisné notre équipage sur les glaces et navigué jusqu'à 80 lieux » du fort, nous trouvasmes le village des Illinois le 27e de février. Leur » ayant fait quelques présens pour les inviter à marcher en guerre contre les » Iroquois, l'année prochaine, quant les François du Canada partiront pour la » guerre contre ladite nation, selon ce que m'a escrit M. le marquis de Denon- » ville, gouverneur..... en Canada; et les ayant laissez dans une bonne dispo-

[1] La lettre suivante est le texte même de Tonti, mais affranchi de ses *italianismes*. (Voir aux *Archives scientifiques de la marine.*)

Fils d'un banquier italien, Tonti était devenu tout français par le cœur; et, après De la Salle, il est des premiers explorateurs celui dont la mémoire mérite le plus d'être honorée en Louisiane.

»sition pour cette exécution, j'esquipay cinq Illinois pour m'accompagner. » Continuant ma route, ayant navigué 158 lieux, je trouvay cent hommes de » guerre *Cappa*, lesquels se mirent en deffence en nous voyant ; mais leur ayant » fait connoistre qui nous estions, nous nous montrasmes le calumet les uns » aux autres..., etc. »

Arrivant enfin au golfe de Mexique, sans avoir trouvé aucun indice sur les rives du Mississipi, Tonti envoya deux partis d'exploration jusqu'à 30 lieues à l'ouest et 25 lieues à l'est de l'embouchure ; mais l'un et l'autre ne pouvant aller plus avant, faute d'eau potable, revinrent au point de départ, n'ayant remarqué partout que des terres basses, sauf quelques côtes aperçues vers le nord-est. C'est alors que Tonti releva, comme nous l'avons vu, la colonne aux armes de France de 1682, et laissant à l'adresse de De la Salle, chez la tribu amie des Bayougoula, une lettre qui fut plus tard remise à Iberville, il revint au Canada, d'où il rendit compte de sa tentative aussi noble que spontanée de secourir son ancien ami.

Cependant De la Salle avait été assassiné au Texas, et, ce qui est affreux à dire, assassiné par les siens ! L'avenir de la Louisiane resta pendant douze années comme frappé du même coup. Enfin, le Gouvernement Français, songeant à utiliser une aussi grande découverte, organisa une troisième expédition, en l'entourant de toutes les lumières fournies par une cruelle expérience. C'est alors que le neveu ou frère de l'illustre voyageur, écrivain de la marine à Toulon, écrivit ce qu'il savait de la découverte dont il avait lui-même fait partie. Après avoir vanté le Mississipi et les six grandes rivières qui le forment, *toutes les nations qui les habitent,* ajoute-t-il, *sont fort honnêtes, et souhaiteraient que les Français vinssent s'établir chez eux...* « Le commerce y sera » considérable en toutes sortes de belles pelteries et en peaux de bœufs qui.... » sont en grand nombre dans ce pays où ils vont à dix et quinze mille par » bandes....

» Les sauvages que nous avons veu au bas de la rivière de Mississipy estoient » parés la plus part de très belles perles, et plusieurs morceaux d'or et d'argent » attachés à leurs oreilles : ce qui nous a fait préjuger qu'ils auoient des mines » dans leurs pays. J'ose assurer icy Vostre Grandeur, que dans mon premier » voyage j'auois troqué quatorze perles, de la grosseur chacune d'une noisette, » que Mr de la Salle me prit, et qu'il a donné à nostre retour à Monseigneur le

» Marquis de Seignelay pour montre. Ces perles estoient gastées, parce que les » sauvages les auoient percées auec un fer rouge, ne sachant pas les percer » aultrement. La plus part de toutes ces nations, qui sont près du nouveau » Mexique, font la guerre aux Espagnols : ce qui est cause qu'ils n'ont pas osé » pousser leur collonies plus auant dans l'Amérique Septentrionale, où le pays » est beaucoup plus beau que dans les Zones Torrides....

» Comme la côte du golphe de Mexique est extrèmement basse et sablon- » neuse, et qu'il faut absolument s'en approcher pour la reconnoistre, il seroit » à propos, au cas que le Roy voulust faire un establissement d'y enuoyer de » petites frégattes et quelques chaloupes à varangues plates, pour bien recon- » noistre l'entrée de toutes ces rivières de la Louisianne. Si nous eussions pris » toutes ces mesures, la collonie françoise seroit beaucoup avancée, et l'on » jouiroit d'un grand commerce en France [1]. »

Ce dernier avis, relatif à la navigation, était significatif et entra complète- ment dans les vues de l'expédition qui se préparait. Celle-ci ne se composa que de navires à faible tirant d'eau. Profitant aussi des fautes de l'expédition de 1685, qui avait manqué l'embouchure du Mississipi en suivant une latitude un peu trop méridionale, elle vint toucher à Saint-Domingue pour aller droit dans l'enfoncement du golfe de Mexique, et c'est en y longeant la côte-nord qu'elle atteignit enfin le but désiré. Au moment où l'expédition de 1699 allait prendre ainsi possession définitive de la Louisiane, on est heureux de voir reparaître le nom de celui qui l'avait découverte et était mort pour l'avoir voulu civiliser. C'est ce qui nous a fait ici donner place au De la Salle le modeste écrivain de la marine, et à ses souvenirs, dont quelques-uns ne dépa- rent pas la relation du célèbre voyageur.

[1] Le rapport se termine par ces mots :

« Je ne m'estendrai pas davantage à publier à Vostre Grandeur les douceurs qu'on pourra tirer » un jour de ce grand pays. Les R. P. Louis et Anastase, recolets, et le Sr Cauelier, prestre, » connus par leurs vertus, vous informeront comme moy de la vérité de ce que je me donne l'honneur » de vous dire. — Fait à Toulon le 3me septembre 1698. *(Signé)* De la Salle. »

IV.

RECONNAISSANCE DES BOUCHES DU MISSISSIPI. — TRAVAUX DONT ELLES SONT L'OBJET. — MARCHE DES ATTERRISSEMENTS A L'ANCIENNE PASSE DE L'EST.

Arrivée d'Iberville dans les parages où il cherche le Mississipi. — Relation de la reconnaissance du fleuve en 1699. — L'aspect du nouveau pays, qui a semblé tout noyé, force les Français à s'établir dans les *îlots de la Mobile*. — La relation du P. Charlevoix, en 1722, constate l'incessante formation de battures et d'îles nouvelles à l'entrée du fleuve. — Les travaux dont celle-ci est l'objet prouvent encore mieux la marche extraordinaire des atterrissements. — En vingt ans, l'ancienne passe de l'Est s'est allongée d'un tiers de mille environ chaque année. — Chiffre à revoir et à mieux préciser, par la comparaison des cartes réduites à une échelle commune.

Les témoignages précédents nous en ont dit assez sur l'évènement capital, mais tout isolé, de la découverte. Les faits primitifs de la colonisation du Bas-Mississipi constituent, au contraire, un tableau d'ensemble des plus concluants pour la géologie de la Louisiane. L'histoire et l'hydrographie s'y donnent intimement la main, et c'est en nous décrivant les embouchures du fleuve comme elles étaient au début du dernier siècle, qu'elles nous initieront à tous les secrets de leurs transformations ultérieures. C'est là un point géologique essentiel, le plus important peut-être à bien préciser. Rappelons d'abord les précédents historiques.

Le 26 janvier 1699, l'expédition, commandée par Iberville, s'était présentée devant la baie de Pensacola, réputée la meilleure du golfe après celle de la Havane; elle y trouva les forces navales de l'Espagne, qui, mise en éveil, ne tarda pas à en prendre possession définitive. Poursuivant donc sa route, elle se rendit devant la baie de Mobile, à l'île surnommée d'abord *l'île du Massacre*, à cause d'un vaste ossuaire indien, et plus tard *île Dauphine*. De là suivant la côte, ainsi que l'indique la belle carte hydrographique de l'ingénieur Sérigny publiée dans notre *Pl. II*, elle alla faire escale dans la rade de *l'île au Vaisseau*, qui, à cause de cette courte station, reçut d'abord le nom d'*île Escalette* (*Pl. I, Fig. III*).

C'est de là qu'Iberville parvint à l'entrée du Mississipi, comme il va nous l'apprendre lui-même, mais sans y reconnaître en rien le fleuve découvert par De la Salle. Il le remontait donc plein d'anxiété, quand, à son arrivée chez les Bayougoula, tous ses doutes furent éclaircis, ces Indiens lui ayant remis une *écorce parlante*, c'est-à-dire la lettre de Tonti écrite en 1686 à De la Salle, et qui leur avait été confiée. Ces doutes sur l'identité du fleuve, découvert dix-sept années auparavant, tenaient-ils aux changements si fréquents de son embouchure et de ses rives? Cela pouvait être. Mais la cause en était aussi et surtout aux circonstances si différentes dont Iberville va nous donner les détails.

Le 2 mars 1699, après avoir échappé à un mauvais temps, il était arrivé avec sa frégate *la Badine* dans les parages désirés.

« Nous aperçûmes », dit sa relation, « une passe entre deux buttes de terre » qui paraissaient comme de petites îles. Nous vîmes changer l'eau que nous » goutâmes et trouvâmes douce, ce qui nous donna une grande consolation dans » la consternation où nous étions. Peu de temps après, nous aperçûmes l'eau » fort épaisse et toute changée. A mesure que nous avancions, nous décou- » vrions les passes de la rivière, qui sont au nombre de trois, et la rapidité du » courant si grande, que nous pouvions à peine avancer, quoiqu'il ventât bonne » brise.

» ..... L'entrée du Mississipi..... peut avoir environ un quart de lieue de » large à son embouchure. La côte n'est autre chose que deux pointes de terre » de la portée d'un boucanier en largeur, de sorte qu'on a la mer des deux côtés » de la rivière qui court entre ces deux langues et les inonde. Après avoir fait » une lieue et demie en remontant, nous mîmes à terre parmi des roseaux dont » la côte est bordée des deux côtés; ils sont si épais qu'on a de la peine à voir » à travers, et il est impossible de passer à moins de les casser. Au-delà de ces » roseaux, ce sont des marécages impénétrables. La côte est également bordée » d'arbres d'une longueur prodigieuse, garnis de leurs racines, et que le courant » de la rivière entraîne à la mer. Nous ne trouvâmes qu'environ 12 pieds d'eau » dans la passe, et en dedans 12 à 15 brasses. »

En remontant le fleuve, l'expédition rencontra des Indiens qui chassaient sur les rives. Ceux-ci accueillirent les nouveaux-venus avec les marques d'une amitié singulière, consistant à leur passer et repasser la main sur le ventre. Les Français leur rendirent la pareille, et devinrent bientôt leurs meilleurs amis. Iberville poursuivit sa route, et dépassant l'emplacement futur de la Nouvelle-Orléans et celui de Bâton-Rouge, il atteignit les Bayougoula qui lui remirent la lettre de Tonti à De la Salle. Revenant alors sur ses pas et suivant l'indication de ses guides indiens, il pénétra sur un bateau d'écorce dans le bayou Manchac, où il fut obligé de faire *plus de quatre-vingts portages*, et qui depuis lors a porté son nom. Traversant enfin les lacs Maurepas et Pontchartrain qui fourmillaient de crocodiles, il alla rejoindre ses navires à la rade de l'*île au Vaisseau*, et resta convaincu de l'impossibilité de rien faire alors du côté du fleuve dont les débordements tenaient tout le pays inondé. C'est ainsi que les Français songèrent à s'établir sur les *îlots de la Mobile* et les points déjà connus du littoral voisin, particulièrement à l'*île Dauphine*, ensuite à Biloxi où fut bâti un fort, et à la baie Saint-Louis. Quant au delta, où devait figurer plus tard la Nouvelle-Orléans, il ne sembla d'abord qu'une grande île bâtie sur des radeaux couverts de vase et successivement exhaussés par d'autres radeaux, dépôts sédimentaires. C'étaient partout des rives en cours de formation, et l'on y eût vainement cherché l'emplacement où Bienville devait jeter les fondements de la métropole du Sud. Les cartes de l'année 1700 indiquent fort bien cette situation générale. Les rives du Mississipi y semblent récemment émergées des eaux, et constituent les seules terres-fermes aperçues des explorateurs (*Pl. I, Fig. III*).

Écoutons maintenant le P. Charlevoix, dont la description a été faite sur place, au milieu même des fondateurs de la Louisiane. Dans sa lettre du 26 janvier 1722, datée de la Balise, où il venait d'arriver en descendant le Mississipi, que remarqua-t-il d'abord? La récente formation d'un sol soumis à des changements incessants, particulièrement aux embouchures du fleuve.

« Un peu au-dessous de la Nouvelle-Orléans », dit-il, « le terrain commence » à n'avoir pas beaucoup de profondeur des deux côtés du Mississipi, et cela va » toujours en diminuant jusqu'à la mer. C'est une pointe de terre *qui ne paraît* » *pas fort ancienne;* car, pour peu qu'on y creuse, on y trouve l'eau, *et la* » *quantité de battures et de petites îles qu'on a vu se former depuis vingt ans* » *à toutes les embouchures du fleuve,* ne laisse aucun doute que cette langue » de terre ne se soit formée de la même manière. Il paraît certain que, quand » M. de la Salle descendit le Mississipi jusqu'à la mer, l'embouchure de ce fleuve » n'était pas telle qu'on la voit aujourd'hui.

» Plus on approche de la mer, plus ce que je dis devient sensible : la barre » n'a presque point d'eau dans la plupart de ces petites îles que le fleuve s'est

» ouvertes, et qui ne se sont si fort multipliées que par le moyen des arbres » qui y sont entraînés avec les courants, et dont un seul, arrêté par ses branches » ou par ses racines dans un endroit où il y a peu de profondeur, en arrête mille. » J'en ai vu à deux cents lieues d'ici des amas dont un seul aurait rempli tous » les chantiers de Paris. Rien alors n'est capable de les détacher; le limon que » charrie le fleuve leur sert de ciment et les couvre peu à peu; chaque inonda- » tion en laisse une nouvelle couche, et après dix ans au plus les cannes et les » arbrisseaux commencent à y croître. C'est ainsi que se sont formées la plupart » des pointes et des îles qui font si souvent changer le cours du fleuve. »

. . . .

« Nous nous trouvâmes peu de temps après au milieu des passes du Missis- » sipi; il y faut manœuvrer avec bien de l'attention pour ne pas y être entraîné » dans quelqu'une, d'où il serait presque impossible de se tirer. La plupart ne » sont que de petits ruisseaux, et quelques-unes même ne sont séparées que » par des hauts-fonds presque à fleur d'eau. C'est la barre du Missisipi qui a » si fort multiplié ces passes; car il est aisé de concevoir, par la manière dont » j'ai dit qu'il se formait tous les jours de nouvelles terres, comment le fleuve, » cherchant à s'échapper par où il trouve moins de résistance, se fait un passage » tantôt d'un côté et tantôt d'un autre; d'où il pourrait arriver, si l'on n'y prenait » garde, qu'aucune de ces issues ne fût praticable pour les vaisseaux. »

Arrivé à la Balise, ainsi nommée à cause d'une balise qu'on y avait plantée pour la commodité des navires, le P. Charlevoix la bénit et la nomma l'*île Toulouse*.

« Cette île », ajoute-t-il, « n'a guère plus d'une demi-lieue de circuit, en » y comprenant même une autre île qui en est séparée par une ravine où il » y a toujours de l'eau. D'ailleurs elle est très-basse, excepté en un seul » endroit, où l'inondation ne monte jamais et où il y a assez d'espace pour y » construire un fort et des magasins. On pourrait y décharger les vaisseaux, qui » auraient de la peine à passer la barre avec toute leur charge. »

Le P. Charlevoix commence alors son examen des diverses embouchures, qu'il fait à coups de sonde avec M. de Pauger et le pilote Kersalio; et c'est le résultat de ces sondages qu'on peut maintenant étudier sur la belle carte de 1722, reproduite dans notre *Planche III*[e] et restée inédite jusqu'à cette publication. Cette carte, dont une copie fut dédiée à S. A. S. le Comte de Toulouse, porte un titre qui en signale toute la portée : « *Carte particulière* » *de l'embouchure du fleuve Mississipi, avec le projet d'un port et d'une place* » *maritime marqués en ligne jaune.* »

Nous en reparlerons avec plus de détails, en traitant des cartes hydrographiques. Bornons-nous à remarquer, à propos du P. Charlevoix, comment cet observateur intelligent fut tout d'abord frappé d'un fait saillant dans le caractère général du pays : c'était la nouveauté de sa formation, la récente origine de ses rives, la multiplicité de leurs changements, enfin la persuasion que l'embouchure du fleuve, quand elle fut découverte par De la Salle en 1682, n'était point alors comme il la voyait quarante ans plus tard.

Nous aussi, à chaque nouvelle carte hydrographique qui passera sous nos yeux, nous dirons : Tout est bien changé depuis la visite du P. Charlevoix. A la place de deux ou trois petits delta, nous en trouvons huit ou dix; et là où étaient des bas-fonds maritimes, s'élèvent déjà une foule d'îles. C'est donc là un pays nouveau qui surgit de la mer; c'est le Mississipi empiétant à plaisir sur le golfe, et avec une rapidité sans exemple dans l'histoire des fleuves. Des circonstances étrangères à la puissance de ces alluvions en viennent sans doute aussi favoriser l'empiètement, et c'est ce qu'il faudra bien préciser, pour éviter d'exagérer de notre côté les influences que d'autres ont si fort amoindries.

En attendant cet examen des cartes, consultons les autres documents de l'administration coloniale. Ici, la route m'est aplanie par l'historien de la Louisiane, M. Charles Gayarré, qui, retiré des affaires publiques qu'il a si bien connues et si honorablement maniées, se trouve dans l'heureuse et douce condition de n'écrire que sous les inspirations de la vérité et du patriotisme. Quoique le but de son œuvre soit avant tout politique et moral, il n'en a point négligé le côté matériel, et je lui emprunte des témoignages aussi précieux par leur compétence que par leur exactitude.

Depuis 1718, année où la Nouvelle-Orléans avait été choisie pour centre des nouveaux établissements français, Bienville, chargé des destinées de la colonie naissante, portait sa plus vive sollicitude sur l'entrée du Mississipi. C'était la clef d'un immense avenir. Il fallait donc la mettre à l'abri de toute surprise, en même temps que la rendre sûre et facile à la navigation. De là une suite de rapports administratifs ou hydrographiques, dont le premier, adressé à Paris par l'ingénieur Pauger, en date du 25 janvier 1723, devait concourir au *projet d'un port et d'une place maritime* dessiné sur la carte déjà mentionnée. C'est déjà dire que la carte et le rapport se complètent l'un par l'autre, et nous conduiront simultanément au même but. En attendant de revenir sur le premier de ces documents, qu'il me suffise d'extraire du second ce qui touche aux moyens d'exécuter le projet mentionné, et de constater à ce propos l'ancien état des bouches du Mississipi.

« La passe du Sud », dit-il, « est plus droite que l'ancienne passe, mais plus » étroite. Il y a des endroits propres à fortifier. A la sortie de cette passe, il y a » une barre sur laquelle il n'y a que 9 à 10 pieds d'eau, de cent toises de large, » qui joint un banc de sable, lequel est au milieu ; cette sortie est à trois lieues » et demie de la véritable embouchure du fleuve, où je me suis rendu par dehors. » L'on fait le N.-O. pour entrer la pointe à tribord ; sur laquelle embouchure » est une petite île de terre glaise, en forme de fer à cheval, où l'on pourrait » faire une batterie de charpente ou risban qui ne coûterait pas plus de 10 à » 12,000 livres, ainsi qu'à la pointe de l'autre côté éloignée de 300 toises, où » j'ai trouvé 37 pieds d'eau, diminuant 18 pieds vis-à-vis l'île de la Balise, qui » est à babord, à 500 toises en dedans, et sur laquelle on pourrait établir un » fort et des magasins, afin d'alléger les gros navires pour passer la barre. Cette » île a 90 toises de long sur 38 de large, de terre glaise, et n'inondant jamais. » Devant elle, jusqu'au point de dehors, quinze à vingt navires peuvent » mouiller à l'abri des lames et de tous vents, cet intervalle formant un port » fond de vase, environné d'îles et de battures. »

Parlant d'une barre formée à l'intérieur, M. Pauger ajoute :

« Cette barre est de 400 toises plus en dedans que l'île de la Balise, formée » par l'affaiblissement du courant du Mississipi, qui se dégage auparavant par » quantité de passes, et qui, par la rencontre de la mer en cet endroit, y forme » un dépôt de vase molle, de 500 à 600 toises de largeur, laquelle se pourrait » rompre et emporter, en bouchant quelques-unes des passes par quelques vieux » vaisseaux coulés à fond et par des arbres dont il descend une prodigieuse » quantité....

» On pourrait faire des stacades de chaînes, d'arbres ou bâtardeaux, à toute » l'embouchure du fleuve, pour en faire un beau port, qui existe déjà naturelle-

» ment, et qui est formé par les arbres échoués à droite et à gauche du chenal. » Je recommande à la Compagnie des Indes de faire une enceinte de pilotis » joints, qui non-seulement servirait de quai et d'appui à tous les vaisseaux, » mais aussi qui fixerait le courant du Missisipi. Il est indubitable que, par ce » moyen, la passe se creuserait de plus en plus. Ce travail ne serait pas une » grande dépense, les bords du fleuve étant remplis de beaux bois de cypre, » qui est incorruptible et se travaille aisément. »

C'est peu de temps après ce rapport que Bienville écrivit, à son tour :

« Il y a maintenant treize pieds d'eau sur la barre, et nous travaillons à y » établir des batteries et logements pour y tenir garnison et mettre par là cette » entrée hors d'insulte. »

Quinze ans plus tard, en 1738, Bienville ajouta : « Il se fait chaque jour » des changements au passage de la barre de la Balise et à l'embouchure du » fleuve. On a remarqué que, lorsque l'hiver n'a pas été long, et que le vent » du nord ne souffle pas beaucoup, ces changements deviennent plus sensibles » et qu'il s'y trouve moins d'eau. Cela vient de ce qu'il y a deux passes par où » l'eau coule avec plus de rapidité que par celle qui conduit l'eau à la Balise....

» Pour remédier à cet inconvénient, la Compagnie des Indes avait pris le » parti de faire fabriquer, il y a environ douze ans, des herses en fer que l'on » traînait pour mouvoir le sable et la vase. Mais cet expédient eut un autre » inconvénient. La vase s'en allant au courant, il ne restait que du sable, qui » formait un corps solide, lequel, par la succession des temps, aurait non-seule- » ment incommodé les vaisseaux, mais les aurait même arrêtés ; de sorte que » l'on prit le parti de ne plus se servir de ces herses. »

En 1745, l'ingénieur Devergès parle, à son tour, « des barres qui se trouvent » sur toutes les passes des embouchures du fleuve et en bouchent l'entrée. » L'année suivante, le marquis de Vaudreuil écrivait au ministre que, par le défaut de solidité du sol, il était impossible de faire à la Balise aucun ouvrage de fortification, et il ajoutait qu'à l'entrée de la passe de l'Est, il s'était fait une ouverture ou chenal, « lequel a de quinze à seize pieds d'eau à mer basse sur la » barre. »

Le 15 mai 1741, il avait écrit encore : « Non-seulement la passe de la Balise » a moins d'eau que celle de l'Est, mais n'en a plus que sept à huit pieds ; et

» l'on a lieu de croire qu'elle se comblera en peu de temps, à en juger par les » atterrissements qui s'y sont faits depuis huit mois.»

Le 12 octobre 1850, autre rapport caractéristique de la situation. M. Livaudais, capitaine de port et chef-pilote, écrivit au ministre : « Lorsque la flûte » du roi *le Rhinocéros* est arrivée, en juillet, le gisement de la passe était » Sud-Sud-Est et Nord-Nord-Ouest, et présentement elle gît Est et Ouest. Cela » n'est que trop fréquent, depuis 25 ans que j'entre et sors des vaisseaux. » Rarement les ai-je sortis par où je les avais entrés ; et ces changements arrivent » ordinairement dans le mois d'octobre, lorsque ce fleuve a peu de courant. » Alors les marées remontent jusqu'à onze lieues. »

Citons un témoignage qui complète les précédents : celui du gouverneur, M. de Kerlerec. Le 20 septembre 1851, conjointement avec le commissaire-ordonnateur de la colonie, il écrivit ce qui suit au ministre : « Les terres de » l'entrée du fleuve, qui ne sont formées que par les dépôts des eaux, ont si » peu de consistance qu'il n'est pas possible, sans des dépenses considérables, » d'y former d'établissements ni de fortifications solides. Ceux que la Compagnie » des Indes y avait fait faire et qui étaient considérables, sont détruits ; il n'en » reste aujourd'hui que quelques vestiges, que les vases achèvent d'ensevelir, » malgré les réparations qu'on y a faites en 1731 et 1742, lesquelles se » trouvent présentement sous l'eau à toutes les marées. »

Dans cette même dépêche, il ajoute ce passage significatif : « L'île de la Balise, » qui était, il y a vingt ans, à une demi-lieue au large, est maintenant à une » lieue et demie en arrière sur le côté, et se joint à cette langue de terre que » projette le fleuve en se déversant dans le golfe. C'est ainsi que l'île se trouve » maintenant éloignée des vaisseaux arrivant de la mer : cette circonstance rend » d'autant plus impérieux le besoin d'un poste flottant [1]. »

Arrêtons ici l'audition des témoins. « S'il n'y a point là d'exagération », ajoute M. Charles Gayarré (et je ne vois nullement pourquoi il y en aurait dans ce témoignage du gouverneur), « le Mississipi aurait, en vingt ans, empiété sur le golfe de six milles. » Ce qui fixerait son progrès annuel, durant la même période, à presque 1/3 de mille pour l'ancienne passe de l'Est. N'oublions pas aussi que

[1] Voir l'*Histoire de la Louisiane*, par Ch. Gayarré, vol. I, pp. 15, 98, 330, 341 ; et vol. II, pp. 11, 19, 24, 25, 40, 67 et 68.

cette passe, étant seule alors navigable, recevait, avec le principal courant du fleuve, la majeure part de ses atterrissements, les concentrait sur une même direction, et donnait de ce côté une rapidité tout exceptionnelle au développement du Delta. De cette exception à la règle générale, c'est-à-dire à la moyenne des atterrissements pour les diverses passes, il y a, comme nous le verrons plus tard, une différence énorme : ce qui prouvera combien d'erreurs on s'expose à commettre, en ne traitant que sur des données incomplètes et pour des périodes trop limitées, la question du progrès des alluvions à l'embouchure des fleuves.

Sachons enfin qu'à cet égard les témoignages historiques ne sont pas toujours les meilleurs, et que les témoignages linéaires des cartes l'emportent sur eux, comme la précision rigoureuse du dessin l'emporte sur le vague du coloris. Il faudra donc recourir aux cartes de plusieurs époques ; et c'est en les comparant, c'est en les réduisant à une échelle commune, autour du point fixe et bien connu de l'ancienne Balise, qu'on y verra plus sûrement et du premier coup-d'œil la marche précise des atterrissements.

La carte de Sérigny *(Planche II)* et celle des années 1722, 1724 et 1731 *(Planche III)*, nous donneront les premiers termes de cette comparaison et notre point de départ pour ce travail délicat. C'est de là qu'arrivant aux belles cartes du capitaine Talcott et du *Coast Survey*, nous pourrons enfin porter un jugement sur le progrès des atterrissements du Mississipi et sur la quantité des alluvions qu'il entraine. Quant aux dépôts qu'il fait sur ses rives, ils n'en seront jamais que la moindre partie ; mais encore faudra-t-il en tenir compte. La principale part ira toujours se perdre à son embouchure, où il importerait tant de savoir aussi la régulariser et la fixer. C'est là donc que les plus grandes difficultés pratiques et théoriques se donnent à la fois rendez-vous. Et voilà d'où vient sans doute l'attrait qui s'attache au delta moderne du fleuve, dernier chapitre de son histoire, résumé de son action sur l'Amérique du Nord, dont le célèbre géologue Charles Lyell aurait pu être le meilleur juge, mais qu'il a trop légèrement entrevu, et qui attend encore un véritable explorateur.

V.

PHÉNOMÈNES QUI PERMETTENT D'ATTRIBUER AU MISSISSIPI LES FONCTIONS D'UN PUITS ABSORBANT.

Rôle de ce fleuve dans le Nouveau-Monde. — Ses conditions hydrographiques. — Ses contrastes et similitudes avec le Nil. — Nature de son lit supérieur. — Sa jonction avec le Missouri, et fonctions absorbantes de ce dernier. — *Sink Holes* de Saint-Louis, et phénomènes d'absorption propres aux pays calcaires. — Exemple pareil sur le Mississipi, après le tremblement de terre de la Nouvelle-Madrid. — Filtrations de ce fleuve dans les lacs et bayous de la Louisiane. — La nature poreuse de ses rives inférieures expliquerait pourquoi il n'y déborde jamais. — Consolidation progressive de ces rives et des bas-fonds Louisianais par l'effet même des filtrations boueuses. — Marche des atterrissements dans le golfe, où ils sont précédés et fixés tout ensemble par des *îles et monticules de boue*.

Un des plus beaux exemples du rôle que les eaux fluviales ont joué dans les modernes révolutions du globe, devrait maintenant ressortir d'une étude complète sur le Mississipi. Ce fleuve a été surnommé le *Père des eaux :* il pourrait de même être surnommé le *Père des alluvions*. Ses atterrissements ont créé une des plus vastes et plus fertiles contrées du monde. « La vallée qu'il arrose est la plus belle demeure qui ait été donnée à l'homme sur la terre » ; et il y convie les générations nouvelles, en la rendant propice à toutes leurs entreprises par une navigation intérieure de plus de mille lieues de long.

C'est en des conditions parfaitement analogues que les bords du Nil, de l'Euphrate, de l'Indus et du Hoang-Ho, ont été le théâtre des plus grandes scènes de l'humanité. Les débordements périodiques de ces fleuves y rendent l'agriculture facile et féconde. Le blé et le riz fournissent à une population nombreuse une alimentation abondante; le coton, un vêtement commode, et nulle des denrées nécessaires à la vie n'y fait défaut. C'est là qu'on trouve le berceau des premières nations de la terre : les Égyptiens, les Assyriens, les Indous, les Chinois. Eh bien ! ce que ces anciens fleuves ont été à l'origine des sociétés humaines, le Mississipi le sera à la société la plus impatiente de maîtriser l'avenir ; et c'est de ce *Père des eaux limoneuses,* c'est de tout ce qui pourra le faire mieux connaître, que les générations américaines auront le plus à tenir compte.

Je n'ai point à entreprendre une description géographique de ce fleuve ; assez d'autres en ont déjà été faites. Une appréciation de son rôle alluvionnaire est bien plutôt mon but, et c'est d'abord son hydrologie que j'ai à esquisser.

D'après Nicollet [1], le cours du Mississipi est de 2986 milles, et son point de départ est supérieur de 1680 pieds au niveau du golfe du Mexique. Cette altitude est de 382 pieds à Saint-Louis et de 324 au confluent de l'Ohio. Aux Natchez, elle n'est plus que de 86 pieds; à l'embouchure de la Rivière Rouge, de 76 pieds; et, à la distance de 110 milles de la mer, le niveau du pavé de la cathédrale de la Nouvelle-Orléans est à 10 pieds 5 pouces au-dessus du niveau du golfe. Ajoutons qu'à 95 milles de cette cité, le fleuve se divise en plusieurs branches, qui varient constamment d'importance, mais dont les principales courent aujourd'hui au nord-nord-est et au sud-ouest. C'est en faisant ainsi la patte d'oie que le Mississipi s'unit au golfe du Mexique; mais que lui apporte-t-il en don? Les alluvions d'une vallée de 1200 lieues de longueur, large de 800, et labourée par quinze cents affluents limoneux.

Le Mississipi est le véhicule des dépouilles opimes enlevées par les pluies à la surface de cet immense bassin. Et ces dépôts mêlés de tant de matières végétales, où les entraîne-t-il? En Louisiane d'abord, qu'il exhausse peu à peu de ses atterrissements, et ensuite dans le golfe du Mexique, où il agrandit rapidement son empire.

C'est une Méditerranée descendant au golfe du Mexique avec une largeur moyenne de 2500 pieds, et une profondeur rappelant parfois les insondables profondeurs du Nil, comme les nomme Tacite en parlant du voyage de Germanicus en Égypte. Les courants et contre-courants du Nil américain en rendent la marche à peine sensible durant les eaux basses; mais durant les hautes eaux, quand les courants superficiels courent 4 et 5 milles à l'heure, la masse totale fait la moitié de cette marche, et sa force d'érosion se reconnaît aux gigantesques battures qui se font et défont sans cesse au fond de son lit et sur ses bords.

[1] Nicollet, notre éminent compatriote, a dressé sur le Mississipi la plus belle carte hydrographique qui existe, et il l'a accompagnée d'un excellent mémoire. Je n'ai entendu parler de ses travaux qu'avec admiration dans tous les États-Unis, entre autres par les élèves de *West-Point*, l'École polytechnique de l'Union. Nicollet semble pourtant tout-à-fait oublié en France, si bien qu'il n'a pas même été nommé dans les articles sur le Mississipi de M. Élysée Reclus, publiés dans la *Revue des Deux Mondes*. Le savant M. de Bow, à la Nouvelle-Orléans, est bien loin d'en avoir agi de la sorte dans son précieux recueil : *Industrial resources of the southern & western States*.

Le spectacle de ces crues est alors grandiose et formidable. Gonflée par les pluies ou la fonte des neiges, la masse liquide entraîne avec elle des multitudes d'arbres, qui, tantôt suivant les courants de la surface, menacent les navires qui remontent le fleuve, tantôt flottant à la dérive, vont battre en brèche les levées destinées à prévenir les inondations. Ces faibles barrières, le plus souvent de terre friable et sans consistance, semblent prêtes à céder; pourtant elles résistent, car les bois aussitôt échoués leur servent de protection contre les eaux, agitées par les vents et encore plus par la roue des bateaux à vapeur.

Les bois de dérive mettent ordinairement deux mois à descendre le fleuve, et, quand les vents sont favorables, à peu près le même temps à traverser le golfe. Des bouteilles jetées dans le courant de la Passe-à-Loutre ont été trouvées deux mois après sur la côte-est de la Floride, où soit le vent, soit la direction des courants du golfe les avait fait échouer. Les épaves parties des sources du Mississipi peuvent donc en quatre mois aller flotter sur les eaux de l'Atlantique, qui plus d'une fois les ont portées jusqu'aux côtes de l'Irlande et même de la Norwège et du Groënland.

Nous avons à considérer le Mississipi comme le créateur de la Basse-Louisiane, de même que le Nil l'a été de la Basse-Égypte. C'est à ce titre, dont il ne faut point exagérer la valeur, que la question de leurs alluvions respectives devient la plus importante de leur hydro-géologie. De là aussi l'intérêt que nous avons à comparer les deux fleuves, et à les connaître dans leurs contrastes comme dans leurs similitudes. Ce rapprochement est, à coup sûr, des plus curieux.

Ainsi, les crues du Nil commencent quand finissent celles du Mississipi, et finissent quand celles-ci commencent. Ces dernières s'élèvent et dominent avec le *montage* de juin, qui est le mois où le Nil est à son étiage. En juillet le Mississipi descend, et c'est alors que monte le Nil, pour croître en août, septembre et octobre. Ce dernier mois est celui de sa plus grande élévation, d'où il décroît lentement jusqu'en juin [1]. Pour l'un et l'autre fleuve ce sont donc les mêmes phénomènes, mais en des conditions contraires. C'est également par une route opposée que les embouchures du Nil et du Mississipi coïncident vers la

[1] Je dois ce curieux élément de comparaison à M. Jomard, le noble et actif représentant de l'ancien Institut d'Égypte.

même latitude, celle du dernier fleuve par les 29°, et celle du premier par les 31° de latitude-nord, le Nil venant du sud, le Missisipi du nord, et l'un et l'autre avec des phénomènes semblables d'inondations périodiques et d'influence salutaire autant que productive. Toutefois, le point essentiel de ressemblance est dans leur delta, formation commune à tous les grands cours d'eau sédimentaires. C'est donc sur ce point que la comparaison devra s'établir; car c'est là seulement que nous pouvons apprécier la puissance créatrice de chacun de ces fleuves et les atterrissements en cours de formation dans les deux pays.

Et d'abord, remarquons une différence radicale dans le mode de distribution des eaux du Nil. Les anciens Égyptiens ne l'ont point endigué ; ils l'ont laissé, tout au contraire, s'épandre librement sur l'Égypte. Bien plus, ils lui ont creusé mille canaux d'irrigation destinés à répartir ses eaux limoneuses sur toutes les portions du pays. Durant ce limonage général, ils se retiraient sur les tertres artificiels où leurs villes étaient établies à cette fin ; et ce qui est curieux à rappeler, c'est que les *monts indiens*, si nombreux sur les basses terres de la Louisiane, témoignent encore de cette même prudence naturelle, commune à tous les peuples primitifs. Libre cours étant donc laissé aux inondations du Nil et à l'exhaussement sédimentaire de l'Égypte, ce fleuve n'arrivait à la mer qu'avec son *minimum* d'atterrissements. On conçoit très-bien, dès-lors, ce que les calculs ont démontré, savoir : 1° que l'élévation produite par les dépôts du Nil, près de la mer, a été neuf fois moindre que dans l'intérieur du territoire ; 2° que les empiètements des alluvions sur la Méditerranée n'ont pas dépassé en moyenne 4 mètres par an ; 3° que le delta du Nil, depuis environ trois mille ans qu'on en connaît l'histoire, n'a subi aucun changement radical dans les formes extérieures de son contour maritime, et n'a guère été modifié que par l'atterrissement de ses marais intérieurs.

Or, quelle différence avec la marche des fleuves endigués, comme le Pô et le Rhône, ou bien le Missisipi depuis que la civilisation y a succédé au régime indien ! Regardez les cartes de leurs embouchures : le progrès démesuré de leurs atterrissements y saute aux yeux, par les saillies qui défigurent le contour semi-circulaire propre au régime des deltas. Les bouches du Missisipi sont particulièrement remarquables et même tout-à-fait exceptionnelles à cet égard. A la différence des embouchures fluviales qui n'avancent en mer que pied à pied, sans jamais dépasser de beaucoup le contour du littoral, celles du Mississipi semblent avoir pénétré tout-à-coup dans le golfe du Mexique. Ainsi, depuis les forts Saint-Philippe et Jackson, ce fleuve coule à travers deux langues de terre, longues de 21 milles; et c'est au bout de cet isthme que, se déployant en éventail sur une longueur presque égale, il agrandit rapidement le territoire nouveau qu'il a bâti en pleine mer. Le développement anormal de ce delta n'a pu être compris des géologues et voyageurs qui ne l'ont point étudié sur place, ou n'avaient aucun moyen de le mesurer avec exactitude; mais on s'en rendra compte aisément, après avoir seulement regardé les cartes que nous publions à ce sujet. Les phénomènes propres au Mississipi nous diront, à leur tour, combien il absorbe de masses d'eaux limoneuses, et comment celles-ci, reparaissant vers ses embouchures, y atterrissent par filtration les bas-fonds riverains, et accélèrent en mer la marche générale des alluvions.

Le Mississipi n'est guère solide de fond que dans son cours supérieur, c'est-à-dire jusqu'aux *Rapides des Moines*. Jusque là, il existe un parfait équilibre entre la résistance de son lit et de ses bords d'un côté, et de l'autre la vélocité de son courant. Ce dernier reste en même temps assez rapide pour ne rien perdre de ses alluvions, et il les entraîne au-delà des Rapides, où ils commencent à se déposer vis-à-vis Keokuck. Ces atterrissements y forment des barres et des îlots que le courant modifie sans cesse, et qu'il ne déplace ou n'emporte que pour les réformer plus bas, comme s'il les faisait rouler sur eux-mêmes au fond de son lit.

Pourtant, le Mississipi reste encore le *Père des eaux limpides*, et ce n'est qu'après sa jonction avec le formidable et boueux Missouri qu'il devient, par cette alliance, le *Père des eaux troubles*. La rencontre des deux fleuves n'est d'abord qu'une lutte, non pas de blanche écume, mais de nuages noirâtres tourbillonnant dans l'eau claire : spectacle des plus singuliers que j'ai pu admirer plusieurs fois, et qui me frappa d'autant plus, en 1857, que je venais de passer 32 heures sur le point le plus limpide du Mississipi supérieur. C'était dans les eaux argentées des *Rapides des Moines*, où mon bateau à vapeur avait échoué à dix reprises dans ce parcours de quelques milles, et n'avait pu le franchir de roche en roche qu'à grands coups d'éperon et de cabestan.

Revenu à Saint-Louis, je fis de là une autre excursion sur le Missouri, et j'appris à le connaître en échouant sur ses bas-fonds, deux ou trois fois par jour, pendant toute la durée du voyage. Nous apercevions de temps à autre les carcasses des bateaux que des chicots avaient éventrés, ou dont l'échouage avait été moins heureux que les nôtres. Partout c'étaient des battures naissantes ou d'anciens bords en ruine; et c'est après avoir ainsi visité le principal affluent du Mississipi, jusque près du Kansas, que j'appris par les journaux de ce territoire le phénomène d'absorption, qui m'en a depuis fait remarquer tant d'autres.

En voici le récit d'après les témoins oculaires :

« M. John Parker et son fils pêchaient à la ligne en amont d'ici, à trois » milles environ d'Atkinson (sur le Missouri), lorsqu'ils furent surpris par un » mugissement continu et inusité parti du milieu du courant. La nuit était sans » vent, et, attendu l'obscurité, la cause de ce bruit étrange n'a pu être vérifiée » qu'à la venue du jour. C'est alors qu'on a vu, à quelques 200 mètres des » bords, un vaste remou du fleuve, lequel continue encore, entraînant de » grandes masses d'eau, et telles même que le volume du Missouri en est » sensiblement amoindri en dessous. Les bois de dérive et de gros troncs d'ar- » bres flottants s'y engouffrent et disparaissent sans retour. Hier plusieurs » centaines d'individus vinrent observer ce phénomène étrange. A moins que » cet abyme ne se remplisse bientôt, les suites en seront vraiment calamiteuses » pour la navigation ; car il semble que le fond du lit fluvial se soit réellement » affaissé [1]. »

J'eus bientôt occasion de donner à ce phénomène une explication plus générale. En effet, tous les environs de Saint-Louis, et on en peut dire autant d'une grande portion de l'État du Missouri, reposent sur des couches calcaires, où les effondrements abondent et ont même reçu des habitants le nom spécial de *Sink holes*. Eh bien ! c'est là que l'action des eaux se fait connaître à une multitude d'excavations naturelles, en forme de cônes renversés ou d'entonnoir, dont l'ouverture a jusqu'à 100 mètres sur une profondeur de 30 à 40 pieds. Les pluies torrentielles qui surviennent parfois s'y engouffrent, mais c'est pour y disparaître ; ce qui prouve bien que ces excavations du calcaire Missourien, rapporté en général à l'époque du terrain carbonifère, sont devenues de vrais

[1] Voir le journal *Squatter Sovereign*; Atkinson, *Kansas territory*, reproduit en 1857 par *le Républicain* du Missouri.

puits absorbants. Le célèbre banquier, M. James Lucas, voulut bien lui-même me les montrer, et c'est après cette visite que l'idée me vint d'étudier le Mississipi en dehors de tout ce qu'on en disait d'habitude. De là, la théorie de ses fonctions absorbantes, que les faits généraux et particuliers justifient également [1].

Tout le monde sait d'abord combien les écoulements cachés abondent dans les pays calcaires. L'action dissolvante, que l'acide carbonique des eaux souterraines exerce sur les roches fendillées, y doit de tous côtés multiplier les fuites. Les couches marneuses y sont à leur tour si facilement délayables, qu'avec le laps du temps, des cavernes se forment au milieu d'elles; et il suffit que quelques voûtes en soient ébranlées ou s'affaissent, pour que des gouffres paraissent à la surface. En Grèce, dans la plaine de Mantinée qui forme un bassin sans issue, les eaux disparaissent de la sorte à travers les cavernes et dans les roches poreuses des montagnes. Cette plaine est même si basse que les eaux des torrents l'inonderaient, si l'on n'avait soin de les diriger par des canaux artificiels vers les gouffres où elles sont absorbées, les unes pour disparaître plus loin, les autres pour aller se perdre à la mer. Les formations calcaires, en contact avec les eaux du Mississipi, ne pouvaient faire exception à cette loi hydrologique: — d'où la conclusion qu'elles offrent à ce fleuve, aussi bien qu'au Missouri, une multitude d'orifices absorbants qu'il ne reste plus qu'à découvrir.

Plusieurs de ces orifices sont parfaitement connus: ainsi, près de la Nouvelle-Madrid, rendue fameuse par le tremblement de terre de 1811, l'écor sur lequel la ville est bâtie ne parut point souffrir de cette catastrophe; mais la contrée environnante, surtout au nord-ouest, fut alors affaissée, crevassée et couverte d'une multitude de lacs, qui l'ont fait nommer depuis la *Contrée noyée*. Le plus profond d'entre eux est le ***Reel foot lake***, à dix milles au sud de la Nouvelle-Madrid et sur la rive opposée du Mississipi. Or, ce dernier lac, produit soudain du tremblement de terre comme les autres, conserve encore tous les caractères d'un puits absorbant, que les autres ne durent avoir que pendant un temps fort limité. La succion du courant y engouffre le bois qu'on y jette :

[1] Mon premier travail à ce sujet a été lu à l'Académie des sciences de la Nouvelle-Orléans (séance du 14 février 1859), et publié dans le *N. O. Delta*, le 4 mars de la même année.

« *The suction of its current is so great, that it carried down a rail stake of fence, which never more appeared* » ; ce qui ne peut évidemment s'expliquer que par l'action d'un courant souterrain. Ce fait est significatif comme la crevasse survenue dans le lit du Missouri, et il est attesté par M. Lloyd Tilghman, ingénieur distingué et ancien élève de *West-Point*, titre qui garantit à lui seul l'exactitude et l'intelligence de son témoignage. Ce fut, me dit-il, en 1852 qu'il fit cette expérience. Le lac en question, bien que parallèle au fleuve et séparé de son cours par un mille seulement de distance, n'est nullement influencé par ses crues, et maintient l'élévation de son niveau durant les eaux basses du fleuve. Cette indépendance du lac et du fleuve s'expliquerait par un strate de roche ou d'argile tertiaire qui, tout en les séparant, faciliterait l'écoulement souterrain du premier. Or, les eaux de celui-ci, où tendraient-elles, sinon dans la même direction que le Mississipi, suivant en-dessous le *thalweg* de la grande vallée, et devant inévitablement surgir plus bas, soit dans le lit, soit aux bouches du fleuve ou dans le golfe même du Mexique? C'est, en effet, sur ces points que nous aurons plus tard à étudier les sources qui s'y produisent, et dont l'origine ne semble déjà plus un mystère pour nous.

L'origine du *Reel foot lake* nous a expliqué son indépendance absolue à l'égard du Mississipi. Mais il en est tout autrement des lacs formés par les anciens méandres du fleuve ; car la plupart d'entre eux sont plus ou moins affectés par l'élévation ou l'abaissement de ses eaux. Le lac *Providence* est dans ce cas, ainsi qu'une foule de petits marais, fondrières et citernes naturelles, qui tendent à se vider ou à se remplir pendant la durée ou l'absence des crues.

Dans la paroisse du Tensas, à deux milles du fleuve, et près du lac Saint-Joseph, le lac *Bruin*, d'après le témoignage du colonel Short, s'élève ou s'abaisse en même temps que le Mississipi. On suppose qu'il se remplit par des filtrations souterraines.

Dans la paroisse de Saint-Martin, sur la Têche, le petit lac *Catahoula*, quoique sans communication apparente avec l'Atchafalaya, contient des crevettes comme ce bras du Mississipi, et à la différence des bayous voisins où l'on n'en trouve aucune. Pourtant, d'après le témoignage, ce me semble, unanime des planteurs, ces petits crustacés ne se conservent que dans le fleuve, ou dans ses branches principales qui les reçoivent directement de lui. On les rencontrerait encore dans plusieurs des *Lacs ronds,* qui sont un des traits les plus curieux de la géologie du Tèche et des Attakapas. Ces lacs, si éloignés du Mississipi, en subiraient-ils l'influence souterraine? Cette explication paraîtra plus vraisemblable, quand nous aurons vu les dislocations volcaniques de cette contrée.

Quant aux communications secrètes à travers le sol alluvial, distinguons bien ici les bayous de filtration des bayous d'écoulement. La diversité de leurs eaux est telle, que celles clarifiées ne permettent pas d'y méconnaître le caractère absorbant et filtrant des rives du Mississipi et de ses branches principales. Ainsi, quand ces dernières, comme le fleuve lui-même, n'entraînent que des eaux boueuses et sédimentaires, certains bayous formés de leurs filtrations, dans les bas-fonds intermédiaires, écoulent des eaux dont la limpidité relative contraste singulièrement avec les précédentes. Le *bayou des Allemands,* situé entre le fleuve et le bayou Lafourche, est dans ce cas; il n'est guère alimenté que par des eaux souterraines et filtrées : aussi sont-elles d'une clarté remarquable.

Voyez encore, entre les bayous Lafourche et Terrebonne, le bayou l'*Eau bleue,* dont le nom atteste la limpidité; lui aussi n'est guère formé que des filtrations ou écoulements déjà clarifiés des deux autres bayous. Ceux-ci courent d'ailleurs sur un dos-d'âne, comme le Mississipi, et l'élévation de leurs eaux fait également comprendre les filtrations remarquées en maints endroits, dans les bayous voisins dont le niveau est inférieur au leur [1].

Faut-il rappeler, enfin, que dans certains sondages le courant du fleuve a été reconnu aussi rapide, et en quelques autres plus rapide au fond qu'à la surface; ce qui s'expliquerait par des absorptions souterraines, sans quoi le courant du fond serait toujours moindre d'environ un tiers que le courant superficiel. C'est à ce point de vue qu'il faudra bien distinguer les remous en entonnoir, indiquant les fuites secrètes, d'avec les remous produits par les courants et

[1] D'après M. Joseph Nicolas, si bien renseigné sur tout ce qui intéresse le bassin du Lafourche, on remarque sur la gauche de ce bayou, au-dessus des obstructions du général Jackson et près de la plantation de MM. Harang, un affaissement vertical de deux ou trois pieds sur une surface de quatre ou cinq arpents, ce qui s'explique naturellement par un lavage des fondations du sol. Sur la rive droite du même bayou, entre le lac *Field* et le bayou l'*Eau bleue*, existerait aussi une eau bouillonnante attestant à son tour une puissante filtration. (Voyez, à ce sujet, la *Fig. IV*, représentant les *fonctions absorbantes* du Mississipi.)

contre-courants du fleuve. Mais c'est assez de détails; venons à une considération générale fondée sur une expérience plus que séculaire.

Chacun sait d'abord que les inondations du Mississipi supérieur, celles même parfois terribles pour les États du Missouri et de l'Illinois, restent le plus souvent inaperçues pour la Nouvelle-Orléans. Or, n'est-ce pas une preuve qu'avant d'y arriver, une grande portion des eaux filtre dans le parcours intermédiaire et se perd en des terrains absorbants. Le même phénomène se reproduit au-dessous de la ville, puisque ce fleuve n'y monte jamais en proportion de l'élévation que les eaux atteignent au-dessus de son territoire. D'où il résulte également qu'au-dessous de la cité, il doit trouver des écoulements secrets, et cela devient d'autant plus certain que le lit du fleuve y est plus resserré[1].

N'oublions pas maintenant qu'une notable partie de la Basse-Louisiane a été bâtie sur d'immenses radeaux, et que le Mississipi lui-même y coule, en maints endroits, sur un fond couvert d'arbres noyés. Un tel plancher, recouvert à son tour de dépôts de vase, ne peut constituer, à coup sûr, qu'un fond très-perméable. Quand le sous-sol est ainsi formé, les rives d'au-dessus, étant d'origine encore plus récente, ne sauraient offrir plus d'obstacles aux filtrations; aussi leur perméabilité se prononce-t-elle de plus en plus à mesure qu'on approche du golfe du Mexique. Ceci posé, que doit-il arriver chaque fois que les crues du fleuve surviennent, et qu'à la Nouvelle-Orléans, par exemple, les eaux s'élèvent de 15 à 20 pieds au-dessus du niveau de la mer? Pour se rendre à celle-ci en suivant le lit fluvial, elles ont 110 milles à parcourir, tandis que pour se rendre au lac Pontchartrain, où la même pente les pousse, elles n'ont qu'à faire 5 à 6 milles. Nul doute alors que, par cette voie si courte et sous le poids de leur propre élévation, une portion des eaux ne filtre dans le lac, où la nature perméable du sous-sol leur tient le passage constamment ouvert.

[1] Pour mieux comprendre l'existence de ces écoulements, n'oublions pas l'ancien et compétent témoignage du savant Don Ulloa, très-mauvais administrateur de la Louisiane, mais néanmoins l'un de ses meilleurs observateurs durant la domination espagnole. « Quoique le Mississipi, dit-il, soit » vaste et profond, il est certain qu'il ne fait pas tant de ravages sur ses bords que d'autres fleuves » en font ordinairement. On attribue cet avantage à sa profondeur, la plus grande force de son cours » se développant particulièrement au fond, où le poids de sa masse et la rapidité semblent se réunir. » (*Mémoires philosophiques*, T. I, p. 255, de la traduction française. 1787.) — Ou cette traduction du texte espagnol n'a pas de sens, ou elle signifie que la profondeur des eaux, multipliant leur contact avec les couches absorbantes, leur ouvre d'autant plus d'issues et atténue de la sorte leur débordement.

Le puits artésien creusé, en 1854, à la Nouvelle-Orléans, nous a donné de ce fait la preuve la plus positive. A peine son forage arriva-t-il à 31 pieds de profondeur, qu'il rencontra une boue *demi-fluide* [1], dont le tube se remplissait sans cesse à mesure qu'on le vidait. 12 pieds plus bas, ce fut l'eau elle-même qui remonta par le trou presque jusqu'à la surface du sol *(nearly to the top)*, tandis que les matières terreuses s'y étaient élevées de 10 pieds. Une telle force ascensionnelle surmontant la résistance du frottement intérieur ne peut évidemment s'expliquer que par la pression d'une colonne d'eau atteignant au moins le niveau du même sol. Or, d'où cette pression serait-elle venue, sinon du Mississipi dont les eaux montaient alors avec la crue ordinaire du printemps? Si donc ces eaux pénétraient à 43 pieds sous terre, jusqu'au puits artésien, entre les rues Baronne et Carondelet, c'est-à-dire à plus de 500 mètres de distance du lit fluvial, qui peut douter qu'elles ne pénètrent beaucoup plus loin, et qu'à travers des couches de plus en plus perméables elles ne continuent leur route jusqu'au lac Pontchartrain? Les communications souterraines du fleuve au lac étant aussi démontrées pour le sous-sol de la Nouvelle-Orléans, laissons parler le général Collot, l'un des meilleurs observateurs de la Louisiane durant le dernier siècle. Voici comme il confirme le même fait par rapport aux rives inférieures du Missisipi.

« On devrait naturellement penser, dit-il, d'après les grandes inondations » qui ont lieu dans les hauts du fleuve, que ses bouches sont également submergées. Cela n'existe pourtant pas, quoiqu'il y ait à peine six pouces de » différence entre le niveau des eaux du fleuve et ses rives. La raison en est » simple : c'est que toutes les terres jusqu'à Plaquemine (le bayou sur lequel » est bâti le fort Saint-Philippe) sont ce qu'on appelle *flottantes*, et qu'elles » s'élèvent ou baissent à mesure que les eaux du fleuve montent ou descendent. » On a remarqué même, à ce sujet, qu'il y a moins d'eau dans les passes lorsque » le fleuve est très-haut que lorsqu'il est bas. Il faut cependant excepter de » cette règle la passe du sud-ouest qui n'éprouve pas les mêmes effets, parce » que les terres qui l'environnent sont adhérentes, ainsi que toutes celles des » îles qui existent en dehors des bouches du fleuve : *ce que j'ai constaté moi-» même en les visitant toutes* [2]. »

[1] *Voir* le Mémorial des travaux rédigé par le Dr Bénédict, à qui je dois de connaître les détails intéressants de ce forage.

[2] *Voyage dans l'Amérique septentrionale en 1796*, par le général Collot; vol. IIe, p. 143.

Avec de telles rives encore flottantes, et avec des terrains à l'état absorbant et perméable dans le voisinage de la Nouvelle-Orléans et au-dessus de cette ville, on comprend fort bien comment le danger des inondations s'annulait rapidement, en descendant le cours inférieur du fleuve. Les crues continuant à s'y comporter de la même manière, le fait s'y explique naturellement par les mêmes filtrations, car les terrains n'ont pu s'y modifier complètement depuis lors. Ils vont, toutefois, se fixant et se consolidant de plus en plus, par suite des atterrissements que les eaux boueuses du fleuve produisent partout où elles se reposent, en dessous du sol comme au-dessus. Or, les atterrissements souterrains, qui raffermissent ainsi les formations de récente origine, jouent un rôle géologique dont il faudra nous rendre compte. C'est un nouvel aspect de l'influence sédimentaire à étudier dans la formation du delta, où les rives, de flottantes qu'elles sont parfois à l'origine, deviennent tremblantes, puis, revenant en dessous leur fondation définitive, constituent la vraie terre-ferme.

Les prairies tremblantes, analogues aux rives en question, sont encore très-nombreuses dans la zône inférieure de la Basse-Louisiane. Elles y occupent d'immenses surfaces, et n'y sont que d'anciens fonds de lacs recouverts de bois de dérive, dont les radeaux supportent une végétation marécageuse. Ces planchers commencèrent eux-mêmes par être îles flottantes, lesquelles se fixèrent dès qu'elles purent occuper toute la superficie des lacs. Pour en reconnaître l'épaisseur et la date approximative, on n'a qu'à creuser un trou de communication avec l'eau inférieure. La même ouverture permet parfois d'y pêcher : ce qui rend singulières tant d'étendues verdoyantes où les chasseurs passent d'un pas rapide, et où parfois le bétail s'aventure lui-même à chercher son pâturage au-dessus des poissons. Pourtant ces lacs, sans aucune apparence de relation avec le fleuve, s'atterrissent progressivement. Les prairies et rives tremblantes se fixent de même et se consolident, maintes fois, sans aucune part de travail humain.

Eh bien ! c'est là que peuvent également intervenir les atterrissements souterrains, conséquences des fuites multipliées ouvertes aux eaux boueuses ; de sorte que les fonctions absorbantes deviennent aussi sédimentaires, et complètent, par leur travail invisible, la formation à ciel ouvert du sol Louisianais.

Il nous resterait à voir le Missisipi sur son dernier théâtre et à calculer la marche de ses alluvions dans le golfe du Mexique. Mais pour échapper à tant d'erreurs commises à ce sujet, ce n'est pas trop d'étudier d'abord le terrain que nous aurons à mesurer plus tard. Deux formations de nature très-distincte se le partagent. La première provient des dépôts superficiels du Mississipi, et nous est déjà connue. Ce sont les rives mélangées de vases et de matières végétales, comme celles en cours de développement à l'embouchure de tous les fleuves. La seconde est la formation d'une multitude de petites îles, dont le sol a autant d'adhérence que celui des rives en a peu : preuve évidente qu'il est sans rapport avec ce dernier. La formation de ces îles est, à coup sûr, une des grandes curiosités du Mississipi, et si je ne me trompe, un sujet aussi nouveau qu'intéressant pour la science. C'est, d'abord, à leur grand nombre que les terrains de la passe Sud-Ouest doivent l'adhérence particulière, remarquée par le général Collot, et qui les avait fait surnommer *Cabo de lodo* (cap boueux) par les anciens hydrographes espagnols.

Ces îles ont ensuite un autre caractère, indiquant leur vrai rôle géologique. Sentinelles de la terre-ferme, avancées en pleine mer et groupées tout autour des bouches du fleuve, elles y offrent des points d'arrêt aux alluvions incertaines, et y fixent bien des bois de dérive qui auraient été dispersés à tous les vents du golfe. Or, ceux-ci, une fois échoués sur leurs bords, y favorisent aussitôt les atterrissements de toute nature. Les petites îles s'agrandissent ainsi à chaque nouvelle crue ; et comme toutes en font autant, on s'explique déjà la rapidité de développement propre au delta du Mississipi.

Mais quelle est l'origine et la nature de ses formations insulaires, qui secondent si bien la puissance sédimentaire du fleuve ? Viennent-elles de lui-même, ou lui sont-elles étrangères?

Telle est la question à résoudre pour avancer l'hydrologie du Mississipi, et mesurer plus tard avec exactitude la marche de ses alluvions.

GÉOLOGIE PRATIQUE DE LA LOUISIANE, PAR R. THOMASSY.

1859

I.

THÉORIE DES MUD LUMPS.

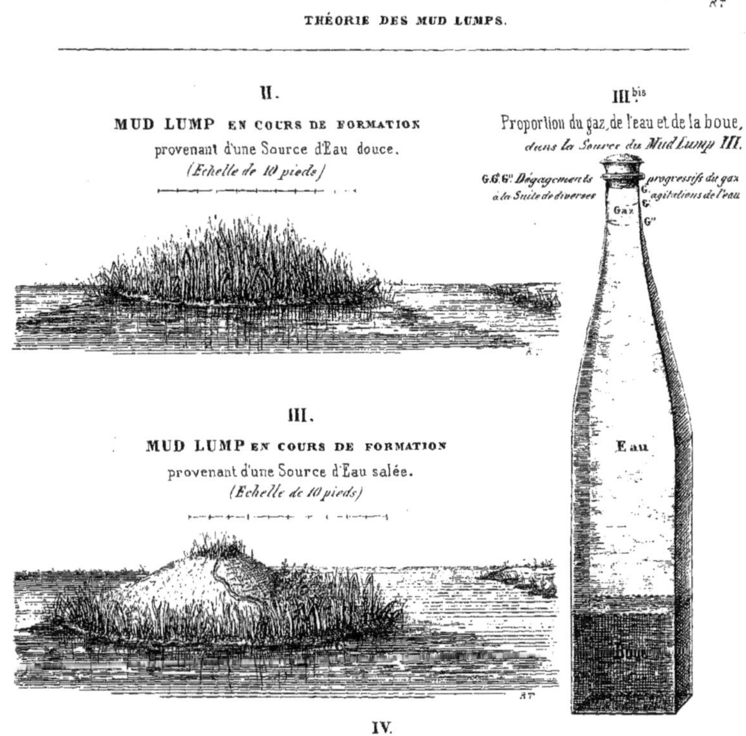

IV.

CAP BOUEUX AVEC SOURCES BOUILLONNANTES AU SOMMET

(Vu de la passe Sud-Ouest)

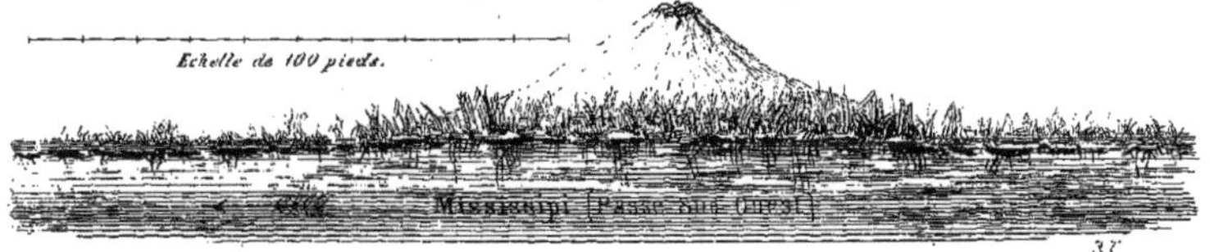

GÉOLOGIE PRATIQUE DE LA LOUISIANE, PAR R. THOMASSY.

1859

V.

MUD LUMP EN VOIE DE DESTRUCTION

haut de 8 pieds : à marée basse (D'après la carte du Capit. Talcott)

VI

FONCTIONS ABSORBANTES DU MISSISSIPI.

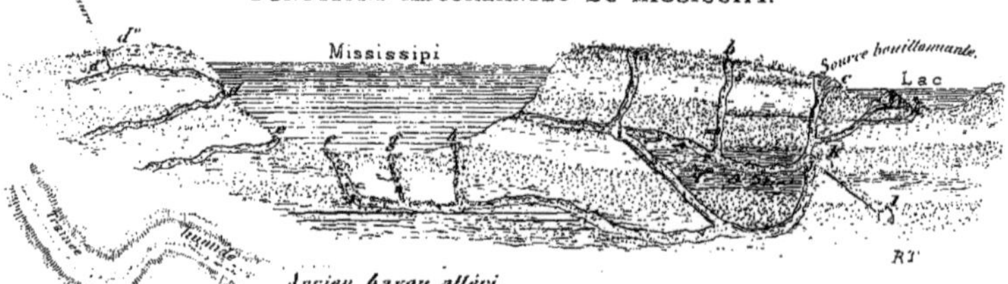

Mississipi

Source bouillonnante.

Lac

Ancien bayou atteri,

d'où s'échappe une traînée de vapeur visible dans la Sécheresse.

VII

HYDRAULIQUE DU MISSISSIPI.

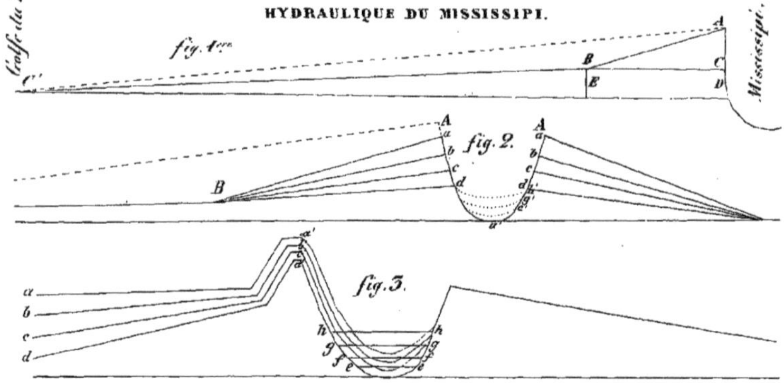

Golfe du Mexique.

fig. 1ère

Mississipi.

fig. 2.

fig. 3.

VIII

IDÉE GÉNÉRALE DES COLMATES.

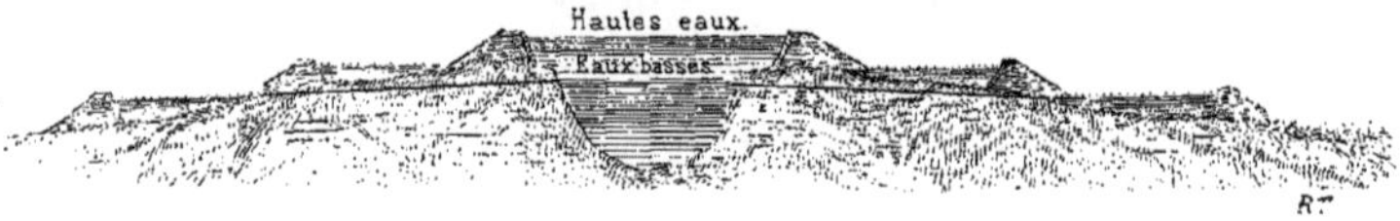

Hautes eaux.

Eaux basses.

Lith. L. Donnadieu.

VI.

DES SOURCES ET ILES DE BOUE, ET DE L'INFLUENCE DES EAUX SOUTERRAINES SUR LA FORMATION DU DELTA DU MISSISSIPI.

Relation des eaux absorbées en amont du Mississipi avec les sources et îles de boue de son embouchure. — Témoignages relatifs à ces îles nommées *Mud-lumps*. — Leur formation essentiellement distincte des atterrissements de la surface. — Objections résolues à cet égard. — Multiplicité et instabilité des *Mud-lumps* aux bouches du Mississipi. — Visite à trois d'entre eux. — Leurs diverses catégories et leur caractère général. — Comment ils fixent les alluvions incertaines et accélèrent en mer l'avancement de la terre-ferme. — Leur coïncidence permanente avec les crues du fleuve, et comment leurs boues, charriées par les branches souterraines du Mississipi, doivent entrer dans le calcul de ses atterrissements. — Divers phénomènes expliqués par la théorie des *Mud-lumps*, particulièrement la formation des anciens cordons littoraux.

Nous avons déjà vu l'absorption des eaux boueuses se traduire en atterrissements souterrains; mais les eaux absorbées en amont doivent sortir quelque part en aval, et y reparaître aussi parfois en sources jaillissantes. Des sources de cette nature se rencontrent précisément aux bouches du Mississipi, et en nombre extraordinaire comme avec les effets les plus singuliers. Ces phénomènes y semblent en tout correspondre aux fonctions absorbantes du fleuve, et il est impossible qu'il n'y ait point de celles-ci aux autres quelques relations de cause à effet.

La plupart des sources en question sont surchargées de sédiments, qu'elles déposent aussitôt qu'elles apparaissent : de là, les noms de ***Mud-springs*** et ***Mud-lumps***, sources et monticules de boue. Le plus grand nombre d'entre elles se distinguent également par des qualités minérales ou fortement alcalines. Il en est aussi d'eau douce, et d'autres enfin assez clarifiées pour ne laisser aucun dépôt autour de leurs orifices.

Telles sont les sources qui, pendant que des masses d'eau s'engouffrent dans les formations calcaires du Missouri, dans les terrains de la Nouvelle-Madrid et maints autres lieux, sortent de tous côtés aux embouchures du fleuve et en avant de ses rives, et semblent y jaillir comme d'un véritable crible sous-marin.

La singularité de leur apparition vaut d'abord la peine qu'on les décrive avec détail ; nous en verrons ci-après la signification géologique.

Le premier témoignage qui les concerne est celui des ingénieurs français qui, dès l'origine de la colonisation, examinèrent l'entrée du Mississipi avec un soin vraiment admirable.

Voici ce que je lis dans le procès-verbal dressé à l'île de la Balise, en 1726, par une Commission ayant pour objet d'examiner l'embouchure du fleuve, sonder les passes et connaître la solidité et l'étendue du terrain de cette station : « Nous » avons pareillement remarqué, disent les commissaires, que dans ladite île il y » a cinq sources qui jettent de l'eau salée sur le terrain *même le plus élevé*. Il » y en a une, auprès de la chapelle, qui est la plus considérable, où une perche » de 18 à 20 pieds entre aisément, laquelle bouillonne en plein jour et jette » un sel tout autour. Les autres n'ont aucune profondeur ; à peine peut-on y » faire entrer un bois d'un pied de long. Mais nous croyons que toutes ces sources » ne peuvent point détruire la solidité du terrain qui est bon et ferme par lui- » même, étant joint à celui qui l'environne et qui dessèche presque à toutes les » marées. Nous observons qu'il y avait ci-devant d'autres sources égales à celles » ci-dessus, qui ont été bouchées, et qu'on en peut faire de même de » celles-ci[1]. »

Ainsi, le phénomène des sources boueuses, qui sont la plupart ou salées ou saumâtres, se trouve constaté dès 1726 et en même temps très-bien caractérisé, puisqu'on remarque que les sources jetaient leur eau sur le terrain même le plus élevé de la Balise[2]. Quant à leurs dépôts, pour s'en faire une idée juste, il faut en remarquer d'abord la forme, soit sur la planche ci-jointe,

[1] *Archives scientifiques de la marine*, à Paris.

[2] Le Père Charlevoix, guidé, en 1722, par l'ingénieur De Pauger, membre de la Commission de 1726, avait déjà remarqué les sources en question.

« M. de Pauger, dit-il, sonda cet endroit avec l'aiguille de sonde, et en trouva le fond *assez dur et » de terre glaise, quoiqu'il en sorte cinq ou six petites sources, qui ne jettent pas beaucoup d'eau ; » mais cette eau laisse, sur la terre où elle coule, un très-beau sel.* »

A cette même époque, il existait vis-à-vis la Balise trois petites îles *qui n'ont point encore d'herbes*, ajoutait le P. Charlevoix, *quoiqu'elles soient assez hautes*. L'excès de sel les avait frappées de stérilité comme nous le remarquons dans les formations pareilles de nos jours. L'importance de ces monticules, où l'on projetait d'établir une batterie, fit sans doute marquer, sur la carte de 1731, quatre autres formations semblables, d'un niveau supérieur à celui des rives naissantes. *(Fig. III, Pl. III.)*

soit sur un double dessin fait par le capitaine Andrew Talcott, en 1838, et publié dans sa carte des bouches du Mississipi. On y voit deux *Mud-lumps*, s'élevant l'un de 7 pieds, l'autre de 14 au-dessus du niveau de la mer. L'un et l'autre sont en voie de destruction ; mais il suffit de les regarder, pour être convaincu que leur formation diffère essentiellement des atterrissements superficiels, lesquels restent toujours à fleur d'eau ou ne dominent que de quelques pouces le niveau du golfe.

La description de quelques-unes de ces îles nous initiera maintenant à leur genre de formation. Une d'elles, que le professeur Forshey nomma *artésienne* à cause de ses sources, avait fait son apparition en 1832. Or, disait-il en 1850 : « Sa longueur est d'environ 600 pieds, et le *maximum* de sa hauteur actuelle de 7 pieds 4 pouces. Non loin de la pointe orientale est une source salée, qui constitue le principal caractère de cette île et en explique la formation. Quand on s'en approche, on aperçoit un cône de 2 à 3 pieds de haut sur 50 de base, et du sommet duquel s'échappe continuellement une boue couleur de plomb, à laquelle se joignent de temps à autre des émissions de gaz. La boue coule lentement sur les pentes du cône, jusqu'à ce que l'eau s'évapore et qu'elle-même se fixe et s'ajoute aux dépôts dont le cône va toujours s'accroissant. Cet accroissement continue, jusqu'à ce que l'élévation ainsi formée atteigne environ 7 pieds au-dessus des eaux environnantes. La source s'arrête alors, mais pour aller faire irruption sur une place moins élevée, où elle recommence le même genre de travail. La surface de l'île porte les traces de plusieurs *tumuli* semblables.

» Dans un sondage de la source fait à l'aide d'un pont de bois improvisé, le plomb y atteignit 25 pieds. Pareils sondages atteignirent ailleurs 25 mètres ; mais l'épaisseur de la boue y retint le plomb, qui se perdit par la rupture de la ligne. Quant à l'eau, qui est d'un goût très-salé, sans aucun autre mélange, elle dépose son sel par l'évaporation, et l'île entière brille de cristaux de sel ainsi déposés sur son argile. »

Cette description indique déjà le rôle des sources de boue dans la formation des îles, et montre en même temps que ces dernières peuvent acquérir une superficie de plusieurs acres. La plupart des *Mud-lumps* sont bien loin toutefois d'arriver à une pareille étendue ; mais les plus petits n'en sont que plus intéressants à étudier, puisqu'on les voit à l'origine même de leur formation. Trois de ceux-ci se trouvent rapprochés dans *Blind-Bay,* à un mille environ de la station des bateaux remorqueurs établie sur la Passe-à-Loutre. Voici en quelles conditions je les ai trouvés, en juin 1859 :

Le premier *Mud-lump* m'offrit une île de 20 à 25 pieds de diamètre, parfaitement circulaire et conique. Le sommet s'en élevait de 2 à 3 pieds au-dessus des eaux environnantes, et l'eau salée qui en coulait, grosse comme le doigt, n'étant que de la boue liquide, continuait à accroître de ses dépôts le monticule qu'elle avait déjà formé. La salure de cette source marquait 3°, tandis que celle de l'eau environnante n'était que de 0°,80. Une couronne d'herbe luxuriante couvrait et la base et le sommet de cette île, dont la partie intermédiaire était chauve et dépouillée de toute végétation par l'excès du sel.

Le second *Mud-lump* avait plus de 4 pieds de hauteur, sur un diamètre de 15 à 20 pieds. La source qui l'avait formé, était également boueuse, mais plus salée : ce qui m'expliqua la présence du *salicornia* ou plante à soude, qui croissait dans la section centrale du monticule. J'en cueillis pour m'en faire une salade, et m'en trouvai si bien que, par reconnaissance, j'en voudrais faire semer sur tous les *Mud-lumps.*

Le troisième que j'examinai était d'une forme et d'une dimension moindres que celles des précédents, et il me frappa par la végétation dont il était entièrement recouvert; ce qui me fit croire qu'il n'y avait point de sources. Pardon, me dit mon guide, en écartant les vertes herbes, la voilà! Cette source me surprit également par sa fraîcheur. J'y plongeai mon thermomètre qui marqua 21°,00; les eaux environnantes en accusaient 27°,50, et l'air ambiant 26°,50. L'eau en est douce, ajouta mon guide. Elle me parut toutefois un peu saumâtre comme l'eau des puits de la Nouvelle-Orléans, dont on ne se sert que faute de meilleure boisson, ou seulement pour rafraîchir celle qu'on veut boire.

Quant au nombre des sources, elles se rencontrent sur une multitude de points; et mon guide m'assura que, dans ses excursions de chasse ou de pêche, il y avait peu de jours où il n'en aperçût quatre ou cinq. Il les observait, le plus souvent, bouillonnantes sous l'eau des baies voisines, mais sans savoir, ajoutait-il, si elles étaient douces ou non. Cette apparence d'ébullition tient aux nombreuses bulles d'air ou de gaz hydrogène qui sortent avec les diverses eaux boueuses. Dans une fiole que je remplis à l'une de ces sources, la boue se déposa entièrement en huit ou dix heures, formant alors plus d'un cinquième du volume total. Quant au gaz, il n'offrait d'abord qu'une couche d'à peine un quart de ligne d'épaisseur (*Fig. III* et *III bis*); mais par des agitations successives de la fiole qui restait scellée, il décupla de volume, et le retour de l'eau à la limpidité s'opérait chaque fois plus rapidement. Ce gaz, à la sortie des sources, me représentait parfaitement l'effet de l'air que l'eau, précipitée dans un conduit souterrain, y aurait entraîné avec elle : il en sortait par soubresaut avec les boues liquides. Celles-ci me frappèrent encore par une absence complète de matières végétales; ce qui contribuait à donner à leurs dépôts l'adhérence qui les caractérise, au milieu des terrains délayables et incohérents déposés par le fleuve [1].

C'est maintenant à ce dernier caractère que les îles et monticules de boue vont devoir leur importance géologique; aussi faudra-t-il le bien établir et le rendre évident pour tous. Mais avant de multiplier les faits, rappelons le principe qui doit les expliquer : c'est celui de la presse hydraulique, dont les effets sont prodigieux et capables, comme on le sait très-bien, de faire éclater des portions de montagnes et produire de terribles avalanches. De tels effets donnent une idée de la force de soulèvement exercée par des nappes souterraines, dont la colonne alimentaire serait, par exemple, auprès des Natchez, c'est-à-dire haute de 86 pieds, ou bien aux confluents, soit de l'Ohio, soit du Missouri, ce qui lui donnerait une élévation de 300 à 400 pieds. Cette colonne alimentaire, ne fût-elle qu'un simple filet d'eau, ne perdrait rien de sa puissance, à moins qu'elle ne rencontrât une fissure, auquel cas, elle se produirait en source boueuse; mais si, au lieu de fissure, elle trouve un bas-fond disloqué, et qu'elle presse, je suppose, contre un radeau, ce radeau se soulève comme ferait un vaste piston, dont la lenteur et la durée de soulèvement seraient alors proportionnées à sa propre surface.

De là, ces îles des bouches du Mississipi, ayant parfois une superficie d'un

[1] Au sujet de cette adhérence, j'ai encore à citer un fait significatif. L'adjoint du colonel Louis Hébert, ingénieur de l'État, M. Frémau, ayant jeté l'ancre sur un *Mud-lump*, cette ancre en fut retirée avec une masse d'argile si agglutinée qu'il fallut deux ou trois jours pour la nettoyer entièrement Le simple courant du fleuve eût, au contraire, suffi pour délayer cette boue, si elle eût été prise dans les alluvions fluviales.

ou plusieurs acres, et qui mettent des années entières à s'élever au-dessus des flots. Des fuites pourtant s'opèrent durant cette émergence, et à chaque fuite correspond précisément une source avec son monticule boueux. L'île décrite par le professeur Forshey nous a montré plusieurs de ces *tumuli*, et on les retrouve dans la plupart des soulèvements du même genre. Ainsi, tout se passe bien, comme s'il y avait réellement la pression hydraulique dont nous parlons. Cette pression est d'ailleurs sujette à changer; car, au lieu de se réaliser de bas en haut, elle peut se faire latéralement, ou bien la colonne d'eau peut s'échapper au fond du golfe. Alors, plus de pression par en-bas; et l'île de s'abaisser, de se disloquer, en attendant que les courants du fleuve et de fortes marées la rongent ou la fassent même disparaître. Ce qui s'explique par l'interruption de la presse hydraulique, et en démontre une fois de plus l'intervention dans les cas précédents.

Cette explication s'adaptant aux conditions les plus diverses des *Mud-lumps*, je ne sais vraiment quelle objection pourrait lui être faite. Toutefois, on pourrait me dire que sir Charles Lyell a visité, en 1845, les bouches du Mississipi, et que, dans le volume où il rend compte de ses observations, il a passé sous silence les sources et îles de boue qui nous occupent. Oui, son silence a été complet à cet égard, et n'en est que plus regrettable de la part d'un esprit aussi éminent. Mais que prouverait cet argument négatif, sinon que M. Lyell n'a pas vu les *Mud-lumps*, ou plutôt ne les a point regardés [1], préoccupé qu'il était d'amoindrir les atterrissements du Mississipi, pendant que d'autres célèbres géologues ne les exagèreraient pas moins de leur côté, sur la foi de relations inexactes?

Ceci me conduit à répondre à une autre objection. M. Élie de Beaumont, parlant d'après M. Michel Chevalier, lequel avait parlé d'après le major Delafield,

[1] M. Lyell, qui n'a pas vu les *Mud-lumps*, a pourtant vu, sur la carte du Père Charlevoix, remontant à 1722, une vieille construction espagnole, qui, par le seul fait de cette origine, devait être postérieure à cette carte de plus de 40 ans; et il l'y a vue, dit-il, *marquée avec exactitude*. En face d'erreurs aussi palpables, il serait superflu de répondre à des arguments négatifs. Voici le texte du célèbre voyageur :

« *We went within a mile of the old Spanish building, called the Magazine, correctly laid down in Charlevoix's map, & now 600 yards nearer the sea than formerly.* » (*A second visit to the United States*, vol. II, p. 119, édition de New-York, 1855.)

supposerait que les monticules de boue, vaguement désignés sous le nom de *phénomènes étranges*, résultent d'un soulèvement par bascule, mouvement, dit-il, *qu'accompagnent sans doute des dépressions produites ailleurs*[1]. Mais ces dépressions, comme seraient celles d'un radeau qui s'abaisserait d'un côté en s'élevant de l'autre, sont tout-à-fait ignorées aux bouches du Mississipi. Les *Mud-lumps*, formés par les dépôts successifs et adhérents des eaux boueuses, y sont, au contraire, le sujet de toutes les conversations. Que dis-je? c'est contre eux surtout que luttent les ingénieurs occupés d'améliorer les bouches du Mississipi. Ces faits sont de notoriété publique, et des objections fondées sur un récit de seconde et troisième main ne sauraient être valables contre des arguments aussi positifs.

N'oublions pas, d'ailleurs, que le caractère le mieux constaté des *Mud-lumps* répond à l'objection précédente : c'est l'adhérence de leur sol remarqué d'abord par le général Collot, ensuite par le professeur Forshey, enfin, par une Commission d'ingénieurs, chargée, en 1852, d'examiner l'état des bouches du Mississipi. Or, les hommes experts qui la composaient, ont déclaré que « la formation des *Mud-lumps* est entièrement distincte de celle des marais constituant » la terre-ferme; et, en lui attribuant pour cause incontestable une force très- » remarquable de soulèvement souterrain, ils lui reconnaissent pour effet d'ac- » célérer la formation de nouvelles terres, et par suite le prolongement des » passes en mer[2]. »

Après des témoignages aussi compétents, comme après les faits déjà connus,

[1] *Géologie pratique*, de M. Élie de Beaumont, p. 509; et *Des voies de communication aux États-Unis*, par M. Michel Chevalier, T. I. p. 78.

[2] « *There is*, disent-ils, *a very remarkable agency, which appears to play an important part in accelerating the projection of these passes seawards: it is the* upheaval of land by some subterranean power. *This upheaval exhibits itself in the side and generally in advance of the bars, and some times in deep water, in the main channel.*

» All the Islands, projected beyond the points of main land, present indisputable marks of this upheaval. — They are entirely distinct in character from the marsh formations constituting the main land, *and are usually from 6 to 10 feet high or 14 feet above ordinary tides. In many of these*, springs of salt water are found through which bubbles of gaz escape. *These springs, in overflowing, deposite a sediment of fine clay by which a cone of considerable elevation & base is formed.*

» *These Islands in progress of time are apparently underruined by the sea and washed down by rains; a marsh formation succeeds, which connects itself with the main land.*

» *The board refer to others for theories of this agency, but merely mention its* undeniable

on peut sans crainte d'erreur affirmer la conclusion suivante : Distincts par leur formation comme par leur origine, les ***Mud-lumps*** n'auraient point dû être oubliés, et ils méritent de prendre part parmi les formations les plus curieuses résultant des causes actuelles. D'ailleurs ces monticules, bien que peu élevés au-dessus des flots, n'en acquièrent pas moins une certaine importance topographique, puisqu'ils se développent au point d'offrir parfois plusieurs acres de superficie. Alors même qu'ils offrent seulement quelques mètres de rayon, ils servent toujours de points d'arrêt aux dépôts sédimentaires; et c'est en facilitant et fixant leur accumulation, qu'ils fonctionnent comme les pitons d'un cordon littoral en cours de développement. Pionniers de la terre-ferme dans les eaux du golfe, il leur arrive pourtant d'être souvent punis de leur témérité, emportés qu'ils sont, tantôt par le courant du fleuve, tantôt par les marées orageuses. Leur disparition est alors non moins capricieuse que l'avait été leur apparition ; aussi ces phénomènes, trop fréquents aux bouches et sur les barres du fleuve, en changent-ils sans cesse les conditions navigables et en rendent l'amélioration d'autant plus laborieuse.

Grâce aux facilités que m'avait données la *Compagnie des bateaux remorqueurs,* je pus, à leur tour, consulter les capitaines et pilotes les plus familiarisés avec les localités. J'avais déjà fait, pour mesurer la salure du golfe, une excursion à bord de *l'Anglo-Saxon,* commandé par M. Legrand; c'est dans mes entretiens avec lui et avec ses collègues que je m'appliquai à démêler les faits sur lesquels ils étaient tous d'accord, me réservant ensuite d'en tirer les conclusions.

La première question fut relative aux causes qui faisaient si fréquemment varier la profondeur des bouches du fleuve. Ce fut à qui citerait des faits caractéristiques de cette situation; et comme on le devine, il n'y avait qu'une voix pour en rendre, avant tout, les ***Mud-lumps*** responsables. Il ne faut point toutefois confondre avec eux les fréquentes inégalités de fonds occasionnées par les remous, autour des navires échoués dans la vase. En pareil cas, un

existence; and they belief that this upheaval hastens the formation of new land & consequent projection of the passes seaward. » Voir *Report of Chare, Beauregard and Latimer : Board of engineers for the examination of the Mississipi* (*Congress documents.* 1852-53). C'est à l'obligeance du major Beauregard, membre de cette Commission, que j'ai dû la communication du rapport inédit du professeur Forshey sur le même sujet (4 novembre 1850).

monticule se produit toujours derrière le navire; mais c'est là une accumulation momentanée et superficielle, qui disparaît presque aussi vite qu'elle a été formée. Quant aux vrais *Mud-lumps*, ce sont eux qui se rient des efforts de l'art, et déroutent tous les calculs des ingénieurs pour améliorer l'entrée du Mississipi. Ils en sont les mauvais génies, et ils y troublent sans cesse l'amélioration d'un des points les plus importants pour la navigation du globe, surgissant et s'engloutissant çà et là, à tout propos, à tout hasard, élevant ou abaissant la barre, ouvrant ou fermant le passage aux navires qui néanmoins s'y multiplient chaque année.

La même unanimité des interlocuteurs existait sur le grand nombre des orifices qui nous occupent; de sorte qu'autour des bouches du fleuve, les sources semblent vraiment jaillir comme d'un crible sous-marin. On en voit aussi bouillonner qui ne sont pas du tout boueuses.

Quant aux *Mud-lumps* produits par voie de soulèvement soit brusque ou successif, leur catégorie, tout en se distinguant de la précédente par le mode initial de leur formation, rentre dans le même ordre de faits, résultant, comme nous l'avons dit, d'une pression de bas en haut, qui ne peut être qu'une pression hydraulique. Leur apparition ne laisse aucun doute à cet égard, car leur masse, en s'élevant, s'arrondit d'abord ; puis d'un point culminant et cratériforme la source ordinaire fait irruption et complète le *Mud-lump*, à la différence des autres cas où elle seule le commence, le développe et le finit.

Cette pression d'en-bas ou puissance de soulèvements se manifeste par des faits à peine croyables, mais très-positifs. Les pilotes, à ce propos, me montrèrent la place où quelques jours auparavant ils avaient trouvé 18 pieds d'eau. Maintenant, me dirent-il, il n'y en a pas 12. Dans une autre place, un vaisseau avait jeté l'ancre dans des eaux profondes; quand il voulut partir, il se trouva prisonnier entre deux *Mud-lumps*, et il fallut les efforts de plusieurs remorqueurs pour le remettre en eaux vives. Ici, une goëlette, ayant fait naufrage, restait ensevelie sous les eaux; un soulèvement du fond la fit plus tard voir à sec sur une île. Là-bas, c'étaient des dalles de Portland, jetées à la mer pour alléger un navire; quelques années après, ces dalles se trouvèrent également à sec sur un *Mud-lump*. Sur un autre point, apparut à son tour, une ancre, dont la rouille attestait qu'elle s'était perdue depuis un temps immémorial. Cette ancre est encore conservée chez un pilote de la Balise, et c'est une des preuves nombreuses de la formation des *Mud-lumps* par des soulèvements de fond.

Parmi ces divers monticules, où le plus souvent se rencontrent des sources salées ou saumâtres, d'autres fois des eaux douces, quelquefois enfin des eaux minérales, il en est deux qui résument très-bien le caractère extérieur de tous les autres. Le premier est en tête de la Passe-à-Loutre, où il s'élève de 7 à 8 pieds au-dessus du niveau du golfe. Comme dans le *Mud-lump* décrit plus haut par M. Forshey, on y trouve plusieurs orifices de sources boueuses; et de chacun d'eux l'eau découle toujours par le côté le plus bas. Mais bientôt elle exhausse de ses dépôts boueux ce même côté, ce qui porte ailleurs son écoulement et successivement lui fait produire des exhaussements semblables. Cette île de boue croît de la même manière en extension, n'attendant plus que des atterrissements superficiels qui la joignent aux rives déjà formées.

Le second *Mud-lump* est à la Passe sud-ouest, à un demi-mille de la rive. On ne peut l'atteindre qu'en franchissant un affreux marais; mais on le voit fort bien, et il m'a été signalé plusieurs fois du haut des bateaux à vapeur qui me portaient au Texas (*Fig. IV*). Le pilote Benjamin Morgan, qui l'a visité, me le représentait comme un cône tronqué, de 20 à 25 pieds de haut sur 300 de circonférence. La source qui l'a formé ne cessait point de jaillir au sommet, s'y élançant par soubresaut en gerbe boueuse, et coulant sur tout le pourtour où elle déposait en couches concentriques ses vases d'argile et de sable. C'est ainsi que ce monticule continue à s'exhausser régulièrement, toujours inondé et brillant au soleil de quelque côté qu'on le regarde.

On voit donc par quel double travail les sources font des monticules, tantôt de forme conique, quand elles coulent abondamment et à plein bord, tantôt de forme évasée et irrégulière, quand elles s'épanchent lentement, soit d'un côté, soit d'un autre, exhaussant toujours le côté le plus bas et divisant leurs dépôts successifs par les rigoles mêmes de leurs épanchements. Les *Mud-lumps* se couvrent ainsi de rides et de sillons; puis vient la sècheresse, qui en fendille le sol argileux, en attendant que les pluies torrentielles transforment les fissures en crevasses, et que les marées extraordinaires ou l'effet de sècheresses nouvelles agrandissent les brèches et en détachent fragments sur fragments.

Le monticule s'amoindrit alors rapidement et se découronne, comme tomberait une maison en ruine ; mais, quoique en voie de destruction par le sommet, sa base n'en reste pas moins intacte et sert à consolider les rives, alors même qu'elle n'en dépasse plus le niveau. Quant aux îles formées par soulèvement, on les voit aussi parfois s'affaisser et disparaître ; les eaux souterraines en ont alors délayé ou emporté la fondation, et le phénomène s'est terminé par un effondrement sous-marin. Telles sont les phases des monticules de boue, dont l'histoire contribue à rendre si intéressante l'étude des bouches du Mississipi.

Bien des questions se rattacheraient encore au même sujet : ainsi, l'élévation des *Mud-lumps* permettrait-elle de calculer celle des diverses colonnes d'eau dont ils sont le résultat? La plupart d'entre eux, ne s'élevant qu'à 7, 10 ou 14 pieds au-dessus de la mer, indiqueraient que le sommet de sa colonne alimentaire n'est point à une très-lointaine distance. Cependant leur élévation pourrait fort bien être indépendante du point de départ de cette colonne. Supposons, en effet, les monticules boueux fonctionnant comme des tubes implantés sur une branche de conduite, c'est-à-dire comme piésomètres de courants souterrains débouchant librement au fond du golfe. L'eau ne s'y élèverait, en pareil cas, qu'en proportion de la résistance du parcours entre le piésomètre et le débouché ; de sorte que, si les nappes alimentaires débouchent en mer, à une distance à peu près égale des passes du Mississipi, sous les couches d'argile qui s'y déposent en éventail, cela explique très-bien les légères différences d'élévation propres aux sources et aux monticules de boue.

Mais la boue d'où vient-elle? De quelle formation a-t-elle été enlevée? Ce problème n'est pas sans intérêt; le poser, d'ailleurs, c'est le résoudre : car pourrait-elle venir d'autre part que des mêmes conduits absorbants, où nous avons vu s'engouffrer tant de masses d'eau du Mississipi. Toute autre supposition ne serait pas soutenable, du moment que cette absorption a été prouvée jusqu'à l'évidence. Les dépôts de boues souterraines, si nombreux aux bouches du fleuve, proviennent donc de lui-même au moyen de ses branches cachées, dont il ne faut pas tenir moindre compte que de ses embranchements apparents. Les *Mud-lumps* font ainsi partie intégrante de ses alluvions ; et, bien que d'une formation très-distincte des sédiments de la surface, ils n'en doivent pas moins figurer dans le calcul des atterrissements du Mississipi. Si un dernier doute existait à cet égard, il disparaîtrait devant le fait que ces îles singulières surgissent surtout durant les hautes eaux. Cette coïncidence permanente indique nécessairement des relations de cause à effet, et démontre une fois encore l'influence des fonctions absorbantes du Mississipi sur la production des *Mud-lumps*.

Ce n'est point tout : un fait, qui rentre dans le même ordre d'idées et n'est pas moins certain, c'est que les barres de ce fleuve empirent toujours durant les crues, c'est-à-dire au moment où les barres de tous les autres fleuves s'améliorent. Le Mississipi serait-il donc régi par des lois exceptionnelles? Cela peut être. Ce qui est plus sûr, c'est qu'il agit conformément à ses propres lois; aussi durant les hautes eaux, ses passes ne manquent-elles jamais d'être soulevées et bouleversées en aval, quand les colonnes alimentaires des *Mud-lumps* s'élèvent de toutes parts en amont. Cette corrélation constante ne saurait s'expliquer autrement, que par la constance même des communications souterraines entre les bouches du fleuve et son lit supérieur.

Telle est la cause particulière que nous avions promis d'expliquer, et qui, accumulant deux sortes d'alluvions à l'embouchure du Mississipi, y accélère si fort la marche des atterrissements. Ce fait, aussi important que nouveau dans l'histoire des Deltas en cours de formation, donnera sans doute la clef de plus d'un phénomène encore obscur. Ainsi, les *Teys* des bouches du Rhône, ou bien dans le Delta du Gange l'île citée par M. Élie de Beaumond [1], et qui s'était récemment élevée au-dessus des eaux, vers l'extrémité de l'Hoogly. Toutes ces formations, quand elles ne sont pas le résultat du remou des eaux, sont très-probablement produites comme les *Mud-lumps*, c'est-à-dire par l'action des eaux souterraines.

Cette action semble au moins s'appliquer à la vallée où le Rhône court sur d'anciens dépôts de cailloux, roulés des Alpes occidentales jusqu'à la plaine de *la Crau*. Ces cailloux, labourés par l'érosion du fleuve actuel, supportent celui-ci sur un plafond de gravier, de sable et d'argile, exactement comme un puisard dont le maçonnage supérieur, après avoir retenu les sédiments grossiers des pluies torrentielles, se serait revêtu d'argiles déposées par des eaux plus calmes. Ce dernier dépôt argileux, superposé aux dépôts antérieurs et les

[1] *Géologie pratique*, p. 496.

couvrant d'une couche imperméable, est devenu le lit du courant superficiel, mais il n'empêche en rien le lit du fond de fonctionner. Or, en des conditions si favorables aux écoulements souterrains, comment n'y en aurait-il pas? Et s'il y en a, ils doivent sûrement déboucher là où le lit du dessus leur oppose le moins de résistance et d'imperméabilité, c'est-à-dire vers l'embouchure du Rhône, lieu où se forment les *Teys* qui se trouveraient par là même expliqués. Cette explication *à priori* reste, bien entendu, à vérifier sur place, où il faudra distinguer avec soin les *Teys* formés par les remous du fleuve, de ceux produits par des pressions de bas en haut ou par des sources de boue.

Un autre problème, que les ***Mud-lumps*** expliqueraient également, serait l'origine de certains cordons littoraux que M. d'Omalius d'Halloy nomme *barres diluviennes* Ceux dont je parle n'ont de rapport, ni avec les dunes où les vents jouent le rôle principal, ni avec les dépôts formés sur la ligne où les va et vient des flots s'entrechoquent. Ces deux genres d'amoncellement, soit à sec, soit en mer, se distinguent par leur mobilité, comme la fixité caractérise au contraire les cordons littoraux en question. Or, je le demande, ces chaînes d'îlots ou ces bourrelets de matières solides, qui se tiennent toujours à une distance déterminée du rivage, et y résistent aux tempêtes sans points d'appui apparents, à quoi doivent-ils cette singulière persistance, sinon à des points d'appui invisibles qui leur servent de fondation? Et si ces points d'appui sont indispensables, s'ils existent réellement, comme il le faut pour constituer et fixer le cordon littoral, quels sont-ils, sinon des ***Mud-lumps*** de la période diluvienne? Les eaux de cette période ne couraient pas seulement à la surface du globe; elles pénétraient comme celles d'aujourd'hui dans les crevasses du sol, en dissolvaient ou délayaient les couches; puis, chargées de sédiments, elles les dégorgeaient au fond de leurs vallées, c'est-à-dire le plus souvent au fond même des mers. Ces dépôts calcaires, argileux, arénacés ou autres, devaient la plupart se déposer et s'aligner non loin du littoral. Leur sortie y était favorisée par la dislocation ou la discontinuité des couches, et c'est du concours de ces circonstances que durent naître bien des cordons littoraux. Une fois, en effet, ces terrains adhérents et ces points fixes étant établis, les relais de terre et de mer ne pouvaient manquer de s'y fixer à leur tour; et c'est en s'y accumulant, qu'ils complétaient la formation des barres diluviennes. On voit du moins comment les ***Mud-lumps*** d'alors durent y coopérer. Ils y intervinrent, comme ceux du Mississipi interviennent chaque jour dans l'exhaussement de la barre de ce fleuve, dans la consolidation de ses rives et la formation de la terre-ferme.

A l'instar des soulèvements sous-marins qui donnent un plancher à l'activité des Madrépores, les îles de boue, grâce à l'adhérence de leur sol, se changent aussi en théâtres de formations coquillières. Les huîtres s'y attachent de préférence et y forment leurs bancs; de sorte que les rives du fleuve, en avançant dans le golfe, se composent le plus souvent de positions fermes et solides, alternant avec des prairies tremblantes. Sur le contour extérieur de ces fonds coquilliers se déposent aussi les sables marins : ce qui donne bien l'idée d'un cordon littoral en cours de formation.

Les sources chargées d'oxyde de fer ou de carbonate de chaux, en agissant sur les sables du fond, forment, à leur tour, des ***Mud-lumps*** particuliers, et d'une dureté qui en fait de véritables rescifs. Ainsi, dans la Passe sud-ouest du Mississipi, il a fallu, pour creuser, recourir à la poudre; et les éclats en ramenaient des plaques et quartiers de grès d'un pied d'épaisseur. C'était du sable pur coagulé, et se désagrégeant rapidement sous l'action de l'air, de même qu'il s'était solidifié sous l'action des eaux minérales. C'est probablement une roche semblable, que la carte de 1731 *(Fig. III, Pl. II)* indique sous le nom de *rescif,* à l'entrée du fleuve voisine alors de la Balise. Le mouvement des vagues, qui, en séparant l'argile des sables, durcit parfois ces derniers, a dû contribuer aussi à former pareilles roches. Ces roches sont elles-mêmes soulevées de temps à autre par l'irruption des eaux souterraines. Or, ces pétrifications et soulèvements, toujours voisins des rivages, ne sont-ils pas une des principales causes des cordons littoraux? On pressent du moins la part que les ***Mud-lumps*** durent prendre à de semblables formations, et comment les moindres de ces îles de boue d'aujourd'hui peuvent nous éclairer sur d'autres phénomènes plus importants des périodes antérieures.

J'ai dit l'origine, la variété et la multiplicité des ***Mud-lumps;*** l'adhérence spéciale de leurs terrains, qui en fait des points d'arrêt pour les alluvions incertaines et flottantes du Mississipi; enfin, la coïncidence permanente de leur apparition avec les hautes eaux du fleuve, lesquelles débordent alors d'un lit souterrain aussi bien que du lit superficiel. Je n'ai plus qu'une observation à ajouter, ou plutôt à répéter pour ceux qui voudraient compléter l'étude de ces formations : c'est de ne les point confondre avec les amas de sable occasionnés par les remous. Les vrais *Mud-lumps* sont le résultat des eaux souterraines, qui, sous la pression de leur colonne continentale, produisent en débouchant à la mer deux effets différents. Tantôt elles y soulèvent des fonds sous-marins, leur donnent une apparence demi-sphérique, et font jaillir à leur sommet la source boueuse, dont les dépôts agrandissent et complètent la formation qui nous occupe; tantôt aussi, passant par les fissures des mêmes bas-fonds, elles ne les dérangent aucunement et commencent leur travail sédimentaire, jusqu'à ce qu'il s'élève à une hauteur correspondant à l'élévation de la nappe alimentaire et au frottement de son parcours. Or, dans le cas de cette ascension, comme dans celui du soulèvement du sol, c'est évidemment la même force qui agit, produisant dans l'un et l'autre cas l'effet de la presse hydraulique, et le proportionnant à la puissance dont la source boueuse est douée. Cette source s'élève ordinairement de 7 à 10 et même 14 pieds au-dessus du niveau du golfe. Quant au *Mud-lump* vu de la Passe sud-ouest, et qui a de 20 à 25 pieds de haut sur 300 de circonférence, il accuse une source d'une puissance exceptionnelle, et nous explique, en outre, l'adhérence spéciale des terrains autour de cette branche du Mississipi. Les plus anciennes cartes espagnoles leur avaient donné le nom de *Cap boueux;* ce qui constaterait, depuis près de trois siècles, la nature persistante autant que distincte des *Mud-lumps*. Ces formations sous-marines sont donc, à tous égards, intéressantes parmi les phénomènes actuels, et je n'en sache pas de plus propres à faire concevoir les innombrables dépôts d'eau douce, qui s'accumulèrent durant les anciennes périodes, le long des rivages ou au fond des mers.

VII.

FONCTIONS RÉFRIGÉRANTES DU MISSISSIPI ; — RAPPORTS INTIMES DE SON HYDROLOGIE AVEC LE CLIMAT DE LA LOUISIANE.

Douceur de ce climat unanimement reconnue, sans qu'on ait pu jusqu'ici en rendre compte. — Observations nouvelles qui résoudront le problème. — Notable différence entre le climat de la Louisiane et celui de la Caroline du Sud. — Ici, les planteurs émigrent à la hâte aux approches des fortes chaleurs ; là, tout au contraire, ils passent l'été sur les bords du Mississipi, et y jouissent d'une sécurité parfaite. — Salubrité du fleuve, dont le cours, rafraîchi par la fonte des neiges, fonctionne comme un tube réfrigérant. — Double crue et température de son ancien régime. — La douceur des hivers semble suivre en Louisiane les progrès de la culture riveraine. — Néanmoins, les eaux du nord y continuent leur action réfrigérante sur l'été. — Le Mississipi tempère alors par sa fraîcheur le climat de la Louisiane, comme le *Gulf-stream* par sa chaleur le climat de l'Europe occidentale. — Singulière coïncidence de l'hydrologie fluviale et de l'hydrologie maritime.

Nous avons vu le rôle que jouaient les nappes souterraines du Mississipi. Il n'importe pas moins d'étudier les fonctions de son cours superficiel, se répandant en bayous, en lacs et marais de tout genre, sur la contrée qu'il a formée de ses alluvions. Après en avoir fait le sol, c'est lui qui en fait encore le climat.

N'oublions pas d'abord que l'eau de ce fleuve est la plus salubre du monde ; car les meilleurs juges de tous, les marins, la considèrent sans égale par sa rare propriété de ne point s'altérer en mer. Or, je le demande *à priori*, comment un sous-sol imbibé d'une telle eau ne participerait-il pas de sa pureté, et ne la communiquerait-il pas à la surface du territoire ?

En dépit de récents touristes et malgré la fièvre jaune qui décime de temps à autre la Nouvelle-Orléans, la Louisiane, qu'il ne faut, sous aucun rapport, confondre avec sa métropole commerciale, est loin d'avoir un climat insalubre. Les étrangers, qui n'y ont pas reçu le baptême de l'acclimatation, n'y doivent sans doute pas négliger les précautions hygiéniques ; mais ce qui n'est pas moins sûr, c'est qu'ils s'y trouvent en des conditions de santé bien supérieures à celles de plusieurs pays plus septentrionaux et en apparence mieux situés.

Tous les voyageurs qui ont écrit sur la vallée du Mississipi, ont été unanimes à cet égard ; et tous de répéter : « *que le climat de la Basse-Louisiane est beau-* » *coup plus sain qu'il ne paraît devoir l'être, à la première inspection de cette* » *contrée*. » La Basse-Louisiane, quand cette observation a été faite spécialement, c'est-à-dire en 1802, comprenait toute la Louisiane de nos jours. La Haute-Louisiane d'alors correspondait à la vallée supérieure du grand fleuve, et c'est de celle-ci que le même auteur disait : « *Il paraîtrait qu'elle devrait* » *être plus salubre que la Basse, en raison de la position des lieux; mais cela* » *n'est pourtant pas, à la réserve du canton des Illinois* [1]. »

William Darby, que j'aime toujours à citer, pose, à son tour, mais d'une manière plus précise, ce problème dont la solution lui faisait défaut :

« L'extrême douceur de température dans le climat de la Basse-Louisiane, et » le froid qu'on y ressent beaucoup plus qu'on ne devrait s'y attendre au-dessous » du 33e parallèle, est, dit-il, un phénomène dont aucune explication satisfai- » sante n'a encore été donnée..... La chaleur s'y élève rarement à 90° du ther- » momètre Fahrenheit, et la température moyenne de l'eau de puits ne dépasse » pas 52°. Cette fraîcheur extraordinaire, sous une latitude qui est bien plus » chaude en Europe, est un fait que n'importe quel principe connu expliquerait » difficilement [2]. »

Telle est la question posée par Darby, et qu'il s'agit maintenant de résoudre. Je vais l'essayer, à l'aide de quelques observations nouvelles sur les fonctions hydrologiques du Mississipi [3].

En 1833, lors de mon premier voyage en Louisiane, où j'arrivais de la Caroline du Sud, qui est 2 et 3 degrés plus au nord, je fus tout d'abord frappé d'une diversité notable entre le climat de ces deux États et de la manière différente dont leurs habitants se comportent à l'approche des fortes chaleurs.

En Caroline, et il en faut dire autant de la Géorgie, sur les plantations des basses terres, même dans les îles renommées pour leur coton longue soie, dès

[1] *Vue de la colonie espagnole du Mississipi en l'année 1802*. Paris, 1803, pp. 95 et 98.

[2] *Darby's Louisiana*, 2e édit., pp. 43 et 44.

[3] La substance de ce qui va suivre a déjà été publiée dans le *Courrier de la Louisiane* du 6 février 1858, et voici ce qu'en dit alors M. Bléton, rédacteur du journal : « Nous publions aujourd'hui une très-curieuse lettre de M. R. Thomassy, sur les rapports qui existent en Louisiane, entre l'hydrographie et la climatologie. C'est la première fois, croyons-nous, que de semblables observations ont été faites, et l'honneur en revient tout entier à notre correspondant. »

le mois de mai, la température devient tout-à-coup brûlante, et vous porte sans transition en plein été, porteur lui-même de la terrible *malaria*. Aussi les planteurs font-ils vite leurs préparatifs de départ, les uns pour les montagnes, les autres pour les bords de la mer. Les plus pressés de partir sont toujours les planteurs de riz, dont les terres, par suite de la culture humide, sont les premières à exhaler des miasmes homicides. Rien de plus grave et de plus curieux aussi que ces émigrations périodiques, au milieu d'une nature encore riante, mais qui rend tous les pères de famille soucieux : on dirait une scène empruntée aux mœurs des patriarches ou à celles des nomades de l'Algérie. Ainsi, le mois des fleurs expire, et la population blanche a disparu avec lui. Malheur, en effet, à qui croirait passer impunément les premiers jours de juin, sur la même habitation où il laisse sans la moindre inquiétude ses ouvriers noirs! La fièvre qui respecte ces derniers le saisirait infailliblement, et il sait très-bien qu'elle ne rend guère volontiers sa proie.

Ces dangers et ces émotions sont entièrement inconnus en Louisiane; aussi les planteurs y agissent tous différemment. D'abord, le mois de juin leur paraît entièrement salubre, et j'en ai fait moi-même l'expérience, en employant celui de 1859 à revoir les bouches du Mississipi et d'anciens mornes volcaniques que j'ai découverts sur les bords du golfe. Les dangers de la *malaria* n'y commencent donc qu'au mois de juillet et même plus tard, à moins que les pluies locales ne soient déjà venues se joindre aux fortes chaleurs. A la différence encore de la Caroline, fort peu de planteurs Louisianais déménagent pour cause de santé durant les saisons les plus fiévreuses; et, quant à ceux des bords du Mississipi, ils s'y sentent si fort à l'aise dans les brises rafraîchissantes du fleuve, qu'il ne leur est jamais venu l'idée de chercher meilleurs *watering places*.

Contraste aussi frappant qu'inattendu, puisque c'est en Louisiane qu'on voit, par exemple, les planteurs de riz de la *Pointe à la Hache* n'y prendre aucun souci de la *malaria*, qu'ils savent fort bien être un sujet de craintes trop fondées pour leurs confrères de la Géorgie et de la Caroline! Quant aux planteurs de cannes à sucre ou de coton, dont la culture est toujours salubre par elle-même, ils ne donneraient sûrement pas leurs riantes demeures ni leurs promenades aux bords du fleuve pour tous les hôtels du Nord, ni même pour les sources de la Virginie [1]. S'il en est donc qui s'absentent, ce n'est que par un goût particulier de locomotion, nullement pour raison générale de santé. Quant aux plus sages, ils restent au milieu de leurs ouvriers noirs, et ils n'ont jamais qu'à s'en féliciter sous le rapport hygiénique aussi bien qu'administratif.

D'où vient donc ce genre de vie tout Louisianais et sous une latitude plus méridionale, par conséquent plus exposée aux maladies de l'été? La sécurité aussi complète qu'exceptionnelle dont les étrangers, comme les natifs, jouissent aux bords du Mississipi, vaut certainement la peine qu'on s'en rende compte. Or, à quoi l'attribuer, sinon à l'action du fleuve qui, après avoir créé le territoire de la Louisiane, ne saurait, à coup sûr, rester sans influence sur son climat? Ce phénomène me sembla tout d'abord particulier à la Louisiane, et je ne sache point encore qu'un autre exemple pareil ait été signalé. Il mérite donc quelque attention, car jamais l'hydrologie et la climatologie n'ont peut-être offert des rapports aussi intimes que ceux qu'il s'agit de préciser.

Rappelons d'abord les faits qui doivent servir de base à notre examen. — Le Mississipi, malgré les variations de son régime, a généralement deux crues : l'une provenant des pluies hivernales ; l'autre, de la fonte des neiges dans les régions du nord. L'une des deux parfois fait défaut, parfois aussi elles sont si rapprochées qu'elles se confondent en une seule; mais le plus souvent elles ont entre elles un intervalle qu'on peut reconnaître à l'état de la température, dont nous allons étudier les rapports avec les conditions du fleuve.

[1] Je ne puis m'empêcher ici de citer un témoignage péremptoire pour certifier le fait en question. C'est celui d'un Virginien, devenu Louisianais par plus de vingt-cinq ans de résidence sur les bords du Mississipi. Voici la lettre que M. le colonel G.-W. Butler m'a fait l'honneur de m'écrire, au sujet de l'influence des crues du fleuve :

« *June* 14, 1859.

» *My dear sir,*

» *At your request, I repeat what I said to you, when here, that the second or June rise of the Mississipi river, caused by the melting of the snow and ice on the Rocky-Moutains and at its source, operates a great change in the temperature of the surrounding atmosphere, and makes the climate of Louisiana, especially on the riparian plantations, during the summer months, far more pleasant than that of our western and Northern States.*

» *The nights are remarkably cool, and the fogs (caused by the difference in the temperature of the water and atmosphere) in nowise deleterious to health.*

» *Very truly yours,*
» *G.-W. BUTLER.* »

M. THOMASSY, Esq
New Orleans.

Celui-ci commence à monter dans le mois de décembre. En février, mars et avril, il débordait jadis partout où il n'était point retenu par l'exhaussement de ses rives ou par des endiguements. En mai et juin, il était au niveau de ses bords naturels et rentrait dans son lit, à moins que la seconde crue ne l'en fît sortir; puis, il commençait à baisser et continuait jusqu'à la fin d'août, époque où, de nos jours comme à l'origine de la colonie, ses eaux sont généralement les plus basses.

Tel était l'ancien régime du Mississipi, avant que les progrès de la culture eussent profondément modifié les conditions de l'immense vallée qu'il arrose. Depuis lors, la destruction des forêts, le défrichement des terres vierges, l'écoulement des pluies chaque année plus rapide, ont doté non-seulement le fleuve, mais aussi le climat de son bassin, d'un régime très-modifié. Nul, par exemple, n'y saurait méconnaître l'élévation toute moderne de la température qui a singulièrement adouci et abrégé les hivers de la Louisiane. Par exemple, en l'année 1700, au début même de la colonisation, le gouverneur Sauvol souffrit si rudement de la rigueur du froid, qu'il écrivait : « *L'eau jetée dans les verres » pour les rincer s'y glace aussitôt, et avant qu'on s'en soit servi*[1]. » De nos jours, les anciens habitants[2] sont encore là pour attester qu'au commencement de ce siècle, les hivers différaient également très-peu de ceux de France. « D'après eux, la saison des froids durait généralement jusqu'en février, et de » tous côtés montrait des *chandelles de glace* suspendues aux toits et aux bal- » cons. Quant à la campagne, la mousse des forêts y étincelait de cristaux qui » éblouissaient la vue. » Ce spectacle hivernal a pour jamais disparu, et semble avoir fait place à un autre d'un caractère tout opposé. Celui-ci tient d'une végétation plus tropicale, et nous montre déjà le bananier des Antilles se naturalisant de plus en plus dans la Louisiane, tandis que la culture des orangers en plein vent du nord attesterait encore une modification du climat conforme au nouveau régime du Mississipi.

Une autre modification à signaler et qui indique aussi les relations du fleuve et de l'atmosphère, c'est l'irrégularité des crues modernes, tenant sans doute à

[1] *Voir* Charles Gayarré, *History of Louisiana*, vol. I, p. 72.

[2] Entre autres M. Verret, dont l'expérience est si bien appréciée en Louisiane, et m'y a mis sur la voie de bien des observations utiles.

des changements analogues survenus dans les hivers du bassin supérieur. Quoi qu'il en soit, c'est quand la fonte des neiges est abondante dans les Montagnes Rocheuses, qu'arrive avec le mois de juin le *montage* du Missouri, lequel peut, à lui seul, devenir une crue formidable. Or, celle-ci, à la suite des froids rigoureux, a souvent entraîné des glaçons jusqu'aux Natchez, parfois même jusqu'à la Nouvelle-Orléans. C'est du moins ce qu'on remarquait sous l'ancien régime du Mississipi, et ce qui explique très-bien les anciens hivers de la Louisiane.

Dans son régime moderne, le fleuve n'en continue pas moins d'apporter aux habitants de la Louisiane son eau à la glace, et comme cette seconde crue leur parvient quand arrivent les chaleurs de l'été, on devine déjà qu'elle doit fonctionner pour eux comme un tube réfrigérant à l'encontre d'un brûlant soleil.

Cette influence salutaire qui s'étend jusqu'au golfe du Mexique, se respire à pleins poumons sur le cours principal du fleuve; elle circule de-là dans les lacs voisins et dans tous les bayous; elle pénètre aussi le sous-sol de la Louisiane, en filtrant à travers les radeaux qui le supportent. Les puits qu'on y creuse alors et dont l'eau n'est guère potable, la donnent au moins telle que les habitants s'en servent toujours pour rafraîchir leurs boissons, sa température moyenne ne dépassant pas 52° Fahrenheit. Quant aux planteurs riverains, qui sont les premiers à jouir de tous ces avantages, ils ne sauraient les méconnaître aux brouillards flottants au point du jour sur les eaux refroidies. L'air en devient parfois glacial, et l'on s'y sent retrempé comme dans un bain froid pour résister aux heures brûlantes. Cette situation réclame sans doute des précautions hygiéniques, mais elle n'empêche personne d'en utiliser les avantages. Il faut en agir de même avec les variations diurnes de la température, qui contribuent également à raccourcir les heures de la lutte contre la chaleur.

Une expression des créoles riverains caractérise très-bien cette situation : «Chaque jour, disent-ils, *nous fait jouir des quatre saisons de l'année*. Ainsi, la première matinée qui se passe au milieu du brouillard est souvent très-froide, c'est presque de l'hiver; les heures suivantes donnent une délicieuse matinée de printemps; l'après-midi, dominée par un brûlant soleil, nous force à reconnaître l'été; mais les brises fortifiantes reviennent avec la soirée, et jusqu'à minuit nous rappellent la fraîcheur de l'automne.» Bientôt après, l'humidité nocturne, renouvelant son action et la joignant à celle du fleuve, ramène l'hiver; et la même période, recommençant chaque vingt-quatre heures, justifie l'expression créole, qui exagère sans doute les variations de la température riveraine, mais constate très-bien néanmoins comment celle-ci neutralise les plus fortes chaleurs. Tel est le témoignage des planteurs, étrangers comme indigènes; ce qui vaut bien déjà une raison scientifique.

Ainsi, l'action des eaux fluviales sur le climat Louisianais ne saurait être un instant méconnue; c'est une modification des plus heureuses dans les conditions de l'atmosphère locale, donnant des brises qui équivalent presque à celle de la mer, et raccourcissant si bien les heures de chaleur accablante qu'on n'en est nullement accablé. De là, un fait capital qu'on ne saurait trop signaler aux Européens, savoir : la possibilité pour la race blanche de travailler, été comme hiver, sur les bords du Mississipi et de ses bayous, tandis qu'elle ne le ferait guère impunément dans la plupart des autres États du Sud.

A l'expérience des planteurs et à des observations personnelles, j'ai à joindre maintenant quelques données scientifiques. Revenons donc à ce propos sur la première crue, celle des eaux hivernales. C'est pour la Louisiane la saison des pluies abondantes, des pluies vraiment torrentielles. Il en est de même pour tout le Bas-Mississipi, dont le bassin semble, en cette même saison, correspondre à un tourbillon atmosphérique des plus propres à accumuler l'humidité, et reçoit comme dans un entonnoir l'eau que la condensation en fait sortir à torrent. Le *maximum* des pluies se concentre alors dans cette région inférieure; et la constance de ce phénomène mérite, à coup sûr, d'être analysée. Telle est la question que dans sa *Météorologie des États-Unis* pose M. Lorin Blodget, mais sans la résoudre[1].

C'est, en effet, dans l'hiver et au début du printemps que cette influence se fait remarquer jusqu'au golfe du Mexique, grâce aux eaux à la glace qui, descendant un cours de mille lieues de long, apportent naturellement au sud une part de la température du nord. Transportons-nous maintenant aux bouches du

[1] « *The profuse rains & the partial rainy season of winter are extended up the valley of the Mississipi for a considerable distance, & so much as to induce the impression that there is an atmospheric eddy or basin here, in which general circulation ceases & the conditions, most favorable to accumulation of moisture & to profuse precipitation, are found. The questions, presented by this constant concentration of the area of* maximum *precipitation in the basin of the lower Mississipi, are worthy a more thorough analysis than can now be made.* » (Meteorology of the U. S., p. 343.)

fleuve : là, aussi loin que la traînée de ses eaux boueuses est visible en mer, les vapeurs viennent parfois se concentrer au-dessus, et forment, à leur tour, une traînée de légers brouillards. Sur le fleuve, c'est plus frappant encore, et à mesure qu'on le remonte, ces brouillards s'épaississent de plus en plus en proportion de la froideur des eaux. Il est même des moments où ils rendent tout invisible, non-seulement les rives du fleuve, mais aussi les navires qui le sillonnent. C'est ce qui en rend la navigation si difficile et si lente durant les journées d'hiver, et aussi dans les matinées de printemps. « Pourquoi partir si tard ou pourquoi s'arrêter » ? demande-t-on alors aux pilotes. — « Pour attendre d'y voir clair. » C'est leur réponse habituelle. Parfois aussi cette couche de vapeur est si nettement tranchée, que lorsque les passagers ont peine à s'apercevoir entre eux sur le pont, les pilotes, du haut de leur cabine, dominent entièrement ces ténèbres de quelques mètres d'épaisseur, et distinguent parfaitement sur la rive tous les points de reconnaissance.

L'immensité des vapeurs aqueuses, ainsi condensées au-dessus du courant fluvial, n'explique-t-elle pas maintenant pourquoi tant de pluies se succèdent là où les eaux venues du nord peuvent exercer une telle influence? La condensation est le prélude de la précipitation. Or, quand la basse température du fleuve produit le premier des deux phénomènes, pourquoi ne contribuerait-elle pas aussi au second et dans la même mesure? Chacun sait comment les neiges des montagnes agissent sur les couches de l'atmosphère : elles en font des couches de vapeur et les amoncellent en nuages autour des pitons. Vienne ensuite un abaissement de plus dans la température de l'air, et l'eau se précipite à torrent. C'est un effet analogue qui se renouvelle, chaque hiver, dans la vallée du Mississipi. La température des eaux y forme et fixe tant de vapeurs, que le baromètre n'y marque plus les vrais changements de temps [1], et qu'il faut constamment le contrôler par l'hygromètre. Il ne faut donc pas s'étonner, quand on y trouve déjà un *maximum* de condensation, d'y rencontrer aussi le *maximum* de précipitation signalé par M. Blodget.

Un fait non moins singulier et propre surtout à la Louisiane à cause de ses nappes d'eau innombrables, c'est que le Mississipi, même dans son influence réfrigérante ou plutôt rafraîchissante, y devient le modérateur des froids excessifs

[1] Je dois cette observation à M. Duhamel, l'habile opticien de la Nouvelle-Orléans.

apportés par les vents du nord. Sa température, étant alors bien plus élevée que celle de l'air, force celle-ci à monter pour se mettre en équilibre avec la sienne : c'est ce qui explique comment il occasionne la pluie ou les brouillards frais du matin, jamais un froid rigoureux. On sait aussi ce qui constitue la supériorité des climats maritimes : elle est due à l'influence que la surface des mers êxerce sur l'atmosphère. Eh bien ! le Mississipi, avec ses lacs et ses nombreux bayous, agit également sur le climat de la Louisiane ; et de même qu'il rafraîchit les vents du sud, il tempère aussi les vents du nord, et en leur communiquant une partie de sa propre température, il leur enlève leur excès de froid. C'est ainsi que la végétation voisine du fleuve et des lacs est bien souvent préservée de la gelée, et c'est enfin ce qui explique pourquoi dans la Basse-Louisiane on souffre moins, ou moins souvent, des vents du nord que dans le Texas, malgré la position plus méridionale de ce dernier État. En résumé, notre grand fleuve agit également contre les excès, soit du froid, soit du chaud ; et, tendant sans cesse à préserver la Louisiane de tout extrême, il la dote d'un climat vraiment privilégié dans le voisinage même des tropiques.

Passons à la seconde crue, qui dépend surtout du *montage* du Missouri, et a lieu d'ordinaire au mois de juin dont elle a pris le nom. Pour en comprendre l'influence sur la saison des fortes chaleurs, il suffira de la bien apprécier devant la Nouvelle-Orléans. En 1858, quand les hautes eaux, provenant de la fonte des neiges, arrivèrent devant cette ville, c'est-à-dire à 80 milles des bouches du Mississipi en ligne directe et à 110 milles en suivant les sinuosités du fleuve, la température du courant était descendue à 14, 12 et même 10° centigrades, tandis que la température générale de l'air était d'environ 20°. Cette différence m'expliqua clairement l'influence des eaux du nord. Je la compris encore mieux sur les bords du lac Pontchartrain, dont les eaux, malgré leur proximité du fleuve (cinq milles environ de distance), et uniquement parce qu'elles étaient sans communication directe avec lui, maintenaient leur température à 16 et 18°. La moyenne de celle de l'air était à peu près la même. C'était donc une différence de 6° et 8° en moins dans la température du Mississipi ; aussi l'action réfrigérante du fleuve produisait-elle alors, sur les quais de la Nouvelle-Orléans, des brises délicieuses qui valaient toutes celles de la mer.

En juin 1859, durant la seconde crue ou le *montage de juin*, je remarquai de nouveau la différence en moins de 3° et 4° dans la température des hautes eaux. Or, dans ce cas comme dans le précédent, le fleuve était encore pour la Louisiane la source et le véhicule de la fraîcheur, y entretenant des courants aériens d'une température rapprochée de la sienne, et, par des moyens inverses, y renouvelant en petit les effets si connus du *Gulf-stream* sur les pays occidentaux de l'Europe. Ce courant maritime apporte, comme on sait, la chaleur des eaux tropicales jusqu'aux rivages Britanniques, et c'est à lui qu'est dû le climat si tempéré quoique humide de l'Irlande. C'est encore grâce à lui qu'en France la température moyenne de la Bretagne n'est, au port de Brest, par exemple, que de 13°,5 centigrades, et que l'hiver y dure seulement quinze à vingt jours, à peu près comme à la Nouvelle-Orléans. Singulier rapprochement où deux extrêmes se donnent la main, et où les 30° et 49° latitude nord doivent certaines analogies de leur climat à deux phénomènes de l'ordre le plus opposé : le premier fonctionnant comme calorifère avec des eaux chauffées sous les tropiques, le second faisant tout le contraire avec la fonte des glaces du nord, et tous deux aboutissant à un terme moyen, celui de produire des régions et des climats tempérés. C'est ainsi que le Mississipi devient une sorte de *Gulf-stream* fluvial, qui abaisse la température par la circulation de ses eaux froides, comme le *Gulf-stream* maritime l'élève par la circulation de ses eaux chaudes. C'est, en effet, comme pouvoir, tantôt réfrigérant, tantôt rafraîchissant, que ce fleuve traverse le continent Américain, intervient dans le climat du sud, en tempère les ardeurs, et, circulant alors dans les bayous de la Louisiane comme un sang généreux dans les veines du corps humain, il en fait un pays, non-seulement plus doux que bien d'autres des latitudes septentrionales, mais aussi plus salubre qu'eux.

Telles sont les fonctions modératrices du climat, dont il serait difficile de trouver ailleurs un exemple plus frappant, et qui, jointes aux fonctions absorbantes et jaillissantes du Mississipi, nous ont montré ce fleuve sous trois aspects également nouveaux. Leur ensemble constitue un premier essai d'*Hydrologie fluviale*, et il donnera peut-être une idée de ce qui reste à faire dans cette branche de la science.

VIII.

INTERVENTION DES FORCES HYDRO-THERMALES ET VOLCANIQUES DANS LA FORMATION DE LA BASSE-LOUISIANE.

Du cordon littoral de la Louisiane, et de ses caractères dans la région Sud-Ouest. — Tremblement de terre de la Nouvelle-Madrid, et phénomènes qui l'accompagnèrent. — Côtes sableuses éjectées de crevasses; cavités circulaires et absorbantes.— Présence des forces hydro-thermales, et leur action considérée comme principe des volcans aqueux. — Les mêmes phénomènes se retrouvent agrandis dans le Sud-Ouest du grand delta. — Leur exploration dans la région des Attakapas. — *Orange Grove* produit par un soulèvement volcanique. — Les mornes de *Petite Anse* sont un type complet des volcans aqueux de la Basse-Louisiane. — *Belle-Isle* et son propriétaire, le docteur Brashear. — *Côte-Blanche* le point le plus ancien du littoral. — *Grand'-Côte* autre type des mêmes soulèvements volcaniques. — Affaissement du sol environnant. — *Ronds-points boisés* rappelant les *Mud-lumps* du Mississipi. — *Lacs ronds* et côtes de soulèvement témoignant des forces hydro-thermales. — Contour général de l'æstuaire

Nous voici sur les bords du Tèche, dans le Sud-Ouest du delta primitif; mais ne croyez pas que je perde de vue les bouches ni les rives modernes du Mississipi. C'est, au contraire, pour y revenir une dernière fois et à coup sûr, que je fais ce grand détour, et vais vous entretenir des forces hydro-thermales et volcaniques qui ont pris part à la formation de la Basse-Louisiane. Leur intervention est restée jusqu'ici inaperçue; c'est d'elle pourtant qu'est résultée une modification profonde dans la base du vaste æstuaire, dont l'atterrissement nous offre un sujet d'études si variées. Cette base s'est déviée du nord-ouest au sud-est; ce qui a déterminé dans le même sens la déviation du Mississipi, et en a fait un des traits les plus saillants de son delta.

Revenons maintenant aux *cordons littoraux*, dont la présence atteste d'anciennes démarcations entre le domaine des eaux douces et celui des eaux salées, et dont le rôle géologique est de fixer en certaines limites, soit les alluvions fluviales, soit les relais de mer. C'est dans l'espace compris entre ces barrières maritimes et la terre-ferme, que se sont formés les Pays-Bas de la Hollande, les plaines de la Lombardie et de la Vénétie, la Basse-Égypte, et ajoutons la

Basse-Louisiane. Par suite du progrès des alluvions, ces limites sont, à leur tour, dépassées par la terre-ferme. Mais en même temps, et c'est le Mississipi qui en offre peut-être le meilleur exemple, de nouvelles barrières sous-marines se préparent, tantôt par des cônes de soulèvement, tantôt par des cônes de déjection. Or, quelles qu'en soient les causes, dont les principales nous semblent appartenir à l'action des eaux souterraines, ce sont ces nouveaux cônes qui, en favorisant l'action sédimentaire, occasionnent les bas-fonds, où les sables s'accumulent ensuite par l'effet des marées, des vents et des tempêtes. Ainsi se forme un second cordon littoral, en attendant qu'un troisième et un quatrième s'élèvent à leur tour, pour assurer le développement ultérieur du delta. Des cônes d'éruptions ignées, souvent restés sous les flots, servent également de points d'arrêt et d'attraction aux atterrissements qui nous occupent. D'autres fois, enfin, ce sont des volcans aqueux, dont les mornes s'alignent avec la même destination, suivant un tracé plus ou moins parallèle au rivage.

Ce dernier genre de cordon littoral est précisément celui qu'on observe entre la mer et les bords du Tèche, sur la portion de la Louisiane qui, du bayou Vermillion, aboutit au débouché de l'Atchafalaya. Une série de hauteurs surnommées *Miller's Island, Marsh Island, Week's Island, Côte-Blanche* et *Belle-Ile*, s'y élèvent comme des îles, ainsi que leur nom l'indique, au-dessus de cette région basse et aplatie. La formation en est essentiellement distincte de celle des terres environnantes, et de plus ces îles semblent entre elles d'un caractère parfaitement identique. Enfin, la carte me les montrait sur le même alignement : c'était plus qu'il ne m'en fallait pour leur faire une visite.

Entre le Tèche et le Vermillion, commence un autre alignement de formations non moins curieuses. Ces dernières se dirigent du sud au nord, à la différence des précédentes qui vont du sud-est au nord-ouest. L'un et l'autre se joignent à la *Côte-Gelée;* et de leur ensemble résulte un enchaînement de phénomènes assez analogues, mais différents entre eux par leur date respective et l'intensité des causes qui les ont produits. C'est pour l'intelligence de ces diverses formations qu'il ne faut point oublier les îlots et monticules de boue, soulevés si fréquemment aux bouches du Mississipi, et au sommet desquels jaillissent des sources à orifices cratériformes. Les dépôts boueux qui en sortent, amenant à la longue des excavations, nous ont aussi expliqué les effondrements où disparaissent certains de ces îlots. Eh bien! cette histoire des *Mud-lumps* est à certains égards celle des soulèvements et affaissements, produits sur une échelle bien supérieure dans la région qui nous occupe. Ces derniers phénomènes nous sont en outre indiqués par un évènement tout moderne, accompli dans le bassin supérieur du Mississipi, et dont les effets n'ont pu manquer d'avoir des analogues sur les bords du golfe du Mexique.

Avant l'année 1811, la région riveraine de la Nouvelle-Madrid était déjà couverte de plantations, qui s'étendaient des bords du fleuve jusqu'à la région intérieure et plus élevée des prairies. En décembre de la même année, un formidable tremblement de terre détruisit les villes de Laguayra et Carracas dans l'Amérique du Sud; et en même temps qu'il était violemment ressenti dans la Caroline, il bouleversait, sur les bords du Mississipi, le territoire que nous venons d'y mentionner. Les secousses y furent accompagnées de bruits sourds et lointains, et dans un rayon de 15 à 20 milles, cette terre haute fut soudainement affaissée et inondée, puis soulevée pour s'affaisser encore. De nombreuses crevasses la sillonnèrent du sud-est au nord-ouest; et il s'y forma une multitude de petits lacs, parmi lesquels celui de *Reel foot lake* se distingue encore de nos jours par ses fonctions absorbantes. La Nouvelle-Madrid ne s'enfonça que de quelques pieds sur les bords du Mississipi; mais au-delà des marécages qui venaient de l'entourer d'une manière si étrange, le terrain se releva considérablement et comme par un effet de bascule.

Deux genres de phénomènes, que nous allons retrouver dans la Basse-Louisiane, accompagnèrent cette catastrophe mémorable. Ce furent, d'abord, des côtes sableuses formées le long des crevasses, d'où elles semblaient s'être élancées avec les eaux nouvellement répandues sur le terrain. En second lieu, de nombreuses cavités circulaires se produisirent aux lieux mêmes des principales éjections boueuses; tandis que sur les bords de l'Ohio, et en rapport avec la perturbation des rives du Mississipi, se formait un bassin d'effondrement de plus de cent pieds de diamètre. Les arbres les plus élevés disparurent dans celui-ci, et l'eau, dont il se remplit alors, continue à y trouver de nos jours son écoulement. Ces diverses cavités, semblables aux *sink holes* du calcaire Missourien, étaient comme eux, en entonnoirs, mais à formes beaucoup plus régulières[1]. Depuis lors, ayant perdu leur profondeur par le lavage et l'éboulement des terres, elles se sont transformées en lacs ronds: or, ces lacs représentent parfaitement maintes dépressions du sol, qui existent dans le sud-ouest de la Louisiane; de même que les masses et les crêtes de sables, dégorgées à travers les crevasses de la Nouvelle-Madrid, correspondent aux plateaux sablonneux et autres phénomènes de soulèvement de la même région.

N'oublions pas enfin, parmi les détails de ce tremblement de terre, la haute température des eaux répandues à la surface du sol, ni surtout la multitude de petits monticules brûlants qui apparurent sur la rive opposée à la Nouvelle-Madrid. Quand des branches d'arbres ou des morceaux de bois y étaient mis en travers, la combustion les coupait en deux; ce qui fit croire généralement que les commotions du sol étaient dues à quelque action des feux souterrains[2].

D'après ces derniers faits, la catastrophe de la Nouvelle-Madrid pourrait en partie s'attribuer à un foyer volcanique, qui aurait perdu sa force d'explosion par la multiplicité de ses fuites latérales. Qu'on ne se méprenne point toutefois sur la nature de ce foyer; car il n'en sortit guère que de l'eau, des vapeurs aqueuses, et sans doute aussi du gaz hydrogène résultant de la décomposition de ces vapeurs à travers des couches calcaires[3]. Ainsi, la chaleur centrale, à la différence des paroxysmes formidables où elle se manifeste par des produits ignés, ne s'est fait reconnaître, à la Nouvelle-Madrid, que par des produits d'une origine essentiellement aqueuse.

Quant aux phénomènes de dégorgement et d'absorption, quant aux crevasses du sol et aux crêtes sableuses de 10 à 12 pieds de haut qui en étaient sorties, l'analogie nous fait déjà concevoir que d'autres, bien plus considérables, ont pu se produire aussi dans la Basse-Louisiane. Ces nouveaux phénomènes s'y retrouvent en effet presque à chaque pas dans le sud-ouest, où nous les avons déjà

[1] L'ingénieur M. Bringier m'a confirmé de vive voix tous ces détails, dont il fut le témoin oculaire. Son témoignage a d'ailleurs été reproduit par M. Charles Lyell, dans sa description du tremblement de terre de la Nouvelle Madrid (T. II, p. 175. *Second visit to the United States*).

[2] Ces faits importants sont mentionnés dans la relation d'un autre témoin oculaire, et publiés dans les *Mémoires de l'Institut Smithsonien*, 1858, p. 421.

[3] On sait que dans ce cas l'oxygène s'unit au carbonate de chaux; ce qui dégage l'hydrogène, l'un des corps dont la combustion produit la chaleur la plus intense. C'est ce dernier qui doit jouer un très-grand rôle dans plus d'un phénomène volcanique.

signalés. Ils commencent aux bords même du golfe de Mexique, dominent à la fois les bayous Tèche et Vermillion, et s'étendent jusqu'à la Rivière Rouge, d'où ils remontent le bayou aux Bœufs parallèlement au Mississipi, comme une chaîne intermédiaire entre ce fleuve d'un côté, et de l'autre les hauteurs de la Sabine et du Washita. Ces phénomènes sont de quatre sortes : des lacs ronds, des ronds-points boisés, des côtes de soulèvement, enfin des mornes avec cratère et autres indices de volcans aqueux. Comme les plus remarquables dans chacun de ces genres se trouvent réunis dans le district des Attakapas et des Opelousas, sur la limite occidentale du grand delta, c'est là qu'il convient surtout de les étudier, et c'est ce qui nous ramène à l'examen des élévations insulaires dont il a été question.

La première de ces élévations, *Miller's Island,* dite aussi *Orange Grove* à cause de ses nombreux orangers, est un plateau qu'on monte, par degrés insensibles, jusqu'à 35 pieds environ au-dessus du niveau des prairies d'alentour. A ce point culminant, le plateau s'arrête tout-à-coup au-dessus d'un petit lac, et sur ses flancs abruptes je distinguai très-nettement trois sortes de terrains soulevés. Le premier est une couche de sol végétal, où dominent les détritus des plantes propres à cet emplacement insulaire; le second est un amas de sable menu, gris et terreux; le troisième et le plus bas, que j'observai dans un endroit découvert presque au niveau du lac, est rempli de graviers quartzeux des plus purs, dont les arêtes en partie saillantes attestent que, n'ayant pu être roulés long-temps par les eaux fluviales, ces menus fragments de cristal de roche ne proviennent point de contrées fort lointaines.

Vis-à-vis ce même banc quartzeux, le lac, à demi comblé par le temps, est profond de 15 à 20 pieds : maximum de sa profondeur, qui précisément correspond à l'escarpement le plus abrupte de la butte et montre bien qu'elle n'est que le produit d'un brusque soulèvement. Nul doute aussi que le lac ne soit l'ancien cratère de cette explosion volcanique qui a mis à nu le fond, probablement, d'un ancien fleuve, dont la limpidité est attestée par la pureté des sables qu'il entraînait. Entre ce lit fluvial et les fleuves si boueux de la période moderne, il n'y a que 20 à 30 pieds de séparation; mais combien de milliers d'années représentent-ils, sur cette limite intérieure du grand æstuaire?

Marsh Island, plus connue sous le nom de *Petite Anse*, est le produit d'un autre phénomène volcanique. Ses mornes, beaucoup plus importants qu'*Orange Grove*, sont aussi bien mieux caractérisés par un lac central intarissable, au fond d'un cratère de soulèvement, large d'environ 300 mètres. On dirait un vaste entonnoir, mais ébréché et ouvert seulement au nord, côté de l'éruption, où j'ai précisément trouvé le lit d'un bayou tout recouvert de menus débris d'un calcaire argileux. Ces débris lissés et amorphes, qui appartiennent à des roches très-anciennes, portent la trace évidente de leur corrosion et remaniement par des eaux thermales et acides ; d'où l'on peut inférer la nature et la force de l'explosion, qui les a fait jaillir des profondeurs du golfe.

En montant les rebords du cratère, j'aperçus, à l'ouest, des sables d'un rouge-pâle, coupés sur une inclinaison de 25 degrés par un lit quartzeux de 8 à 10 pouces d'épaisseur. Je me rappelai aussitôt les graviers d'*Orange Grove*, vers lesquels ceux que j'avais sous les yeux se trouvaient précisément inclinés. Ceux-ci étaient pourtant plus gros, et beaucoup plus variés en couleur. J'y remarquai, en outre, quelques pierres dures susceptibles d'être utilisées par la joaillerie. Vers la pente-sud du cratère, un massif d'argiles rougeâtres, comme le bassin de la Rivière Rouge n'en a pas de plus colorés, me parut plonger sous le lac et supporter toutes les autres couches. Celles qui le surmontent sont pâles et sableuses, et elles le recouvrent déjà de leurs éboulements. En remontant vers l'est, je remarquai des sables blancs comme ceux de la Sabine ou de *Côte-Blanche*, dont nous aurons bientôt à parler. Continuant du même côté, j'arrivai au point culminant des crêtes du cratère ; elles s'élèvent à 160 pieds environ au-dessus du niveau du golfe, et c'est de là qu'on se fait une idée parfaite de *Petite Anse*, dont la superficie insulaire comprend plus de 2,000 acres. Dans cette rapide excursion, je ramassai de l'oxyde de fer, du grès ferrugineux, des débris organiques, et un fragment de granit rose, dont la provenance me sera plus tard facile à retrouver.

Descendant enfin les mornes vers le sud-est, à travers les ondulations et les boursoufflements du sol, témoignages de l'ancienne commotion volcanique, j'arrivai aux sources salées, qui manquent rarement de se rencontrer dans le voisinage des volcans. Ces sources, malgré leur faible salure, ont été exploitées au commencement de ce siècle, quand la guerre empêchait l'arrivage à bon marché des sels étrangers ; et j'y vis de vieilles chaudières où cette denrée se fabriquait alors au prix d'un combustible énorme. Le rapprochement de ces sources salées et du volcan de *Petite Anse* s'explique d'autant mieux ici, que ce volcan, quand il fit sa première explosion, était bien plus rapproché de la mer, s'il n'y était entièrement. Communiquant donc avec le grand réservoir des eaux salées, et alimentée par des fissures sous-marines, la chaudière volcanique n'eut besoin d'aucun combustible pour produire des masses de sels. Celles-ci durent se disperser confusément dans les terrains d'alentour ; et c'est de là que les eaux de pluie, en les dissolvant peu à peu, les ramènent à la surface du sol sous forme de sources salées.

Une question s'offre maintenant : celle de l'âge de *Petite Anse*. Ses couches argileuses ou sableuses, comme ses graviers quartzeux, appartiennent d'abord au *diluvium* le plus moderne. Les matériaux qui la forment ne remontent donc pas au-delà de la période quaternaire ; mais l'époque de leur mise à jour et de leur soulèvement est infiniment plus récente. C'est ce qui résulte de la position des débris de calcaire argileux, corrodés et lissés par des eaux chaudes chargées d'acide carbonique. Cette position indiquerait qu'ils y ont été rejetés à l'origine même du volcan, et par une éruption aqueuse de date peu éloignée. Ils se trouvent, en effet, à seulement 3 pieds de profondeur, sous la couche d'argile bleue qui forme les basses terres autour de *Petite Anse*. Le témoignage de la dernière éruption n'est donc qu'à 3 pieds sous le sol actuel ; et c'est là un fait important pour en apprécier la date. Quant aux alluvions maritimes et fluviales dont se compose cette couche supérieure, combien d'années, combien de siècles a-t-il fallu pour lui donner ces 3 pieds d'épaisseur ? C'est ce qu'il n'est point aisé de dire à présent, dans l'état naissant de la géologie Louisianaise. Néanmoins les éléments de cette question sont trouvés, et la solution ne saurait s'en faire attendre. Quant au fait même du volcan, dont l'origine aqueuse ne semble point problématique, il offre un spécimen complet des phénomènes de ce genre, et témoigne de leur intervention dans la formation de la Basse-Louisiane.

Voulant vérifier par moi-même ce que j'avais avancé *à priori* au sujet de la formation volcanique de *Belle-Ile*, je devais m'y transporter de *Berwick-Bay*, le 22 mai 1859 ; mais son propriétaire, le docteur Brashear, m'ayant prouvé que cette excursion exigeait plus de temps que je n'avais supposé, j'acceptai son hospitalité cordiale, et puisai dans ses entretiens des renseignements si précis, qu'une exploration personnnelle de *Belle-Ile* me parut superflue. Le docteur Brashear est un pionnier Kentuckien de 84 ans, grand observateur de la nature et encore aussi vigoureux de corps que d'esprit. Il possède l'île en question depuis 1809, l'exploite depuis 1825, et si des renseignements à cet égard peuvent être exacts et complets, ce sont, à coup sûr, ceux que je lui dois.

Belle-Ile, comme on peut le remarquer sur la carte, s'élève au bord même de la baie de l'Atchafalaya, qu'elle domine d'environ 120 pieds de hauteur. De leur point culminant, distant d'environ 100 mètres du rivage, les trois collines principales qui forment ce massif insulaire se dirigent du sud-est au nord-ouest, juste dans la ligne générale des autres buttes volcaniques. A la différence du massif de *Côte-Blanche*, qui est presque circulaire, celui-ci est longitudinal. Il couvre environ 350 acres de terres cultivables, et par cette qualité du sol se distingue des terres environnantes, qui, marécageuses et salées, ne comportent aucune culture. Un bayou d'écoulement le contourne aux trois quarts; et en aboutissant à un petit lac situé au sud-est de ce plateau, il indique nettement la dépression extérieure du sol résultant du soulèvement local. Du même côté, entre le lac actuel et les deux buttes principales, se trouve un autre fond de lac atterri, mais tellement boueux qu'une perche de 15 à 20 pieds de long s'y enfoncerait sans résistance. Cette dépression du terrain primitif y ferait supposer la présence de l'ancien cratère, s'il n'était plus rationnel de le placer du côté et en dessous de la plus grande élévation, par conséquent sur le bord même de la mer, dont il n'est éloigné que de 100 mètres. Le foyer du soulèvement aurait donc éclaté du sein des flots; et s'il n'y est point visible, c'est que l'action des marées et de l'atmosphère en a fait disparaître les traces sous les terres éboulées.

Quant au soulèvement lui-même, il est attesté à *Belle-Ile* par les diverses couches souterraines élevées à plus de 100 pieds de hauteur : d'abord, un premier sol végétal formé depuis l'éruption; ensuite, des sables pareils à ceux qui distinguent le terrain de la Rivière Rouge; enfin, d'autres identiques à ceux des hauteurs de la Sabine : ce qui indique la provenance des uns et des autres, et les diverses révolutions qui ont coopéré à la formation de cette partie du sol Louisianais.

Vers le nord-ouest de l'île et au pied de la dernière butte, est une source que l'on crut d'abord sulfureuse, mais que le docteur Brashear a jugée arsenicale, en raison de l'odeur d'ail répandue par la vapeur de cette eau, quand on en jette au feu. Cette source sort d'une formation souterraine de calcaire grossier, dont l'état atteste une complète perturbation. « En avez-vous remarqué la stratification, demandai-je au docteur ? — Il n'y a aucune stratification visible, me répondit-il ; la roche calcaire y semble mise en pièces *(crumbled to pieces)* [1]. »

Cette dislocation du sous-sol se trahit encore tout à l'entour de *Belle-Ile*, et dans les marécages qui l'avoisinent. On y rencontre, en effet, plusieurs sources calcaro-sulfureuses qui déposent des concrétions sur leurs bords, comme les *White Sulphur springs* de la Virginie, et dont la boisson paraît avoir des effets très-salutaires. D'autres filtrations y déposent de l'oxyde de fer. Or, les unes et les autres ne peuvent ramener de pareils éléments à la surface, qu'à la faveur des fissures et crevasses du sous-sol résultant du soulèvement volcanique. La réalité de ce phénomène serait encore démontrée par la multitude de ces sources, qui toutes sont plus ou moins minérales. C'est ce qui prive *Belle-Ile* de sources d'eau douce, l'oblige de recourir à l'eau de citerne, et la distingue à cet égard des autres positions insulaires, qui sont, au contraire, favorisées sous le rapport des eaux potables.

Côte-Blanche est dans ce cas général, quoiqu'elle n'ait point de lacs intérieurs ; et d'abord je regrette vivement de n'avoir encore pu la visiter. On la rencontre en quittant *Belle-Ile*, et suivant le littoral vers l'ouest. Le point culminant en est de 140 pieds au-dessus du golfe, et son massif insulaire comprend environ 1,600 acres, livrés presque entièrement à la culture de la canne à sucre. La surface en est généralement argileuse ; mais le sous-sol, dit-on, n'est guère qu'un fond de craie mêlé de débris siliceux. Comme *Belle-Ile*,

[1] Un dernier détail qui n'est pas indifférent, c'est que dans les diverses excavations faites à *Belle-Ile*, le docteur Brashear trouva une boule de 4 pouces de diamètre, dont l'intérieur était, disait-il, poreux comme de la pierre-ponce. Il la prit alors pour un aérolithe ; mais sans doute aujourd'hui la considèrera-t-on plus volontiers comme le produit d'une éruption volcanique.

Côte-Blanche est entourée de terres basses, que recouvrent les marées extraordinaires, où dominent les argiles remaniées par la mer, et que l'excès de salure rend pour le moment incultivables. Son escarpement sur le golfe du Mexique est le plus abrupte de tous, et atteste la violence du soulèvement ou de l'érosion qui l'a produite. D'un autre côté, la blancheur de ses sables, qui sont identiques à ceux des hauteurs de la Sabine, et où n'apparaît aucune trace des terrains de la Rivière Rouge ni de ceux du Mississipi, ne laisse guère douter qu'elle ne fût primitivement un éperon des hauteurs en question, et selon toute apparence, le point géologiquement le plus ancien de ces côtes. Elle y fut remarquée par les premiers navigateurs, et désignée par les cartographes espagnols sous le nom de *Cap Blanc* et *Côte-Blanche*.

Grand'-Côte, qu'on rencontre en continuant à suivre le rivage d'est en ouest, est aussi nommée *Week's Island* du nom de son propriétaire. Elle contient 2,200 acres, et c'est la plus étendue des îles qui nous occupent. L'excursion que j'y fis, de la Nouvelle-Ibérie, se partagea en 9 milles par terre et 9 milles par eau. La première partie de la route traverse des prairies, dont le sol raffermi n'est guère qu'un détritus d'herbes marécageuses. C'est une tourbe mêlée d'argile couleur chocolat et très-sensible à la sècheresse, laquelle y occasionne, en été, des crevasses et fissures de plusieurs pieds de profondeur. L'aspect de cette région est celui d'une vaste savane livrée au pâturage. Quelques points isolés, vrais oasis couverts de bouquets d'arbres, y sont seuls livrés à la culture. Quoique le manque d'eau y fasse parfois périr le bétail, la nature y supplée par l'abondance des mares, dont elle a pourvu ces basses terres. La presque totalité de ces mares sont circulaires, quelques-unes ovales, mais toutes offrent des formes géométriques qui frappent singulièrement l'observateur.

Plus tard, dans la direction de la Nouvelle-Ibérie au Vermillion, en passant au sud du Lac Espagnol, je remarquai une autre série de petits lacs, également circulaires, et que leur ressemblance de famille fait désigner sous le nom de *lacs ronds*. Entre M. Zénon Olivier et *Grand'-Côte* se trouvent enfin des îlots entourés de prairies tremblantes, couverts de bois, et la plupart encore circulaires. Les uns sont élevés de quatre à cinq pieds au-dessus du niveau général de la savane; les autres, quoique plus bas de deux ou trois pieds que ce niveau, sont néanmoins d'un sol ferme, cultivable et très-distinct des prairies tremblantes qui les entourent. Ces *ronds-points boisés*, aussi bien que les *lacs ronds*, sont trop singuliers pour que nous n'y revenions pas ci-après. N'oublions pas non plus, sur notre route, la nature du sous-sol indiquée par le puits de M. Zénon Olivier [1].

Mon abordage à *Grand'-Côte* se fit à un mille de la mer, sur un banc de coquilles de 100 mètres de long, 10 à 12 de large et 3 d'épaisseur. Ce banc, composé de petites palourdes (*gnathodons*) et bâti par les Indiens, est tout recouvert de chênes séculaires, témoins de son antiquité. La surface de l'île me parut un mélange des sables de la Rivière Rouge et du Mississipi, gris-rouge, avec certaines places argileuses et quelques grès ferrugineux provenant d'anciennes sources locales. J'aperçus dans une excavation des stratifications de sable, concentriques et irrégulières comme celles des *Mud-lumps:* autre preuve de l'action d'anciennes sources. Celles qui coulent encore sont nombreuses et alimentent de petits lacs, dont trois, beaucoup plus étendus et intarissables, forment les sommets d'un triangle central. Deux de ces trois lacs pourraient être des cratères d'effondrement qui auraient accompagné le soulèvement insulaire. Pour le troisième, qui est le plus méridional, et dont les contours parfaitement circulaires sont en fond de cuve, il est sûrement l'orifice d'où les forces hydro-thermales ont fait leur principale irruption. Tout le sol environnant ce dernier lac est d'un rouge-pâle, sauf au sud, où il est blanc et crayeux comme celui de *Côte-Blanche.*

Une autre intéressante remarque de mon excursion fut celle de la zone, appelée sur les anciennes cartes *Mauvais Bois*. C'est une forêt de chênes et de palmiers décrivant, à 5 milles de *Grand'-Côte*, un arc de cercle de 10 à 15 milles d'étendue, et joignant les marais de *Cyprès mort* à *Petite Anse*. Du haut de *Grand'-Côte*, qui en occupe presque le centre, l'œil en suit les contours et observe déjà la singularité de cette forêt, qui s'élève, sur un mille et demi de large, entre deux zones profondément marécageuses. En la traver-

[1] 1re Couche : argile tourbeuse et couleur chocolat, ayant de deux et demi à trois pieds d'épaisseur.
2me Couche : sable jaune, cinq à six pieds.
3me Couche : sable d'un rouge de plus en plus foncé, jusqu'à vingt-cinq pieds de profondeur où s'arrête le puits en question. Des cailloux de diverse grosseur, silex et grès, se trouvent aussi dans cette dernière couche, qui est entièrement étrangère aux alluvions du Mississipi.

sant une seconde fois en canot, je fus encore plus frappé de trouver ces *bois francs* qui ne poussent jamais qu'à pied sec, enfoncés à demi dans l'eau. Leur situation actuelle n'a pu résulter évidemment que d'un affaissement du sol. Le soulèvement de *Grand'-Côte* (160 pieds) a dû produire autour de son massif des affaissements semblables; mais je crois celui-ci beaucoup plus moderne et sans rapport avec le phénomène originaire de l'île. Il témoigne, en tous cas, des nombreuses commotions du sol, qui n'ont cessé d'agiter le sud-ouest de la Basse-Louisiane.

Les *ronds-points boisés,* remarqués en allant à *Grand'-Côte,* fixèrent d'autant plus mon attention au retour, qu'ils m'offraient alors un contraste complet avec le *Mauvais Bois* dont il vient d'être parlé. Leur sol est des plus consistants, au milieu des prairies basses et tremblantes qui les entourent; et sous ce rapport, aussi bien que par leur aspect circulaire, ils me rappelèrent les *Mud-lumps* des bouches du Mississipi, dont le terrain est essentiellement distinct des atterrissements fluviatiles de la surface. La végétation arborescente, qui leur est propre au milieu des herbes marécageuses, raviva le même souvenir. Ne sont-ce donc pas là d'anciens *Mup-lumps,* remontant à l'époque où le fleuve débouchait vers ces parages, ou plutôt datant de la commotion qui disloqua le sous-sol et en fit jaillir des eaux boueuses?

Les *lacs ronds,* dont je revis bientôt après la parfaite régularité géométrique, n'étaient-ils pas eux-mêmes le produit d'explosions gazeuses, qui accompagnent si fréquemment les tremblements de terre? On pourrait sans doute les considérer comme des effondrements, résultant des cours d'eau souterrains. Mais la première de ces deux origines est plus vraisemblable, puisqu'elle s'est vérifiée à la Nouvelle-Madrid. Ces lacs sont d'ailleurs proportionnés aux soulèvements du sol. Sur les basses terres, ils ne sont guère que des mares; mais sur les principaux gradins et le plateau de la *Côte gelée,* par exemple, ce sont de vrais lacs, ayant jusqu'à $1/4$ de mille de diamètre, et 8 à 10 pieds de profondeur [1]. Or, ces derniers, d'autant moins susceptibles de s'alimenter des

[1] Près de Vermillionville, M. A. E. Mouton m'en a montré un pareil devant sa plantation, où se trouvent, me disait-il, des millions de petites crevettes, crustacées propres aux eaux du Mississipi. Ce lac est intarissable et reste à peu près toujours plein, quoique aucun fossé d'écoulement n'existe pour y conduire les eaux de pluie. Le fond en est de sable, mais assez consistant.

eaux pluviales qu'ils sont plus élevés et plus isolés, sont précisément ceux où les eaux abondent et se conservent le plus souvent intarissables. Ce fait est très-positif, et ferait supposer que les nappes alimentaires, dont le niveau est nécessairement supérieur au leur, partent des hauteurs voisines de la Sabine, à moins qu'elles ne dérivent des fonctions absorbantes du Mississipi.

Les coteaux, dont ces lacs occupent les différents étages, nous dévoilent à leur tour la nature filtrante du sous-sol, car ils paraissent d'autant plus sableux qu'ils sont plus élevés. Ils rappellent d'ailleurs, sur une échelle infiniment supérieure, les côtes de sables qui jaillirent des crevasses du tremblement de terre de la Nouvelle-Madrid. Des affaissements du sol accompagnent la plupart de ces formations. Ainsi, le *lac Espagnol,* nommé aussi *lac Tasse,* à cause de sa forme ovale, offre tous les caractères d'une dépression en rapport avec la *Côte gelée* dont il est limitrophe. Des eaux calcarifères, attestées par d'innombrables concrétions, jaillirent alors de ce lac. En même temps, le sol de cette région se plissait et se boursoufflait dans la direction du nord jusqu'à *Flint-Bluff,* sur la rive gauche de la Rivière Rouge, où cet écor servira de transition aux phénomènes analogues que nous trouverons dans la Haute-Louisiane. Plissements, dépressions et soulèvements de diverses portions de ce territoire: telles sont les preuves que son relief actuel est dû à quelque catastrophe soudaine, et bien plus formidable que celle de la Nouvelle-Madrid.

Quant à l'époque de cet évènement, elle est déterminée par la végétation et le détritus marécageux qui recouvrent, au sud, les gradins de la *Côte gelée*. Ce fond de marais, couronnant ces hauteurs, et qu'on voit parfaitement identique à celui des basses terres environnantes, ne remonte guère qu'à quelques siècles, sinon à quelques générations. Or, comme il est évidemment antérieur au soulèvement du plateau, il en fixe par là même la date parmi les plus récentes de la période actuelle. Les résultats de cette révolution locale furent des plus heureux pour le relief du sol. Ils y produisirent la *Côte gelée,* le *Grand coteau des Opelousas,* la *Grande et la Petite prairie des Avoyelles:* enfilade de collines aux pentes adoucies, et aussi riches en sources d'eau vive et en salubrité qu'en produits agricoles de tout genre.

Ces phénomènes prouvent enfin que les frontières occidentales de l'æstuaire s'appuient aux collines du Vermillion, pour de là rejoindre la Rivière

Rouge. Quant au bayou Tèche, cette rivière dut le creuser par une irruption dans les alluvions primitives du delta, et elle en forma les bords de ses propres alluvions, sur un fond déposé par le Mississipi. Ce fond se reconnaît, sur la rive gauche du bayou, aux cypres enfouis et à la terre végétale identique à celle des atterrissements fluviatiles les plus récents. Sur la rive droite, les alluvions du Mississipi et celles de la Rivière Rouge alternent, se superposent et ondulent tout ensemble, comme des vagues sédimentaires formées par de puissantes inondations. Le canal, récemment entrepris pour dessécher le lac Espagnol dans le bayou de Tèche, offre une section du sol très-curieuse à cet égard. C'est donc plus loin vers l'ouest, qu'il faut chercher les limites précises de l'æstuaire, et les terrains diluviens ou quaternaires qui les fixent. Une autre preuve en est dans la qualité des eaux, qui ne sont jamais salubres dans le bassin du Tèche, et tout au contraire d'une bonté parfaite dans les puits du Vermillion. Les eaux ne trompent guère sur la nature du sous-sol, et leur degré si différent de pureté indiquerait ici que les mauvaises proviennent des formations alluviales.

L'encadrement du delta se forme donc, en cette région sud-ouest, par le littoral du golfe et la série de buttes et coteaux qui, du Vermillion, nous conduit à la Rivière Rouge. Descendant ensuite le cours de cette rivière et passant sur la rive gauche du Mississipi, on achève de se rendre compte des contours nord-est du grand delta. La *Roche à Davion*, et surtout les écors blancs d'*Hudson Port*, au-dessous de la *Pointe coupée*, ensuite les hauteurs de *Bâton-Rouge*, toute cette rive nous montre le fleuve courant aux pieds des terrains tertiaires, pour ne plus les abandonner jusqu'à la mer. Il les cotoie, en effet, par son ancien cours du bayou Manchac et par les lacs que celui-ci traversait, avant d'en être séparé par des mains imprudentes.

Les belles nappes d'eau des lacs Maurepas, Pontchartrain et Borgne, seraient maintenant, de ce côté de l'æstuaire, le vrai champ d'étude à cultiver ; car elles n'importent pas moins à la géologie du sud-est, que les buttes volcaniques des Attakapas ou les côtes soulevées des Opelousas à la géologie du sud-ouest. Mais il faut nous limiter, et considérer seulement ces lacs comme ligne de séparation entre les terres alluviales du Mississipi et les formations tertiaires de leur rive opposée. Ces dernières frappent le regard par un relief continu de côtes sableuses, couronnées partout de pinières, et s'élevant seulement de quelques pieds par mille, à mesure qu'elles s'éloignent du littoral. Le fond des lacs ne fait que continuer la pente de ces plateaux; et là où il n'est point recouvert ni altéré par les sédiments du Mississipi, les sables ressembleraient généralement à ceux des pinières, si ceux-ci ne différaient des autres par leur extrême ténuité.

Des alluvions modernes se sont aussi déposées sur la côte-nord, où elles ont couvert le littoral d'un liseré marécageux. Par exemple, au nord du lac Pontchartrain, si l'on excepte les positions de Louisbourg et Mandeville, où les sables tertiaires s'avancent en pleine eau, tout ce bord se compose d'une bande de cyprières ou marais tremblants d'une largeur moyenne d'un mille. Çà et là les sédiments fluviatiles s'aperçoivent plus avant dans l'intérieur. De leur côté, les sables des pinières, relevés sur la crête de certains coteaux, arrivent parfois jusqu'au lac et y forment des points exceptionnels, où poussent des chênes, des magnolias, des copals : ce que les anciens colons nommaient *bois forts* ou *bois francs*, c'est-à-dire des arbres tout différents de ceux appartenant à la famille des conifères. Les détritus de ces bois n'y produisent un sol végétal que de quelques pouces d'épaisseur; mais d'excellentes terres existent, en réserve pour l'avenir, dans les cyprières à dessécher. Tel est le caractère général des rives-nord des lacs, jusqu'au delta de la *Rivière aux Perles*, région de prairies tremblantes, au-delà de laquelle reparaissent les terres hautes et sablonneuses qui n'appartiennent plus à la Louisiane [1].—C'est dire qu'il est temps de revenir sur nos pas, et reprendre l'étude du fleuve où nous l'avons laissée.

[1] Ces terrains tertiaires se modifient d'ailleurs sous des influences locales en cours de développement, entre autres, par l'action des eaux souterraines. Ainsi, les sources ferrugineuses y doivent faire des grès rouges et autres roches inaperçues sous les sables mouvants de la surface. Dans la pinière qui est à l'arrière de Mandeville, et à quatre milles dans l'intérieur, on me signala un bayou où la terre rouge apparaît, comme si c'était un gisement de la Rivière Rouge elle-même. Ailleurs, sur les bords du lac et à six ou sept milles à l'est de Mandeville, une source formerait aussi des dépôts rouges. A Covington, la source d'Abita déposerait, à son tour, des sédiments ferrugineux.

IX.

DE LA FORMATION ET DES PROGRÈS ACTUELS DU DELTA DU MISSISSIPI.

Caractères généraux du delta ; la région marino-lacustre de l'est leur fait exception. — Pourquoi, sous l'action des vents dominants, le Mississipi a bâti d'abord son territoire sur la rive droite et appuie toujours sur la rive gauche. — Ces déplacements du fleuve sont un nouveau chronomètre pour le calcul de ses atterrissements. — Triple mode de son action sédimentaire, qui est à la fois souterraine, latérale et frontale. — Comment calculer sa marche frontale dans le golfe du Mexique? — Etat confus de cette question, où les suppositions contraires de MM. Élie de Beaumont et Charles Lyell sont également réfutées par la cartographie. — Nouveaux calculs fondés sur 130 ans d'observations positives. — L'alternance des couches marines et fluviales dans la formation du delta en doit réduire, au moins de moitié, la durée calculée sur les seuls atterrissements du fleuve. — Conclusion de la première partie de l'ouvrage.

Nous connaissons assez les diverses fonctions du Mississipi, pour l'étudier enfin dans son grand delta, qui est le résumé de toutes ses œuvres.

Ce domaine alluvial comprend environ 14,000 milles carrés, et il offre une région d'atterrissements de toute sorte, non-seulement traversée par le fleuve, mais encore sillonnée par de nombreux bayous sédimentaires, qui projettent et dessinent, à leur tour, de petits deltas. Chacune de ces dernières formations offre généralement, selon ses progrès, ou un lac central ou des bas-fonds avec prairies tremblantes, de manière que les rebords extérieurs sont seuls consolidés et cultivables. A ces rebords particuliers, il faut ajouter les terres riveraines du fleuve couvertes des plus riches plantations, et formant sur 2 à 3 milles de large deux zones, supérieures de plusieurs mètres au niveau général de la contrée. C'est entre ces rives, qui s'exhaussent par les dépôts de chaque débordement, que le Mississipi court comme sur un dos d'âne, et de cette colline d'irrigation domine en souverain le territoire qu'il a formé. Tel est l'aspect de ce pays, qui se divise, comme on voit, en une multitude de petits triangles semblables à lui-même.

Ces deltas secondaires, si nombreux à l'ouest, sont toutefois très-rares à l'est, dans la région marino-lacustre de la rive gauche du fleuve. Les alluvions y ont laissé des vides considérables, qui sont occupés par les trois grands lacs Maurepas, Pontchartrain et Borgne; la mer elle-même pénètre toute cette portion du delta, à travers les îles *au Breton* et *Chandeleurs*. La terre-ferme y semble donc en ébauche, et des obstacles en ont évidemment retardé la formation de ce côté. Or, ces obstacles viennent d'agents atmosphériques, dont l'action se poursuit de nos jours et nous explique l'un des plus saillants caractères du Mississipi, savoir : la déviation au sud-est de son cours inférieur. Cette déviation se manifeste aussitôt que les terrains tertiaires cessent de contenir le fleuve : ce qui prouve bien que sa tendance est d'appuyer vers l'est, soit en érodant sa rive gauche, soit plutôt en déposant à sa droite la majeure part de ses atterrissements. Ceux-ci s'accumulent, en effet, de ce côté, ce qui rejette le courant du côté contraire ; mais pourquoi se déposent-ils de préférence sur la droite ? Cette question mérite une réponse.

Les vents du nord et du nord-est dominent depuis février jusqu'en juin, c'est-à-dire durant les grandes inondations : moment où le fleuve charrie ses grandes masses de sédiments, où descendaient jadis les forêts flottantes, et où les bois de dérive apparaissent encore si nombreux. Or, ces alluvions, surtout les matières végétales qui font voile à la surface des eaux, tendent toujours à échouer sous le vent. Le vent dominant, soufflant de la gauche, les a donc fait se déposer sur la droite, où elles ont élargi et consolidé les terres nouvelles. Aussi voyons-nous de ce côté presque tout le domaine alluvial du Mississipi : témoignage irrécusable de l'action atmosphérique sur le fleuve, et par le fleuve sur la formation de la Basse-Louisiane ! C'est aussi un exemple frappant d'une cause actuelle, dont les effets nous reportent à l'origine même du delta, et aux limites les plus reculées de la période moderne.

La persistance de la même cause se lit en traits évidents dans les raccourcis, qui nous montrent le Mississipi abandonnant ses méandres de la rive droite, et empiétant sans cesse sur la rive gauche. Voilà pourquoi le grand fleuve court maintenant jusqu'au bayou Manchac, sous les écors des terrains tertiaires de l'est, les presse toujours de plus près, les ronge, les affouille, et leur donne un relief si distinctif au-dessus des vastes plaines d'alluvions qu'il traversait jadis à l'ouest, et dont il s'est pour jamais séparé. Les lacs à forme de croissant, si nombreux dans le bassin du fleuve, ne sont, à leur tour, que d'anciens méandres abandonnés de la même manière et la plupart du même côté.

Quant à la mesure de ce déplacement d'ouest en est, on peut l'apprécier par le seul fait que le lac des *Taensa* était, en 1682, directement alimenté par le Mississipi, et qu'il en est aujourd'hui éloigné de plusieurs milles à l'ouest. Le récit et la carte des voyages de l'immortel De la Salle (*Fig. I, Pl. I*) ne laissent aucun doute sur cette communication du fleuve avec le lac, et il est maintenant facile à chacun de mesurer la distance qui les sépare. Cette distance, réalisée de 1682 à 1859, peut en même temps servir de chronomètre des atterrissements, tout aussi bien que le progrès des dunes ou l'avancement des deltas. Prise donc pour mesure du temps employé par le fleuve à reporter son lit principal vers l'est, elle ferait supposer, à raison de 177 ans pour le déplacement en question, que le Mississipi coulait à plein bord, il y a quatre ou cinq siècles, dans le bayou des Taensa, et que le lac Providence, source du bayou Macon, formait alors un des méandres de son cours. L'Atchafalaya ne pouvait être, à cette même époque, qu'un large écoulement commun au Mississipi et à la Rivière Rouge. Enfin, l'æstuaire entier du Mississipi, bien moins atterri qu'en 1682 et région marino-lacustre, comme elle se montre encore à l'est, devait beaucoup plus ressembler à l'æstuaire actuel des Amazones, où se voient des îles nombreuses, mais non la vraie terre-ferme. Telles sont les notions résultant du chronomètre du déplacement des rives du fleuve, et du rôle des courants aériens dans la formation du grand delta [1].

Voyons maintenant quelle ligne de démarcation sépare ce territoire du golfe du Mexique. A partir du bayou Manchac, le delta du Mississipi empiète au sud sur le golfe, comme le golfe empiète au nord sur la terre-ferme. Cette pénétration réciproque se fait presque à angle droit; d'où il résulte une sorte de rectangle, dont la diagonale représente assez bien le cours du fleuve. Celui-ci débouche donc en mer au point le plus avancé, ce qui veut dire aussi le plus profond. Mais avant de s'y perdre, le lit fluvial, si remarquable lui-même par

[1] Une objection pourrait m'être faite; car, d'après l'ingénieur M. Démécourt, toutes les barres sableuses sont à l'est, dans le lac Pontchartrain; mais, dans ce cas particulier, l'action des affluents du lac porterait les sables de ce côté, tandis que les matières végétales et argileuses échouent plus généralement au sud, où la rive de la Nouvelle-Orléans s'est, en un siècle, élargie de plus d'un tiers. L'ensablement tout local n'affaiblit donc pas la conclusion générale, tirée de la coïncidence des vents dominants, avec les mois des grandes alluvions charriées par les crues du fleuve.

sa profondeur, se relève rapidement en approchant des embouchures; il s'y fait jour à travers des passes qui ont tout au plus en moyenne 12 à 15 pieds d'eau, et c'est de là qu'il descend, comme d'une montagne sous-marine, dans les profondeurs du golfe. Au sud et à l'est du rectangle alluvial, ces profondeurs se mesurent de brasse en brasse; mais à 30 milles environ du promontoire, la sonde du *Coast Survey* n'a pas trouvé de fond.

Cette disposition indiquerait que le cours actuel du Mississipi suit le *thalweg* de l'æstuaire primitif, et que ses branches secondaires n'ont également suivi que des vallées de même ordre. La manière dont se déposent les atterrissements à l'embouchure du fleuve, se comprend aussi par le nom bien mérité de *Cap boueux*, qu'ils avaient reçu des anciens cartographes espagnols. Ajoutons que ce *Cap boueux* se déplace et se meut en avant, vers les profondeurs marines, avec les cônes de déjection que la boue des eaux souterraines y multiplie de tous côtés. Cette masse énorme, qui se déploie en éventail sur une base de 25 à 30 milles d'étendue, est en mouvement perpétuel dans le golfe, poussée qu'elle y est par le fleuve, qui roule pêle-mêle les sédiments arrachés aux parois de son canal, avec ceux qu'il a reçus de ses affluents. D'ailleurs le Mississipi ne se borne pas à rouler ses alluvions jusqu'à la mer; il en rejette une partie sur ses rives, ce qui est une autre forme essentielle de son action sédimentaire. L'élévation de son courant superficiel, au-dessus du niveau général de la contrée, a fait dire qu'il y court sur un dos d'âne. On conçoit, dès-lors, les formidables épanchements de boue qui s'en échappent durant les crues; tandis que son courant de fond laboure, à des profondeurs de 30 à 50 mètres, la vallée d'érosion qui détermine son cours.

Pour mieux comprendre ce double travail, transportons-nous dans la région, où les glaciers, par des érosions plus lentes mais non moins formidables, poussent devant eux et rejettent sur leurs bords les débris des terrains qu'ils ont sillonnés. Les moraines frontales et latérales sont les atterrissements des fleuves solidifiés par les glaces. Or, quand ces fleuves se liquéfient, ils fonctionnent de la même manière, formant alors des battures le long de leurs rives ou des îles au milieu de leur lit, puis attaquant et déplaçant ces formations nouvelles, et les faisant comme rouler sur elles-mêmes jusqu'à la mer. Ces îles et ces battures descendent ainsi lentement, mais réellement, le cours du fleuve, amoindries qu'elles sont toujours par la tête, mais s'allongeant à l'arrière, regagnant de la sorte en aval ce qu'elles ont perdu en amont, et se refaisant successivement de leurs propres débris, jusqu'à ce que, la force d'impulsion venant à cesser, elles s'arrêtent et forment des barres à l'embouchure des fleuves. Or, ces barres, cause première de la formation des deltas, ne sont que des moraines fluviales, de même que les battures riveraines déposées en amont ; et les unes et les autres pourraient, dès-lors, être étudiées, comme les moraines des glaciers l'ont été si bien par d'illustres géologues. A ce double procédé frontal et latéral des courants sédimentaires, il faut ajouter les atterrissements souterrains, qui correspondraient aux moraines profondes, et que nous avons déjà signalés en parlant des fonctions absorbantes du Missisipi.

Tel est donc le triple mode sédimentaire de ce fleuve : il exhausse ses rives ; il cimente de ses boues leurs fondations tremblantes, ou bien, filtrant par-dessous, il s'en va atterrir les marais voisins ; enfin, la majeure part de ses alluvions envahit le golfe et y bâtit la terre-ferme. C'est le calcul de ces derniers atterrissements, tour-à-tour exagérés et amoindris à l'excès, qui devient maintenant la grande question à examiner.

M. Élie de Beaumont, sur la foi d'une relation, sans doute aventurée par M. Michel Chevalier dans un pur intérêt descriptif, supposerait que l'allongement moyen annuel du delta est de 350 mètres [1]. Cette appréciation dit-il, résulte de ce que la plus grande partie du cours du fleuve, dépassant le fort Saint-Philippe (environ 35 milles), aurait été formée depuis 1717. Mais cette formation de date aussi récente est purement imaginaire, niée qu'elle est par toutes les cartes de la Louisiane, comme par tous les voyageurs, qui avaient précédé M. Michel Chevalier sur les bords du Missisipi. Qu'on regarde, en effet *(Pl. I, Fig. III)*, la carte de la reconnaissance du fleuve en l'année 1700, et l'on verra tout le cours du fleuve, déjà formé jusqu'au triple embranchement, qui commence à plus de 20 milles au-dessous du fort Saint Philippe. La belle carte de Sérigny *(Pl. II)* certifie, à son tour, pour 1719, que le cours du fleuve était fixé jusque près de la Balise, c'est-à-dire jusqu'à plus de 32 milles au-dessous du même fort. Ajoutez à ces témoignages

[1] *Géologie pratique* de M. Élie de Beaumont, pag. 509. — *Des voies de communication aux États-Unis*, par M. Michel Chevalier, T. 1, pag. 78.

hydrographiques la relation du Père Charlevoix, avec les rapports officiels reproduits dans notre troisième chapitre (pages 17-25); et la supposition, sur laquelle a reposé jusqu'à ce jour l'avancement annuel de 350 mètres, rentre à tout jamais dans le néant.

Passons au chiffre le plus opposé aux vues de M. Élie de Beaumont, dans le calcul des mêmes atterrissements : on devine qu'il doit être de sir Charles Lyell. Le célèbre géologue anglais a d'abord cet avantage qu'il peut se dire témoin oculaire ; car il est descendu de la Nouvelle-Orléans aux bouches du Mississipi, « désireux, dit-il, d'y obtenir des informations exactes sur les récents progrès » des atterrissements du fleuve dans le golfe du Mexique. » Je constate ce désir d'exactitude ; on va voir quels en ont été les résultats. La visite des bouches du Mississipi eut lieu le 1er mars 1846 ; et j'en résume la relation, pour en mieux préciser ou rectifier les faits [1] :

« Le docteur Charpentier, dit M. Lyell, avait porté avec lui les cartes des » bouches du fleuve, par Charlevoix, publiées il y a cent douze ans, et se » rapportant à un état de choses de cent trente ans de date. » La seule de ces cartes, qui intéresse le lecteur, est celle publiée sous la date du 20 avril 1731 *(Pl. III, Fig. 3)*, où nous avons reproduit jusqu'aux sondages de l'original, supprimés dans la copie du Père Jésuite. Pour mieux comprendre ce document, il faudrait aussi le comparer aux deux cartes voisines (*Fig. 2 et 1*), qui représentent la même entrée du Mississipi, telle qu'elle était en 1824 et 1722. L'étonnant progrès des alluvions, accompli dans ce court espace de temps sur une seule bouche du fleuve, réfute à l'avance toutes les assertions de M. Lyell [2].

« Nous fûmes surpris, ajoute-t-il, de trouver avec quelle exactitude cet » ancien relèvement représentait, quant à leur nombre et à leur forme, la » plupart des bayous et dépôts boueux, tels qu'ils existent actuellement autour » de la Balise. Les pilotes, à qui nous montrâmes les cartes, dirent qu'on » pourrait très-bien les supposer construites de l'année dernière, si ce n'étaient » que des barres s'étaient jetées en travers des bouches de chaque bayou, » depuis le déplacement du cours principal du Mississipi. »

Ainsi, les pilotes de la Balise, qui connaissaient le beau relèvement des

[1] *A second visit to the United-States*, pag. 119, T. II (édition de New-Yorck, 1855).

[2] *Voir* ci-après, outre la Planche III, les notices des trois cartes en question, p. 215 et 216.

bouches du Mississipi, fait en 1839 par le capitaine Talcott et ignoré de M. Lyell, auraient été capables de supposer, sauf quelques différences de détails, la carte de Charlevoix de 1731 faite en 1845! Mais comparez donc cette carte au relèvement en question *(Pl. VI)*, et dites-nous s'il existe entre eux le moindre rapport!!! D'ailleurs les pilotes, toujours d'après M. Lyell, lui ont dit aussi le contraire et d'une façon bien plus précise. Écoutons ces témoins :

« Un des chefs pilotes nous dit que depuis 1839, ou en six années, il avait » vu les principales passes prolongées de plus de 1 mille. Mais Linton, *le plus* » *ancien et le plus expérimenté d'entre eux*, admettait que les trois passes, » du nord-est, du sud-est et du sud-ouest, s'étaient seulement prolongées en » 24 ans de 1 mille » (1,609 mètres, soit 67 mètres par année, ou 7,705 mètres de 1731 à 1845). Notez ici que Linton, sans doute pour moins contrarier l'illustre voyageur, omettait la *Passe-à-Loutre*, dont les atterrissements se trouvaient alors dans une période de progrès extraordinaires. Son opinion reste donc au-dessous de la moyenne générale. Ce qui n'empêcha point M. Lyell de déclarer plus tard à l'Association britannique présidée par Sir R. Murchison, « que le delta du Mississipi, nonobstant toutes les assertions contraires, ne » paraît pas s'être avancé en mer de plus de 1 mille dans les 100 ou 120 ans » passés. » Ce qui ferait moins de 16 mètres par an !

Se peut-il donc qu'un pareil langage soit échappé à un géologue dont le nom fait, à si bon droit, autorité dans la science? Pour en comprendre la possibilité, je ne puis vraiment le comparer qu'à cette autre distraction, qui, sur la carte de Charlevoix de 1731, lui fit remarquer un *magasin espagnol* dont le nom indiquait, en Louisiane, une date postérieure à 1763 : *The old Spanish building correctly laid down in Charlevoix's map.*

Il s'agit maintenant d'arriver au vrai, à l'aide, non d'une seule carte qui, faute de comparaison, ne peut jamais être bien comprise, mais de plusieurs cartes et des meilleures, et surtout des plus distantes ; car celles-ci amoindrissent les chances d'erreur, en augmentant la durée des opérations sédimentaires. C'est d'ailleurs une méthode où chacun, le compas à la main, pourra contrôler et vérifier nos conclusions. Appuyons donc notre compas sur une position bien connue des bouches du Mississipi, celle de la Balise. Ce n'est qu'un point sur la carte de 1720 *(Pl. II)*, mais un point tout maritime, et dépassant de

1 mille 1/2, sur la carte de 1722 *(Pl. III)*, les terres déjà formées à l'entrée du fleuve. Or, une fois ce fait établi, voyons où est placée la Balise sur le relevé des mêmes lieux, fait en 1839 par le capitaine Talcott *(Pl. VI et dernière)*.

Ici, la Balise occupe une position tout-à-fait centrale; et au lieu de dépasser la terre-ferme de 1 mille 1/2, elle en est dépassée de 5 milles au sud-est et au nord-est; tandis qu'au nord, le cours de la Passe-à-Loutre, entièrement formé depuis la même époque, offre environ 9 milles de longueur. A ne considérer que ces trois branches du delta, nous avons donc 9 milles d'un côté, et 6 milles 1/2 pour chacune des branches sud-est et nord-est : soit, en moyenne, un allongement de 7 milles 1/3 (11,799 mètres), qui s'est produit de 1722 à 1839, et donne, en 117 ans, environ 101 mètres par année.

Ainsi parlent des cartes, qui sont parmi les plus remarquables qu'on ait jamais faites, à plus d'un siècle de distance, sur l'embouchure d'un fleuve; et notez que leur témoignage s'accorderait parfaitement avec l'*expérience* de Linton, si ce pilote eût compris, dans sa moyenne, les rapides atterrissements de la *Passe-à-Loutre*. La reconnaissance de cette passe par le *Coast Survey (Pl. VI)* prouve, en effet, que de 1839 à 1851, elle s'était, en douze ans, allongée de plus de 1 mille; tandis que la passe sud-ouest, autre grand débouché du fleuve, suit à peu près la même progression [1].

On voit dès-lors ce qu'il faut penser de l'allongement séculaire de 1 mille ou 16 mètres par an, avancé à tout hasard par M. Lyell. On jugera sans doute de même le calcul des 67,000 ans que le Mississipi aurait dû employer pour atterrir son æstuaire [2] ; et cette nouvelle appréciation sera d'autant plus juste, que M. Lyell, en supposant une épaisseur moyenne de 528 pieds aux couches du delta, n'y a point soupçonné les formations marines dont la présence devra réduire d'autant la durée des opérations du fleuve. La distinction des alluvions fluviales et maritimes y est, en effet, des plus

[1] L'ingénieur M. Duncan, dans son Rapport de 1859, fait à la suite d'une exploration des barres du Mississipi, certifie le même prolongement des passes, *qui semble être*, dit-il, *de 1 mille* tous les quinze ans. « *From a comparison of data, it appears there is an outward tendency of the land and the bars amounting to one mile in every fifteen years.* » (De Bow's Review, 1859, p. 431.)

[2] *Voir* An address from professor Lyell, *on the Valley and delta of the Mississipi*, before the Bristish Scientific Association. (*Resources of the Southern and Western States* by professor De Bow, p. 20, Vol. II. — New-Orleans.)

frappantes; car, si l'on excepte les deltas secondaires des bouches actuelles du fleuve, ensuite ceux du Lafourche et de l'Atchafalaya, avec leurs abords latéraux sur le rivage, tout le littoral de la Louisiane n'est guère formé que de sables marins, essentiellement distincts par leur blancheur, des sables gris et terreux du fleuve et de ses bayous. Leur caractère distinctif est naturellement plus prononcé sur la chaîne d'îlots qui borde le rivage; mais il est reconnaissable encore en maints endroits de la terre-ferme, tantôt à découvert, tantôt sous une couche récente de détritus, tantôt enfin sous d'anciens dépôts d'eau douce et à des profondeurs variables.

Le percement du puits artésien de la Nouvelle-Orléans a été toute une révélation, à cet égard, par les faunes marines qu'il a fait découvrir, à 41, à 76 et à 149 pieds de profondeur[1]. Ainsi, dès 41 pieds, des sables remplis de petites coquilles donnèrent les espèces suivantes : *terebra, cerithium, buccinum, oliva, venus*, etc., dont les familles vivent actuellement dans les îles Bahama. 35 pieds plus bas, ce furent d'autres débris marins, indéterminables quant aux espèces, mais nullement quant au milieu maritime où ils avaient vécu. Enfin, la dernière faune reconnue offrit, à son tour, des *arca*, des *miodora striata*, des *venus*: ce qui certifie une troisième formation marine, avant d'avoir atteint le tiers de l'épaisseur du delta, qu'on a trop long-temps supposé n'être que d'origine fluviale. Ce delta est, tout au contraire, de formation mixte, essentiellement fluvio-marine, et témoignant, par l'alternance comme par la diversité de ses couches, de la périodicité des phénomènes qui l'ont produit. Ajouterai-je enfin que, pour calculer l'âge des deltas, les sédiments des courants superficiels ne suffisent aucunement? Le Mississipi ne verse à la mer que le $1/10$ des pluies de sa vallée. Or, le reste des eaux pluviales se partageant entre l'évaporation et les écoulements souterrains, laisse à ces derniers une part immense dans les atterrissements fluviatiles du golfe. Cette autre lacune n'était point soupçonnée, quand j'ai tâché, sinon de la remplir, au moins de l'indiquer nettement, en parlant des sources et îles de boue, si nombreuses aux bouches du fleuve.

[1] Le docteur Bénédict, secrétaire de l'Académie des sciences de la Nouvelle-Orléans, a conservé les débris ramenés par la sonde, en numérotant leur étage; et l'éminent conchyliologiste, M. Deshayes, à qui j'en ai soumis les spécimens, à Paris, a bien voulu les déterminer.

Ainsi, la géologie du delta du Mississipi, fondée jusqu'à ce jour sur deux témoignages, celui de M. Michel Chevalier qui n'avait pas vu les lieux, et celui de M. Lyell qui les avait vus comme nous venons de l'indiquer, a laissé tout à faire, en produisant des résultats diamétralement opposés, mais également inadmissibles. Que croire dès-lors au sujet des autres deltas, et en général des phénomènes actuels ? Le doute sur ce qui en a été dit sera la seule règle à suivre, en attendant que chaque classe de ces phénomènes ait été patiemment étudiée sur place, et soit devenue l'objet de monographies géologiques, à la manière de celles que la philosophie de l'histoire demande, comme pierres de touche, à l'esprit d'érudition et d'examen. Les travaux même des hommes les plus éminents ne doivent plus être acceptés que sous bénéfice d'inventaire. Tel est le point de départ de la vraie critique, qui reste à appliquer à la géologie pratique et positive, comme M. Lyell l'a si bien appliquée lui-même à l'histoire de cette science.

Je me résume. La marche frontale des atterrissements du Mississipi se poursuit à raison de 100 mètres par année ou de 1 mille chaque seize ans. Telle est la moyenne de 130 ans d'observations hydrographiques. A ce compte, le fleuve a pu, de mémoire d'homme, bâtir un vaste territoire au sein du golfe ; et c'est par le même travail qu'il nous initie à la formation entière de son delta. Mais ce théâtre, où nous avons observé tant de faits nouveaux ou peu connus, est certes loin encore d'être entièrement exploré, et nous nous proposons bien d'y revenir plus tard. Nous croyons, toutefois, y avoir recueilli assez de notions positives et précises pour en tirer des conclusions pratiques. Relever maintenant la géologie de la Basse-Louisiane par l'utilité de ses applications, tel est le but qui nous reste à poursuivre dans la deuxième partie de cet Essai.

DEUXIÈME PARTIE.

I.

GÉOLOGIE DE LA LOUISIANE EN RAPPORT AVEC SON HYDROGRAPHIE.

La Louisiane est une nouvelle Égypte, où le Mississipi est tout-puissant pour le mal comme pour le bien. — Elle est, de plus, la contrée la mieux arrosée du monde. — Sa supériorité due surtout aux voies navigables et aux facilités d'embarquement dont la nature l'a douée. — Nécessité de les entretenir et améliorer. — C'est en concourant à cette amélioration que l'hydrographie de l'État aiderait également au dessèchement et assainissement de ses innombrables marais. — Importance de cette dernière opération démontrée par des chiffres officiels. — Dix millions d'acres inondés appartenant à l'État, des marécages privés sans nombre, et une foule de lacs cessant d'être navigables et en voie trop lente d'atterrissement. — Outre son utilité financière et politique, l'hydrographie de la Louisiane deviendrait l'auxiliaire de sa géologie ; ce qui assurerait d'autant mieux le grand résultat pratique que le pays demande à ces deux sciences, savoir : le dessèchement et l'assainissement de ses marais.

La Louisiane, pour nous tous, c'est moitié la France, moitié l'Amérique, les deux pays qu'aiment le plus au monde bien des voyageurs désireux de s'y établir et dignes de s'entendre pour y marcher d'un même pas au même but. Pour l'atteindre, que nous manque-t-il? Une chose d'abord : la complète salubrité du sol que nous voudrions occuper à demeure fixe et sans esprit de retour. Qu'on assainisse la Louisiane, qu'on puisse y conserver la santé durant les fortes chaleurs, et la population doublera en dix ans, et l'État tout entier reprendra une vie nouvelle pour s'élancer à la tête de tous les progrès. Il est déjà le plus riche de l'Union ; il en deviendra le plus heureux, conviant sous son beau ciel toutes les fortunes noblement acquises, et joignant alors le culte des arts, tous les priviléges du génie, aux dons que la nature lui a déjà prodigués d'une main si libérale. La Louisiane deviendrait l'Italie du Nouveau-Monde, avec des proportions grandioses. L'Égypte avec son Nil, émule du Mississipi, quand elle était le rendez-vous des influences de Rome, de la Grèce et de l'Orient, donnerait peut-être l'idée d'un pareil avenir ; mais au moins devrions-nous imiter ses habitants, qui nommaient leur grand fleuve, non-seulement *le père des eaux*, mais *le père, le créateur de l'Égypte,* et lui vouaient un culte dont le souvenir est éternisé par les chefs-d'œuvre de l'hydraulique des Pharaons.

Nul d'abord ne saurait oublier ici la singulière influence que le Mississipi exerce sur le climat de la Louisiane, et comment il le rend plus salubre et plus doux par l'effet de sa propre température. Toutefois, quand ses eaux, perdues dans les bas-fonds, y deviennent stagnantes en été, nous ne savons que trop les terribles miasmes qui s'en exhalent. De là, une tout autre phase de son influence, et un motif de plus à nous occuper sérieusement de l'hydrographie d'un fleuve, tour-à-tour funeste ou propice aux plus grands intérêts du pays. En considérant sa double influence, les superstitions antiques l'eussent vraiment divinisé comme le génie du bien et du mal; elles lui eussent voué un culte destiné à conjurer sa colère comme à le remercier de ses dons. Mais les anciens portaient leur respect pour la nature jusqu'à l'idolâtrie! Nous, au contraire, qui en parlons si familièrement au coin du feu, nous n'en faisons guère au fond qu'un objet d'indifférence. Sa religion est trop froide pour nous inspirer, et nous la traitons comme lettre morte dans les œuvres du Créateur. Il s'agit pourtant d'une puissance de qui dépend, en Louisiane, santé, fortune et bien-être, tout ce que nous possédons ou pouvons espérer. Que faut-il de plus pour nous porter résolûment à bien connaître le fleuve qui détermine à l'avance les destinées du pays et en fixe l'avenir en caractères immuables et *providentiels?*

Pour comprendre aussi de quelle importance l'hydrographie de l'intérieur serait pour la géologie de la Louisiane, il suffit de jeter un simple coup-d'œil sur la carte de l'État, et de s'y rappeler les fonctions multiples de la Rivière Rouge et du Mississipi. Par l'action de ces cours d'eau, les transformations du sol s'y succèdent avec une rapidité sans égale dans les temps modernes: or, ce fait, quoique inaperçu des populations nouvelles, nous en dit assez sur l'intérêt du géologue à connaître toutes les conditions hydrographiques d'un pareil théâtre.

Et d'abord, où trouver pareil développement de voies navigables, soit par les fleuves, soit par leurs bayous? Nulle part aux États-Unis, nulle part peut-être au monde. Les quatre fleuves qui arrosaient le Paradis terrestre se sont multipliés dans la Louisiane au-delà de toute espérance humaine, et l'imagination n'eût jamais pu concevoir système de navigation intérieure mieux harmonisé ni plus étendu. A la Louisiane appartient donc par excellence le premier des éléments civilisateurs, le premier agent de la richesse et de toute supériorité commerciale, c'est-à-dire l'économie des transports par eau.

A cet avantage envié par tous les fondateurs d'empires, il faut joindre la facilité la plus complète de charger et décharger sur les rives comme on ferait sur des quais. Les quais, autre élément de l'économie des transports, ont toujours fait la fortune des cités maritimes ; aussi est-ce à qui d'entre elles en aura le plus et des meilleurs. Pour s'en créer, elles videraient, s'il le fallait, leur trésor public, tant l'intérêt des marchands aussi bien que des navigateurs est impérieux sur cette condition de progrès ! Eh bien ! ces avantages qui firent la grandeur de Venise et d'Amsterdam, et que le Hâvre et Liverpool se sont assurés à si grands frais, la Louisiane les possède par la seule grâce de Dieu, non-seulement à la Nouvelle-Orléans et sur le Mississipi, mais sur tous les bayous et devant chaque plantation, dont le maître n'a guère que l'embarras du choix pour en faire un excellent abordage. Ce n'est pas tout : les communications, d'une extrémité à l'autre de l'État, y sont presque aussi régulières qu'entre les divers quartiers d'une même ville. Les planteurs veulent-ils partir, des châteaux flottants sont là à leur disposition, presque aussi commodément que les omnibus des boulevards de Paris. De là, une navigation à vapeur proportionnée au nombre des passagers et à la richesse du pays, bien plus étonnante que le grand fleuve américain, et offrant au voyageur la plus incomparable merveille du Nouveau-Monde. Cette navigation n'est pourtant que le simple résultat des avantages naturels dont nous parlons, le résultat d'une supériorité commerciale fondée sur une base inattaquable : l'économie et la multiplicité des transports par eau.

On comprend dès-lors combien importerait à la Louisiane l'exacte description de ses voies navigables ou susceptibles de le devenir, avec l'étude approfondie de tous ces cours d'eau au point de vue de leur entretien et de leur amélioration. Cependant ses fleuves et leurs quais naturels se détériorent en mille endroits, des bayous s'atterrissent, et des lacs jadis fréquentés se transforment en marais, bientôt peut-être en bourbiers méphitiques. La santé publique y perd encore plus que l'agriculture et le commerce ; pourtant nul ne sait encore où est le foyer de la *malaria*, comment elle se développe, ni comment il faudrait l'attaquer. Or, c'est à ces questions qu'une description hydrographique de la Louisiane devrait aussi répondre. Les conditions hygiéniques dépendent, au plus haut degré, de l'état des fleuves et des bayous, de l'étendue de leurs débordements, peut-être aussi de l'époque des inondations. Voilà ce qu'il faudrait connaître avec exactitude, et qui ne déparerait pas le travail purement hydrographique.

Mais se hâtera-t-on de me dire : Où sont les résultats directs et positifs de ce travail? Quel argent nous en reviendra-t-il? Le voici.

D'après l'avant-dernier rapport de l'arpenteur général de la Louisiane, l'habile M. Mc Cullow, les terres submergées, et, à titre de *swamp lands*, concédées à l'État par les actes du 2 mars 1849 et 28 septembre 1850, s'élèvent au chiffre énorme de 10,105,455 acres, soit 15,781 milles carrés. Une telle superficie, perdue pour le trésor public, qui n'y perçoit point de taxe, et injurieuse à la santé de tous par les miasmes qui s'en exhalent, vaudrait bien la peine d'être rendue à la culture et à la salubrité. Or, comment arriver à cette restauration du sol et du climat, sinon par l'étude qui peut seule la préparer, sinon par une hydrographie complète de la Louisiane? Ce n'est pas tout : aux 10 millions d'acres déjà mentionnés, il faudrait ajouter les lacs comblés à moitié par les alluvions et en voie de complet atterrissement, s'il était décidé qu'ils appartiennent soit à l'État, soit aux propriétaires riverains par droit d'accession. Il est vrai que le Gouvernement Fédéral les réclame et prétend en vendre le sol à son profit; mais on pourrait en faire le sujet d'une négociation, où la description hydrographique, entreprise aux frais de la Louisiane, serait la condition d'un compromis fait au profit du progrès général de l'Union. Quoi qu'il en soit des réclamations du Gouvernement Fédéral, les lacs en question sont très-nombreux dans le district nord-ouest de l'État, et ils y assurent une importance toute spéciale à l'hydrographie du bassin de la Rivière Rouge.

A ces divers terrains submergés et en voie d'atterrissement, il faut joindre enfin les marécages des propriétés particulières, lesquels semblent dépasser de beaucoup les terres actuellement en cours d'exploitation. Ce qui est sûr, c'est que l'étendue et le nombre de ces derniers marais sont restés, jusqu'à ce jour, étrangers aux études générales du pays. Une statistique pourrait être fournie, à cet égard, par les planteurs eux-mêmes; et leurs précieux renseignements hâteraient et complèteraient à la fois le travail d'ensemble, dont ils seraient d'ailleurs les premiers à profiter.

On voit donc, au premier coup-d'œil, combien d'intérêts privés ou publics militent en faveur de la description hydrographique dont il s'agit. Elle serait l'occasion d'une foule d'améliorations intérieures; et, à ne calculer qu'à un dollar par acre la valeur des terres, qui seraient par suite rendues à la culture et vendues au profit du trésor public, l'État en retirerait infailliblement 15 ou 20 millions de dollars, outre les impôts qui lui en reviendraient chaque année et s'accroîtraient avec les progrès agricoles et le nombre des habitants : de là, l'importance politique qu'aurait l'hydrographie de la Louisiane. De son côté, la géologie lui devrait de mieux connaître le rôle des eaux et leurs rapports non-seulement avec la climatologie, mais encore avec le sol qu'elles ont formé d'atterrissements si divers. Nulle part, en effet, se rencontrent des terrains plus mêlés de sable, d'argile et de détritus. Ces éléments y alternent presque en tous lieux dans les bassins de la Rivière Rouge et du Mississipi, ce qui explique bien l'effondrement de leurs rives, l'instabilité capricieuse de leurs bayous. Il y a plus encore : à chaque forte sècheresse, des crevasses s'entr'ouvrent dans ces alluvions de diverse origine; et il suffit ensuite d'une inondation, parfois même d'une pluie torrentielle, pour transformer ces fentes imperceptibles en ouvertures capables d'offrir de nouvelles issues aux anciens cours d'eau et même changer leur lit. De là, les changements aussi redoutables qu'imprévus, et les embranchements, les ramifications, les méandres sans nombre des fleuves de la Louisiane; méandres qui font pressentir les difficultés de la navigation, et faute de fondations solides rendent toujours précaires les établissements définitifs.

Pour se rendre un compte exact de cette situation, l'hydrographe devrait être aussi géologue et marcher la sonde à la main. Il devrait surtout, pour mieux procéder à l'examen des lieux, consulter les planteurs, témoins traditionnels des anciennes transformations du sol, et ne dédaigner aucunement leurs avis, sauf à vérifier leur expérience et à la compléter par une étude directe et approfondie du terrain. Le puits artésien de la Nouvelle-Orléans, et celui que M. Phanor Prudhomme fit percer sur sa plantation de la Rivière Rouge, ont donné, à cet égard, de précieuses informations qu'il ne s'agit que d'utiliser et multiplier. Les puits artésiens peuvent d'ailleurs se transformer en puits d'absorption, et devenir un des plus efficaces moyens de dessèchement. Ce but final de l'exploration hydrographique serait ainsi poursuivi en commun avec les planteurs, qui auraient pleinement droit alors d'en retirer leur part d'honneur et de profit.

En résumé, cette exploration devrait se faire au point de vue de l'avenir, et préciser à cet effet :

1° Les conditions de toutes les voies navigables, artères vitales et canaux distributeurs de la richesse du pays ;

2° Les conditions des terres submergées et des lacs partiellement atterris, qu'il s'agirait de dessécher complètement, soit au profit de l'État, soit au profit des particuliers ;

3° Enfin, la nature des divers terrains, formés jadis par les mêmes eaux contre lesquelles il faut maintenant les défendre : ce qui mettrait de nouveau l'hydrographie de la Louisiane en rapport avec sa géologie, et les ferait l'une et l'autre marcher du même pas au même but. — A cet effet, il s'agirait de bien distinguer des rives en cours de formation sur les bords du golfe et des prairies tremblantes disséminées sur les bords des lacs, tous les bas-fonds solidement établis, sur lesquels il serait profitable de commencer les opérations de dessèchement. Une fois cette distinction faite et le public éclairé sur les points à s'établir, l'édification des spéculateurs serait complète, et ce serait à qui d'entre eux mettrait ses capitaux dans de pareilles entreprises. On sait combien les capitalistes sont friands de spéculations de terre. Ce ne sont donc pas eux qui feront défaut : ce qui manque seulement, c'est la connaissance précise et positive des terres à dessécher et des meilleurs moyens de dessèchement. C'est ainsi que l'exploration dont il s'agit, soit préparée en grand par l'État, soit faite en détail par les paroisses ou même par des associations privées, conduirait sûrement au résultat pratique d'où dépendent presque tous les progrès ultérieurs du pays, savoir : le dessèchement et l'assainissement de ses marais.

II.

GÉOLOGIE DE LA LOUISIANE EN RAPPORT AVEC LA QUESTION DES DESSÈCHEMENTS.

Des dessèchements naturels. — Leur double procédé : 1° par atterrissement; 2° par absorption. — Singulière méprise qui, jusqu'à présent, a fait exclusivement préférer en Louisiane les dessèchements purement artificiels. — Nécessité de reprendre cette question, conformément aux indications de la nature.

Le meilleur système de dessèchement applicable aux marais de la Louisiane ne saurait, à coup sûr, être sans quelques rapports avec la formation primitive du territoire à dessécher. Heureusement pour notre système, cette formation est fort reconnaissable sur tout le littoral du golfe de Mexique et bien avant dans l'intérieur du delta. Nous savons également les deux principales causes qui l'ont produite. Ce sont les alluvions maritimes et les alluvions fluviales, qui, tantôt s'exhaussant inégalement, donnent lieu à des bas-fonds, tantôt s'entrecoupant par bandes et côtes parallèles, interceptent encore l'écoulement des eaux et les rendent stagnantes.

Ce dernier cas se voit surtout entre le bayou Tèche et les bords du golfe de Mexique. Les relais de mer, y rivalisant avec les atterrissements d'eau douce, y ont formé divers cordons littoraux, où les bas-fonds intermédiaires, si leur dessèchement ne devait d'abord être traité d'une manière générale, nous offriraient en ce moment un excellent terrain d'application. Dans le cours de la génération présente et sans l'intervention de l'homme, bien de ces bas-fonds ont en effet passé par les conditions successives de lacs, de marais, de terre submergée, de prairies tremblantes, enfin de terre ferme et cultivable. Or, comment s'est opéré le passage graduel d'un de ces états à un état meilleur, et comment la nature procède-t-elle à cette transformation? C'est ce qu'il faut, avant tout, savoir chaque fois qu'il s'agit de terrains dont on cherche le meilleur mode de dessèchement.

Dans les terrains sédimentaires de la Louisiane, cette transformation du sol en bien et en mieux, dont la nature a fait jusqu'à présent tous les frais, s'effectue par les procédés suivants, dont il ne s'agira plus que de perfectionner l'application.

1° Le premier de ces procédés est sans comparaison le plus efficace, parce qu'il est définitif. C'est l'exhaussement des bas-fonds par leur comblement spontané, soit au moyen d'alluvions provenant des fleuves voisins, soit avec de nouveaux relais de mer charriés par les hautes marées. Ce dernier genre d'atterrissement, favorisé par les grandes marées océaniques, est usité en Hollande, qui a pourtant négligé l'autre, mais de manière à regretter amèrement cet oubli. Le territoire hollandais paraît en effet subir en maints endroits l'action d'un affaissement géologique ; et l'on n'y a reconnu que bien tard, trop tard peut-être, l'avantage des atterrissements fluviatiles pour en exhausser la surface ou en neutraliser au moins la lente dépression. Une émergence non moins lente, mais bien plus réelle, semblerait au contraire la condition présente du littoral de la Louisiane. Ses plus anciens habitants, témoins des transformations et du raffermissement des terres humides, sont unanimes sur ce fait. C'est ce que nous verrons ci-après, avec détail; et il en résultera que la nature, aidant aux travaux de dessèchement, en rendra le succès d'autant plus infaillible qu'elle-même en multiplie le modèle sous nos yeux.

2° Un phénomène assez fréquent indique un autre procédé. Dans les marais formés des eaux pluviales, qui, faute d'écoulement superficiel, reviennent périodiquement s'y reposer sur une couche d'argiles et de détritus végétaux, il suffit parfois d'une grande sècheresse pour en fissurer et crevasser le fond. Celui-ci devient aussitôt perméable, et quand le sous-sol en est sablonneux, les nouvelles eaux ne pouvant plus y être retenues, le marais se trouve desséché sans retour. C'est ainsi que plusieurs petits lacs ont été rendus cultivables en maints endroits de la Louisiane. Or, ce que la nature a fait là, c'est encore à l'art hydraulique à l'imiter, pourvu que les conditions du sous-sol y assurent un résultat pareil. Des *puisards,* ou puits absorbants, parfois même de simples fossés qui mettraient les eaux de la surface en contact avec les sables des couches inférieures, y ouvriraient un écoulement souterrain aux eaux de pluies. Ils en préviendraient ainsi la stagnation, et assainiraient le terrain en même temps qu'ils le dessècheraient.

Tels sont les deux modes de dessèchement suggérés par la nature, et dont les procédés d'absorption et d'atterrissement semblent mis par elle-même à la portée de tous. Ce sont pourtant ces deux procédés, d'une application si sûre, si facile et si peu dispendieuse, qu'on a le plus méconnus en Louisiane. Et pourquoi? Pour leur préférer des machines d'épuisement et des moyens artificiels, dont la cherté égale l'insuffisance. Ce dernier système a d'ailleurs un vice radical, qui n'aurait jamais dû le faire admettre qu'à titre de pis-aller : ce sont ses perpétuels frais d'entretien, qui, absorbant les plus clairs profits des plantations, rendent d'autant plus énigmatique la préférence exclusive dont il a été l'objet. Tant il est vrai qu'en tous lieux et en toutes choses l'homme aime à commencer par le compliqué, s'évertue et s'épuise souvent à le rendre profitable, et, au lieu d'aller droit à ce qui est simple, n'y arrive qu'avec la plus grande difficulté et presque malgré lui !. C'est juste ce que nous allons bientôt voir, en traitant à fond des dessèchements de la Louisiane : question non-seulement inséparable de sa géologie, mais en constituant la portion éminemment pratique.

Revenons donc aux indications de la nature ; c'est à elles de nous conduire à la solution désirée, et cherchée si loin quand elle était si près. La plus importante à redire aux partisans des dessèchements artificiels, est le phénomène des atterrissements produits sans aucune intervention de l'industrie humaine. Ce phénomène, qui frappe à chaque instant nos regards, dont la permanence accuse une loi géologique, et à l'accomplissement duquel chacun peut aisément coopérer, est l'exhaussement du sol des vallées et des fonds de lacs par le dépôt des terres qu'y charrient les eaux des régions supérieures. Or, la Louisiane entière est traversée par une région de ce genre, constituant une vraie colline d'irrigation, et qui est le niveau même des crues du Mississipi. Grâce à ce niveau, supérieur à tant de bas-fonds à dessécher, le dessèchement de ceux-ci devient infaillible par le seul fait des atterrissements du fleuve. — Telle est l'indication ou plutôt l'ordre impérieux de la nature, dont on a beau contrarier l'exécution à grand renfort de levées, mais qui ne sait que trop bien passer à travers ces fragiles obstacles.

Une autre indication non moins significative sur l'emploi à faire des alluvions du Mississipi, est ce que ce fleuve en a fait lui-même dans le golfe de Mexique. Avec elles et en moins d'un siècle et demi, il a fondé, élevé, consolidé un vaste territoire, sur une profondeur de plusieurs centaines de pieds ; ce qui réduirait le temps de cette même formation à deux ou trois années, si la profondeur des eaux du golfe n'avait été que de 2 à 3 pieds seulement, c'est-à-dire celle même de nos marais à dessécher. N'est-il pas dès-lors évident que ce qui atterrit la mer atterrirait également ces marais ?

C'est très-clair, m'a-t-on répondu, quoique fait avec de l'eau boueuse.

Eh bien ! il s'agit de vérifier cette même conclusion, en appliquant l'action du fleuve, soit aux bas-fonds qu'il inonde, soit à ceux résultant de l'invasion des marées et qu'il pourrait également atterrir. S'il a fait reculer la mer elle-même, comment ne ferait-il pas reculer d'ici une couche d'eau de quelques pouces seulement de profondeur? Pour obtenir ce dernier et si facile résultat, il n'a qu'à y jeter une couche d'alluvions, et son œuvre est accomplie. — Telle est la solution du problème. Une difficulté pourtant la complique : celle des levées riveraines qui, à moins d'autorisation spéciale, s'opposent à la distribution méthodique des sédiments. Or, c'est aux législateurs de venir ici en aide à l'action du Mississipi et d'en assurer toute l'efficacité.

Les levées sont une cause de bien présent, mais trop souvent aussi de mal futur, qui fait de leur établissement et de leur mode de construction et d'entretien une des plus graves questions de la Louisiane.

Celle des dessèchements devant d'abord nous occuper, nous la reproduirons sous la forme épistolaire que nous lui donnâmes, en la présentant au feu de la discussion publique, dans les journaux Louisianais [1]. Cette forme ne peut d'ailleurs que varier le style de ce travail, et ne saurait en gâter le fond auprès des lecteurs sérieux.

Les diverses dates de mes lettres marqueront enfin le progrès de la question, depuis le moment où l'on jetait la pierre à mon système d'hydraulique naturelle appliquée aux grands travaux de dessèchement, jusqu'à celui où ce système, reconnu conforme à l'expérience des planteurs et au savoir des meilleurs ingénieurs publics, n'a guère plus eu d'autres adversaires que ceux qui ne l'avaient point encore examiné.

[1] Particulièrement dans l'*Abeille* et le *Delta de la Nouvelle-Orléans* et dans le *Courrier de la Louisiane*.

Ire LETTRE.

Nouvelle-Orléans, 16 janvier 1858.

Question des dessèchements, entravée en Louisiane par la lutte de deux systèmes exclusifs; elle ne sera résolue qu'à l'aide d'éléments mixtes et conciliateurs. — Systèmes contraires des levées et des déversoirs du Mississipi. — Troisième système qui comprendrait ce que les deux autres ont de bon et en rejetterait le mauvais. — D'après celui-ci, le dessèchement des bas-fonds se réduirait à utiliser les alluvions du fleuve, comme les planteurs font de ses bois de dérive. — Spectacle de l'activité riveraine à la descente de ces derniers; et combien les travaux d'atterrissement le rendraient plus remarquable et plus utile. — Préliminaires de la question à résoudre.

Me voici de retour dans le Paris américain, et je reprends la question des déssèchements de la Louisiane, au point où nous l'avons laissée l'année dernière. Dans ma lettre du 17 février 1857, je vous ai soumis le projet d'un système conciliateur par rapport aux rives du Mississipi que se disputent deux systèmes contraires d'hydraulique : l'un tendant à endiguer partout le fleuve, et l'autre à ne l'endiguer nulle part; le premier fondé sur des rives purement artificielles, et, au risque d'empirer l'embouchure, rejetant toutes les alluvions à la mer; tandis que le second leur abandonne à tout hasard le champ d'une inondation sans limite, alors qu'il s'agirait de les utiliser systématiquement pour exhausser les bas-fonds riverains et les mettre à l'abri des débordements ultérieurs. — Sauf erreur de ma part, le troisième système, en évitant les inconvénients des autres, en aurait très-bien combiné les avantages. Il aurait ainsi concilié tous les esprits, mis fin à des luttes stériles, et d'un même pas, d'un même élan, nous aurait fait atteindre un but aussi utile que glorieux, la conquête de la plus fertile moitié de la Louisiane.

Telle était ma pensée d'alors, qu'il s'agit de mettre en rapport avec la question du moment.

A la suite d'une terrible fièvre jaune et d'inondations destructives, les intérêts de la santé comme ceux de la fortune publique préoccupent aujourd'hui citoyens et législateurs ; et tous à l'envi de se demander : Que faut-il faire par rapport aux terres submergées de l'État, par rapport surtout aux marais pestilentiels qui entourent la Nouvelle-Orléans ? Les représentants de l'agriculture demandent à leur tour : Que faut-il faire avec les eaux formidables du Mississipi, que les uns essaient de contenir par des levées, tandis que d'autres voudraient les livrer à leurs déversoirs naturels, et, au lieu de fermer, par exemple, le bayou Plaquemines, rouvriraient au contraire le bayou Manchac, au risque d'inonder les terres d'un niveau inférieur et de récente exploitation?

Le but de ces derniers est d'éviter l'exhaussement et refoulement du fleuve, causés par les barrières qu'ils voudraient abattre. Celui des autres est au contraire de les maintenir, et, s'il le faut, de les fortifier encore pour mieux se protéger, sauf ensuite à aider les autres habitants à se défendre de leur mieux contre les hautes eaux.

De graves intérêts, comme on voit, militent pour chacun des deux systèmes; et, si malgré leur différence, si en dépit de leur apparente opposition il y avait, comme je l'ai déjà cru, moyen de les concilier, on obtiendrait par là un résultat capital : celui de satisfaire également les deux classes de planteurs qui, à elles réunies, représentent vraiment les grands intérêts de l'État. Si donc un système d'hydraulique pouvait aboutir à une telle conciliation, il serait à coup sûr le bienvenu. C'est maintenant ce que j'espère obtenir de celui dont j'ai à exposer les principes généraux, en attendant d'en faire l'application.

Remarquons, à cet effet, que les deux précédents systèmes sont l'un et l'autre partiellement inattaquables, et que leur seule faiblesse, leur seul tort est d'être trop exclusif. L'un voulant partout des levées et l'autre n'en voulant nulle part, nous y sommes réduits à l'alternative des débordements périodiques du Mississipi, ou bien d'un exhaussement indéfini de son lit et de ses rives. Or, de ces deux maux il n'est point aisé de dire quel sera le moindre. Le premier de ces systèmes, fondé qu'il est sur des digues dont on ne connaît jamais bien la force, me semble en effet beaucoup trop artificiel pour être durable et sûr, quant au but qu'il poursuit; le second, à son tour, est évidemment trop primitif, pour entrer comme élément de progrès dans les conditions présentes de la Louisiane. L'un et l'autre pèchent donc également par un côté, en même temps qu'ils sont irréprochables par l'autre. Ceci posé, je conçois tout naturellement le troisième système formé des deux autres, et consistant à prendre la portion de chacun d'eux directement avantageuse, en en rejetant celle qu'on reconnaîtrait nuisible ou inapplicable. Ce troisième système d'hydraulique unirait ainsi les deux précédents par tout ce qu'ils auraient d'utile; et tandis que, d'un côté, il conserverait les plantations riveraines en fortifiant les levées là où le besoin s'en ferait sentir, de l'autre, il agrandirait, s'il le fallait, certains déversoirs du fleuve, mais de manière à faire servir l'énorme quantité d'alluvions qu'il entraîne, à l'exhaussement progressif des terrains submergés. Ce système mixte, ainsi que nous le verrons plus tard, sera en outre d'une extrême simplicité : privilège inhérent à toute opération fondée sur le bon emploi des forces naturelles.

Un fait usuel sur les bords du Mississipi nous introduit maintenant dans le cœur de la question : il s'agit de l'indifférence des planteurs à voir passer et se perdre au golfe de Mexique les riches alluvions du fleuve, tandis qu'ils savent si bien arrêter au passage les bois de dérive descendant avec elles durant les crues. C'est alors à qui saisira le plus possible de ces forêts flottantes. Ici, des ouvriers libres, n'ayant qu'à retirer les arbres qui leur sont prodigués par les hautes eaux, font du bois pour les besoins de la ville ou de la navigation. Là, des noirs attachent leur cordelle à des troncs choisis et les font échouer à la rive de leurs maîtres. Plus loin, des scieries s'approvisionnent de la même manière, et chacun de faire des planches ou du combustible à peu de frais, rien qu'en utilisant sous ce rapport les dons périodiques du Mississipi.

Ce spectacle est si familier aux Louisianais qu'ils ont peut-être cessé de s'en rendre compte. C'est pourtant en petit l'image de l'activité qui tôt ou tard se développera sur les mêmes rives, pour la conquête des alluvions destinées à dessécher et assainir les bas-fonds de la Louisiane. J'ajoute, de la manière la plus positive, que le nombre de bras actuellement employés au sauvetage des bois flottants serait plus que suffisant pour diriger et fixer ces alluvions. De simples saignées les conduiraient en effet du fleuve sur l'arrière des plantations, qui s'exhausseraient ainsi peu à peu jusqu'à s'élever au niveau de la plate-forme riveraine. Ces dépôts de terre, successivement accumulés par millions et milliards de mètres cubes, d'après la méthode usitée en Italie, rendraient bientôt cultivables les fonds marécageux perdus jusqu'à ce jour pour les planteurs. Des canaux plus importants ou les bayous transporteraient les mêmes terres d'exhaussement dans les lacs inutiles à la navigation pendant l'hiver, et qui deviennent en été le foyer des exhalaisons pestilentielles. Les formidables alluvions du Mississipi, qui se perdent et s'égarent à tout hasard, seraient, dès-lors, systématiquement déposées où le besoin s'en ferait sentir ; et comme les dérivations du fleuve se chargeraient de leur transport et économiseraient elles-mêmes la plus forte dépense de pareils travaux, on obtiendrait en salubrité et en richesse des résultats incomparablement supérieurs aux frais de cette noble et patriotique entreprise.

Tel est le problème d'hydraulique qui me semble digne de préoccuper et passionner non-seulement la législature, mais tous les citoyens et tous les amis de la Louisiane. C'est le même problème qui fut victorieusement résolu par les Égyptiens, quand ils se servirent des alluvions du Nil pour créer le sol de la Basse-Égypte, et aussi par les Vénitiens, quand ils fixèrent et assainirent sur le littoral voisin les atterrissements de même nature dont leurs célèbres lagunes étaient menacées. La salubrité de l'Égypte est depuis deux mille ans proverbiale. Quant à celle des maremmes vénitiennes, quoique laissant beaucoup encore à désirer depuis la chute de l'aristocratie qui en faisait l'objet de sa sollicitude, elle est néanmoins telle qu'on l'envie dans les maremmes de la Corse, de la Toscane et des États Romains. Les fièvres foudroyantes en ont pour jamais disparu, et l'on n'y connaît guère que des fièvres intermittentes du caractère le plus bénin. Un pareil assainissement pourrait donc être aussi envié par la Basse-Louisiane, et les travaux hydrauliques qui obtinrent ce résultat mériteraient, sans aucun doute, d'être ici analysés avec détail. Mais le temps presse, il nous faut des exemples plus directement applicables à notre situation. Je préfère donc rappeler les travaux de dessèchement en cours d'exécution dans la Toscane et les États Romains, et qui ont déjà obtenu un assainissement relatif dans les conditions de topographie et de climat les plus analogues que je connaisse à celles du bassin inférieur du Mississipi. Quant aux progrès de la culture résultant des mêmes travaux, ils seraient dignes à tous égards d'être proposés pour modèle, si l'on avait eu la pensée d'y appliquer la race noire, cet instrument providentiel de la civilisation du Sud. Le problème économique du travail se lie intimement à celui des dessèchements; et c'est parce que la Louisiane tient déjà la solution du premier, qu'elle peut hardiment aborder le second, sûre qu'elle est d'en tirer une solution infiniment supérieure, et digne, à son tour, de rendre à l'Italie les leçons que nous allons d'abord demander à sa vieille expérience.

IIe LETTRE.

Nouvelle-Orléans, 16 janvier 1858.

Question des dessèchements en rapport avec les travailleurs. — Exemple pris des maremmes de la Toscane et des États Romains. — La terrible insalubrité de leur climat égale la richesse et la beauté de leur sol, et y produit des éclipses périodiques dans l'ordre social. — Lutte héroïque de la race blanche contre la *malaria*. — Combien l'organisation des travailleurs noirs rendra les dessèchements plus faciles et plus sûrs en Louisiane, dès que l'abondance des alluvions fluviales sera utilisée à cette fin.

Les maremmes de la Toscane et des États Romains, qui doivent nous donner les premiers modèles des travaux de dessèchement à exécuter dans la Louisiane, sont les basses terres comprises entre les Apennins et la Méditerranée, dans l'arc de cercle qui court de Terracine à Livourne, en passant par Rome, Viterbe, Sienne et Florence. Leur étendue, en y joignant même les maremmes de l'île de Corse qui leur font vis-à-vis, égale à peine une moitié de la Basse-Louisiane; mais ce sont des champs historiques et féconds par excellence, où les fouilles découvrent chaque jour des monuments de l'art antique, et où la science voudrait s'établir à demeure fixe, aussi bien que l'agriculture et l'industrie. Tout pourtant y est encore précaire et nomade, nullement par défaut d'énergie, mais faute d'y avoir implanté une race de travailleurs capables d'y résister en été aux influences d'un climat qui rappelle celui des Tropiques.

A l'approche des fortes chaleurs, la nature du littoral devient terrible, et c'est le spectacle le plus dramatique que puisse offrir l'Italie. Vingt à trente mille moissonneurs y luttent contre la fièvre et la mort, et cela durant dix à douze jours. Ils commencent par les bords marécageux de la mer, et de là, gagnant peu à peu du terrain, ils s'ouvrent avec la faucille une route directe à la région des collines, où ils se reposent enfin, en supputant leurs petites économies. Mais combien de travailleurs héroïques succombent à leur tâche! «Je viens de prendre ma dose de quinine, me disait froidement l'un d'entre eux; et si j'ai un second accès, demain je serai à trois pieds sous terre.»

Quant aux propriétaires toscans et aux princes romains, pour qui se livre ce combat et qui ne peuvent y prendre part que de loin, ils font tous comme nos planteurs du Sud. Après avoir pourvu aux besoins de leurs ouvriers libres avec une charité traditionnelle, et de leurs serviteurs personnels qu'ils appellent la *famiglia*, ils se hâtent d'aller respirer l'air des Apennins ; et ils ne reviennent jamais sur leurs terres qu'après la *rinfrescata* de novembre, de même que les Américains ne rentrent sur leurs plantations qu'après la première gelée. Quant à la population laborieuse, elle suit de son mieux la classe aisée; et jusqu'aux pasteurs et aux troupeaux, tous fuient comme à l'approche d'une irrésistible invasion. Ce qui caractérise enfin le climat des basses terres, c'est que la chance de santé qui reste à ceux qui l'habitent a été parfois accordée comme grâce à des condamnés, qui s'offraient à devenir les gardiens de ces solitudes et n'y régnaient que trop souvent en malfaiteurs.

Cette éclipse périodique de la société régulière, qui ramène vers la barbarie une contrée faite pour charmer la vie sédentaire et donner sans interruption les plus riches produits du monde, est un des plus graves enseignements que je connaisse. Ce qui le rend plus curieux aussi, c'est qu'il semble inaperçu de l'Europe civilisée, qui en a pourtant le spectacle sous les yeux. Deux causes également décisives nous donneront le mot de cette énigme : la première tient, sans aucun doute, au climat local, d'autant plus meurtrier qu'il est enchanteur, même en été, sous les miasmes empoisonnés des marais de l'intérieur et de ceux du littoral. Ceux-ci, rendus saumâtres par le mélange des eaux salées, sont le foyer des exhalaisons les plus délétères, et tous ensemble constituent une peste particulière dont on ne connaît que trop aussi les effets dans la Louisiane. Le nom de *malaria*, qui lui a été donné par les indigènes, a été adopté par l'idiôme américain, et il indique, à lui seul, les analogies qu'il serait inutile de faire ressortir davantage entre l'insalubrité des maremmes italiennes et celles de nos terres submergées.

L'origine du fléau étant surtout dans les conditions marécageuses du sol, on a, de temps immémorial, eu recours au dessèchement pour y remédier. Mais depuis les empereurs romains jusqu'aux souverains pontifes et aux derniers ducs de Toscane, tous les gouvernements n'y ont jamais que partiellement réussi. Aussi, pour peu que la vigilance publique y fût en défaut, le mal reprenait-il de plus belle, et la *malaria*, frappant à l'improviste les classes laborieuses disséminées et désorganisées, détruisait alors en quelques mois l'œuvre de plusieurs générations.

L'éparpillement et la désorganisation des travailleurs, mais plus encore leur constitution native incapable de résister à un climat exterminateur de la race blanche, telle est la seconde cause de la situation présente des maremmes et de leur assainissement toujours incomplet et précaire, en dépit de tant d'argent et de génie dépensés à y créer les vrais modèles de l'hydraulique naturelle.

Ce n'est point ici le lieu de traiter à fond un problème aussi inattendu que celui du travail de la race noire à substituer au travail des blancs, sous les yeux mêmes des prétendus philanthropes européens. Je ne demanderai même pas à ces derniers ce qu'ils ont fait, ce qu'ils ont proposé pour l'assainissement définitif et la civilisation des plus fécondes portions de l'Italie. Chaque chose a son temps. Qu'il suffise donc ici de mettre cette nouvelle question en rapport avec la méthode de dessèchement proposée pour la Louisiane. Là, grâce à l'emploi des noirs, la plus grave difficulté du travail est déjà résolue, et, par suite, l'application de l'hydraulique italienne y assurera des résultats d'autant supérieurs. Ils y seront à la fois plus faciles et plus sûrs. Quant à la masse de terres alluviales à fixer et à utiliser, quelle comparaison peut-il exister entre les alluvions descendues des Apennins, et celles qu'entraîne le Mississipi dans son cours de mille lieues, enrichi par tant d'affluents? Toutes les conditions de succès, tous les éléments d'une solution aussi complète que rapide, se trouvent donc réunis dans la question qui préoccupe depuis si long-temps la Louisiane. C'est une question de haute économie politique, puisqu'il s'agit d'assainir le jardin des États-Unis, une question vitale pour la Nouvelle-Orléans, qui deviendra la première cité de l'Union! Et quelle sera, pour les entrepreneurs, la récompense immédiate de pareils travaux? Des avantages financiers et agricoles, qui seront à ceux obtenus en Italie dans les proportions des alluvions du grand fleuve à celles des petites rivières, dont nous examinerons bientôt les atterrissements, soit déjà consommés, soit en cours d'opération.

IIe LETTRE.

Nouvelle-Orléans, 20 janvier 1858.

De l'hydraulique naturelle nommée *colmates*, du mot *colmare* (combler ou atterrir). — Combien les dessèchements par voie d'épuisement artificiel sont, en efficacité et en durée, inférieurs aux atterrissements. — Des causes de la *malaria*, remédiées ou du moins atténuées par les *colmates*. — Comment Victor Fossombroni dessécha et assainit par ce système le *Val de Chiana*. — L'application en est faite en grand et avec un succès progressif à toutes les maremmes toscanes.

Le système de dessèchement, où l'art, guidé par les phénomènes les plus usuels des atterrissements, se borne à venir en aide à la nature, mérite, pour être mieux discuté, d'avoir enfin son nom propre. Les Italiens, qui ont été des premiers à le pratiquer et en ont fait plus tard une science, l'ont appelé *colmates*, du mot *colmare* (combler), parce que c'est le comblement des bas-fonds qui, les faisant hauts-fonds, en chasse aussitôt les eaux stagnantes et y assure pour l'avenir l'écoulement des pluies au moyen de simples rigoles superficielles.

Avant que ce système d'hydraulique naturelle fût appliqué en grand par les Italiens [1], la bonification de leurs maremmes ne consistait guère que dans l'entretien des voies d'écoulement à la mer, tantôt par des levées, tantôt par des canaux artificiels. C'était à peu près la pensée qui préside, en Louisiane, aux endiguements du Mississipi. Quant aux marais dont les eaux ne pouvaient s'écouler et s'évaporaient presque entièrement durant les fortes chaleurs, on avait parfois, en Toscane, l'habitude de les rafraîchir par l'introduction de nouvelles eaux, et des plus pures, des plus claires, détournant ainsi les alluvions qui seules auraient pu combler ces bas-fonds et, en exhaussant leur niveau, en rendre le dessèchement aussi facile que sûr. Le bon emploi de ces alluvions, jusqu'alors perdues au risque de les voir ailleurs former d'autres marais pesti-

[1] Dès l'année 1762, le P. Paolo Frisi, dans son traité d'hydraulique, que j'ai entendu fort mal-à-propos citer en Louisiane contre le système des colmates, faisait remarquer que le cours du *Reno* avait déjà bonifié, par ses atterrissements, la plupart des vallées de son bassin supérieur, et il ajoutait que, cette rivière ne pouvant manquer de continuer et compléter son œuvre, l'art n'avait rien de mieux à faire qu'à lui venir en aide :

« *Il Reno entrando quindi colle acquē unite e colle arene e le torbide nella valle di Malalbergo,* » *e spandendosi in un recipient emolto ampio, la potrà* COLMARE *in pochi anni naturalmente, come già* » *si sono colmati tanti altri terreni della Toscana e della Lombardia. È questa un'opera già preparata* » *e disposta dalla natura.* » (Voir pag. 78 *Del modo di regolare i fiumi e i torrenti*. 2e édit. 1762.)

lentiels, ne fut bien apprécié en Toscane qu'au commencement de ce siècle, quand le vainqueur de l'Italie s'appliquait à y légitimer sa domination par des bienfaits.

Il s'agissait d'assainir et dessécher une vallée devenue marécageuse en dépit de tous les efforts de l'art, et au centre même des Apennins: sorte de maremme intérieure, dont l'existence moderne n'était explicable que par une raison géologique, par un mouvement de bascule opéré dans le sol. C'est le *Val de Chiana,* qui, au début de l'ère chrétienne, était à la fois tributaire du Tibre et navigable, et qui, dix-huit siècles après, n'offrait que des eaux bourbeuses tendant à se jeter dans le bassin de l'Arno, direction justement opposée à leur pente primitive. En conséquence de ce singulier phénomène, une moitié de la province se trouvait le plus souvent inondée, et la contrée tout entière obligée de diriger ces écoulements artificiels en sens inverse à celui qu'ils avaient eu d'abord. De là, un problème d'hydraulique aussi nouveau qu'intéressant, consistant à ouvrir un cours normal à des eaux encore incertaines de leur pente, et qui, sur un parcours de 40 à 50 milles, semblaient toujours hésiter entre le bassin du Tibre et celui de l'Arno. C'est le problème qui fut résolu par Victor Fossombroni à l'aide du système de *colmates,* dont nous verrons les avantages infiniment supérieurs en parlant du Mississipi. Cet ingénieur célèbre, que Napoléon consultait dans tous ses projets d'amélioration, avait, dès l'année 1789, rédigé un mémoire sur le dessèchement depuis si long-temps poursuivi du *Val de Chiana.* A l'époque du règne d'Italie, et à propos de ce mémoire dont les calculs reposaient sur la petite masse d'alluvions annuellement apportées par cette rivière, Napoléon lui demanda combien d'années exigerait l'exécution de son plan. « Sire, vingt ans. — Vingt ans! c'est bien long, répliqua l'empereur impatienté. — Sire, ajouta Fossombroni, le temps le plus court pour atteindre un but n'est jamais long. »

Faute, en effet, d'atterrissements considérables, un dessèchement par voie d'exhaussement successif et continu du sol ne pouvait être que l'œuvre du temps.

Cette réponse du géomètre indique parfaitement la nature des travaux qu'il s'agissait alors d'entreprendre, et qui ne furent mis à exécution que plus tard par Fossombroni lui-même, quand il devint premier ministre du grand-duc de Toscane, Léopold II. Toutes les eaux bourbeuses, qu'on détournait auparavant des terres déjà submergées, y furent alors dirigées systématiquement, et on les demanda de tous côtés aux affluents naturels et artificiels, aux torrents formés par les pluies et aux canaux déversifs, tous à l'envi transformés en intelligents répartiteurs des alluvions locales. Des écluses ouvertes à propos avec des diramations mobiles, selon les parties de terrains à exhausser, dirigèrent ces atterrissements là où le besoin s'en faisait sentir. Enfin, un canal longitudinal servait de récipient à toutes les eaux de la vallée, mais seulement après qu'elles s'étaient clarifiées et délivrées des matières en suspension. Les vastes marais, qui se divisaient d'abord en plusieurs écoulements capricieux, se rapprochèrent vers une pente commune, puis n'eurent plus qu'un seul lit, et leurs eaux réunies, au lieu d'incliner parfois vers le Tibre, se dirigèrent enfin sans retour vers l'Arno. Il en résulta qu'en 1823, époque où le système de Fossombroni était déjà couronné de succès, environ 60,000 hectares (près de 150,000 âcres de terrains marécageux et pestilentiels) se trouvèrent assainis, cultivés et semés d'habitations. Ce fut un vrai modèle de conquêtes pacifiques, et le grand-duc, qui avait présidé avec amour et donné tout l'appui de ses finances à cette belle opération de dessèchement, en partagea avec toute la population les précieux avantages.

Après une telle application du système des *colmates,* il n'y avait plus à hésiter : Léopold II demanda à Fossombroni un nouveau mémoire pour le dessèchement des maremmes du littoral, où la question de l'assainissement se compliquait de la présence des eaux saumâtres. La seule difficulté sérieuse à y résoudre concernait les plaines marécageuses d'un niveau inférieur à celui de la mer. Le principe de l'opération fut donc que chacune de ces vastes superficies devait s'exhausser avec les alluvions de ses propres fleuves : ainsi, la maremme *Grosselane* avec les alluvions de l'*Ombrone,* la *Scarlinesse* avec celles de la *Pecora,* la *Piombinese* avec celles de la *Cornia.* Chaque cours d'eau portant le remède à la *malaria* qui s'exhalait de ses propres marais, il suffisait d'y faire déposer ses eaux bourbeuses avant de les rejeter à la mer. A cet effet, des digues furent construites pour retenir et diriger l'action atterrissante des trois rivières. Des ponts à cataracte furent en même temps jetés à leur embouchure et en exhaussèrent le niveau, de manière à ne laisser épancher que les eaux clarifiées en retenant leurs alluvions, qui, sans ces barrières, eussent été entraînées à la mer. L'*Ombrone,* par exemple, fut détourné sur sa rive droite, et retenu dans les vastes marais de *Grosseto* et *Castiglione*. Depuis lors il les a déjà comblés presque entièrement, à la différence de ce qui arrivait sous l'ancien système, qui consistait à endiguer et encaisser le fleuve, de crainte que ses eaux bourbeuses ne rendissent plus étendus les marais en question.

Combien cet exemple est applicable au système des levées du Mississipi! Mais n'anticipons pas; car ce système a aussi son bon côté dans les circonstances propres à la Louisiane.

Le système des ponts à cataracte eut un autre avantage pour la Toscane : ce fut d'empêcher l'introduction de la mer dans les marais du littoral, et d'y remédier radicalement à une des grandes causes d'insalubrité : le mélange délétère des eaux salées avec les eaux douces. En somme, ces travaux ont notablement assaini le pays et l'ont rendu beaucoup plus cultivable. Toutefois ils ont été exécutés d'une manière souvent incomplète, qui en détruisait momentanément les avantages. Les rivières amoncelaient irrégulièrement leurs alluvions, et, n'exhaussant pas uniformément le sol, elles y laissaient éparses çà et là des couches d'eau plus ou moins profondes et toujours malsaines : marécages partiels où l'insalubrité générale se ranimait à l'improviste, et où les ouvriers, découragés après de longs efforts perdus, étaient d'autant plus exposés aux effets de la *malaria*. Pour prévenir ce retour perfide, à défaut surtout des ouvriers noirs dont nous connaissons tous la supériorité à cet égard, il eût fallu extirper la dernière racine du mal par un remède rapide et direct, en complétant les travaux de l'hydraulique naturelle par ceux de l'hydraulique artificielle. Les ingénieurs italiens complètent sans doute le dessèchement général par le même genre de *colmates* appliqué sur une petite échelle, en faisant charrier de la boue aux courants d'eau dans les lieux imparfaitement exhaussés. Mais un procédé de cette lenteur, surtout quand la masse des alluvions est si limitée, convient-il à l'urgence de l'assainissement? C'est ce que nous verrons plus tard.

IVe LETTRE.

Nouvelle-Orléans, 22 janvier 1858.

Application du même système aux fameux Marais Pontins. — Histoire et vicissitudes de leurs conditions géologiques. — Transformés en bas-fonds par des atterrissements d'une lenteur séculaire, ils ne pouvaient être desséchés et assainis que par le système des *colmates*. — Le colmatage n'est que de l'homœopathie à fortes doses d'alluvions. — Il est enfin appliqué par Pie VI, et plus tard conseillé par Fossombroni, tandis que Napoléon et M. de Prony préfèrent le dessèchement artificiel. — Vains et dispendieux efforts de ces derniers, tandis que la supériorité des *colmates* est de nouveau démontrée partout où l'application en a été faite. — Erreur de M. de Prony, qui avait plus travaillé dans le cabinet que sur le théâtre des opérations.

Nos lecteurs ont déjà pu apprécier le dessèchement des bas-fonds marécageux au moyen des alluvions charriés par les fleuves. Pour compléter l'idée qu'ils en ont, je vais leur montrer le même système d'hydraulique naturelle aux prises avec un autre système, où l'art se croit supérieur à la nature, mais n'aboutit le plus souvent qu'à dépenser en pure perte tous ses calculs et son génie. C'est ce dernier système d'hydraulique, purement artificiel, qu'on semble pourtant adopter en Louisiane. Y sera-t-il toujours préféré à celui qui a si bien réussi dans les maremmes toscanes?

C'est ce que nous verrons. En attendant, revenons une dernière fois aux enseignements de l'hydraulique italienne, d'où nous passerons à celle des ingénieurs hollandais.

Nous voici maintenant dans les maremmes romaines, que les deux chaînes du Cimini et des monts Albanes divisent en trois bassins principaux : celui du lac de Bolséna, celui du Tibre et celui des Marais Pontins. C'est de ce dernier qu'il faut spécialement nous occuper; car là aussi sont des prairies tremblantes comme dans la Louisiane, et l'homicide *malaria* y règne encore en bien des retraites inattaquables. Ce n'est point l'étendue de ces marais qui les a rendus fameux. Ils n'occupent guère, au sud de l'*Agro Romano,* qu'une étendue de 20 milles de long sur 10 à 12 de large. Mais cette contrée a fait partie de l'antique Latium! Virgile en a fait le théâtre des six derniers livres de l'Énéide; et Homère, avant lui, avait conduit Ulysse à l'île de la magicienne Circé, maintenant unie à la terre-ferme et, par son promontoire, formant vers le royaume de

Naples la sentinelle avancée de la région Pontine. Après ces temps héroïques, l'histoire positive nous montre ce pays occupé par les Volsques, à qui Coriolan vint apporter sa vengeance et demander les moyens de la satisfaire contre Rome. Ce n'était certes pas alors un territoire pestilentiel. Une population aussi active que belliqueuse s'y faisait redouter des premiers Romains; et ce n'est qu'après la perte de son indépendance, après la ruine de son agriculture et de sa marine, quand les conditions traditionnelles du travail s'y trouvèrent désorganisées par la conquête, peut-être aussi par des soulèvements volcaniques qui n'ont jamais cessé d'ébranler la péninsule, que ce pays, célèbre par tant de souvenirs, subit à son tour la plus triste métamorphose. Les compagnons d'Ulysse y avaient été changés en pourceaux ; lui fut alors changé en terre marécageuse, digne de n'avoir guère que de tels habitants. Même de nos jours, il serait encore la *Porcopole* des États Romains, si l'introduction du buffle asiatique et son ignoble aspect n'étaient venus y faire oublier les troupeaux de porcs qui paissent ses maquis et ses terrains bourbeux.

Dès l'an 442 de la fondation de Rome, le golfe Pontin commençait à n'être guère plus qu'un bas-fonds impraticable. A partir de cette époque, les consuls d'abord, ensuite les empereurs romains, demandèrent aux travaux de l'hydraulique artificielle la solution de ce problème aussi grave qu'inattendu, tous cherchant à l'envi, mais sans pouvoir le trouver, le secret de rendre le pays à sa première civilisation. Ce secret était pourtant bien simple; mais ce qui est simple n'est jamais guère découvert qu'en dernier lieu. Les atterrissements qui avaient refoulé la mer du golfe pour en faire les Marais Pontins, n'avaient plus en effet qu'à compléter leur ouvrage et, par leur accumulation accélérée, à refouler à leur tour les eaux stagnantes. Telle était la nouvelle question, dont la solution devait être assurée par l'exhaussement des fonds marécageux au-dessus du niveau de la mer. La cause même du mal primitif devenait donc le remède du mal présent : c'était de l'homœopathie à fortes doses d'alluvions. Mais les gouvernements qui se succédaient à Rome, s'obstinaient tous à n'être qu'allopathes à l'égard des redoutables marais; et, au lieu d'étouffer leur foyer pestilentiel sous la masse des atterrissements, ils s'appliquaient à les en détourner le plus possible, de manière que les alluvions, n'y arrivant que peu à peu, n'y faisaient juste qu'entretenir et prolonger la *malaria*, qu'elles seules auraient pu guérir sans retour.

L'importance et les fonctions réparatrices de ces alluvions ne commencèrent à être bien comprises à Rome que sous le pontificat de Pie VI, le premier souverain qui, depuis l'ère chrétienne, ait envisagé le dessèchement des Marais Pontins à un point de vue général. De 1777 à 1796, il y consacra 9 millions de francs, qui furent dépensés sous sa direction immédiate, en améliorations dont il avait lui-même conçu ou approuvé l'idée. Toutefois son plan ne fut basé que partiellement sur le système des *colmates*, se bornant à cet égard à utiliser les alluvions descendues des Apennins dans la portion des marais la plus infectée, nommée le *Pantano d'inferno*. L'ingénieur bolonais Gaetano Rapini y dirigea d'abord les rivières de l'*Amazeno* et de l'*Uffente*, en attendant que les autres torrents, fossés et courants d'eau de moindre importance y pussent également décharger leurs eaux troubles. Le volume de matières déposées sur ces marécages n'étant que de 68,000 mètres cubes par année, l'œuvre du dessèchement y fut d'une extrême lenteur, et il n'y était encore qu'imparfaitement effectué quand l'invasion de l'Italie par les armées révolutionnaires vint mettre fin au pontificat de Pie VI. Ce pape n'en avait pas moins acquis, par sa persévérance, des droits immortels à la reconnaissance publique. L'ensemble des travaux avait produit une notable amélioration des lieux; la ville de Terracine avait été restaurée, la plage y était parfaitement assainie, et ce n'était que dans l'intérieur, là surtout où manquait la bonne eau, que le fléau de la *malaria* continuait à sévir.

Quand Napoléon se fut proclamé roi d'Italie, une de ses premières pensées fut de reprendre et compléter les travaux de Pie VI. Une commission fut nommée à cet effet, où se rencontrèrent les deux plus célèbres ingénieurs hydrauliques de l'époque, Fossombroni que nous connaissons déjà et M. de Prony. Deux systèmes étaient en présence : le premier, s'appuyant sur le phénomène de l'exhaussement progressif du fond des vallées ou des marais par les alluvions entraînées des collines environnantes, proposait le système naturel de *colmates* déjà adopté par Pie VI, et d'ailleurs facile à combiner avec les grands moyens des dessèchements artificiels. A cet effet, disait Fossombroni, « la bonification » des Marais Pontins ne dépendra ni du seul dessèchement, ni du seul atterris- » sement par les alluvions, mais de la combinaison des deux systèmes poursuivis » avec une continuelle vigilance par une administration spéciale de cinq années. » Le problème se réduit à faire que la plus grande quantité possible de terres

» transportées par les eaux soit déposées dans la plaine Pontine, et que la plus » grande masse possible d'eau clarifiée se décharge à la mer. »

M. de Prony était, au contraire, de l'opinion qu'il fallait se rendre maître des *eaux supérieures,* avant de les laisser arriver sur le sol même des marais, et qu'à cet effet, des canaux de ceinture devaient les recevoir pour les porter à la mer, en les soutenant dans tout leur cours au-dessus des terrains à dessécher. Quant aux eaux de pluie ou de source de ces mêmes terrains, elles devaient être réunies dans un canal principal, auquel il fallait donner pour axe longitudinal la ligne du *plus prompt écoulement,* ligne dont le nivellement du sol indiquait toujours la direction.

Cette direction du canal principal d'écoulement, sa pente et les dimensions de sa section transversale étant déterminées, il ne reste plus qu'à fixer les directions, les pentes et les dimensions respectives des canaux auxiliaires, pour leur faire porter les eaux de l'inondation dans le canal principal et de ce canal à la mer. Tel était le système de dessèchement de M. Prony, à propos duquel il a su faire un ouvrage vraiment classique sur la théorie des eaux courantes, mais en somme de fort petite utilité pour les Marais Pontins, dont les eaux couraient si peu, même dans leur meilleur état d'entretien, qu'il ne restait plus qu'à les traiter comme eaux stagnantes et à leur appliquer le système des *colmates.* Aussi n'hésitons-nous pas à préférer aux savantes formules de l'ingénieur français le système éminemment pratique des Italiens et de Fossombroni, lequel va droit au fait des dessèchements par le procédé même de la nature, par la simple mais infaillible voie des atterrissements géologiques qu'il ne fait qu'accélérer en les concentrant sur un point donné. Ces forces naturelles étant toujours plus ou moins sous la main quand il s'agit d'un bas-fonds, l'essentiel est de s'en emparer, sauf à diriger ensuite les alluvions qu'elles charrient, avec tout le savoir de l'hydraulique artificielle. L'art de l'ingénieur est alors d'autant plus sûr de lui-même, qu'il marche avec la nature, tantôt la précédant, tantôt la suivant, mais allant toujours et sans reculer jamais.

Relevons, en passant, une légère erreur de M. de Prony. Dans sa belle *Description hydrographique des Marais Pontins,* il nomme *Rio Martino* une excavation gigantesque attribuée au pape Martin V, mais d'une origine évidemment antérieure, et qui n'a pu être exécutée qu'avec les trésors, peut-être aussi avec les soldats de l'ancienne Rome impériale. L'emploi des armées romaines aux travaux d'utilité publique est connu, et lui seul explique bien l'exécution de ce canal d'écoulement semblable à un bras de mer, et que, pour cette raison, on nommait encore au XVIe siècle *Rio marino*[1]. De ce nom, le vulgaire a fait plus tard *Rio Martino*. Or, en adoptant cette opinion, M. de Prony me ferait croire qu'il n'avait guère vu ce canal maritime, et que, pour formuler ses projets de dessèchement et composer son bel ouvrage d'hydraulique, il avait plus travaillé dans le cabinet que sur le terrain en question. Ses opérations, pour lesquelles il demandait dix millions de francs (2,000,000 dollars), n'eurent, au surplus, quant à celles exécutées, qu'un résultat à peine appréciable; les autres furent interrompues par la chute du vainqueur de l'Italie.

En somme, le dessèchement des fameux marais se continue, incertain entre les deux systèmes que nous venons d'exposer. Mais ce qui démontre bien la supériorité du premier, c'est que le but de tant de travaux n'a été nulle part mieux atteint que là où il a été poursuivi à l'aide des *colmates*. Le dessèchement y est complet, définitif, et un assainissement relatif y est démontré par le progrès de la culture et des habitations permanentes.

La supériorité pratique du système de Fossombroni n'est donc plus douteuse, surtout pour nous, qui pouvons l'appliquer aux marais de la Louisiane avec un succès et une rapidité à coup sûr incomparables. La masse des alluvions du Mississipi n'a pas d'égale au monde. Les atterrissements qu'il forme presque à vue d'œil, les marais qu'il a parfois *colmatés* rien que par une simple rupture de ses digues, tout nous dit qu'au lieu de l'exclure des basses terres par des levées continues, il faudrait, au contraire, l'y introduire avec méthode et à propos, et utiliser enfin les formidables alluvions qui apportent avec elles l'avenir de la Louisiane, sa prospérité ou sa décadence, la peste ou la santé des populations.

[1] J'ai déjà relevé cette erreur dans mon opuscule sur la *Cartographie du Vatican* (p. 92), publié à mon retour d'Italie, en 1852. Ces cartes célèbres, que j'ai été le premier à analyser, nomment le *Rio marino* et non *Martino* dans les Marais Pontins; et, quant aux cours de la *Chiana* dont j'ai parlé dans ma précédente lettre, elles nous en montrent les eaux inondant de toutes parts la province, rendue maintenant à la culture et à la salubrité par le système des *colmates*.

Ve LETTRE.

Nouvelle-Orléans, 4 février 1858.

De l'application de l'expérience italienne au dessèchement des marais voisins de la Nouvelle-Orléans. — L'analogie des localités reparaît dans les questions de principe, et renouvelle les débats entre l'hydraulique artificielle et l'hydraulique nouvelle. — Avantages de cette dernière, et idée sommaire de son application en Louisiane. — Combien les planteurs lui sont déjà favorables, édifiés qu'ils sont par les crevasses sur la puissance sédimentaire du Mississipi.

Nous pourrions maintenant passer aux maremmes de l'île de Corse, et y corroborer les enseignements pratiques de l'hydraulique italienne; mais c'en est assez pour avoir droit de conclure sur l'expérience du vieux monde en matière de dessèchement. Entrons vite dans la question à l'ordre du jour, celle qui se débat chaque année dans la législature de la Louisiane, et réclame de plus en plus l'attention publique sur le dessèchement d'innombrables marais, particulièrement des marais voisins de la Nouvelle-Orléans. Ce dernier cas est le plus important de tous, et semble fait exprès pour le système dont nous avons admiré l'éclatant succès dans le *Val de Chiana*, et reconnu la supériorité également incontestable par rapport aux Marais Pontins. Il s'agit maintenant d'en vérifier de nouveau la valeur, en des circonstances d'une analogie frappante avec celles des maremmes d'Italie. L'analogie d'ailleurs ne se borne point ici aux localités, puisque nous y retrouvons encore le second système de dessèchement que nous avons déjà combattu : la même pensée d'hydraulique purement artificielle qui guidait et trompait, selon nous, le profond savoir de M. Prony. Ainsi, les deux systèmes contraires reparaîtront à la Nouvelle-Orléans, et seront discutés à Baton-Rouge : Dieu veuille qu'ils n'y soient point encore un sujet de lutte stérile! Car il n'en sortirait que des demi-mesures, c'est-à-dire le pire de tous les partis à prendre.

Ces deux systèmes étant connus en thèse générale, arrivons à l'application qui nous intéresse. Lequel des deux, en fait, doit-il être pour nous le meilleur, le moins cher et le plus sûr? Lequel surtout pourrait-il aboutir à un assainissement complet et définitif? Car ce but final est aussi notre grande préoccupation pour un pays infecté par la *malaria*. Convenance, économie, sûreté et salubrité, si l'un des deux réunit tous ces avantages, il n'y aura point à hésiter :

c'est évidemment ce système qui servira de base aux opérations à poursuivre autour de la métropole du Sud.

Et d'abord consultons l'instinct public. Les Américains, particulièrement les Louisianais, sont tous plus ou moins ingénieurs; leur opinion en matière d'hydraulique ne serait donc point à dédaigner par les hommes de l'art. Eh bien! de tous les juges compétents, dont j'ai désiré connaître la franche opinion, ou qui me l'ont exprimée d'eux-mêmes à propos du mode de dessèchement qui leur semblait préférable à tout autre, il n'en est pas un seul qui n'ait été décidément pour le système le plus simple : celui des atterrissements effectués par les eaux du fleuve. Depuis ma dernière lettre, c'est même à qui me fournira de nouveaux arguments en faveur de l'emploi des alluvions du Mississipi. L'un me cite, à cet effet, les dépôts fluviatiles remplaçant chaque année, par couches de trois à cinq pieds d'épaisseur, les terres enlevées pour la fabrication des briques. L'autre me nomme les canaux que les eaux troubles combleraient de la même manière, et qu'il faut, en dépit de toutes précautions, nettoyer partout à grands frais. Un troisième me signale diverses crevasses par où des torrents boueux sont allés combler les bas-fonds où le hasard les avait portés, et qui les ont même rendus culminants. Au-dessous comme au-dessus de la Nouvelle-Orléans, on me cite cent résultats pareils : ainsi, la plantation Morgan exhaussée et bonifiée de la sorte, et son propriétaire devant un accroissement de fortune à la rupture de ses digues, à laquelle les malins prétendaient qu'il n'était point étranger.

Voyez enfin le *Jump*, où le Mississipi a rompu ses bords un peu au-dessus du delta, et d'où il transforme en prairie tremblante, en attendant d'en faire un terrain ferme et cultivable, toute une portion de mer où pénétraient des navires! Que faut-il de plus pour reconnaître l'incomparable puissance d'atterrissement mise en nos mains? Mais nous avons beau craindre ou négliger d'en user, cette puissance, créatrice du sol que nous foulons sous nos pieds, reparaîtra sans cesse; et la question est maintenant de savoir s'il faut s'obstiner à la repousser, ou bien l'utiliser à propos, pour dessécher et assainir progressivement les marais qu'elle a formés. Ai-je besoin de rappeler que cet approvisionnement d'alluvions s'élève annuellement à plusieurs milliards de mètres cubes? Voilà certes une riche acquisition pour le golfe de Mexique! Et quand on la voit contribuer à l'exhaussement du lit du fleuve ainsi que de ses bords, nous refuserions-nous toujours à l'employer à un mille au-delà des rives, sur l'arrière des plantations qu'une élévation de quelques pieds pourrait dessécher à jamais?

Que se passe-t-il aussi sur l'arrière de la cité? Là, les fonds les plus bas sont à peine à deux pieds au-dessous des marées du lac Pontchartrain; là donc un exhaussement de quatre pieds, celui même observé maintes fois dans les dépôts annuels d'argiles destinées aux briqueteries, suffirait au dessèchement. L'écoulement des eaux des pluies y serait également facile avec 2 pieds de chute, et ce premier résultat serait obtenu en une seule année de travaux. L'année d'après, le terrain s'exhausserait à 4 ou 5 pieds au-dessus du lac, et serait abrité contre ses marées extraordinaires; l'assainissement commencerait alors et se consommerait la troisième année. Or, cette vraie conquête du sol, que coûterait-elle? Le prix de quelques digues et canaux de déversement construits, non pour l'éternité, mais pour la simple et courte opération de laisser le fleuve travailler contre lui-même, charrier les atterrissements qui exhausseraient ses barrières, et voir ses propres alluvions lui dire bientôt : « Tu n'iras pas plus loin! » Ce système hydraulique, où la nature se chargerait de presque tout le travail, ne flattera guère les ingénieurs qui aiment à vaincre les difficultés n'importe à quel prix; mais que vaut la personnalité des ingénieurs dans une œuvre de salut public? Il ne s'agit nullement de leur gloire scientifique; il n'est question que des marais qui empoisonnent et infectent la Nouvelle-Orléans. Guérissez d'abord cette peste, et Dieu vous donnera votre récompense; à la différence des docteurs du moyen-âge qui disaient à leurs malades : « Je t'ai médicamenté, que Dieu te guérisse! »

Tel est donc ce système de dessèchement, qui a pour lui non-seulement la nature et l'expérience, mais encore l'appui moral de l'opinion publique. Tous m'ont paru vraiment unanimes à son égard, sans doute plus par instinct que par raisonnement du travail des alluvions, mais cette unanimité n'en est pas moins déjà concluante : *Vox populi, vox Dei!* Que s'il existe des objections, et il doit nécessairement s'en trouver, je les sollicite, et de plus je les provoque. L'utile, comme le vrai, a toujours besoin de cette pierre de touche. La discussion est mère des convictions solides. Aussi, pour m'en servir à vérifier encore mieux mon système, nullement pour le plaisir de critiquer le système contraire, essaierai-je bientôt d'apprécier celui-ci, à propos du dernier rapport officiel présenté, sur le même sujet, au Conseil municipal de la Nouvelle-Orléans.

VIe LETTRE.

Nouvelle-Orléans, 13 mars 1858.

Examen du plan de dessèchement proposé par le voyer de la Nouvelle-Orléans, M. Louis Pilié. — Ce qu'il en coûterait au Trésor public : 1,315,731 dollars de frais de fondation ; 3,289,327 dollars représentant le capital des frais d'entretien, sans compter la part de l'imprévu ni les indemnités à payer pour légitimer l'exécution des travaux. — Autres résultats non moins désastreux pour la santé publique : plusieurs années d'épidémies qui suivraient inévitablement l'excavation de marais déjà trop pestilentiels. — Oubli des *colmates* italiennes, et préférence non moins étrange pour le système des *polders* hollandais. — Rôle du climat dans les questions de dessèchement ; combien il importe d'en tenir compte en Louisiane.

L'auteur du rapport sur le dessèchement des marais de la Nouvelle-Orléans, dont j'ai à examiner la valeur pratique, est le voyer même de la ville, un ingénieur de savoir et d'expérience, M. Louis Pilié. Dans l'entretien que j'ai eu l'honneur d'avoir avec lui au sujet de la question d'hydraulique qui nous occupe, il a bien voulu reconnaître tout d'abord la supériorité du système d'atterrissements naturels pour dessécher les bas-fonds en les exhaussant, et les rendre ainsi à l'agriculture, après les avoir assainis. Comme nouvel argument à l'appui de ce système, il m'a même cité la plantation de M. Fortier, située à 16 milles au-dessus de la Nouvelle-Orléans, et qui, en mai 1849, l'année de la *Crevasse*, fut desséchée par le procédé en question. Les arrière-prairies y furent tellement bonifiées par les dépôts du Mississipi, que, d'incultivables et même impraticables qu'elles étaient auparavant, elles offrent partout aujourd'hui le spectacle d'une riche et facile exploitation. N'ayant donc aucun doute touchant la supériorité du système des *colmates* par rapport aux plantations riveraines et à la Louisiane en général, M. L. Pilié s'est borné, quant aux marais occupant l'arrière de la ville, à me faire une objection d'un ordre purement économique tenant au prix des terres à colmater : objection que son système aurait pour but d'éviter, mais dont il ne me semble point exempt, et que j'aurai à résoudre en ce qui me concerne, après la discussion technique et financière de son projet.

Mettons d'abord sous les yeux le champ des opérations respectives.

M. Pilié limite le sien à la paroisse de la Nouvelle-Orléans, laissant ainsi en dehors de son cadre celles de Jefferson et Carrollton, que le mien comprendrait au moins jusqu'au chemin de fer joignant cette dernière place au lac Pontchartrain. Le caractère de cette situation est, comme on sait, la déclivité générale du sol, dans la direction du fleuve au lac.

Le fleuve lui-même traverse toute la Basse-Louisiane en courant sur un dos-d'âne, dont il exhausse sans cesse les bords par les dépôts successifs de ses alluvions. C'est ce qui a fait dire que toute eau qui sort du Mississipi n'y rentre plus, obligée qu'elle est de s'écouler sur les pentes latérales. A la Nouvelle-Orléans, cette déclivité se trouve en moyenne de 8 pieds 5 pouces des bords du fleuve jusqu'à la rue Galvez, tandis qu'un niveau mort et des marais sans écoulement règnent de là au lac Pontchartrain. Ces marais sont en outre traversés çà et là du sud au nord par des bayous, et divisés d'est en ouest en deux sections principales par la crête du *Métairie ridge,* au moins dans le premier et le deuxième district; dans le troisième les prairies dominent, et 12,730 acres y seraient complètement à dessécher.

Tel est le territoire urbain, où la pente moyenne de 8 pieds 5 pouces du fleuve au lac, sur un parcours d'environ 5 milles, donnerait la plus complète facilité d'écoulement pour le transport des alluvions, mais que M. Pilié préfère dessécher en entier par des moyens artificiels. A cet effet, il le divise en quatre grandes sections, où il trouve 5,677 acres de sol imparfaitement desséchés dans la cité même, et en dehors du massif principal des habitations, 21,408 acres réclamant les soins d'un dessèchement complet. Des digues, des canaux et des machines d'épuisement fonctionnant sans cesse derrière des terrassements protecteurs, tels seraient ses moyens d'action. Quant aux dépenses, d'après ses propres calculs, il lui faudrait :

Pour les levées....................	Dollars	256,516
Pour les bâtisses et machines à vapeur..		340,000
Pour les canaux..................		719,215
Soit...............	Dollars	1,315,731

pour seuls frais de premier établissement. Or, en matière de travaux publics, si j'ai été bien informé, jamais devis des frais n'a été avancé qui n'ait été par suite doublé au moins, sinon triplé. Je raisonnerai toutefois dans l'hypothèse où les calculs de M. L. Pilié seraient littéralement exacts pour les travaux de fondation.

Eh bien ! même en ce cas, ce n'est point tout d'en établir le système artificiel : il faut surtout le perpétuer, et à cet effet confier l'entretien des travaux à un personnel administratif dont la dépense ne peut manquer d'être fort considérable. Le nettoyage des canaux, l'usure et le renouvellement des machines viendront en outre, de temps en temps, doubler ces frais d'administration. Or, quand on songe que ces frais, pour une simple machine à vapeur de 20,000 dollars, s'élèvent par année à 6,000 dollars, soit aux 3/10 de sa valeur totale, peut-on douter que l'ensemble des dépenses en question, y compris surtout la part de l'imprévu, n'y égale les 2/10 ou 20 pour cent du capital primitif demandé par M. Pilié ? A ce compte, il faudrait donc, aux 1,315,731 doll. ci-dessus, ajouter 263,146 doll. de taxe annuelle à la charge de la Nouvelle-Orléans. Or, cette dernière somme représenterait, au taux légal de 8 pour cent, deux fois et demi le capital primitif, soit............ Dollars 3,289,327, lesquels, joints aux........................ 1,315,731,

feraient.......................... Dollars 4,605,058 de dépenses totales.

Notez que je ne parle point encore des indemnités à payer aux propriétaires dont les intérêts seraient lésés par l'exécution des travaux de M. Pilié. Je reviendrai plus tard sur ce point, en répondant à l'objection faite à mon propre système. Il ne s'agit que des comptes faits jusqu'à présent, lesquels, soit en capital de fondation, soit en taxes annuelles pour subvenir aux frais d'entretien, constituent déjà la modeste somme de plus de quatre millions et demi. Et encore pourquoi? Pour un travail qu'on ne saurait jamais regarder comme définitif, quelque bonne que fût l'administration à laquelle il serait confié. Qui sait, en effet, si des crues extraordinaires, rendues plus formidables par le système exagéré des levées sur le haut du fleuve, ne surprendraient pas quelque jour la vigilance des gardiens de la Nouvelle-Orléans, et n'entraîneraient pas de nouveaux frais d'une portée incalculable ?

Telle est l'analyse financière du projet que nous discutons; et, pour nous convaincre que nous y sommes resté bien au-dessous des dépenses réelles, il suffirait d'examiner de près un simple détail de l'exécution, celui des levées. Que supposent, en effet, ces terrassements de 15 pieds au sommet sur 25 de base et 5 ou 6 de hauteur, sinon des excavations latérales ayant chacune la moitié de ces dimensions ? Or, ces larges fossés parallèles ne manqueront pas de se remplir d'eau de pluie en hiver, pour rester ensuite inégalement desséchés quand viendront les fortes chaleurs. Et alors que seront-ils, sinon de véritables foyers de peste environnant la Nouvelle-Orléans d'une circonvallation de miasmes homicides ? Tel serait le résultat d'un simple détail oublié dans le projet de M. Pilié. Et maintenant qu'il est impossible de n'y point prévoir une source permanente d'insalubrité générale, comment la prévenir ? Par de nouveaux travaux de dessèchement et de nouvelles machines à vapeur, dont l'usure, le combustible et le personnel administratif viendraient s'ajouter aux frais précédents. Ainsi, comme en toute combinaison purement artificielle, nous pouvons déjà voir dans le système de M. Pilié une première dépense en appeler une seconde, celle-ci une troisième, et ainsi de suite, comme un abyme où viendra s'épuiser le trésor public. Mais passons sur ce qui ne coûte qu'à la bourse; insistons avant tout sur ce qu'il en coûterait à la santé publique.

Qu'on jette un regard sur le plan des travaux projetés, où les frais de canaux figurent pour 719,215 dollars, et où le seul espace compris entre le nouveau canal et le bayou Saint-Jean est d'abord divisé en deux parties par une excavation longitudinale de 50 pieds de large, et l'est ensuite en seize sections particulières par des fossés transversaux d'une largeur de 30 pieds. Chacune de ces sections, par le simple dépôt des terres qui l'encadrent, deviendra un réceptacle d'eau de pluie, et dès-lors exigera un dessèchement tout spécial par l'effet de son isolement. Autre dépense, sans doute imprévue, mais dont la gravité n'est rien à côté de l'insalubrité qui doit inévitablement résulter de ces excavations !

Les années de grands mouvements de terre ont toujours été comptées parmi les années néfastes à la Nouvelle-Orléans : ainsi, celle de 1833, où la Compagnie du canal Carondelet fit creuser une portion du bayou Saint-Jean, fut une des plus pestilentielles. Il ne s'agissait pourtant que de travaux d'excavation très-limités et tenus à une certaine distance de la ville ; mais les travaux en question s'accompliraient aux portes mêmes des quartiers les plus habités, et, entourant la cité entière, à l'exception du cours du fleuve, ils ne laisseraient vraiment aucune demeure à l'abri des miasmes qu'ils engendreraient de toutes parts. Qu'on se figure à l'avance cette horrible situation : ce ne serait ni la peste noire ni la fièvre jaune passant en contrebande la quarantaine et pénétrant à la Nouvelle-Orléans en dépit de son Bureau de santé, mais une épidémie sans nom fomentée dans le corps de la place, et menée triomphalement par le voyer de la ville, par le Conseil municipal, par la Législature même de l'État et n'importe qui aurait donné la sanction à l'exécution d'un tel projet.

Jadis, pour faire entrer le fameux cheval de bois dans leurs murs, les Troyens y firent eux-mêmes une brèche et en élargirent à grands efforts le passage. — Eh bien ! on dirait qu'un aveuglement pareil pousse aujourd'hui vers une fin également tragique les nouveaux oracles de la population de la Nouvelle-Orléans. Les miasmes les plus empoisonnés se trouvent emprisonnés sous les dépôts de matière végétale qui ont formé son terrain. Et que propose-t-on ? D'entr'ouvrir partout ce même terrain par des excavations à perte de vue, juste comme pour en faire sortir de toutes parts l'ennemi qu'il faudrait, au contraire, y étouffer sans retour. Signaler un pareil danger me semble, je l'avoue, remplir un devoir. Aussi en appellerai-je à l'auteur du projet lui-même, à M. Pilié mieux éclairé, et à n'importe quel ingénieur dont les moyens de dessèchement nécessiteraient de grands travaux d'excavation autour de la cité.

En pareilles entreprises, une question d'ailleurs domine toutes les autres, particulièrement en Louisiane et dans tous les États du Sud. C'est une question non-seulement d'hydraulique, mais encore de climat. C'est le climat qui distingue nos mœurs et nos institutions de celles du Nord ; et ce même climat, qui nécessite l'organisation patriarcale du travail, place toutes nos entreprises dans des conditions déterminées d'avance et sans lesquelles nul succès durable ne saurait être atteint. Moins que toute autre opération agissant sur le sol, les œuvres de dessèchement comporteraient une exception à cet égard, puisqu'elles mettent aux prises avec les obstacles les plus redoutés de la nature du Sud, avec les débordements du Mississipi, et avec les miasmes s'exhalant de ses alluvions mal desséchées ou des matières végétales en putréfaction. Nier ce fait, qui est la base même et la morale de l'organisation des ouvriers noirs, serait nier le soleil ; et pour un ingénieur Louisianais, qui les emploie sans cesse à l'exécution de ses propres travaux, une telle négation ou un tel oubli n'aurait pas même l'excuse des aveugles-nés.

M. Pilié est donc forcé de reconnaître qu'il s'agit aussi d'une question de climat dans le choix à faire, pour une ville du Sud, du meilleur système de dessèchement : or, c'est ce dont il n'a point tenu compte. On dirait d'abord qu'il a fait comme M. de Prony à propos des Marais Pontins. Il a pourtant fait plus ;

il est allé droit au Nord, sous la latitude de la Nouvelle-Angleterre, demander à la Hollande, qui n'a jamais connu la *malaria*, le modèle des travaux destinés à dessécher et assainir les environs de la Nouvelle-Orléans, et il n'hésite point dans sa proposition. C'est en *polders* que, dès le début de son rapport, il veut diviser le théâtre de ses opérations, à l'effet d'y appliquer un système réalisé sous un climat tout différent, pour ne pas dire tout contraire : système, à son avis, tellement supérieur qu'il croit inutile de le discuter, ce qui est pour le moins étrange par rapport à la Louisiane.

Quant à l'admiration enthousiaste exprimée pour les Hollandais, que M. Pilié nomme les *Pères des dessèchements,* je ne dirai qu'un seul mot, savoir : que les susdits Pères n'étaient point encore venus au monde, que depuis long-temps le peuple et le sénat de Venise avaient créé de vrais chefs-d'œuvre d'hydraulique maritime et fluviale. Cette grave erreur historique, que je vois trop répandue aux États-Unis, a été le point de départ de M. Pilié : or, le vice de son système n'en est que la conséquence naturelle. En oubliant l'expérience des maremmes italiennes, dont le climat est si conforme à celui des basses terres de la Louisiane ; d'autre part, en recourant à des antécédents propres à des localités très-différentes, le savant ingénieur devait aisément se méprendre sur le meilleur système de dessèchement. Au surplus, cette méprise n'était nullement de la légèreté de sa part ; c'était au contraire de la pure logique, un principe faux ne pouvant conduire à la vérité, et égarant même d'autant plus que l'esprit qui s'en sert marche plus droit [1].

[1] C'est en publiant cette lettre dans son numéro du 16 mars, et en la recommandant à l'*Édilité Orléanaise*, que *l'Abeille* l'avait rendue encore plus concluante par ses propres réflexions. « Il conviendrait, dit ce journal, que la Nouvelle-Orléans prît l'initiative du mode de dessèchement le plus » rationnel, le moins coûteux, et le plus propre à remplir le but que nous nous proposons. Nous » publions à ce sujet une lettre extrêmement remarquable d'un homme qui s'est fait connaître parmi » nous par des travaux sérieux. Il démontre clairement le danger du système de dessèchement par » voie d'épuisement appliqué aux marais de la Nouvelle-Orléans, et se prononce pour l'exhaussement » du sol. Son raisonnement nous paraît concluant, et il nous semble avoir doublement raison au point » de vue économique et hygiénique. Il est certain que l'exécution des travaux recommandés par le » voyer entraînerait à de formidables dépenses, et, en outre, que la fouille des nombreux canaux » destinés à emporter l'eau qui à cette heure recouvre le terrain des cyprières, serait fatale à la santé » publique. Un simple sillon tracé par la charrue dans un sol vierge y dégage des émanations funestes » à la santé. Quel serait donc l'effet des énormes excavations qu'il faudrait multiplier autour de la » Nouvelle Orléans pour dessécher nos marais ! Qu'on se rappelle les terribles épidémies qui ont éclaté » à la suite des fouilles entreprises pour la création et ensuite l'élargissement du canal Carondelet. »

VIIe LETTRE.

Résultats de la lettre précédente. — Années de grandes excavations de terre, années d'épidémie ; années de bas-fonds rafraîchis et colmatés par l'effet des crevasses, années salubres. — Opinion du docteur Ridell à ce dernier sujet. — Article du *Courrier de la Louisiane :* cinq millions de dollars à dépenser, et de terribles épidémies à craindre avec le système de M. Louis Pilié. — Conclusion de la première correspondance.

La lettre qu'on vient de lire, publiée avec les cinq précédentes par *l'Abeille de la Nouvelle-Orléans,* resta sans réplique ; et comme le *Courrier de la Louisiane* désira la reproduire, je l'accompagnai pour ce journal des réflexions suivantes, auxquelles le *Courrier* ajouta les siennes propres, qui furent les derniers mots de la question d'alors.

A M. le Rédacteur du Courrier de la Louisiane.

Mon cher Monsieur,

S'il est une question au-dessus des partis politiques, c'est, à coup sûr, une question de salubrité ou de peste pour la Nouvelle-Orléans, comme celle qui doit inévitablement surgir du mode de dessèchement appliqué aux marais voisins de la ville. Avec les canaux et innombrables excavations proposés à cet effet par M. Louis Pilié, dans son dernier rapport officiel au Conseil municipal, tous les miasmes enfouis dans ces marais bourbeux vont s'en exhaler à la fois ; et c'est à jeter un cri d'alarme sur le sort de la population, qui a toujours compté parmi ses années néfastes celles où de grands mouvements de terres ont été exécutés dans le voisinage de ses murs. Les années, au contraire, où les bas-fonds et les cyprières se sont trouvés rafraîchis durant l'été par les eaux du Mississipi, ont toujours été considérées comme les plus salubres [1]. Or, la

[1] Cette règle générale est pleinement confirmée par les faits suivants, dont j'ai dû la communication au savant professeur Ridell.

« La Nouvelle-Orléans, dit-il, a été inondée par des crevasses survenues au site actuel de » Carrolton, durant les années 1785, 1791 et 1799, et dans les étés suivants la salubrité de la cité » fut au-dessus de l'ordinaire. Inondée de nouveau, d'abord un mois durant, par les crevasses qui » eurent lieu près de la même localité en 1816, et ensuite, en 1849, par celle de la plantation Sauvé » qui tint la ville sous l'eau pendant deux mois, la Nouvelle-Orléans jouit encore ces deux fois-là » d'une salubrité remarquable. »

« *It is stated, as being a matter of authentic record, by the editor of* L'ami des Lois *et* Evening » Journal, *may 25, 1846, that the city of New-Orleans had been flooded by crevasses occuring near*

méthode que, d'accord avec l'opinion publique, j'ai proposée pour dessécher les marais en question au moyen des atterrissements du grand fleuve, assure précisément l'avantage de tenir ces bas-fonds pestilentiels sous une couche d'eau et d'alluvions : ce qui en étoufferait les miasmes homicides pendant les chaleurs de l'été et toute la durée des travaux.

Quant au projet de M. Holland, représentant de la cité à la Législature, de projet, si je ne me trompe, tend à organiser des bureaux de paiement, avant même qu'on sache le plan général de dessèchement à adopter, et par conséquent la somme nécessaire à l'exécution et à l'entretien de ce plan. Dans la lettre suivante que je crois devoir recommander à votre zèle pour le bien public, j'ai prouvé que la mise en œuvre de tout système d'hydraulique, purement artificiel comme ceux jusqu'à présent discutés à la Législature ou dans le Conseil de ville, entraîne des frais permanents d'entretien qui triplent et quadruplent les frais de fondation. C'est ainsi que les dépenses du projet de M. Pilié dépasseront infailliblement *cinq millions de dollars*, sans parler du chiffre des indemnités auxquelles il ne peut manquer de donner lieu. Or, est-ce pour un tel système, est-ce pour dépenser *cinq millions* que le bill présenté par M. Holland voudrait d'abord organiser des bureaux de paiement? Cela vaudrait bien la peine d'être d'abord examiné.

Quoi qu'il en soit, si la Nouvelle-Orléans est assez riche pour payer sans compter, est-elle en conditions assez salubres pour braver à plaisir les épidémies et coopérer à des excavations qui lui tiennent en réserve trois ou quatre années de peste consécutives? Soyez assez bon pour en faire juges les parties intéressées.

R. T.

C'est à ce sujet que le *Courrier* se prononça de la manière suivante dans son N° du 22 mars 1858:

« La lettre de M. Thomassy[1], que nous avons publiée dimanche matin, est

» *the present site of Carrollton, in the years 1785, 1791 & 1799; & that in the warm seasons following,*
» *the city was more than usually healthy. During the warm seasons immediately subsequent to the*
» *crevasses of 1816, occuring near the same locality, and 1849, occuring at Sauvé's plantation, by the*
» *first of which the city was inundated for a month, by the second for two months, New-Orleans was*
» *remarkably healthy.* »

(*V.* Remarks on the dynamics of the Mississipy river, *by* J.-L. Ridell, M. D., *pag. 8. New-Orleans 1850. Taken from the Reports of the Legislature.)*

[1] *Voy.* la VIe lettre ci-dessus.

venue dévoiler les dangers du mode de dessèchement du projet de loi présenté par M. Holland. Ces dangers sont d'une nature si sérieuse pour la santé de la ville, que nous espérons voir les Conseils s'occuper de cette question avant que les travaux ne soient entrepris.

» Les maladies qui résultent de l'exhalaison des miasmes par suite des fouilles, n'atteignent pas seulement les non-acclimatés, elles frappent surtout les anciens habitants de la ville. Il suffit de remuer de la terre sur une assez vaste échelle dans les environs de la ville pour produire une épidémie. Mais que serait-ce à la suite des travaux qu'entraîne le système de dessèchement proposé?

» Il nous semble que la question est assez grave pour être attentivement examinée. Si pour créer un bien on doit traverser un mal horrible, il faut se hâter de renoncer à l'entreprise. Ce qu'il importe avant tout, c'est de ne pas compromettre la santé publique.

» On a remarqué que la mortalité était ici très-grande les années où des fouilles avaient été faites autour de la ville. S'il en est ainsi, il faut éviter avec soin tout ce qui est de nature à compromettre la santé publique.

» Deux systèmes de dessèchement se présentent. L'un, celui qu'on adopte, doit développer, pendant toute la durée des travaux, des épidémies qu'on redoute et qui ont fait à la ville une si triste réputation.

» Le second, au contraire, tend à diminuer, même en temps ordinaire, l'effet dangereux des miasmes qui développent ici les maladies. Il est moins coûteux, et il a cet avantage d'élever le terrain.

» Il nous semble qu'il n'y a pas à hésiter; tout est en faveur du second projet. Mais il se groupe autour du premier certaines influences plus préoccupées d'intérêts particuliers que d'intérêts généraux. C'est ainsi que tout se fait ici. Le projet de M. Holland frappe d'une nouvelle taxe énorme les habitants de la ville: — il s'agit, en effet, de cinq millions que doivent coûter les travaux de dessèchement, — et cependant on s'en préoccupe à peine. Nous pensons que nos contribuables ne croient pas à la mise à exécution de ce projet, aussi néfaste sous le rapport de la santé publique que ruineux pour leur bourse. Ils ont tort cependant: ce sont précisément les projets condamnés par l'opinion publique, mais autour desquels se groupent des millions, qui sont le plus caressés par les spéculateurs. Cinq millions! Comprend-on tout ce qu'il y a d'entraînant dans ce chiffre pour nos grands faiseurs, qui ont bien souci de la santé publique?

» Cependant il ne serait peut-être pas prudent de pousser les choses trop loin. Il s'agit ici d'un intérêt qui atteint toutes les familles. Que la mortalité, par suite du commencement des travaux, se produise dans les familles créoles, et alors tout ce bel échafaudage, étayé sur cinq millions, pourrait bien s'écrouler, entraînant avec lui dans sa chute ceux qui l'auraient élevé.

» Il y a au fond de toutes ces affaires évoquées dans un but d'intérêt public, de misérables petits intérêts que tout le monde voit et que l'indifférence publique paraît disposée à accepter : c'est la part du feu et de l'avidité humaine. Mais au moins faut-il que les projets soient acceptables. Pour dépenser cinq millions en terrassements, en fouilles, il faut quelques années. C'est donc pendant la durée de ces années que la ville sera exposée à de terribles épidémies, dont on ne tient aucun compte dans le projet. Qu'importe la vie des citoyens?

» Nous pensons qu'il y a lieu à surseoir et à examiner de nouveau. La lettre de M. Thomassy a jeté sur cette question une défaveur marquée. Le public s'en occupe, et ne paraît pas disposé à se laisser taxer à merci, ainsi que le porte le bill de M. Holland.

» Lorsque d'aussi graves intérêts sont engagés dans une question de cette nature, et que les habitants d'une grande ville sont doublement menacés et dans leur santé et dans leurs intérêts, il appartient aux Conseils d'intervenir et de protester au nom de leurs administrés. Sans doute les Conseils ne peuvent pas contrôler la Législature ; mais, en signalant une mauvaise loi, ils peuvent en retarder l'application jusqu'au moment où le rappel sera possible.

» Le grand tort qu'on peut reprocher à ceux qui ont le soin de nos intérêts, c'est l'absence d'examen. Ils prennent un projet qui peut atteindre le but qu'on se propose; et sans se préoccuper de ses inconvénients, sans prévoir ce qu'il peut avoir de dangereux, ils l'adoptent. Nous leur recommandons plus de circonspection à l'avenir : tout le monde y gagnera. »

VIIIe LETTRE.

Nouvelle-Orléans, 20 décembre 1858.

Voyage en Hollande, pour mieux apprécier les objections fondées sur l'hydraulique artificielle des Hollandais. — Les adversaires supposés du système des *colmates* s'en déclarent les plus zélés partisans. — Documents positifs à cet égard. — Lettre de M. W. Scholten, ingénieur en chef de la cité de Rotterdam. — Précieux enseignement qui en résulte pour la Louisiane.

Une saison de fièvre jaune et d'inondations terribles nous sépare de la date de ma dernière lettre sur les dessèchements. Cette question est en outre à reprendre, puisque rien n'a été fait encore pour la résoudre, ni d'après le système des *colmates*, ni d'après celui des *polders*. J'y rentre donc, en revenant de la Hollande qui est une Louisiane européenne, créée comme la nôtre par des atterrissements fluviatiles, mais retardée dans sa formation et son exhaussement territorial par une fatale erreur d'hydraulique qui l'a privée du bienfait des alluvions. C'est pourtant cette même erreur qu'on voudrait renouveler sur les bords du Mississipi, en dépit de la toute-puissance de ce fleuve pour former, consolider ses rives, et dessécher en les comblant tous les bas-fonds riverains.

Nouvelle expérience corrige ou confirme ancienne croyance ; et c'est de ce résultat de mon voyage que j'ai à vous entretenir. — Après mes lettres publiées dans votre journal sur l'hydraulique naturelle de l'Italie, il me restait à apprécier à son tour par moi-même l'hydraulique purement artificielle qui a conquis tout un royaume sur l'océan du nord de l'Europe. Conquête glorieuse, d'autant plus admirable à explorer qu'elle est toujours menacée par les flots, et que, créée par le seul génie de l'homme, celui-ci doit constamment craindre de la perdre, et sans trêve ni repos veiller à sa conservation.

Ce que Jefferson a dit de la liberté, est juste ce que la Hollande répète sans cesse au sujet de son existence territoriale : « Elle est au prix d'une éternelle » vigilance ! »

Combien la sécurité et la prospérité de la Louisiane seraient en des conditions préférables, si cet État voulait bien ne pas laisser perdre les alluvions que le Missisipi lui apporte par ses mille affluents ! En rehaussant son sol qu'ils raffermiraient et assainiraient du même coup, ces dépôts fluviatiles lui donneraient la seule condition de bien-être qui lui manque. Complément de tous les autres dons de la nature, en Louisiane, ils en seraient aussi la garantie, et feraient bien plus, pour la sauvegarder des tempêtes et des inondations, que toute la vigilance ou les chefs-d'œuvre d'hydraulique imités des Hollandais.

Je ne reviendrai point ici sur la puissance des alluvions, dont les accumulations récentes frappent encore tous les regards à la suite de la dernière crue. Je n'insiste plus que sur la nécessité d'utiliser enfin et diriger où besoin est ces masses sédimentaires, jetées confusément sur les rives, ou traînées aux embouchures du fleuve qu'elles menacent sans cesse d'atterrir. Là est vraiment la grande question de la Louisiane, celle d'être ou de n'être pas le premier État du Sud. Or, c'est pour mieux contribuer à la résoudre et y être plus sûr de mes forces, que j'ai voulu d'abord connaître les adversaires qu'on m'opposait sans cesse; mais, les ayant trouvés les meilleurs amis de mon système, vous devinez que les résultats de mon voyage ne peuvent que confirmer et compléter nos premières études sur l'hydraulique naturelle appliquée aux grands dessèchements.

L'expérience de cette hydraulique s'est déjà fait entendre de l'Italie, avec une autorité fondée sur le succès, c'est-à-dire sur la conquête de provinces entières. Désormais à l'abri des eaux stagnantes, livrées aux plus belles cultures et couvertes d'habitations, ces contrées nous disent ce qu'il faudrait faire en Louisiane avec le même système de dessèchement et d'assainissement par les *colmates*. Quant aux objections qui nous étaient faites au nom des *polders* hollandais, voici maintenant la Hollande qui vient y répondre à son tour. Remarquez aussi que son témoignage est d'autant plus concluant, qu'elle parle contrairement à tous les instincts de l'amour-propre, et par le seul désir d'empêcher autrui de suivre les errements où elle s'est fatalement égarée.

Fidèle à mes habitudes, je procèderai d'abord par des preuves et des faits positifs. Et qu'on me pardonne de le faire, en citant une lettre adressée à Paris, où j'avais le tort de me croire déjà oublié en Hollande, malgré l'accueil le plus obligeant et les sympathies chaleureuses que j'y avais rencontrées

Cette lettre est, au surplus, décisive par la compétence de son auteur, directeur-général des travaux hydrauliques de la cité de Rotterdam, et l'un des plus célèbres ingénieurs de la Hollande.

Je la livre à votre attention.

« *A M. R. Thomassy, chez M. Thomassy, conseiller à la Cour impériale* (Paris).

» Rotterdam, 14 octobre 1858.

» Monsieur,

« J'ai lu avec beaucoup de plaisir votre *avis* (l'auteur nomme ainsi les lettres publiées dans *l'Abeille*, de la Nouvelle-Orléans) *sur le dessèchement de la Louisiane*, et je suis d'accord avec vous sur le système proposé des *colmates*.

» L'autre système, le système des digues, a de grandes difficultés, parce que c'est un système impropre, une erreur terrible dans les lois de la nature.

» Avant la fondation des digues, les eaux de rivières se répandirent sur une grande surface, et elles ne s'élevèrent pas, il s'en faut de beaucoup, à cette hauteur qu'elles atteignent maintenant. Mais bientôt chacun élevait isolément des digues autour de ses possessions, ou bien quelques voisins se réunissaient pour entourer leurs champs d'une digue commune, et ainsi de petits *polders* séparés naquirent. Ce ne fut que dans le commencement du XIVe siècle que des commissions de digues se composèrent et que les digues furent mises sous un gouvernement commun, et rangées par les comtes ou les ducs de Gueldre sous leur juridiction ou leur ban (d'où le nom de *bandyk* est dérivé). Premièrement, les digues étaient basses, mais elles ont été élevées et élargies de temps en temps. Pendant les dernières années, les digues de la Betuwe, du Wahal et du Rhin sont élevées considérablement. Des ouvrages de fascine et des crèches dans les rivières sont de temps en temps augmentés. Par tout cela, la situation des rivières est sans doute devenue plus mauvaise pour les *polders;* elle a contribué à l'élévation de l'eau, et a été favorable à la grande multiplication de ruptures de digues et d'inondations qui ne font penser qu'avec anxiété à l'avenir, quelque fortes que soient les mesures qu'on y applique.

» De cette courte indication historique, on peut voir très-clair que le système des digues a été d'abord une erreur terrible dans les lois de la nature, qui ne sont jamais violées impunément, soit par ignorance, soit par égoïsme. Ce que les terres des polders étaient ou ce qu'elles sont encore, c'est ce qu'elles sont devenues de temps en temps par les éléments solides et gras que les rivières y laissaient par leurs inondations annuelles. Or, en arrêtant ces inondations, on privait le pays des bienfaits que les rivières venaient offrir de nouveau tous les ans. Cette perte fut immédiatement accompagnée de beaucoup de difficultés et de dangers, qui devenaient plus grands à mesure que l'on continuait sur cette mauvaise direction.

» Nos ancêtres ont enfermé leurs pays et leurs districts dans des espèces de caves, comme si cela pouvait rester ainsi éternellement sans changer! En n'apercevant pas que ces pays étaient couverts, rafraîchis et engraissés d'avance par la boue pendant l'hiver, aussi bien qu'accrus et exhaussés de temps en temps, ils ont fait perdre cette boue précieuse dans les rivières, dans la mer et ailleurs, tandis que leurs terres s'enfonçaient de plus en plus. Oui, c'est déjà si loin, qu'on doit maintenant détourner l'eau à plusieurs lieues par un double jeu de moulins à vent, pour la porter dans la rivière comme sur un grenier, au lieu que, de leur temps, la contrée séchait d'elle-même par les écluses.

» Quoique le système des digues soit encore maintenu, et quoiqu'il y ait des raisons différentes qui peuvent encore exiger continuellement son existence, il est et il reste toujours un système dangereux, et je préfère beaucoup votre système de *colmates*. Mais quoi faire à présent? Il est trop tard.

» Je vous envoie ci-joint une partie de ce que je vous ai promis, et je me recommande, à mon tour, de recevoir de temps en temps de tels beaux avis comme vous m'avez donnés.

» Agréez, etc., W.-A. Scholten. »

Je ne sache rien de plus concluant qu'une semblable lettre; et, certes, jamais avis meilleur ni plus opportun ne pouvait être adressé à la Louisiane. Puisse-t-elle maintenant bien connaître les deux systèmes de dessèchement qu'on lui propose: le système par voie d'épuisement, qui consiste à épuiser sans cesse et à grands frais, et celui par voie d'exhaussement, qui, élevant les bas-fonds, les met pour toujours à l'abri de l'invasion des eaux!

IXe LETTRE.

Nouvelle-Orléans, 13 mars 1858.

Anxiété croissante en Hollande, quant à la stabilité des digues. — Obligation constante de les exhausser, résultant de l'exhaussement progressif du lit des fleuves. — Problème très-complexe, dont se préoccupent tous les pays sujets aux inondations. — Opinion de M. de Gasparin sur les débordements du Rhône, et sur la plus-value des terres riveraines, quand elles ne sont point endiguées. — En quoi l'oubli des *colmates* a contribué à la décadence nationale de la Hollande. — Ce pays aurait dû utiliser ses alluvions fluviales, à l'exemple de l'Égypte, dont le Nil exhausse le sol et le tient en rapport avec l'exhaussement de son propre lit. — La Louisiane est une Égypte Américaine, attendant à son tour l'application des *colmates*, dont l'usage est d'ailleurs aussi ancien que la civilisation.

Après le témoignage de l'éminent ingénieur de Rotterdam, nul, ce me semble, ne nous proposera plus la Hollande comme un modèle à suivre à tout propos, puisqu'elle-même nous conseille de ne pas l'imiter dans son ancien système d'endiguer partout les fleuves. Cet avis n'est du reste pas isolé, car les hommes d'art chargés de veiller à la conservation des digues se le renvoient chaque jour, effrayés qu'ils sont de l'instabilité de leurs propres chefs-d'œuvre, et ne pensant qu'avec une anxiété croissante à l'avenir de leur pays.

Dès 1827, une commission d'ingénieurs hollandais fut chargée d'examiner la même question des levées qui nous préoccupe, mais qui n'existait pas encore alors pour la Louisiane; et un important rapport fut publié sur les meilleurs moyens de provoquer l'écoulement des eaux et prévenir les débordements. Ces premiers projets, inapplicables ou insuffisants, restèrent sans exécution. Quant à l'opinion contraire au système d'endiguement, elle se propageait de plus en plus, et elle fit explosion après les terribles inondations de 1855, que la Hollande pourrait comparer à celles du Mississipi en 1858. Plusieurs ingénieurs géologues et économistes proclamèrent en cette occasion non-seulement l'inutilité, mais le danger trop réel de l'endiguement des fleuves. Ainsi, M. Bilderdyk, que ses adversaires même appellent un des meilleurs esprits de la Hollande [1], accusa hautement de tous les récents désastres la maladroite intervention des hommes de l'art dans les opérations lentes mais irrésistibles de la nature.

Quel est, en effet, l'état de cette question hydraulique? Ce qui la caractérise en Hollande, comme en Italie et en Louisiane, c'est que les fleuves exhaussent insensiblement leur lit de toutes les alluvions qu'ils ne déposent point sur

[1] *Voir* les articles d'Alphonse Esquiros sur la Hollande.

leurs rives ou qu'ils n'entraînent point à la mer; et comme nous le voyons dans le Mississipi, les fleuves ne s'arrêtent jamais dans cette œuvre d'exhaussement.

De là, nécessité d'élever des digues dans les mêmes proportions. Et qu'est-ce à dire, sinon qu'il faut en augmenter la force selon une progression géométrique, sous peine de les voir d'autant plus affaiblies qu'on les élève davantage? Or, cette progression est précisément ce qu'on oublie, souvent même ce qu'on ignore; car rien n'est plus difficile à connaître avec exactitude que le nouveau degré de force capable de contrebalancer non-seulement l'exhaussement du lit du fleuve, mais encore le nouveau régime de ses eaux: point également essentiel à connaître pour se bien préparer aux inondations futures. Il s'agit, comme on voit, d'une difficulté très-complexe, et c'est elle qui fera toujours le vice du système des endiguements, là surtout où on l'appliquera d'une manière exclusive. Aussi les ingénieurs hollandais en pèsent-ils de plus en plus la gravité, en voyant les inondations formidables suspendues sur leurs basses terres, et qu'une distraction ou une erreur de calcul peut à tout instant changer en déluge destructeur.

Au surplus, ce n'est pas seulement en Hollande que règnent de telles appréhensions contre les levées. Des craintes semblables ont été suscitées dans toutes les parties de l'Europe; et le cri, de plus en plus unanime, des ingénieurs, est que les plus graves dégâts, occasionnés par les débordements des fleuves, sont partout le résultat d'un système exclusif d'endiguement. Écoutons encore, à ce sujet, l'un des plus savants agronomes modernes :

« Il est douteux, » dit M. de Gasparin, en parlant des débordements du Rhône, » que les digues bordant le cours inférieur de ce fleuve aient été un bien. Quand » le Rhône submerge un terrain sans rencontrer d'obstacle, il s'épanche au loin » en prenant son niveau, perd sa rapidité en s'étendant, et laisse déposer sur » son passage le limon qu'il entraîne avec lui. Ce limon, riche et abondant, » dispense de fumer les terres, et permet d'y supprimer les jachères. Ces terres, » exhaussées par les crues, se trouvent généralement plus élevées que celles qui » sont garanties par les chaussées : elles restent donc bien moins longtemps sous » l'eau que ces dernières, inondées par la rupture de leurs défenses. *Les terres » non défendues valent la moitié en sus et souvent le double des terres couvertes par les chaussées, et c'est sur ce pied qu'elles se vendent les unes et les » autres*. On ne pourrait aujourd'hui, sans de graves inconvénients, renverser » les digues et revenir à l'état originaire. Les terres qui sont en dehors des

» défenses se sont exhaussées de manière à surmonter de beaucoup le niveau des » terres défendues ; il en résulterait donc, si l'on abattait les digues, que les » eaux, en débordant, se répandraient sur les terres de l'intérieur, non pas len- » tement et par un mouvement progressif, mais avec un courant qui y cause- » rait des affouillements, et qu'après le débordement les eaux y séjourneraient » long-temps, faute de pouvoir s'écouler librement dans le fleuve, dont elles » seraient séparées par des terres plus élevées [1]. »

Le témoignage de M. de Gasparin montre, une fois de plus, ce que le système des *colmates*, ou le bon emploi des alluvions, pourrait ajouter de valeur réelle aux plantations riveraines. Quant à l'inconvénient propre aux terres endiguées du Rhône, comme à celles de la Meuse et du Rhin, il n'existe heureusement pas encore pour la plupart des marais du Mississipi. Ce fleuve, en effet, traverse la Louisiane en courant sur un dos-d'âne qu'il exhausse progressivement de ses alluvions. Or, grâce à cette condition caractéristique du pays et qui en détermine toutes les autres, nous avons, sur l'arrière des terres cultivées, une double série de bas-fonds ayant à leur tour derrière eux des bayous et des lacs, tout prêts à recevoir l'écoulement des eaux clarifiées après le dépôt des sédiments fluviatiles. Cette disposition et gradation générale du sol est précisément ce qui facilitera le colmatage des basses terres et en assurera du même coup l'assainissement. Cette double amélioration semble même si facile, qu'on ne conçoit pas qu'elle n'ait déjà point été essayée sur l'arrière d'une foule de plantations. Ceux qui l'auraient entreprise n'auraient sans doute pas réussi au même degré, faute de connaissances spéciales ; mais tous probablement en auraient retiré assez d'avantages pour être compensés de la peine et des frais de leur tentative.

Revenons à la Hollande, jadis reine des mers du Nord, et maintenant en Europe simple royaume de second et troisième ordre. A quelle cause croiriez-vous que des esprits élevés attribuent sa décadence maritime et politique? Juste au système exclusif d'endiguement que nous repoussons ; car c'est lui, lui surtout, qui aurait changé peu à peu les conditions hydrographiques du pays, ensablé l'embouchure de ses fleuves, et atterri plusieurs de ses ports avec les mêmes alluvions qui exhaussaient et engraissaient autrefois les bas-fonds de l'intérieur [2].

[1] Comptes-rendus hebdomadaires des séances de l'Acad. des sciences de Paris, T. XVIII, p. 104.

[2] *Voir* d'abord, à ce sujet, M. Von Horf, T. Ier, p. 350 de son excellent ouvrage sur les *Conditions hydrographiques de la Hollande*, ainsi que la *Géologie pratique* de M. Élie de Beaumont, T. Ier, p. 300.

Ainsi, d'après un écrivain national, de date déjà ancienne, « la manière dont » les habitants ont cherché à protéger leurs terres contre les eaux par l'endigue- » ment, a été pour les Pays-Bas la cause d'une décadence inévitable. L'auteur » montre, en effet, que l'endiguement des fleuves concentre le limon et le sable » qu'ils charrient dans leur lit et dans leurs embouchures; que par là le fond de » leur lit se trouve élevé, et leurs bouches encombrées de bancs de sable; ce » qui fait que la terre, qui ne reçoit plus aucun accroissement par le limon des » fleuves, demeure toujours basse, et qu'on se trouve dans la nécessité d'élever » continuellement des digues. Déjà l'eau d'un grand nombre de canaux se trouve » à un niveau plus élevé que les terres adjacentes; c'est là ce qui amène la » possibilité d'irruptions épouvantables, telles que celles du ***Biesbosch*** et plu- » sieurs autres. »

Le même auteur hollandais cite à ses compatriotes « l'exemple des Égyptiens » qui n'ont pas endigué leur Nil, mais qui, en distribuant sur une grande partie » du pays l'eau de ses inondations, y répartissent le limon dont elles sont char- » gées, *et par là élèvent le niveau des terres d'une quantité aussi égale que » possible à l'élévation du lit lui-même*. Les fleuves des Pays-Bas n'ont pas de » crues périodiques, comme celui de l'Égypte; mais l'auteur croit que les eaux » d'hiver pourraient y être employées, comme le sont en Égypte les eaux pro- » venant des crues périodiques du Nil. »

Combien ces avis, inspirés par la science et le patriotisme, acquièrent plus de force quand on les applique aux conditions de la Louisiane et du Mississipi! Les crues périodiques de ce fleuve en font le vrai Nil de l'Amérique du Nord. Pourquoi donc n'y pas renouveler à notre tour les merveilles de l'hydraulique égyptienne? L'art des *colmates* est, au surplus, vieux comme la civilisation, et, dès la plus haute antiquité, il a été pratiqué par les plus grands philosophes. C'est ainsi qu'Empédocle, disciple de Pythagore, délivra les Salentins des exhalaisons dangereuses de leurs marais, en y faisant conduire deux rivières voisines qui en rafraîchissaient les eaux, en même temps qu'elles en atterrissaient et exhaussaient le fond. Cet exemple, tout classique qu'il est, en vaut bien un autre, et il montre une fois de plus que notre mode de dessèchement est aussi le meilleur pour assainir les bas-fonds.

Xe LETTRE.

Nouvelle-Orléans, 15 mars 1859.

La Louisiane préluderait fort bien à son colmatage si elle imitait les levées usitées en Hollande. — Système des *colmates* proposé trop tard pour remédier à l'affaissement géologique de ce dernier pays. — Grave sujet de méditation sur son avenir. — Conditions à tous égards supérieures de la Louisiane, et urgence de lui appliquer un système de *colmates* perfectionnées.

Ce que la Hollande a fait en maints endroits pour remédier à la rupture de ses digues, est, en attendant un système de *colmates* moins primitif, ce que la Louisiane pourrait faire, à son tour, pour utiliser les hautes eaux du Mississipi. Voici, en effet, ce qui se passe dans les Pays-Bas Hollandais :

« Lorsqu'une rivière ou un bras de mer est bordé par des digues, l'essentiel pour les habitants est que les eaux, si elles venaient malheureusement à rompre ces digues, ne se précipitent pas en trop grande quantité dans l'intérieur du pays ; car alors la nécessité de retirer ces eaux donne un travail énorme aux moulins à vent. Afin de rendre cet accident plus difficile, on établit une seconde digue en arrière de la première, et on réunit même ces deux digues entre elles par des digues transversales qui divisent toute la zône intermédiaire en une série d'œillets. Ces œillets, construits ainsi par manière de précaution, pourraient aussi servir au colmatage : opération qui serait extrêmement importante pour tout le pays, car elle aurait pour effet de transformer tout l'espace occupé par les œillets en une énorme digue, d'une largeur égale à l'intervalle des deux digues primitives. En effet, lorsque les rivières sont très-chargées de sédiments, quand elles sont très-bourbeuses, on peut laisser entrer l'eau dans ces œillets et l'y laisser reposer. Quand elle est bien clarifiée, on peut l'enlever au moyen des machines d'épuisement, et, en renouvelant cette opération d'année en année, on finirait par combler entièrement les œillets.

» Maintenant que l'on a la ressource des machines à vapeur, on pourrait multiplier beaucoup ces opérations. Après avoir élevé le sol situé entre les deux digues, on pourrait élever une troisième digue en arrière de la seconde ; et de cette manière on élèverait finalement le sol de la Hollande tout entière jusqu'à un niveau égal à celui des plus hautes marées. »

Tel est le système des *colmates* que propose M. Élie de Beaumont dans sa *Géologie pratique* (p. 300) : système vraiment rudimentaire dans l'espèce en question, et dont on devine d'ailleurs la lenteur et les dépenses, puisque les eaux clarifiées, au lieu de s'écouler d'elles-mêmes, comme elles feraient en Louisiane, devraient être épuisées à grand renfort de machines à vent ou à vapeur. Sans donc examiner la valeur pratique du plan proposé par M. Élie de Beaumont, contentons-nous de rappeler, avec ce savant et avec la plupart des ingénieurs de Hollande, le phénomène géologique qui semble propre à ce pays et y complique singulièrement les questions d'hydraulique naturelle. C'est le phénomène d'un affaissement graduel du sol, qui, quelle qu'en soit l'extrême lenteur, est attesté par une série de faits de la plus haute gravité. D'abord, la pénétration de la mer dans l'intérieur des terres rendue de siècle en siècle plus facile à travers les dunes; le cordon littoral de celles-ci brisé ou affaibli en plusieurs endroits, et plusieurs des îles qui le formaient détruites par l'effet des hautes marées, ou bien des presqu'îles détachées du continent par la démolition de leur isthme; la submersion successive de vastes portions de territoire; la formation du Zuyderzée durant le XIIIe siècle, puis celle des lagunes du *Dollart* et de la *Jahde,* suivie par la submersion du *Biesbosch* et l'empiètement des eaux dans le lac de Harlem, qu'elles changent bientôt en mer navigable; des bras de mer empiétant à leur tour sur la Zélande, tandis que d'autres portions de rivage recouvertes de vieilles constructions romaines s'enfonçaient sous le niveau des marées où on les voit encore : tous ces phénomènes, quelle qu'en soit la cause, ne peuvent guère s'expliquer que par l'action d'un phénomène dominateur et général, c'est-à-dire l'*affaissement graduel du sol des Pays-Bas hollandais.*

Or, si ce sol entier s'affaisse par rapport au niveau de l'Océan, on conçoit tout ce qu'a de précaire le système artificiel sur lequel repose l'existence actuelle de la Hollande. Quelque bien construites que ses digues aient été contre l'action de la mer ou celle des fleuves, il arrivera tôt ou tard qu'elles seront ou trop abaissées ou trop affaiblies pour lui opposer une résistance efficace; et alors pourront survenir des désastres dont la seule pensée fait trembler sur l'avenir de ce pays. C'est juste pour neutraliser l'effet de cette dépression territoriale que les bons esprits recourent enfin aux *colmates,* et, quoique évidemment trop tard, les recommandent encore comme le seul espoir contre les appréhensions d'un lointain avenir, comme dernière planche de salut pour les générations futures. Écoutons encore à ce sujet M. Élie de Beaumont :

« Livrée à elle-même, la Hollande continuerait à se couvrir de dépôts limo-
» neux ou sableux; mais aujourd'hui qu'elle est circonscrite par des digues,
» ces dépôts ne se produisent plus qu'à l'extérieur. Les digues empêchent la
» nature d'accomplir le phénomène qui, peut-être, aurait maintenu toujours le
» niveau de la Hollande dans les mêmes relations avec celui de la mer,
» nonobstant son enfoncement progressif. Les rivières entraînent à la mer la
» terre qui aurait continué à élever le sol; mais on pourrait reproduire le résultat
» primitif, et même en augmenter l'efficacité, en ouvrant les digues, ainsi que
» je l'ai déjà indiqué, pour recevoir les eaux troubles. Telle maison de banque
» d'Amsterdam ou de Francfort, qui ajouterait un certain nombre de millions à
» ce que dépense annuellement la Hollande, pourrait modifier la marche du
» phénomène en faisant séjourner les eaux troubles dans les *polders.* »

Sauf erreur de ma part, le conseil financier de M. Élie de Beaumont supposerait le colmatage de la Hollande infiniment plus facile qu'il n'est en réalité. Comment inonder, en effet, tant de *polders* dont la culture fait vivre les habitants? Non-seulement ce serait ruiner leur première richesse, mais ce serait compromettre l'existence des populations agglomérées qui s'y disputent les moindres parcelles du sol. Il faut donc l'avouer, et M. W. Scholten nous l'a déjà dit avec l'accent d'un regret patriotique : « Un tel remède vient trop tard, » car il tuerait du premier coup le pays qu'il s'agit de sauver dans un lointain et » vague avenir. »

Pourtant, quel sujet de méditation dans cet affaissement possible du sol de la Hollande! La sécurité de la vie y dépend de quelques pieds, parfois même de quelques pouces au-dessus des inondations et des tempêtes. Or, comment n'y pas sonder le mystère de la dépression géologique qui amoindrit de siècle en siècle les conditions de cette existence jadis si glorieuse? Les révolutions du globe ne sont pas finies pour nous. En 1822, il en éclata une soudaine qui, en une seule nuit, changea le niveau du Chili sur une étendue de plus de 100,000 milles carrés. Le littoral s'en trouva exhaussé de 8 à 10 pieds au-dessus de son niveau primitif; tandis que, dans l'Océan Pacifique, d'immenses plateaux parsemés d'îles s'abaissent en proportion, et ne se maintiennent au-dessus des flots que par le travail des madrépores, incessamment occupés à neutraliser l'effet des affaissements sous-marins.

La Hollande, pour s'empêcher de sombrer comme un navire que le destin aurait vaincu, n'aura pas l'aide de ces animalcules microscopiques; mais elle avait du moins le secours des alluvions, qui, retenues sur son sol, l'auraient exhaussé depuis long-temps et mis à l'abri de l'Océan Germanique. On conçoit donc pourquoi les Hollandais regrettent si vivement que leurs ancêtres n'aient point employé les *colmates*. C'est l'opinion formelle du géologue M. Staring, qui recommande d'appliquer ce système partout où il en est temps encore; ce qui, du reste, se réalise à l'embouchure de l'Yssel..

Quant à M. Scholten, après m'avoir fait visiter dans les faubourgs de Rotterdam les rues, non pas humides, mais littéralement marécageuses, que ses magnifiques travaux tendent à dessécher artificiellement, il ne put s'empêcher de s'écrier, aux premiers mots que je lui soumis sur le système des *colmates* : « Ah! voilà bien le meilleur mode de dessèchement, celui où la nature travaille » avec et pour nous! Malheureusement il est trop tard pour notre cité, *du » moins sous le rapport économique;* car comment l'appliquer là où chaque » mètre carré de colmatage coûterait 2 et 3 florins? »

Quant à la Hollande en général, combien d'obstacles nouveaux s'ajoutent de jour en jour à celui résultant de l'excessive valeur du sol actuel! Par exemple, ce sol, qu'il s'agirait d'exhausser, est précisément rendu plus bas encore par l'exploitation des tourbes qu'on va cherchant partout, en fouillant à plusieurs pieds, parfois même à plusieurs mètres, au-dessous non-seulement du niveau des fleuves, mais encore de celui des basses marées. A titre de combustible domestique, ces tourbes constituent un des grands intérêts de la Hollande, et leur industrie, poursuivie dans toutes les directions du sous-sol hollandais, s'oppose en beaucoup trop d'endroits à l'introduction des eaux troubles et à l'application du colmatage. Le sort en est donc jeté : il est trop tard pour porter remède à une situation dont l'avenir seul connaît le dernier mot, et qui, dès l'origine même de la puissance hollandaise, aurait d'ailleurs offert des difficultés qui n'existent nullement dans notre Louisiane.

Puisse maintenant le pays dont on nous opposait l'hydraulique artificielle, sans en connaître les résultats, nous éclairer de son expérience! C'est lui-même qui nous recommande l'hydraulique naturelle des *colmates*, et nous la montre d'autant plus facile et profitable qu'elle sera plus promptement appliquée. Chaque année de retard en amoindrit, en effet, les avantages, et en rend l'opération plus urgente. A l'œuvre donc! car c'est à vue d'œil que se forment les battures ; c'est par masses gigantesques que s'élèvent les dépôts terreux au débouché de chaque crevasse. Ici, les dépôts sont de sable ; là-bas, d'argile mêlée, plus loin d'argile pure, et toujours formés d'après des lois invariables, dont l'intelligence et l'application constitueront un système de colmates perfectionnées. Dans son régime actuel, où le progrès de la culture accroît sans cesse les atterrissements, le Missisipi, de plus en plus resserré par des digues, tend à fixer dans son cours toutes les alluvions qu'il ne rejette pas à la mer. Or, les deux parts qu'il en fait sont également nuisibles aux intérêts de l'État : celles qu'il retient dans son lit en exhaussent évidemment le fond, au grand danger des propriétaires riverains ; l'autre, entraînée jusqu'à son embouchure, s'y fixe sous forme de dépôts vaseux ; la mer y ajoute alors ses propres dépôts et barre ainsi les passes, dont l'exhaussement ne menace pas moins l'avenir de la navigation, que l'exhaussement du fond fluvial menace la richesse agricole du pays. C'est aux législateurs, c'est aux bons citoyens à aborder enfin la solution de ce problème, d'où dépend la santé et le bien-être public, et où chacun peut aisément trouver honneur et profit.

XIe LETTRE.

Nouvelle-Orléans, 11 février 1859.

Progrès de la question des dessèchements. — *Rapport du major Beauregard.* — Le système des *colmates* y obtient gain de cause, en principe, à cause de son économie et de sa salubrité. — Application exceptionnelle et pourtant trop générale du système des *polders* au drainage de la cité. — La section du *Métairie Ridge* au lac Pontchartrain, essentiellement distincte de la section purement urbaine. — Comment dès-lors appliquer le même régime à leurs conditions si différentes ou plutôt si contraires? — Laissez à la section urbaine le drainage artificiel, mais donnez-nous les *colmates* au-delà du *Métairie Ridge*. — La vraie difficulté des *polders*, celle des frais d'entretien, omise dans le *Rapport Beauregard*, par la précipitation du Bureau du premier district. — Un cinquième des frais de ce système suffirait à l'application complète du colmatage.

Voici juste un an révolu depuis que *l'Abeille* accueillit mes premiers articles sur les avantages spéciaux du système des *colmates* pour le dessèchement des marais du Mississipi. L'incrédulité ou tout au moins le doute de la plupart des ingénieurs fut la seule réponse que je reçus. Depuis lors pourtant tout a bien changé de face. Le bon sens a eu son tour; et un pas immense vient d'être fait par le rapport du major Beauregard, relatif au système de drainage proposé pour le premier district de la Nouvelle-Orléans.

Pour faire mieux comprendre ce point d'arrivée, et le caractère éminent de l'ingénieur en chef qui nous y conduit, laissez-moi vous reporter en 1840. A cette époque, la compagnie chargée de dessécher la Nouvelle-Orléans avait conçu la singulière idée de *colmater* l'arrière de la rue *Claiborne*, non pas, s'il vous plaît, naturellement au moyen des alluvions charriées par le fleuve lui-même (quel mérite y aurait-il eu à laisser faire cet ouvrage par le Mississipi?), mais tout artificiellement et à grand renfort de charriots et de mulets; ce qui dut sembler, sinon plus méritoire, au moins plus lucratif aux entrepreneurs. Or, ne croyez point que cette idée soit restée seulement à l'état de projet. Elle reçut fort bien son commencement d'exécution; et comme pour occuper les mulets et leurs conducteurs il fallait leur donner de la terre à transporter, on décida qu'on la demanderait aux battures du fleuve au moment de la baisse des eaux. Tous comptes faits, et l'ingénieur M. Dumbar les fit alors d'une manière très-précise, il eût fallu au moins 94 ans pour que les 17,500 charrois, praticables pour l'atterrissement proposé, eussent pu relever les bas-fonds à un niveau demi-protecteur [1].

Voilà certes un projet qui, en fait d'économie de temps et d'argent, vaut bien tout ce que les projets à grandes excavations de terre nous préparent en fait de salubrité ! Aussi mourut-il vite à la peine, comme j'espère que ceux-ci mourront à leur tour de leur belle mort, pour nous laisser vivre en trêve, sinon en paix perpétuelle avec les épidémies.

Je reviens au rapport du major Beauregard :

« Deux systèmes de drainage, dit-il, s'offrent d'eux-mêmes à notre consi- » dération pour atteindre un objet si désirable et qui importe tant à la santé et » à la prospérité de notre ville.

» Le premier est le système des *colmates*, adopté principalement dans l'Italie » et consistant en des inondations successives, prises de tout cours d'eau chargé » de sédiments et contigu aux terres à dessécher. Le résultat de ces opérations » est d'élever graduellement le sol jusqu'à une hauteur suffisante, pour que les » eaux de pluie s'en écoulent naturellement au moyen de tranchées superficielles.

» Le second système est celui des *polders*, adopté en Hollande, ou en des » lieux qui n'ont pas sous la main des cours d'eau sédimentaires. Il consiste à » diviser en sections, au moyen de canaux et levées, le terrain à dessécher, et » à l'épuiser artificiellement par des turbines ou pompes à vis, roues hydrau- » liques ou pompes aspirantes, mues par le vent ou la vapeur.

» Il est évident, ajoute aussitôt le major Beauregard, que lorsque les circon- » stances le favorisent, le premier de ces deux systèmes, *en raison de son* » *économie et de sa salubrité*, doit être préféré pour les bas-fonds à mettre en » valeur; et c'est le mieux adapté généralement au dessèchement des marais

[1] Je dois au Dr Samuel Cartwright, si riche en communications instructives, de pouvoir faire ici connaître l'entreprise pour laquelle, disait-on alors, « *whe can only rely on the earth & sand which the River annually deposits in front of our circonscribed riparian limits, &.....*

» *Taking it fort granted, notwithstanding these undeniable facts, that one half of the earth or sand, which we procure at the low water of the Mississipi River, can be applied to raise or fill up the lots of ground in the rear of Claiborne street: at the rate of 17,500 cart loads, during the whole course of each & every year, it would require* at least 94 years, *to raise the present surface of the ground to a height, which would only be a half protection.... It consequently becomes worse than useless to continue the raising* or filling up *of the streets, as is* now *practised in the rear of Claiborne street.* » (Report of M. Dumbar, engineer, to the N. O. draining company. 1840.)

» contigus au Mississipi : *And is the one best adapted, generally, to reclaim the » swamp lands contiguous to the Mississipi river.* »

Tel est le témoignage compétent, à coup sûr, s'il en est un en Louisiane, et qui pose désormais le système des *colmates* au premier rang de nos modes de drainage. Nous avons donc gain de cause en principe ; le reste dépendra de l'application. Toutefois, le major Beauregard, en signalant ainsi la voie la plus économique et la plus salubre de nos grandes améliorations intérieures, n'a pas cru devoir adopter les *colmates* pour l'arrière-section du premier district à dessécher, vu la grande dépense et la longue durée, suppose-t-il, qu'un tel système exigerait pour ce lieu spécial ; « d'où résulte, ajoute-t-il, que nous sommes » réduits (*constrained*) à la meilleure application du second système ou sys- » tème hollandais [1]. »

Comme on le voit, ce dernier n'est donc qu'un pis-aller, dont il reste à tirer le meilleur parti possible. Or, c'est ainsi que s'expriment maintenant les plus habiles ingénieurs, en Hollande même, entre autres le célèbre directeur des travaux hydrauliques de la cité de Rotterdam, M. William Scholten, dont vous avez récemment publié le témoignage si conforme à celui du major Beauregard. Voilà donc comme les bons esprits se rencontrent. Mais ils ont aussi leurs divergences qu'il nous faut apprécier ; et, conformément au désir du major Beauregard comme à celui de M. W. Scholten, nous le ferons avec une entière indépendance : ce qui sera rendre un nouvel hommage à leur caractère et à leur talent.

L'ingénieur de Rotterdam est d'abord tout entier au système des *colmates*, n'admettant la convenance des *polders* que pour les anciennes cités où les atterrissements s'élèveraient à des prix fabuleux et se compteraient par mètres carrés. Or, c'est pour un motif semblable que l'ingénieur de la Nouvelle-Orléans accepte, à son tour, comme exception applicable au premier district de notre cité, le drainage par voie d'épuisement. Si donc les conditions des deux cités étaient identiques, les deux ingénieurs auraient également raison, et je vous prie de croire que je serais le premier à le proclamer. Mais si l'identité supposée fait place à des différences radicales, il faudra bien admettre aussi que l'un des deux est dans l'erreur.

Jetez maintenant les yeux et sur la carte et sur l'histoire de la Nouvelle-

[1] *Report on proposed system of drainage for the first draining district, New-Orleans. By major G.-T. Beauregard, chief engineer. New-Orleans 1859.*

Orléans. La ville date d'un siècle et demi, mais son importance compte à peine un demi-siècle de durée. L'avenir en est immense, sans doute, et le prix du terrain y fera un jour oublier celui de Rotterdam. Mais en attendant, et c'est pourquoi il faudrait se hâter, que signifie, à côté de la cité hollandaise, la valeur des cyprières limitrophes du lac Pontchartrain? Rien, absolument rien, puisque ce n'est pas même dans la proportion de 1 à 100. C'est donc aujourd'hui et avant que ces bas-fonds acquièrent une valeur excessive, que le colmatage en est praticable au point de vue économique, autant qu'il sera facile et sûr sous le rapport de l'exécution,

Que le major Beauregard veuille aussi considérer les difficultés à résoudre dans le drainage du premier district. Ces difficultés sont de nature très-diverse; et si j'admets parfaitement avec lui qu'il y aurait folie à vouloir colmater la cité proprement dite, il peut bien m'accorder qu'il y aurait sagesse aussi à traiter tout différemment ce qui diffère le plus de la cité, c'est-à-dire les marais limitrophes au bayou St.-John et toute la section comprise entre le *Métairie Ridge* et le lac. La topographie elle-même signale à tous les yeux cette différence de traitement, fondée sur une différence radicale de constitution. Ici, la Nouvelle-Orléans est comme une belle et riche fiancée dont la santé et les atours réclament mille soins de ses médecins, c'est-à-dire de ses ingénieurs. Mais là-bas, c'est un type tout opposé, l'enfant d'une nature vigoureuse autant que sauvage; et je ne puis rien comprendre aux soins dispendieux et superflus qui la soumettraient au même régime que la délicate et grande dame. Je le demanderai au major Beauregard : En présence d'un tel contraste, le régime artificiel qui convient à celle-ci peut-il bien convenir à l'autre? Et ne vaut-il pas mieux cent fois appliquer à la sauvagesse les remèdes que la nature a toujours mis à sa disposition?

Médecins des terres malades, décidez maintenant la question. Si nous vous accordons ici les *polders*, là-bas donnez-nous les *colmates*. Multipliez à l'envi vos machines hydrauliques, centuplez tous les autres moyens artificiels, dont l'usure, l'entretien et l'éternel renouvellement ne vous coûteront que plus cher; mais laissez-nous utiliser les forces vives du Mississipi, ses atterrissements inépuisables, et ses transports *gratuits* qui n'ont besoin que d'une direction intelligente pour consommer à tout jamais nos œuvres de dessèchement et de salubrité. En résumé, qu'on ait les *polders* là où, comme en Hollande, il est absolument impossible d'avoir mieux, rien de plus sage; mais que là où des atterrissements successifs pourraient nous soustraire aux inondations du Missisipi, on s'obstine à rester inférieur à ses hautes eaux, cela passe les limites des bonnes intentions, et notre chef-ingénieur a déjà prouvé que les siennes n'iront jamais jusque-là.

Faisons un pas de plus, et demandons au Bureau de dessèchement du premier district, dont le major ne pouvait ni ne devait dépasser les instructions, pourquoi la vraie difficulté du système artificiel, celle des frais d'entretien, a été complètement omise dans le rapport. Pour mieux m'éclairer sur la valeur de cette objection, j'en parlai à l'un des principaux membres du Bureau, lequel crut me répondre en insistant sur la nécessité de faire vite. A ce compte, il n'y aurait qu'à supprimer toutes les difficultés, et ce serait encore plus vite fait... sur le papier, bien entendu; car, sur le terrain, elles ne manqueront pas de se multiplier en proportion du moindre temps qu'on aura mis à les connaître.

L'objection fondée sur les frais d'entretien ne saurait donc être omise; et le Bureau du premier district est requis de la résoudre, pour la complète édification du public, et aussi pour la propre satisfaction du major Beauregard, qui ne doit pas laisser son beau travail inachevé.

Considérés au point de vue financier, les systèmes d'exhaussement naturel et d'épuisement artificiel sont de nouveau en présence. Dans ce dernier, tout est précaire, et rien n'y est sûr que l'énorme dépense de la mise en œuvre et des frais d'entretien : témoin les cinq millions qu'il faudrait pour les *polders* de M. Pilié. Or, quand on pense que le quart de cette somme dépasserait de beaucoup ce qu'exigerait un colmatage général, cela mérite réflexion, et devrait bien le faire appliquer d'abord au-delà du *Métairie Ridge*. C'est, en effet, là qu'atteignant pleinement son but en deux ou trois années, il économiserait aussitôt toute autre dépense. Quant aux bas-fonds du premier district, 300,000 dollars suffiraient à les *colmater* sans dépenses ultérieures, en place des 600,000 dollars du chef-ingénieur, dont le système entraînerait, en outre, une dépense perpétuelle d'entretien d'environ 150,000 dollars par an. Ce dernier chiffre reste, il est vrai, à préciser; mais tel quel, il représente un capital de près de 1,500,000 dollars : ce qui porterait le coût de ce drainage partiel à 2,000,000 et plus, outre le chapitre des éventualités, commun à toutes les opérations purement artificielles.

XIIe LETTRE.

Question des dessèchements en rapport avec l'hygiène publique. — Aggravation d'insalubrité dans les marais voisins de la Nouvelle-Orléans. — Les mélanges saumâtres, propres à ses marais, y sont les plus actifs générateurs de la *malaria*. — Nécessité de prévenir ces mélanges. — Expérience des maremmes toscanes. — Une levée de séparation le long du lac Pontchartrain préluderait à l'application des *colmates*. — Théâtre à profits grandioses pour cette opération. — La Nouvelle-Orléans, s'étendant jusqu'au lac, toucherait à un avenir sans limites. — Avantages hydrauliques que le colmatage assurerait aux deux Canaux. — Autres avantages pour les deux Chemins de fer et pour les quatre Compagnies, si la salubrité était rendue aux terrains qu'elles traversent. — Les premiers bienfaiteurs d'un pays sont ceux qui l'assainissent, et c'est à ce titre que les ingénieurs et les géologues en sont aussi les médecins.

Le projet du major Beauregard me semble avoir résumé tout ce qu'il y a de sérieux et de réfléchi dans le système des dessèchements artificiels appliqués à la Nouvelle-Orléans. Et néanmoins, par suite des frais d'entretien dont on ne lui a pas laissé dire un mot, et des excavations de terre qu'il n'a pu complètement atténuer, la fortune et la santé publiques ne manqueraient guère de s'y trouver compromises.

Voyons maintenant si ces deux grands intérêts de la cité ne seraient point destinés à un meilleur avenir dans les opérations de colmatage, dont notre chef-ingénieur a reconnu en principe la supériorité finale, et en outre les avantages immédiats sous le double rapport de l'économie et de la salubrité. Rendons-nous bien compte d'abord de la formation des marais voisins de la Nouvelle-Orléans. Les conditions qui les distinguent en sont particulières, et c'est à elles qu'ils doivent d'être, en été, plus méphitiques et bien plus dangereux que ceux de l'intérieur.

Cette différence est capitale, et il importe d'en apprécier l'origine et les résultats par rapport aux futures opérations de dessèchement. Sauf erreur de ma part, et si l'expérience hygiénique de la France et de l'Italie n'est point trompeuse, l'aggravation d'insalubrité dans le voisinage de la ville tiendrait avant tout à la cause suivante : le mélange saumâtre et stagnant des eaux de pluie ou du fleuve avec les eaux salées du golfe de Mexique. Pareil mélange est, en effet, considéré comme un des principes les plus actifs de la *malaria ;* et l'on peut s'en rendre compte par la double putréfaction qui lui est propre : les infusoires de l'eau douce y mourant au contact des éléments salins, et les infusoires des eaux du littoral expirant et se putréfiant, à leur tour, dans les alluvions imprégnées d'eau douce. Telle est la combinaison infectante et homicide qui a donné aux marais voisins de la cité le triste privilège d'être si redoutables aux habitants des faubourgs et d'y arrêter le développement de la population.

Pour mieux comprendre l'aggravation de la *malaria* autour de la Nouvelle-Orléans, il ne faut point oublier non plus que le sol, aussitôt qu'il y est entr'ouvert, nous fait toucher à un composé d'alluvions alternativement fluviales et maritimes. Or, la nature, en étant également saumâtre, doit engendrer des effets non moins délétères. Ce qui parle enfin d'une manière visible à tous, ce sont les tempêtes et les marées extraordinaires, qui, de temps à autre, viennent y mêler les eaux du golfe aux eaux douces des lacs et marécages intérieurs. Et quel en est le résultat? On le vit en Louisiane après le désastre de *Last-Island,* qui ne fut pas, me dit-on, le plus grave résultat de la tempête d'août 1856. En effet, les eaux rendues saumâtres bien avant dans les terres produisirent une insalubrité générale, durant laquelle, faute d'ouvriers bien portants, nombre d'entrepreneurs et jusqu'aux ingénieurs de l'État furent obligés de suspendre leurs travaux.

Je fus témoin d'une épidémie semblable dans la Caroline et la Géorgie après la terrible tempête du 8 septembre 1854, laquelle fut, il est vrai, suivie de pluies diluviennes qui en aggravèrent les effets. Toutes les plantations du littoral se trouvèrent inondées d'eau saumâtre, et les fièvres pernicieuses avec la dyssenterie n'y firent guère moins de ravages que la fièvre jaune n'en fit alors à Savannah et à Charleston.

Il n'est donc guère plus permis d'en douter : c'est le mélange saumâtre qui, à titre de promoteur de la *malaria,* devrait, le plus possible, être partout prévenu ou remédié. C'est ce qui me conduira plus tard à parler d'une industrie inconnue encore en Louisiane, et qui lui assurerait non-seulement la possession d'une denrée vitale dont elle est privée, mais aussi un moyen nouveau et tout spécial d'assainissement : c'est l'industrie du sel, dont le point de départ consiste à éloigner les eaux douces des eaux salées, et à prévenir par là même tout mélange saumâtre et pestilentiel.

Le mélange de l'eau douce avec l'eau salée étant ainsi la combinaison la plus infectante et peut-être aussi la cause directe de la *malaria,* voici ce qu'on a fait, à cet égard, dans le dessèchement des maremmes toscanes. Le premier soin des ingénieurs fut d'établir des ponts à cataractes destinés à ne verser à la mer que des eaux clarifiées, mais surtout à prévenir le mélange de celles-ci avec les eaux salées. Ce dernier but fut complètement atteint par une chaussée, longeant le littoral et servant de route publique. L'amélioration qui s'ensuivit dans le climat et la salubrité justifièrent bientôt toutes les prévisions ; et c'est pour utiliser, à notre tour, cette heureuse expérience que nous commencerions nos travaux par une digue, destinée à séparer à jamais les eaux souvent saumâtres du lac Pontchartrain des eaux stagnantes que les atterrissements du Mississipi viendraient ensuite expulser.

Représentons-nous maintenant le champ général des opérations, encadré du lac au fleuve par deux chemins de fer, et intérieurement divisé du nord au sud par deux canaux. Le *Métairie Ridge,* courant d'est en ouest, y subdivise lui-même les marais à dessécher en deux parties bien distinctes. Celle adjacente à la ville et aux paroisses de Jefferson et Carrolton serait la réserve provisoire des *polders,* si l'on tient à lui en faire l'essai. L'autre, bordée et inondée par les marées du lac Pontchartrain, deviendrait, comme nous l'avons déjà dit, le champ d'application des *colmates*. Or, quand le succès de celles-ci serait complet et productif au centuple pour les parties intéressées, qui doute que les propriétaires et possesseurs de la précédente section ne vinssent d'eux-mêmes solliciter chez eux l'application du même système ? Ainsi, point de difficultés économiques de ce côté. Quant à l'objection fondée sur le progrès trop avancé des habitations et de la culture, et dont je reconnais partiellement la valeur, ce serait une dérision que vouloir l'appliquer à la seconde section des marais que j'ai en vue. Là, en effet, sauf quelques barraques de bois et un peu de jardinage à l'entour, on n'aperçoit sur la lisière du *Métairie Ridge* qu'un pâturage nomade étranger à toute exploitation sérieuse ; puis, de là jusqu'au lac Pontchartrain, l'objection serait si peu solide qu'elle n'y trouverait pas le moindre emplacement où se poser à pied sec.

L'expropriation pour cause d'utilité publique existerait, au surplus, pour cette grande entreprise, comme il y a vingt années pour la création du *Nouveau Canal*. Lisez la section IX de la charte du *Canal's Bank* [1], et dites-moi si, dans

[1] La Banque, dite *du Canal*, parce qu'une des conditions de sa charte était de le construire, l'établit dans les conditions suivantes :

Section VIII. Canal de 60 pieds de large à la surface de l'eau, navigable pour des bâtiments tirant

le privilège si bien motivé de cette Banque, la clause de l'expropriation ne suffirait pas à résoudre toutes les difficultés suscitées par l'esprit de chicane. La valeur des indemnités serait dès-lors réduite à des chiffres insignifiants par rapport aux bénéfices énormes de l'entreprise, et l'objection économique faite au système des *colmates* ne saurait plus exister, sans peser également sur le système des *polders*.

Quant à ceux-ci, ils resteront toujours sous le poids des craintes que la seule pensée des grandes excavations de terre suscitent de toutes parts contre eux. La salubrité la plus parfaite serait, au contraire, la fidèle compagne du système opposé, puisque les années où les cyprières ont été rafraîchies, ont toujours été les plus favorables à la santé publique. Or, les cyprières en question ne seraient pas seulement rafraîchies, mais de plus elles resteraient inondées, si besoin était, jusqu'au retour des crues du Mississipi. Les eaux clarifiées seraient remplacées par des eaux troubles; et, dans le cours de la seconde année, et au plus tard de la troisième, le succès de l'opération ne laisserait plus rien à désirer sous aucun rapport. Les terres exhaussées seraient dès-lors livrées à la culture, et la putréfaction du sol primitif pour toujours étouffée sous une masse impénétrable d'alluvions.

L'assainissement serait ainsi complet et sans retour, et la Nouvelle-Orléans s'établirait en souveraine aux bords du lac Pontchartrain. Qu'on se figure pour cette époque l'admirable position s'étendant du fleuve au lac, et

6 pieds d'eau, avec toutes les facilités d'entrée; et devant être construit *en trois ans*, ou en cas de force majeure *(at all events) en cinq années*, sous peine de voir la charte nulle et de nul effet.

Section IX.......

That the said corporation... may enter upon any land through which they may deem it expedient to carry the said canal, withe with or hout the consent of the owner thereof, & lay out the route which shall be considered best, & may contract with the owners of any land & tenements, for the purchase of so much thereof as may be desired, if they can agree, with such owner or owners; but in case of disagreement, or in case the owner be a minor, married woman, interdicted or absent from the state, then it shall be lawful for the said company to cause a survey & map to be made of the ground in their estimation requisite, on the field book of which shall be distinguished the land of each of the several owners or occupants, appropriated or intended to be appropriated as a foresaid & the quality thereof & shall exhibit the same to the judge of the parish in which the land lies, who shall thereupon by writing under his hand, appoint five desinterested persons to appraise the premises specified in the said book.

Bien et justement appliqué, ce mode expéditif de travaux publics conviendrait parfaitement au colmatage.

où s'offrent d'abord quatre entreprises dignes de la métropole du Sud : deux canaux navigables pour la voile et la vapeur, et deux chemins de fer destinés à recevoir les produits, non-seulement de l'est de la Louisiane, mais encore des États du Mississipi et de l'Alabama. Jamais position commerciale ne la surpassa, à moins d'être placée sur le grand fleuve même dont elle sera un jour le complément. En attendant, avouons-le, tout y semble frappé de léthargie, puisque des quatre entreprises que nous y voyons destinées au plus bel avenir, il n'en est pas une qui rende l'intérêt du capital de fondation. Mais que l'œuvre du dessèchement et de l'assainissement s'accomplisse, et tout aussitôt la valeur des terres centuplée produira en leur faveur une révolution décisive, effet d'un voisinage riche et bien portant succédant à des voisins maladifs et nécessiteux. En même temps, les plantations, les jardins, les faubourgs, la cité elle-même s'étendra jusqu'au lac, rendez-vous de santé et de fortune dont l'imagination a peine à concevoir tout l'avenir. C'est dans cette perspective que le terrain ne s'y vendrait plus par acres, mais bien par lots et à tant le pied carré. Les levées des canaux seraient enfin des rues où chaque maison, comme celles bordant les quais du Mississipi, jouirait d'un abordage économique, servirait d'entrepôt à la navigation intérieure, et en augmenterait les recettes au-delà de toutes prévisions. Quel beau jeu pour les spéculateurs Louisianais ! Pour peu qu'ils appliquent leur calcul à de tels bénéfices, ils y trouveront une véritable Californie.

Mais je passe aux avantages plus prochains ou plutôt immédiats qui en résulteraient pour le bon entretien des deux canaux. Le dessèchement au moyen des alluvions du Mississipi, charriées par les eaux dans les bas-fonds, nécessiterait l'écoulement des mêmes eaux, une fois clarifiées. Or, cet écoulement, devant, quant à la couche supérieure, avoir toujours une chute de plusieurs pieds, offrirait par là même une force à utiliser, et rien ne serait plus facile que d'en faire des chasse-marées proportionnés à l'importance des deux canaux. Les chasse-marées sont, comme on sait, usités dans les ports que la marée ensable, pour les déblayer des barres que les tempêtes forment souvent à leur embouchure. Ceux que j'ai en vue rempliraient les mêmes fonctions, soit à l'entrée de chaque canal, soit dans leur parcours, en portant, à l'aide de barrages mobiles, l'effort de la chute des eaux là où le besoin s'en ferait le plus sentir. Il en résulterait que ces deux voies navigables se nettoieraient presque à rien ne coûte, en même temps que le renouvellement des eaux en maintiendrait la salubrité trop souvent rendue problématique. De tels avantages, propres uniquement à la méthode de dessèchement que je propose, ne seraient certes point à dédaigner pour les deux Compagnies. Ils seraient immédiats et positifs pour les divers intéressés, soit pour les actionnaires particuliers de l'ancien et du nouveau canal, soit pour l'État qui, en 1866, deviendra propriétaire de ce dernier.

En résumé, la prospérité des quatre grandes Compagnies qui se partagent le commerce du lac Pontchartrain et vivent péniblement sur les profits d'une navigation destinée au plus riche avenir, cette prospérité dépend de l'entreprise nouvelle que nous proposons. Également propice à chacune d'elles, celle-ci embrasse et relie leurs divers intérêts, leur donnant confiance en elles-mêmes et crédit aux yeux de tous, en même temps qu'elle satisfait à toutes les autres convenances de la situation. Sans obérer le Trésor public, elle joint au bon marché, caractère essentiel de l'hydraulique naturelle, un avantage plus précieux encore, celui de la sûreté; car elle s'appuie sur le temps, et marche avec le fleuve qui donne et accumule les alluvions. L'hydraulique artificielle lutte, au contraire, contre l'un et l'autre, et à des prix aussi coûteux qu'improductifs. Vienne un défaut de vigilance, vienne une crevasse, et tout est à recommencer. Aussi les frais d'entretien sont-ils énormes, et représentent-ils une somme double et triple du capital de fondation.

Le système du major Beauregard n'a point échappé à cet inconvénient. Quant à son rapport, il est, à cet égard, tout-à-fait irréprochable, puisque le Bureau du premier district, oubliant le premier les frais d'entretien, ne lui avait demandé de calculer que les frais de fondation. Si cet oubli, grave à coup sûr, retombe sur quelqu'un, ce ne peut être que sur ceux qui ont dans leurs mains la disposition des fonds et auront à en rendre compte.

Quant au dessèchement par les *colmates,* sans rien offrir de difficile en lui-même, il n'en serait pas moins herculéen, par ses résultats par la reconnaissance publique qui l'accompagnerait.

Les héros de la Grèce, sur lesquels on débite tant de phrases clarifiées au filtre de la rhétorique, sans qu'il en reste le moindre fait positif pour exhausser le fond de notre instruction de collège; ces héros, dis-je, qui étaient avant tout des hommes utiles, appelaient *hydres* les animaux vivant dans les marais.

Or, que signifie l'*hydre aux sept têtes des marais de Lerne*, sinon les miasmes sans cesse renaissants de ces marais? De même que le surnom de *Lernéen*, donné à Hercule pour l'avoir tuée, attestait la reconnaissance des populations pour le héros qui avait assaini leur pays.

Si la santé est le premier des biens et si elle doit être un objet de permanente sollicitude, ceux qui assainissent un pays en sont, à coup sûr, les premiers bienfaiteurs. L'assainissement dépend sans doute du climat et de l'air, autant que du terrain ; mais qui améliore celui-ci, améliore aussi les autres. L'atmosphère est comme le sol : un autre champ livré à la culture de l'homme, perfectionné par son travail ou détérioré par son incurie.

Le véritable ingénieur est comme le vrai médecin : il travaille à se rendre le moins nécessaire possible, et fait en sorte que les braves gens ou les lieux sur lesquels il a une fois opéré, proclament l'efficacité de son art, en n'ayant plus besoin d'y recourir. Or, il a été facile de voir que tel était précisément e résultat du système des *colmates* par rapport au dessèchement des marais, dont il relève le fond au-dessus des hautes eaux. Une fois là, les bas-fonds peuvent remercier à tout jamais leur opérateur, et témoigner que son art n'a rien de commun avec le charlatanisme de la profession.

C'est à ce point de vue qu'en Louisiane, les ingénieurs rivalisent vraiment avec les médecins. Les soins que ceux-ci donnent à l'espèce humaine, les autres les donnent au sol qu'elle habite ; aussi les uns et les autres devraient-ils s'entendre pour marcher d'un pas ferme au même but, et s'occuper de la salubrité générale du pays comme de l'élément promoteur de tous les autres progrès. C'est à cette fin qu'une école d'ingénieurs hydrauliques ne déparerait aucunement l'Université de la Louisiane. Elle y rivaliserait noblement avec la Faculté de médecine pour payer son tribut à la métropole du Sud : nouvelle Rome située sur le Missisipi comme l'ancienne sur le Tibre, et destinée à commander à la Méditerranée américaine comme l'autre commanda jadis à la Méditerranée du monde ancien.

III.

QUESTION DU BAYOU PLAQUEMINE.

Danger croissant d'inondations résultant du nouveau régime du Mississipi. — Erreurs, relatives à l'histoire du bayou Plaquemine, réfutées par les anciennes cartes. — Clôture du bayou discutée par deux des plus grands intérêts de la Louisiane. — Nécessité d'un système mixte et conciliateur. — Des écluses, qui au besoin ouvriraient et fermeraient ce bayou, résoudraient toutes les difficultés. — Importance générale de ce système indiquée par la formation géologique et la nature culminante des rives du Mississipi.

Après les questions vitales et de première nécessité, comme la salubrité et le dessèchement de la Louisiane, viennent les questions d'utilité et de progrès; et c'est au premier rang de celles-ci que nous plaçons la question du bayou Plaquemine.

En traitant de l'*ancien et du nouveau régime du Mississipi*, nous avons déjà vu combien les progrès de la culture dans le bassin supérieur tendront à jeter sur les rives inférieures du fleuve des inondations aussi soudaines que fréquentes avec des atterrissements toujours plus considérables. Ceux-ci, exhaussant à leur tour le lit du fleuve, en rendront les crues plus menaçantes; de sorte que la situation du moment, laquelle ne peut que s'aggraver dans l'avenir, serait la tendance de la colonisation d'en-haut à noyer celle d'en-bas, si celle-ci n'était sur ses gardes et ne veillait nuit et jour sur ses levées. La question embrasse, comme on voit, toute la vallée du Mississipi, et elle est pour la Louisiane d'un intérêt vital. Au surplus, la même situation se reproduit en petit dans le bassin inférieur du fleuve, et nous allons en faire une étude spéciale dans la question du bayou Plaquemine.

Rectifions d'abord les erreurs vraiment étranges qu'on a récemment soutenues au sujet de ce bayou. On a été jusqu'à prétendre qu'il n'a jamais constitué une branche naturelle du Mississipi, et quelques hommes de mérite soutiennent même encore que, des excavations artificielles l'ayant ouvert, des travaux de même nature pourraient, à bon droit, le fermer. La cartographie de la Louisiane *(Pl. II)* a déjà réfuté leurs assertions par trop gratuites; et quand les plus anciennes cartes, entre autres celle de 1718, nous montrent le bayou

Plaquemine, tantôt sous ce nom, tantôt en le nommant *rivière des Ouacha*, on serait désormais mal venu à reproduire une erreur de circonstance, indigne d'occuper des esprits sérieux.

Le terrain de la discussion ainsi déblayé, de quoi s'agit-il?

La question des levées et celle des déversoirs du Mississipi, l'une et l'autre presque aussi anciennes que la colonisation [1], se sont aggravées au point d'être maintenant des questions décisives pour la prospérité de la Louisiane.

« Ici, disent les uns, sont les terres les plus fertiles, mais périodiquement » inondées et perdues pour tous. Comment ne pas les soustraire par des levées » aux crues du fleuve, et en finir avec les inondations provenant des bayous, » par la fermeture de ces derniers? En concentrant les eaux dans le lit principal, » on pourrait d'autant mieux les surveiller. »

Mais la surveillance! sur qui reposera-t-elle? Et, d'ailleurs, sera-t-elle suffisante? Demandez aux crevasses de 1858.

« Là-bas, répliquent les autres, existent déjà les plus riches plantations, et » les plus productives aussi pour le Trésor public, qui en retire avec l'impôt la » meilleure part de ses revenus. Comment ne pas sauvegarder avant tout celles-» ci, en atténuant par de nombreux déversoirs les mêmes inondations qu'on » redoute tant pour des terres encore sans culture? »

Tel est le débat qui s'agite entre les anciens et les nouveaux planteurs, entre un intérêt de conservation et un intérêt de progrès. Être juste envers l'un et l'autre, sera le meilleur moyen de les concilier.

[1] « *In the early settlement of this State the land was held by the front proprietor by Spanish and French grants, and he held it upon the conditions of the grant:* of keeping up a road and levee on the front, *and a compliance with these conditions was in fact the main consideration of the grant. But at this time the settlements were confined to the margin of the river, and the highest point being selected by the grantee where the river would be only a little over its banks at the highest flood, the embankment could be thrown up at little cost. In time, these conditions of the grants became very onerous, and no doubt induced the passage of the various acts of Congress by which the riparian proprietors, who held under Spanish and French grants, had the right of back concession given to them. When, then, the territorial legislature first undertook to regulate and enforce the building of levees at the cost of the front proprietor, and to subject the land to sale for that purpose, it was only enforcing the performance of an existing contract...... There was some show of justice in it* », etc. Mais autres conditions, autre législation. (Voir p. 1, *Mémorial in behalf of the levee district of Carroll and Madison parishes.*) *By H. Short.*, *New-Orleans*, 1859.

La sauvegarde des anciennes propriétés riveraines, si belles dans leur savante et grandiose exploitation, intéresse d'abord toute la Louisiane. Ce qui les rend encore plus remarquables, c'est que la plupart d'entre elles sont le fruit d'une audacieuse persévérance, leurs possesseurs les ayant conquises sur un sol à peine raffermi, domaine des inondations périodiques, quand ce n'était pas celui des eaux stagnantes. L'existence de ces plantations, que des machines à vapeur aident à dessécher des eaux pluviales, dépend presque entièrement des levées qui les protègent contre les débordements du fleuve. La Nouvelle-Orléans elle-même n'existe que par la même protection, dont la force a été calculée sur l'ancien régime du Mississipi. Or, dans ce régime, comme on sait, une fois les eaux épanchées sur les rives, elles glissaient comme du sommet d'un dos-d'âne et ne rentraient plus dans le lit fluvial. Ces écoulements amoindrissaient d'autant le courant principal, réduit d'ailleurs par les bayous comme par autant de saignées, de sorte que la cité et les planteurs de l'aval restaient en sécurité derrière les mêmes digues qu'ils craignent maintenant de voir emportées par le fleuve, depuis que le régime primitif en est de plus en plus altéré par la main imprévoyante des spéculateurs.

Ainsi, les levées qui s'opposent au libre épanchement des eaux dans leur cours supérieur, les raccourcis qui, en coupant les méandres du fleuve, rendent sa marche plus rapide, ou bien la fermeture de ses branches secondaires et de ses moindres déversoirs, tous travaux en amont tendant à produire en aval des crues plus élevées, sont instinctivement vus du plus mauvais œil par les anciens planteurs; et comme l'intérêt de leur section riveraine est certainement au premier rang des intérêts publics, on conçoit que le Pouvoir exécutif s'en soit déclaré le gardien, en apposant, par exemple, son VETO au bill qui demandait la clôture du bayou Plaquemine.

Comme cette clôture a été la grande pensée du parti contraire et celle qui depuis long-temps résume tous ses projets, elle nous offrira l'occasion de le bien apprécier à notre tour. Ce second parti, qui cherche partout des bayous à clore et des digues à élever, est né des circonstances nouvelles où les progrès si rapides de la culture et de la population ont placé la Louisiane. Tant que les grands intérêts agricoles restaient groupés sur le cours principal du Mississipi, leur fraternité d'origine, malgré quelques divergences de situation, rendait tout conflit sérieux impossible. Mais aussitôt qu'ils se furent également établis sur les embranchements du fleuve, la division ne pouvait manquer d'être le résultat de leur agrandissement.

Ainsi, dès que les bayous Lafourche, Plaquemine ou Tèche rivalisèrent de production et de richesse avec les anciens cantons sucriers, cette rivalité se manifesta dans la question de l'aménagement des cours d'eau que chacun voulait endiguer ou clore, pour se défendre des inondations ou y dessécher plus commodément les marais voisins. De là, le parti des planteurs qui voudraient s'établir, par exemple, sur les bords de la *Grande Rivière*, section intermédiaire de l'Atchafalaya, et seraient prêts à cultiver l'immense bassin qui du bayou Plaquemine s'étend au Tèche et à Berwick-Bay.

Le bayou Plaquemine est, comme on sait, la plus courte voie par où les crues du Mississipi inondent périodiquement ce bassin et le rendent inhabitable. C'est donc ce bayou dont tous les nouveaux intéressés réclament à cor et à cri la fermeture. Et eux aussi, représentant une section importante de la Louisiane, ils n'ont pas manqué d'agir sur l'opinion publique, et d'obtenir même plusieurs fois l'appui de la Législature. Quant à la masse des électeurs, comme elle n'a nullement le moyen ni le loisir d'étudier des questions d'hydraulique, on devine aisément la fluctuation de ses votes, dont le résultat en pareille matière, s'il n'est le jeu du hasard, dépendra toujours des craintes ou des intérêts du moment.

Tels sont les deux partis contraires dont les arguments semblent également plausibles à la foule qui ne saurait en être juge, dont les intérêts, quoique partiels, sont également légitimes, mais dont les efforts, sans résultats définitifs, n'ont guère abouti qu'à se tenir mutuellement en échec. La raison en est dans la part d'erreur et de vérité que chaque système renferme, et qui tour-à-tour le rend trop fort pour être complètement vaincu, trop faible pour être complètement vainqueur. De là, la prolongation d'un conflit dont les vicissitudes sont aussi instructives que curieuses à propos du bayou Plaquemine.

C'est ainsi qu'elles y ont fait dépenser l'argent de l'État, d'abord pour le nettoyer des chicots et le rendre plus navigable; 2° pour établir des pilotis en travers, sous prétexte, dit-on, d'y arrêter les bois de dérive, mais dans le but de le fermer; 3° pour abattre ces mêmes pilotis qui interrompaient la navigation, et c'est encore ainsi que l'année dernière, elles allaient faire clore ce bayou, au moment où les dernières inondations du Mississipi devaient rendre cette mesure à jamais désastreuse.

Or, notez que, malgré ces avertissements, les partisans de la clôture du bayou ne désespèrent point de l'emporter de nouveau dans la Législature: preuve qu'ils se sentent trop forts pour être vaincus, et représentent un intérêt qui, bien que local, n'en est pas moins un des plus considérables de la Louisiane. Néanmoins, plusieurs d'entre eux m'ont avoué, à Plaquemine même que je visitais alors, la difficulté d'un succès complet. Et, en effet, la part d'erreur ou de danger inhérente à leur système le rendra toujours vulnérable aux yeux de l'opinion publique. Ils peuvent donc être assurés, s'ils parvenaient jamais à faire clore leur bayou, que la Législature suivante le ferait rouvrir, sans compter les indemnités à payer pour les dégâts que la surabondance des eaux n'aurait guère manqué d'occasionner en aval.

C'est donc une lutte sans résultat définitif, un travail de Sisyphe, où chaque parti dépense ses forces vives en pure perte, au lieu de les utiliser dans un but commun, perdant tout chaque fois au moment du succès et pour avoir trop demandé.

Eh bien! quoi qu'en dise le proverbe, qu'il ne faut pas mettre le doigt entre l'enclume et le marteau, c'est juste en pareil cas qu'un troisième système devra tôt ou tard être substitué aux deux précédents. Prenez, en effet, de ceux-ci tout ce qu'ils ont de vraiment légitime, rejetez-en ce qu'ils ont d'exclusif, d'erroné ou d'inapplicable, et vous trouverez vous-même le système mixte et conciliateur qui résoudra sans retour la question trop long-temps controversée.

A la première inspection du bayou Plaquemine que je fis au début de 1858, les prétentions également exagérées de le tenir ou toujours fermé ou toujours ouvert, me firent très-naturellement concevoir un système mixte qui me semble beaucoup plus conforme aux vrais intérêts de chacun des deux partis. Ce système, destiné à combiner les avantages de l'ouverture et de la fermeture du bayou, consisterait à le fermer et ouvrir à volonté, au moyen d'une double, triple ou quadruple écluse, qu'on y rendrait maîtresse absolue du courant.

Le nombre des écluses serait à examiner ailleurs. Il ne s'agit pour le moment que de la supériorité de leur emploi, lequel faciliterait du même coup l'établissement d'une navigation permanente sous les murs de Plaquemine, et y sauvegarderait l'un des plus grands intérêts de l'État, celui des voies navigables, qu'on ne saurait ni trop bien entretenir ni trop multiplier.

N'oublions pas d'abord que le bayou en question a des caractères particuliers qui en attestent l'importance. Sur une simple longueur de 9 milles, il offre 13 pieds de chute au-dessus du *village indien*, d'où il débouche sur les basses terres du bassin de l'Atchafalaya, et d'un autre côté communique avec les marées du golfe de Mexique, d'où il débouche sur les basses terres du bassin de l'Atchafalaya. Or, puisque les eaux du golfe se rapprochent ainsi d'elles-mêmes de celles du bayou et du Mississipi, quoi de plus naturel que chercher à faciliter et régulariser cette jonction, en y améliorant tous les cours d'eau jusqu'à leur embouchure à la mer! La navigation permanente de Plaquemine deviendrait alors le bras droit de celle du Mississipi, et sa poignée de main serait à Berwick-Bay, pour y marier les intérêts du chemin de fer à ceux du port de Galveston et du Texas. Canaux et chemins de fer, au lieu de s'effrayer ici les uns des autres, y trouveraient, au contraire, d'immenses profits à partager; de même que les écluses du bayou Plaquemine auraient déjà concilié et satisfait les deux partis qui divisent la Louisiane au sujet de sa fermeture.

Cette conciliation étant le problème à résoudre en pratique, j'arrive à l'application de mon système mixte, quand le bayou muni de ses écluses aurait été rendu capable de contrôler les plus fortes inondations du Mississipi. Avec ces diverses portes d'entrée et de sortie, on conviendra d'abord que les plus belles combinaisons hydrauliques y deviendraient faciles. On creuserait sans danger le bayou, et l'établissement d'une navigation, non plus temporaire, mais permanente, n'y souffrirait aucune difficulté sérieuse : ainsi, l'on en jouirait quand le fleuve baisserait, aussi bien qu'au moment de ses crues extraordinaires. Mais que se passerait-il quand surviendraient celles-ci? C'est le point essentiel à résoudre.

Eh bien! les écluses, en pareil cas, seraient les soupapes de sûreté qu'il faudrait tenir constamment ouvertes; et comme les inondations vraiment redoutables ne se présentent guère qu'une fois chaque cinq années, les écluses ne s'ouvriraient en permanence qu'alors, à l'effet d'atténuer le danger des crevasses, lequel, en moyenne, dure à peine un mois pendant ces crues extraordinaires. Ce ne serait donc que durant un mois sur cinq années que les écluses ouvertes à deux battants déchargeraient le fleuve de l'excès de ses eaux, et les débiteraient par une section qui aurait gagné en profondeur ce que l'exigence de la construction lui aurait fait perdre de largeur.

La difficulté du bayou Plaquemine se trouve ici réduite à sa plus simple expression, et la solution, comme on va le voir, semble également satisfaisante pour tous les intéressés.

Que pourraient, en effet, souhaiter de plus les planteurs du fleuve, en aval du bayou? Sachant que l'obstacle au libre écoulement des eaux doit cesser au besoin, comment se plaindraient-ils des écluses de Plaquemine, destinées à s'ouvrir devant tout danger imminent d'inondation? Au lieu de se plaindre, ils n'auraient donc qu'à se féliciter d'y jouir d'une navigation permanente, de communications non interrompues avec les planteurs du bassin de l'Atchafalaya.

Quant à ceux-ci, qui, sous la sauvegarde des mêmes écluses, auraient eu le temps de canaliser, dessécher et cultiver cet admirable bassin, pourraient-ils, à leur tour, se plaindre de les voir s'ouvrir comme nous l'avons montré, une fois tout au plus chaque cinq ans, et leur déverser les eaux du fleuve en plus grande abondance que d'habitude? Toute récrimination à cet égard serait à coup sûr mal fondée, et d'autant plus que ces inondations passagères et si rares pourraient être utilisées pour *colmater* leurs basses terres et les relever avec les sédiments du fleuve au-dessus des hautes eaux. Au pis-aller, la perte d'une récolte sur cinq entrerait dans leur calcul, et y figurerait comme frais d'entretien d'un sol acquis à si bon marché, grâce au parti originairement contraire à cette acquisition.

Si les anciens ou les nouveaux planteurs voulaient un peu réfléchir au système des *colmates*, ils y trouveraient une solution encore plus complète de la difficulté qui les divise. Les uns et les autres concourraient, en effet, à réduire l'élévation des crues au moyen des mêmes saignées artificielles qui serviraient à exhausser leurs bas-fonds et atterrir leurs cyprières. Or, quels profits n'en résulteraient-ils pas? La seule exploitation des bois, faite à pied sec, y serait un trésor pour eux, en attendant que le sol assaini et cultivé vînt, de son côté, doubler leurs revenus.

Avec cet ensemble de mesures marchant simultanément au même but, et qui seraient d'abord à discuter avec l'ingénieur de l'État, le système conciliateur que je soumets aux diverses parties intéressées, me semble entièrement conforme à leurs vrais intérêts. Mais dans l'application technique, me dira-t-on, n'y aura-t-il point des difficultés insurmontables? Les éboulis du fleuve permettraient-ils la fondation durable des écluses? Puis, les ensablements du bayou, les bois de dérive, etc? Et cette autre difficulté, dont on ne parle pas : les filtrations souterraines du Missíssipi qui fonctionnent comme un puits absorbant, et, en minant peu à peu le sol, se tracent des passages latéraux et trompeurs à travers les anciens radeaux, premiers fondements de ses rives! Ce dernier phénomène s'accomplit précisément dans le bayou même de Plaquemine; et il ne saurait y être douteux pour quiconque a observé les puits que le fleuve s'y creuse durant les crues, et qui restent avec 20 à 25 pieds d'eau chaque fois que le bayou a été remis à sec. A toutes ces difficultés je n'ai pour le moment qu'un mot à répondre: c'est qu'en moyenne, elles dureraient à peine un mois chaque cinq années. Du reste, j'ose me dire prêt à les résoudre, et non-seulement celles-là, mais d'autres aussi relatives à l'hydraulique générale de la Louisiane, qui m'ont préoccupé durant mon voyage en Hollande, où tant de difficultés de ce genre ont été victorieusement résolues. Je crois y avoir recueilli toutes les notions applicables à la question du bayou Plaquemine. Aussi n'hésiterai-je point d'en assumer la solution pratique, si le système mixte et conciliateur que j'ai proposé obtenait, avec l'assentiment de l'ingénieur de l'État, celui de l'opinion publique et de la Législature.

Cette confiance ne me fait nullement oublier que la question se présente ici peut-être sous un point de vue tout nouveau, et que bien des personnes, ne l'envisageant pas d'abord sous tous les aspects, auront plus d'une objection à me faire. C'est ce à quoi je suis préparé et ce que je désire même, non pour le plaisir de discuter, mais pour arriver plus vite à dissiper les craintes et les moindres doutes relatifs à la permanence des écluses et à la navigation du bayou. Le succès de cette entreprise conduirait forcément à la canalisation directe jusqu'à Berwick-Bay, où s'élèverait bientôt une autre cité, digne émule de Plaquemine. L'une et l'autre formeraient alors l'aile droite de la navigation Louisianaise, en attendant qu'une entreprise analogue sur le bayou Manchac lui donnât son aile gauche, et par les lacs Borgne et Pontchartrain lui fît dominer tous les intérêts du Mississipi-Sound.

IV.

QUESTION DU BAYOU LAFOURCHE.

Le Mississipi étudié dans une miniature de lui-même. — Importance du bayou Lafourche. — Ses conditions anciennes et modernes. — Nécessité de rouvrir ses communications avec le golfe et d'améliorer celles avec le Mississipi. — Le système d'écluses proposé pour le bayou Plaquemine lui serait également applicable. — En attendant, ses plus chers intérêts dépendent d'un meilleur système de levées.

L'étude du Mississipi, pour avoir souvent été faite sur une trop vaste échelle, n'a guère produit jusqu'à ce jour que des observations aussi incomplètes que discordantes. Comment ne pas croire aussi que l'immensité de ce théâtre y multiplie nécessairement les chances d'erreurs? Pour les éviter et nous rapprocher le plus possible du vrai, il faut restreindre le champ de nos observations. C'est à cette fin que j'essaierai d'étudier le fleuve, non plus dans ses proportions gigantesques, qui troublent si souvent le sentiment des distances, mais une miniature de lui-même, et dans le bayou, qui en est, en petit, la plus fidèle image.

C'est à ce titre que le bayou Lafourche réclame une attention spéciale, et devient aussi le plus important de tous ceux qui arrosent la Louisiane. Il l'est, au surplus, sous bien d'autres rapports que celui de l'hydraulique : ainsi, quelle admirable voie de transport pour les produits agricoles! quel puissant véhicule pour les besoins du commerce et de l'industrie! Où trouver enfin une plus belle rue pour la navigation intérieure, quand cent bateaux y fonctionnent déjà comme autant d'*omnibus* à voile ou à vapeur? Une seule condition lui fait défaut, et celle-là est une dette sacrée à payer à ses habitants : c'est de le faire déboucher sur la mer en même temps que sur le Mississipi. Aussi est-ce à lui assurer cette amélioration, d'où en sortiront tant d'autres, que devraient tendre tous les efforts.

Cette question d'hydraulique comprend évidemment celle débattue au sujet de la fermeture du bayou; fermeture à tout jamais inadmissible si on la voulait permanente, mais qui réunirait au contraire les avantages des deux systèmes si on la rendait purement facultative au moyen du système d'écluses, déjà demandé à la Législature de 1824 et 1825 par l'honorable représentant de Thibodeaux, M. Joseph Nicolas, et que j'ai, à mon tour, proposé pour le bayou Plaquemine.

Ce dernier bayou, quand les premiers colons vinrent s'établir en Louisiane, était à peu près comme le bayou Manchac à l'époque de sa découverte. Iberville fut alors obligé d'y faire *plus de 80 portages* de ses canots, pour se rendre du Mississipi aux lacs Maurepas et Pontchartrain. Quant à l'entrée du bayou Lafourche, elle avait été considérée par De la Salle comme équivalente à celle du Mississipi, et, dans la carte de l'année 1700 (*Planche I*), elle conserve encore son importance primitive; mais elle ne tarda pas à se remplir de bois de dérive, et les cartes du milieu du XVIIIe siècle nous la montrent avec des embarras qui la rendaient aussi peu navigable que le bayou Manchac. Aussi, quand les Acadiens vinrent en peupler les rives, ne communiquèrent-ils longtemps avec le fleuve qu'à l'aide d'un portage. Leur navigation naissante fut ainsi concentrée dans l'intérieur du bayou, qui mesurait alors, même en eau basse, 18 à 20 pieds de profondeur. Bientôt pourtant ils s'ouvrirent un passage à travers les radeaux qui les séparaient du Mississipi; et, cette route fluviale s'élargissant à chaque nouvelle crue, soit naturellement, soit par la main de l'homme, il en résulta une révolution inattendue dans le bassin inférieur du bayou Lafourche. Tandis que les bois de dérive arrachés en amont reformaient leurs radeaux en aval, les alluvions du fleuve entraînées sans obstacles par le courant tendaient à en atterrir le lit en même temps que l'embouchure. Les obstructions du général Jackson contribuèrent, à leur tour, à cette dégradation du bayou, qui n'est guère meilleur aujourd'hui pour communiquer avec le golfe qu'il ne le fut, à l'origine de l'établissement Acadien, pour communiquer avec le fleuve.

Cette dernière communication, ouverte enfin, mais par des gens inexpérimentés, qui ne songeaient qu'à se rendre aisément dans le Mississipi et nullement à la mer, aurait dû, tout au contraire, être dirigée par des hommes de l'art, conformément aux conditions du fleuve, et surtout en vue de sa puissance sédimentaire. Mais rien ne fut alors calculé, rien si ce n'est l'intérêt du moment; de sorte qu'il reste à réparer aujourd'hui un mal qui empire sans cesse, et incomparablement plus grave que le bien alors obtenu ne fut avantageux.

Nous avons vu que le Mississipi, après avoir creusé le bayou Lafourche et en avoir fait une puissante voie navigable, l'avait fermé par ses radeaux, rendu presque indépendant de son cours et préservé de la sorte de ses formidables alluvions. Or, n'est-ce pas là un indice qu'il faut continuer à maintenir le bayou dans une certaine indépendance du fleuve? D'un autre côté, les habitants voulaient à tout prix communiquer librement avec ce dernier, qui équivalait pour eux à une mer intérieure. Or, n'est-ce pas là un autre indice à suivre, et aussi important à suivre que le premier, quoiqu'il semble tout d'abord nous conduire dans une direction contraire? Telle est la contradiction, plus apparente que réelle, qui n'a fait que croître en importance, et qu'il s'agit de concilier au plus tôt.

Or, comme nous l'avons déjà dit, ce n'est que par un système d'écluses ouvrant et fermant à volonté, que le problème peut être résolu et l'hydraulique du bayou Lafourche définitivement rétablie dans ses conditions normales. Sa fermeture permanente priverait, en effet, la Louisiane d'une de ses plus belles voies de navigation. Mais s'il reste constamment ouvert, même quand son ouverture est inutile à la sauvegarde des planteurs du Bas-Mississipi, les sédiments de ce fleuve, qui l'ont déjà atterri, au point de n'y laisser que deux ou trois pieds d'eau là où il s'en trouvait dix-huit ou vingt, continueront d'en exhausser le lit avec une rapidité si effrayante, que nulle levée n'y sera sûre de résister aux inondations. Qu'on y établisse, au contraire, des écluses d'après le principe que nous avons proposé pour le bayou Plaquemine, et toutes les difficultés s'y trouveront également simplifiées.

Sans reproduire ici les arguments déjà exposés à ce sujet, qu'il suffise de dire qu'une écluse à double et triple bassin protègerait l'entrée du bayou à Donaldsonville; une seconde, avec un seul réservoir, exhausserait devant Thibodeaux les eaux basses du bayou, et maintiendrait une navigation permanente avec le Terrebonne et les Attakapas; une troisième, enfin, serait à Lockport et y arrêterait les tempêtes du golfe, ce qui préviendrait le mélange des eaux salées avec les eaux douces du Lafourche supérieur et y deviendrait une condition précieuse pour la salubrité du pays. Si cette dernière écluse eût existé du temps du général Jackson, elle y aurait servi de défense, non-seulement contre les marées, mais aussi contre les ennemis du dehors, et il n'en serait résulté aucun des inconvénients que les obstructions du général ont occasionnés à la navigation intérieure.

Les sédiments et bois de dérive que ces obstacles ont contribué à fixer vers l'embouchure du bayou, en ont complètement dénaturé le régime primitif. Depuis le retour de la paix, le Gouvernement Fédéral aurait bien dû remédier aux torts qui avaient été faits aux habitants en vue de la défense nationale. C'était une dette sacrée envers cette section de la Louisiane, mais qui ne lui a été payée qu'à demi, si ce n'est à contre-cœur. Ce que le Congrès a fait en Georgie pour rétablir l'ancienne navigation du Savannah, interrompue durant la période révolutionnaire, aurait bien dû être fait aussi et au même titre pour l'État qui a si glorieusement décidé le succès de la seconde guerre de l'Indépendance.

En attendant cette restauration de son cours inférieur, le bayou Lafourche jouit au moins du privilège d'y avoir des crevasses en permanence; et, à défaut d'atterrissements bien dirigés pour exhausser méthodiquement le fond des cyprières riveraines, c'est bien ce qu'il y a de mieux à laisser faire. Ces crevasses y jettent, en effet, des masses d'alluvions qui créent un sol dont les habitants supputent chaque année l'accroissement de valeur. C'est un colmatage naturel, fait au hasard, mais qui néanmoins agit toujours et contribue à la salubrité comme à l'exhaussement des bas-fonds du littoral, à la différence d'autres cyprières non moins étendues, mais bien plus malsaines, qui dominent, en amont, dans le triangle formé par le bayou, le Mississipi et le lac des Allemands. On sait que ce lac, comme celui de San-Salvador, occupe un niveau très-inférieur aux eaux du fleuve et du Lafourche, et très-peu au-dessus de celui du golfe, comme l'indique le *maréyage*, qui fait balancer les eaux de ces lacs à la mer et de la mer aux lacs selon que les vents soufflent du nord ou du sud. Avec un niveau qui ne peut être moindre de 10 à 15 pieds au-dessous des eaux fluviales les plus voisines, on devine la facilité d'y faire arriver ces dernières, après en avoir retenu les sédiments dans les bas-fonds intermédiaires. Ces lacs semblent donc placés tout exprès, entre le Lafourche et le Mississipi, pour en recevoir les eaux clarifiées après l'opération du colmatage. Cette opération pourrait se diviser et se graduer, par une chaussée allant de Thibodeaux au fleuve; ce qui doterait le pays d'une route indispensable, en même temps que cette chaussée faciliterait le colmatage du sommet du triangle en question.

Pour faire mieux comprendre l'utilité des colmates, il me reste à donner un exemple de l'exhaussement désordonné des terres par l'effet des alluvions, quand elles sont disséminées à tout hasard par les crevasses. Cet exemple est frappant dans le triangle formé par les bayous Lafourche et Terrebonne et l'intersection du chemin de fer des Opelousas. Thibodeaux en est le sommet, et les trois côtés en sont presque également couverts d'habitations; mais l'intérieur reste encore le domaine exclusif des inondations pluviales.

Or, voici ce qui s'y est passé par l'effet des crevasses :

Les bayous *l'Eau-Bleue*, *Petit-Coteau* et *Grand-Coteau*, coulaient entre les deux précédents bayous. Les rives des bayous Petit et Grand-Coteau formaient, en 1820, des côtes où croissaient des cannes, bambous indigènes dont on fait les paniers, et dont la végétation caractérise les terres non submergées. Plusieurs crevasses du bayou Lafourche ayant eu lieu depuis lors, leurs dépôts sont venus former d'autres côtes à angle droit vers les bords de ces mêmes bayous intérieurs, dont le cours, se trouvant alors interrompu, a reflué et recouvert leurs rives : c'est ainsi que ces rives, primitivement élevées, se trouvent maintenant noyées comme de vraies cyprières. Si, au contraire, les dépôts des crevasses avaient été méthodiquement dirigés par le colmatage, méthode d'hydraulique naturelle que nous expliquerons plus bas, il est évident que, ces mêmes bayous n'étant point interceptés, on en aurait uniformément exhaussé les bassins, et le triangle en question serait aujourd'hui un modèle de terres desséchées et assainies.

Tel serait le point de départ des améliorations destinées à décupler l'importance du bayou Lafourche. Quant à son état présent, les crevasses qui noient périodiquement tant de richesses sur ses bords, montrent assez qu'un meilleur système de levées serait provisoirement sa plus sûre sauvegarde. De cette question du moment dépend le plus immédiat de ses intérêts.

V.

QUESTIONS D'HYDRAULIQUE FLUVIALE. — DES LEVÉES ET DE LEUR ENTRETIEN.

Menaces croissantes d'inondation. — Questions complexes relatives au Mississipi. — Elles ne peuvent être bien résolues que par les données propres à chacune d'elles. — Fortifications naturelles contre le fleuve, dont il charrie lui-même les matériaux; comment les améliorer? — Les *Bois à punch du Diable* — Question des éboulis et des affaissements riverains. — Causes semblables qui produisent les uns et les autres. — De la construction et de l'entretien des levées. — Combien il importerait de les établir avec la connaissance géologique du sous-sol.

Comme tout nous l'a indiqué, le Mississipi entre dans une période de débordements de plus en plus fréquents et formidables, et il faudrait être bien aveugle pour ne pas se préparer à cet avenir. Pourtant on semble à peine le soupçonner. Ce qui empêche encore d'y réfléchir, c'est qu'un grand bien est la cause de ce mal, celui-ci étant dû au progrès même de la civilisation.

Comme la culture n'avance qu'en facilitant le cours des ruisseaux et petites rivières, en ouvrant des issues aux eaux stagnantes et multipliant partout les voies d'écoulement, les eaux n'ont plus autant que jadis le temps de s'infiltrer dans le sol; aussi se jettent-elles en torrents dans les vallées, et de là se précipitant dans les affluents du Mississipi, les gonflent à l'improviste; puis, se portant à la fois dans le grand fleuve, dont le lit ne peut les contenir simultanément, elles le forcent à déborder ou à miner toutes ses digues.

L'arrivée subite et simultanée des affluents de toutes dimensions, dont la vitesse est toujours supérieure à celle du Mississipi: telle est la cause qui ne peut manquer de rendre les inondations et plus fréquentes et plus terribles. Le fleuve ne pouvant débiter l'eau de ses affluents aussi vite qu'il la reçoit, s'élève nécessairement, dépasse la hauteur des crues antérieures, et triomphe des obstacles qu'on lui avait précédemment opposés avec succès.

Que faut-il donc faire en vue de cet avenir? Trouver des garanties nouvelles contre de nouveaux dangers, et une protection plus complète et plus efficace contre les futurs débordements. La question est d'autant plus grave, qu'on ne connaît jamais bien les limites capables de les restreindre, et qu'on ne peut se fixer à l'avance ni sur le volume de leurs eaux, ni sur l'énergie de leur rôle destructeur. Pouvant toujours revenir supérieurs à eux-mêmes et aux obstacles qu'on leur oppose, ils nous forcent d'autant plus à réfléchir au meilleur moyen de leur résister. Est-ce par des levées? Est-ce par des déversoirs?

Rappelons d'abord à ce sujet combien les problèmes de l'hydraulique fluviale sont complexes et entourés de difficultés délicates, dues au nombre et à la diversité des éléments dont ils se composent. Ainsi, parle-t-on de l'exhaussement des crues, trois causes fort différentes et indépendantes les unes des autres peuvent le produire : 1° l'exhaussement du lit du fleuve par suite des atterrissements du fond; 2° le resserrement des rives qui oblige le courant de gagner en élévation ce qu'il a perdu en largeur; 3° les raccourcis qui, augmentant la rapidité des pentes, tendent également à exhausser en aval le niveau des eaux.

Voilà donc trois causes différentes pour expliquer le même fait; ce qui prouve bien qu'aucune d'elles ne saurait être la vraie d'une manière absolue, ni donner aucune explication générale et permanente.

Ce n'est pas tout: ces mêmes causes produisent parfois des effets tout contraires à celui qu'elles viennent d'expliquer.

Ainsi, le resserrement des rives *sur un point donné* tend souvent à y creuser le lit fluvial, et, en le creusant, à y réduire d'autant l'élévation des crues ; ce qui se conçoit par la possibilité qu'a le courant de gagner en profondeur ce que les endiguements lui auraient ôté de son étendue. Les raccourcis, pouvant produire ce même résultat, nous conduiraient également à une conclusion opposée à la précédente, savoir : que pour réduire l'élévation ou le danger des crues d'un fleuve, il faudrait en redresser et endiguer le cours.

Ainsi, les premières explications, qui étaient vraies pour des cas particuliers, se trouvent fausses dans ces derniers cas; de même que la véritable explication de ceux-ci deviendrait fausse à son tour si elle était généralisée. Voilà pourquoi les problèmes de l'hydraulique fluviale, et surtout ceux relatifs au Missisipi, exigent la plus grande exactitude de détails pratiques, et ne peuvent être bien résolus que par les données qui leur sont propres; ce qui fait qu'en pareille matière les considérations locales l'emportent nécessairement sur les principes généraux.

Comprend-on maintenant pourquoi, faute de cet esprit d'application et de notions complètes sur les conditions du Missisipi, les débats relatifs aux levées et aux déversoirs du fleuve se traduisent en luttes aussi stériles qu'interminables?

Un exemple, et le plus important de tous, fera mieux comprendre ma pensée à cet égard.

Il s'agit ici d'une force ennemie et assiégeante : l'art des fortifications y doit donc servir à quelque chose.

En outre, cette force charrie elle-même les matériaux des fortifications naturelles qui peuvent la restreindre ; c'est-à-dire le satterrissements; c'est à nous à nous en servir contre elle.

Les *gabions* et les *fascines,* qui sont les meilleurs et plus simples moyens de soutenir les terres et couvrir les tranchées, sont aussi les plus sûrs et plus économiques moyens de fixer les rives inconsistantes et de résister à l'assaut des eaux courantes, qu'elles divisent par leurs mille rameaux.

Les Hollandais font plus encore avec ce genre de travail : ils exécutent dans leurs prairies tremblantes et leurs terrains tourbeux des ouvrages entiers faits dans des *encadrements de fascines*. Or, la légèreté de ceux-ci, les empêchant de s'enfoncer beaucoup, permet d'y construire solidement des demeures d'un *rez-de-chaussée* et parfois même d'un premier étage. Les mêmes corps de fascines sont ailleurs plongés dans les boues fluviales et y fonctionnent comme murs très-résistants. Des plantations d'osiers complètent les terrassements, en les fortifiant par leurs racines. C'est avec ces fascinages et plantations d'osiers qu'on pourrait également fixer les terres meubles en Louisiane; mais la nature locale y pourvoit d'elle-même, et c'est elle qu'il faut prendre avant tout pour guide.

La végétation propre à ce genre de travail devrait être celle qui pousse spontanément sur les battures. Or, si mes observations ont été exactes, le cotonnier, sorte de peuplier indigène, croît partout ainsi en amont du fleuve, jusque vers le bayou Sara, à 120 et 150 milles au-dessus de la Nouvelle-Orléans. A partir de là commencent les pousses mêlées de cotonniers et de saules. Enfin, le saule seul croît spontanément quand on approche de la Nouvelle-Orléans, et il couvre de sa végétation exubérante les rives au-dessous de la ville jusqu'au delta. Pour avoir donc des pousses de cotonniers qui arrêtent si bien les dépôts du fleuve, il faudrait en semer la graine sur les battures et dans les lieux à colmater, comme le fleuve se charge de faire lui-même en amont du bayou Sara.

Après avoir remarqué comment la nature fixe les atterrissements du fleuve et en fait souvent des rives solides, voyons comment le fleuve se met parfois à défaire son ouvrage, tantôt en rongeant, tantôt en minant ses bords.

Le 15 mai 1859, je visitai près des Natchez M. Andrew Brown, qui voulut bien me conduire lui-même aux *Devil's punch Bowls,* ravines cratériformes dont l'origine m'avait été fort mal représentée. Ces *Bols à punch du Diable* ne sont que des éboulis excavés par les eaux pluviales sur le flanc de collines sableuses des anciens Natchez. Vues du haut de ces collines et de la route publique qui les domine et les contourne, ces excavations s'offrent en forme d'entonnoir, de coupe ou de bol; ce qui leur a fait donner le nom qu'elles portent, et a fait suggérer l'idée que ces bassins avaient été produits par un soudain affaissement du sol. Rien n'est pourtant moins réel que cette apparence, quand on s'en approche par la rive du fleuve et par le sentier même que forme l'écoulement des eaux de pluie.

La traînée des sables qu'elles emportent peu à peu, montre bien que l'œuvre de l'excavation, se continuant par les pluies ordinaires, n'a pu commencer que par elles. Peut-être aussi la profondeur abrupte qu'on y remarque a-t-elle été l'effet d'une trombe, phénomène jadis fréquent dans le pays, s'il faut en croire d'anciens habitants.

Avant d'arriver aux *Devil's punch Bowls,* j'eus à contempler une vaste nappe d'eau rectangulaire, où peu d'années auparavant était un terrain élevé et recouvert des plus beaux arbres. Les sources vives qui s'échappent en cet endroit du pied des collines, expliquent fort bien cette transformation. Ce terrain, d'environ deux acres, avait dû être miné par les eaux courantes et souterraines, qui, enlevant les sables, l'avaient privé de ses fondations; c'est alors que, glissant à son tour probablement sur une couche d'argile, il a été entraîné au fleuve par son propre poids et a disparu avec ses arbres de haute futaie. M. Andrew Brown, qui a été témoin de ce phénomène accompli sur sa propriété, me le citait, avec raison, comme un curieux exemple des éboulis qui arrivent sur le fleuve et sur ses bayous.

A l'exemple précédent, résultant des sources échappées de l'escarpement des rives, il faut en ajouter un autre provenant directement du fleuve, qui le prépare pendant ses crues, et s'accomplissant par le retrait et l'abaissement de ses eaux.

Pour comprendre ce nouveau phénomène, il faut se rappeler comment un baril dont le fond ou les douelles seraient de sable boirait et absorberait aisément tout ou partie de l'eau dont on le remplirait. Le Mississipi aux rives sablonneuses fonctionne exactement comme ce baril : immense puits absorbant où disparaissent des masses d'eau incalculables, au fur et à mesure de leur exhaussement. Tant que la crue dure, la pression de la colonne du fleuve retient et pousse même dans les sables riverains ces eaux sorties du lit fluvial; mais, à la baisse des eaux, c'est l'inverse qui a lieu. Les eaux absorbées tendent à rentrer dans le fleuve, et s'y dégorgent en entraînant parfois des quantités de sable d'un volume presque égal au leur. On devine alors la rapidité des excavations, surtout quand elles s'opèrent entre deux couches d'argile. Celles-ci restent intactes à l'action des eaux qui n'enlève que la couche intermédiaire, et c'est quand cette dernière a disparu, que la couche supérieure, au lieu de glisser comme d'ordinaire, s'enfonce verticalement et parfois abaisse les rives de 20 et 30 pieds. C'est ainsi que les affaissements verticaux proviennent de causes semblables à celles des éboulis. On m'en a signalé sur le bayou Lafourche où l'affaissement avait été de 2 à 3 pieds. Ailleurs, c'étaient des cyprières entières qu'on a vu s'abaisser verticalement. Un ordre stable et nouveau suit du reste cette perturbation, comme le bien suit toujours le mal. Le sol ébranlé, en s'arrêtant à ce qui lui résiste, devient aussitôt consistant et offre fréquemment d'excellentes fondations.

Cet exemple naturel de la consolidation des rives nous montre, en passant, combien il importerait de sonder le terrain où l'on veut s'établir au bord des cours d'eau. C'est ce qui nous conduit à l'étude des levées qu'on y édifie presque toujours à la hâte, et sans jamais savoir si c'est sur une bonne ou mauvaise fondation.

Tant que les eaux sont basses et le danger loin, nul ne s'occupe de ses levées. Mais quand le fleuve monte et vient les assaillir, de tous côtés c'est à qui les sauvegardera. Or, comment y travaille-t-on? Et quel peut être le résultat de tant d'efforts isolés, où le savoir pratique est loin d'être à la hauteur des bonnes intentions? C'est ce que j'ai pu examiner, en remontant le Mississipi et visitant plusieurs de ses bayous.

Sauf deux ou trois exceptions, la manière dont j'ai vu fortifier ces digues ne consiste guère qu'à les rendre ou plus hautes ou plus larges, et à leur donner plus de talus; ce qui paraît suffisant au théoricien, mais n'est réellement utile aux digues qu'après qu'on a pourvu à la solidité de leur base et à la cohésion des matériaux dont on les a formés. Ces deux conditions sont d'absolue nécessité. Et comme, parmi les plus intéressés au bon entretien des levées, je n'ai encore rencontré personne qui s'en préoccupât sérieusement, je crois devoir en dire un mot.

La solidité de toute base dépendant de la consistance du terrain sur lequel on l'établit, il faut avant tout rechercher cette qualité de terrain, et là où il manque, le *créer à tout prix;* sinon, il faudrait reculer la levée, en excluant toujours de ses fondations et de leur élargissement toute terre délayée ou simplement trop humide ; car il n'est pas plus permis de bâtir sur la boue que sur le sable. Tel est le premier pas à faire, et dans lequel on ne saurait se passer de la connaissance du sous-sol.

La seconde condition de durée pour une digue consiste à donner à ses matériaux le plus de cohésion possible, de manière à la rendre imperméable ; ce qui la fera résister à l'action des plus fortes crues. C'est à lui assurer cette qualité que devrait tendre le zèle des entrepreneurs; mais combien en est-il qui s'en préoccupent? La voix unanime des bons ingénieurs est que nulle levée sur les bords du fleuve ne devrait être faite à la tâche, à moins de l'être sous le contrôle de la plus sévère surveillance. Rien n'est, en effet, trompeur comme le cubage des terrassements, dont la solidité et l'adhérence restent cachées sous un volume convenu. Un *pisé* ou bouzillage, assis sur une bonne base, atteindrait infailliblement le but désiré, mais coûterait cher. Ce qu'il faut donc, c'est de se rapprocher de ce genre de bâtisse, en tassant bien et durcissant le terrassement, de façon à l'empêcher de s'imbiber d'eau; car c'est par là que préludent toutes les filtrations, avant-courières des crevasses.

Je n'ignore point que c'est à d'autres causes qu'on a l'habitude d'attribuer cette dégradation des levées. Certains entrepreneurs et planteurs en rendent même exclusivement responsables les écrevisses, devenues ainsi les boucs émissaires de bien des péchés qu'elles n'ont pas commis. Que ces agents destructeurs soient à surveiller, rien de mieux ; mais certes ils ne sont ni les seuls ni les plus dangereux, car les plus grosses écrevisses ne travaillent pas sous terre mais bien en plein jour, et sont tous ceux qui négligent la cohésion des matériaux dans la construction ou restauration des levées.

Est-ce à dire qu'il n'existe que des constructeurs malheureux ou incapables? Bien loin de là ! Mais il n'est que trop fréquent de voir leurs travaux conduits avant tout pour justifier un paiement convenu d'après un certain cubage. Après quoi, vienne une nouvelle crevasse ! Les écrevisses seront toujours là pour en assumer la responsabilité.

Cette manière de décharger sa conscience est, à coup sûr, très-commode. Quant aux planteurs et autres parties intéressées à la durée des digues, je leur recommanderai toujours l'adhérence et le durcissement des terres anciennes ou nouvellement transportées ; sans quoi, avec ou sans l'aide des écrevisses, rien n'empêchera le fleuve de pénétrer la masse désagrégée des levées et de passer au travers. L'oubli de ces conditions est d'autant plus singulier, que le problème à résoudre à propos des digues riveraines est tout ce qu'il y a de plus élémentaire. Une quantité de terre étant donnée à cet effet, il ne s'agit que d'en faire le meilleur emploi possible : ce qui revient à lui donner la base la plus stable, ensuite son *maximum* de cohésion, enfin la forme géométrique la plus propre à neutraliser la pression des eaux. De ces trois conditions de durée, ce n'est guère que la dernière, celle qui parle aux yeux, dont j'ai vu généralement tenir compte. Quant aux deux autres, d'où dépend le fond de la difficulté, je n'ai pas encore eu le bonheur de les voir appréciées en Louisiane, comme elles le sont dans les moindres coins de la Hollande et de l'Italie.

Ce n'est point, du reste, la seule différence qu'il importe de signaler. Quand par suite de fortes filtrations une crevasse est imminente ou prochaine, que fait-on sur les bords du Missisipi? On circonscrit l'espace où l'on craint la rupture de la levée, et comme il se remplit vite d'eau, c'est dans cette eau et ce bourbier qu'on jette à pleines brouettées la terre nouvelle qui ne peut manquer de s'y changer en boue. C'est pourtant cette boue qu'on donne pour base à l'élargissement de la levée; aussi ne faut-il pas s'étonner si celle-ci tend toujours à céder et glisser sous la pression de l'eau, qui en sature l'intérieur et la fondation.

Comme ces accidents sont ordinaires et même inévitables, on essaie de les prévenir par un revêtement de planches au pied du nouvel escarpement. Ces planches sont soutenues par des pieux énormes, mais à peine enfoncés dans le sol et soutenus eux-mêmes par des arcs-boutants qui empiètent sur la route publique, ce qui double à peu près l'étendue de la base primitive, sans augmenter réellement la solidité de la levée. — Inutile d'ajouter qu'un travail si mal entendu doit occasionner des dépenses aux trois quarts inutiles. Le quatrième quart, bien employé, serait plus que suffisant pour restaurer et fortifier toutes les levées compromises de la Louisiane.

Il est vrai qu'il faudrait y travailler au rebours de tout ce qu'on fait aujourd'hui : ainsi, commencer à boucher les filtrations du côté du fleuve qui en est la porte d'entrée, et non les arrêter, du côté opposé, par leur porte de sortie. C'est en effet par ce dernier côté qu'on les retient et loge en permanence dans la digue, d'où, par la pression des crues, elles tendent sans cesse à faire de nouvelles crevasses.

Cette singulière méthode de rapiécer les levées prêtes à partir, m'a récemment frappé en maints endroits, particulièrement sur le bayou Lafourche, au-dessous de *Raceland*. On a essayé d'y arrêter des écoulements à l'aide d'encadrements extérieurs formés de pieux et remplis de terre de transport. Cette terre, dont l'intérieur est tout imbibé d'eau, agit naturellement sur les parois à la façon d'une presse hydraulique ; aussi rend-elle nécessaires des arcs-boutants pour le soutien de cette grossière charpente qui empiète, à son tour, sur la route de la façon la plus risible. Pour ma part, je n'ai pu que gémir sur ces conditions de l'hydraulique en Louisiane, elle qui, en tout et partout, devrait exceller dans cette science et se faire appeler la Hollande et la Toscane des États-Unis.

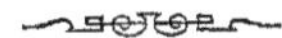

VI.

DES SALINES COMME MOYEN SPÉCIAL D'ASSAINISSEMENT.

Retour à la question des dessèchements. — Des salines considérées comme moyen spécial d'assainir un pays. — Importance de leur établissement pour la Louisiane. — Le sel est à retirer de la salure du golfe de Mexique, comme les alluvions des eaux douces du Mississipi. — Les forces naturelles seront les principaux agents de ces deux récoltes également indispensables à la Louisiane.

Parmi les grands intérêts à satisfaire dans les conditions présentes de la Louisiane, nous avons déjà vu l'agriculture et la santé publique réclamer impérieusement le dessèchement des terres marécageuses. L'indépendance économique de l'État demande au même titre qu'une denrée vitale et de première nécessité comme le sel soit enfin d'origine américaine, et soit mise par le bas prix de sa fabrication à la portée de tous les consommateurs, des consommateurs agricoles particulièrement. Ainsi, faute d'avoir cette denrée au prix commun des engrais, les planteurs de coton n'ont jamais pu l'utiliser en grand sur leurs terres. Or, c'est là un *desideratum* de l'agriculture Louisianaise, que la géologie de l'État aidera fort bien à remplir. La question du sel indigène devant donc aussi nous occuper, commençons par la mettre en rapport avec celle des dessèchements.

A l'égard de cette dernière question, on a pu voir que le mode d'exécution de mon système est simple en principe, comme toutes les opérations de la nature, et par conséquent très-facile à comprendre. Quant à l'application, quoiqu'on la présumât également aisée, ce serait peut-être bien différent, le succès des détails pratiques exigeant toujours une expérience spéciale.

Qu'il me soit donc permis de parler d'expérience au sujet des salines, et de dire comment les mélanges saumâtres étant les ennemis de la fabrication du sel aussi bien que de la salubrité, j'ai depuis long-temps trouvé dans l'art de fonder les salines la vraie méthode de dessécher et assainir rapidement un pays. A cet égard, des faits entièrement inconnus en Louisiane méritent d'y être mis en lumière, pour montrer d'abord les rapports intimes qui unissent deux genres d'entreprises indispensables à sa grandeur : la production de son sel au moyen de l'évaporation atmosphérique, et la conquête de ses terres marécageuses au moyen d'un système d'hydraulique naturelle. Quant à l'établissement des salines Louisianaises, ne fît-il qu'accélérer les progrès de l'assainissement général, il nous offrirait déjà, à cet égard, un motif suffisant pour nous en occuper.

Et d'abord, les rapports intimes de cette nouvelle question avec la précédente ne surprendront personne, si l'on se fait une idée juste d'une saline à évaporation atmosphérique. Comme l'eau douce est mortelle à ce genre d'établissement, tout y est combiné, tout y est constamment prêt pour s'en affranchir rapidement et prévenir son mélange avec l'eau salée, qu'elle rendrait saumâtre et impropre à produire le sel. Or, cette eau saumâtre, si funeste aux salines, est aussi la cause génératrice des fièvres qui désolent le pays durant quatre ou cinq mois de l'année ; ce qu'on attribue au triste privilège qu'elle a d'une double putréfaction : les animalcules des eaux douces y meurent dans son humidité salée, et les animalcules des eaux salées viennent y mourir, à leur tour, dans les alluvions imprégnées d'eau douce.

De là, la principale source de cette *malaria* qui, jusqu'à ce jour, a rendu inhabitables les maremmes corses, toscanes et romaines, et qui rend de même improductifs tant de riches marais de la Louisiane, en les maintenant dans leur insalubrité primitive. Le mélange des eaux douces et des eaux salées, voilà donc le premier ennemi de la santé publique. Mais cet ennemi, l'art de fonder les salines nous a depuis long-temps appris à le combattre et à le vaincre. Nous n'hésiterons pas à l'attaquer de face, et il ne faudrait nullement désespérer d'en venir à bout dans la Louisiane, quoique le mal y soit aggravé par l'alternance des alluvions fluviales et des alluvions maritimes. Les atterrissements alternatifs, résultant des débordements du Mississipi et des marées extraordinaires du golfe de Mexique, ont constitué le sol de la Basse-Louisiane. Or, partout où il est imprégné d'humidité saumâtre, vraie source de la *malaria*, comment ne serait-il pas insalubre et pestilentiel?

L'origine du mal une fois connue, et ce mal étant le même qui tue les salines, on comprendra mieux notre appel à l'hygiène publique et à ses dignes représentants. Qu'il nous soit permis de le faire en toute confiance, puisque le remède que nous allons proposer a obtenu un triomphant succès partout où l'application en a été faite en connaissance de cause. Laissez-moi vous soumettre les résultats d'une expérience de quatorze années ; vous me direz ensuite si les salines n'ont pas toujours été, là où elles ont été praticables, l'un des plus efficaces moyens d'assainissement, et si la méthode de dessèchement qui les précède n'est pas celle aussi qui doit précéder dans les terres submergées de la Louisiane la marche de la culture et de la civilisation.

Venez avec moi sur les côtes occidentales de la France, dans les régions marécageuses situées entre la Loire et la Gironde : sept à huit millions de boisseaux de sel y sont annuellement fabriqués avec les eaux de l'Atlantique, et plus de vingt mille travailleurs doivent à cette industrie tous leurs moyens d'existence. Or, ces mêmes travailleurs vous diront unanimement que la contrée n'est habitable que par et pour les salines, et ils ajouteront : « Si nos salines » étaient mieux tenues, si les eaux douces y étaient mieux séparées des eaux » salées, de manière à prévenir les mélanges saumâtres dans les fossés exté- » rieurs aussi bien que dans l'irrigation intérieure, le pays en deviendrait bien » plus sain encore, et la production du sel plus abondante. »

Passons au sud de la France, sur les rivages de la Méditerranée, et nous vérifierons les mêmes résultats, à des degrés divers selon les localités. Ainsi, construit-on au milieu de marais infectés de la fièvre une vaste saline, celle de Berre, par exemple : la fièvre cessera immédiatement dans l'enceinte, mais elle continuera d'abord à ravager l'extérieur ; aussi les ouvriers voisins ou les saliniers auront-ils soin toujours de venir passer la nuit dans la saline comme dans un lieu de refuge, jusqu'à ce que l'influence de cet établissement et les progrès du dessèchement et de la culture aient assaini toute la région.

Autre exemple. Les marais de Peccais, entre Aiguesmortes et les embouchures du Rhône, étaient, il y a 30 ans, rendus tout-à-fait inhabitables par la *malaria*. A l'exception des ouvriers des vieilles salines, on n'y voyait que des douaniers et aussi quelques soldats, car c'était l'époque où l'Angleterre resserrait de tous côtés les réseaux de son blocus maritime contre Napoléon. Eh bien ! douaniers et soldats y étaient autant de victimes condamnées d'avance aux effets d'un climat mortel. Et de là le nom de *fièvre militaire*, donné à celle qui les foudroyait trop souvent dans ces redoutables parages.

Qu'est-il arrivé depuis lors? La fabrication du sel ayant subi deux ou trois révolutions techniques, et toutes les vieilles petites salines ayant été combinées en un seul établissement de 4 à 5,000 acres, l'influence de cette vaste saline a fait elle-même une complète révolution dans les conditions hygiéniques du climat. Tout y a changé de face. Les fièvres pernicieuses ou cérébrales en ont entièrement disparu ; et quant à celles qu'on y peut prendre par imprudence ou excès, elles sont intermittentes, du caractère le plus bénin et très-rares.

Les vastes salines qui entourent Aiguesmortes ont contribué avec le même succès à l'assainissement de cette autre région marécageuse. Des canaux de commerce ont, de leur côté, concouru aux mêmes résultats, et ces divers moyens appelant le travail et l'industrie ont produit une double révolution également heureuse et féconde, d'abord dans la salubrité et ensuite dans l'économie de tout le littoral. Tel est le grave enseignement résultant des salines françaises, et parfaitement applicable aux futures salines de la Louisiane.

Quant à l'expérience de l'Italie, où j'ai passé cinq années à faire des études et des travaux pratiques, j'en rappellerai seulement quelques principes parmi ceux que j'ai pu vérifier ou appliquer moi-même, en fondant en 1848 la saline de Cervia :

1° Toute saline commençant par un dessèchement donne, pour ce genre d'opération, le vrai modèle à suivre, puisque la fabrication du sel y dépend de la perfection du dessèchement ; de sorte que fonder une saline dans la Louisiane serait y résoudre en petit le grave problème qui préoccupe aujourd'hui l'opinion publique et la Législature.

2° L'art des salines est encore celui d'utiliser toutes les forces évaporantes des vents et du soleil, forces également applicables aux dessèchements, et d'autant plus efficaces sur les eaux fluviales, que ces eaux, étant plus légères que les eaux de la mer, offrent moins de résistance à l'évaporation.

3° Le bon emploi de ces forces que je n'ai encore rencontrées nulle part, pas même en Italie où l'art des dessèchements est à coup sûr le plus avancé, constituera, je l'espère, un des progrès de l'hydraulique. Quant à présent, pour se faire une idée de cette puissance d'évaporation qui nous environne, et que, dans mes articles de 1845, je comparais aux forces motrices des chutes du Niagara, il suffira de rappeler que l'illustre professeur Maury l'a depuis calculée et jugée équivalente en moyenne à une force de 30 chevaux de vapeur par acre de superficie. Dans les régions du Sud et dans la Louisiane, nous pourrions très-bien la supposer d'au moins 55 chevaux. Telle serait donc la machine naturelle à utiliser aussi pour les dessèchements de la Louisiane, et qui ne coûterait rien ni aux citoyens ni au trésor de l'État.

Ces principes posés, et les salines à évaporation atmosphérique étant ainsi mises en rapport intime avec les dessèchements à opérer dans la Louisiane, resterait la question pratique à résoudre : Où et comment commencer l'opération? Mais ceci est affaire financière avant tout; et ce n'est pas le moment convenable de l'aborder. Le sel a d'ailleurs bien d'autres aspects plus importants à mettre ici en lumière! Il intéresse l'agriculture, qui en a besoin comme engrais, particulièrement sur les terres à coton. De lui dépend encore l'émancipation économique des États-Unis, qui ne sauraient toujours recevoir cette denrée vitale du dehors, c'est-à-dire de nations capables d'être un jour leurs ennemies.

C'est l'importance d'un tel sujet qui nous y fait revenir dans le chapitre suivant, bien persuadé que s'il est d'abord goûté sous le rapport des intérêts matériels, il ne tardera pas à l'être davantage au point de vue des études géologiques.

VII.

QUESTION DU SEL INDIGÈNE. — IMPORTANCE DE CETTE DENRÉE POUR LES ÉTATS-UNIS.

La question du sel, comme la plupart des questions vitales, n'a jamais été bien comprise que sous l'aiguillon du besoin. Quand on se sent privé d'air, on emploierait tout ce qui reste de force humaine pour en avoir et le respirer à pleins poumons; de même, quand on se voit manquer de sel, ferait-on les plus grands sacrifices pour s'en procurer, ne fût-ce que quelques grains. Oh! alors on sent très-bien le rôle de cet élément nécessaire à la santé, et l'on est tout convaincu de ce qu'il vaut pour le bien-être des nations comme pour la vie des individus.

C'est ce qui fut également compris, en janvier 1858, par l'avant-garde américaine en marche vers l'Utah. Pour ne pas descendre à l'humiliation de recevoir en présent le sel des Mormons ou de leur en acheter, elle le payait au poids de l'or. Faute même d'en obtenir à ce prix, elle envoya des détachements à des centaines de milles, dans le Nouveau-Mexique, rien que pour chercher quelques sacs de cette indispensable et singulière marchandise. L'exemple de cette cruelle privation n'est point, au surplus, nouveau dans l'histoire des États-Unis; et la période révolutionnaire, comme la guerre de 1812, nous offrirait à cet égard des enseignements bien autrement significatifs. Qu'il suffise, en attendant, de l'expérience des troupes fédérales hivernant dans les Montagnes Rocheuses sans une ration suffisante de sel, pour comprendre, à première vue, combien il importerait d'en naturaliser la fabrication aux États-Unis, partout où il y aurait possibilité. Sous un autre rapport, comment oublier les innombrables avantages industriels, commerciaux et agricoles, résultant de la vente ou de l'emploi direct de cette denrée pour tout pays qui la produit? Si la Louisiane, par exemple, devenait le lieu favori de cette production, elle en recueillerait infailliblement les premiers bénéfices, et y trouverait un nouvel élément de fortune qui rivaliserait bientôt avec son sucre et son coton. Parmi les questions dont dépend sa grandeur à venir, je n'en sache pas de plus urgente que celle du sel qu'elle consomme ; elle devrait d'autant plus le produire, qu'elle en fournirait des quantités illimitées aux populations riveraines du Mississipi.

Or, jusqu'à présent, ce sel, dont la production spontanée s'aperçoit si fréquemment en été sur les bords du golfe de Mexique, depuis la Floride jusqu'au Texas, ce sel, si facile à fabriquer dans tous les états du Sud sous l'action gratuite des vents et du soleil, leur est constamment venu de l'Angleterre, de l'Europe continentale ou des Antilles. De sorte que cet élément de future prospérité, cette denrée vitale, presque aussi nécessaire à leur indépendance économique que la poudre à canon l'a été à leur indépendance nationale, leur est exclusivement fournie par l'étranger, et se trouve en des mains qui, malgré tous les rêveurs de paix perpétuelle, pourraient bien un jour devenir ennemies, et en faire un instrument, sinon de domination, tout au moins de famine et de trouble intérieur.

Au point de vue de la balance du commerce, l'importation du sel étranger n'est pas enfin d'un moindre intérêt pour les États-Unis ; il suffit d'en signaler l'accroissement, dont la rapidité tient du prodige. Comme la progression y porte presque uniquement sur les sels d'origine anglaise, nous allons y voir un tableau qui doit singulièrement flatter l'orgueil britannique : on dirait une invasion marchande d'autant plus sûre du succès qu'elle est plus silencieuse, et d'autant plus irrésistible qu'elle prend les Américains en quelque sorte par les vivres. Le sel, d'ailleurs, n'est pas seulement une de leurs denrées vitales ; il est de plus un article absolument indispensable à leurs pêcheries, à leurs innombrables salaisons, et bientôt aussi, je l'espère, à leur incomparable agriculture. Néanmoins, les législateurs de l'Union n'en prennent nul souci, et, des Législatures particulières, je ne sache que celle de l'État de New-Yorck qui en ait fait l'objet d'une persévérante attention. Pour captiver un enfant, il suffit souvent d'un morceau de sucre : eh bien ! le sel étranger semblerait exercer le même charme aux États-Unis, particulièrement dans les États du Sud, qui ne songent point encore à le retirer de l'eau salée au moyen de l'évaporation atmosphérique. Aussi l'Angleterre leur en envoie-t-elle à plaisir et à foison, on dirait tout exprès pour leur ôter jusqu'à l'idée d'utiliser leur brillant soleil et la mer qui baigne leurs rivages. Les cargaisons de sel n'y arrivent donc plus comme jadis, sous le bon vieux temps colonial, par quelques centaines de tonneaux suffisant à la consommation de l'année entière, mais par 10 à 15 mille sacs à la fois, réclamés par la consommation quotidienne, et chargés soit à Liverpool, soit aux Iles Turques, d'où, en dépit des frais de transport, ils viennent s'emmagasiner par millions de boisseaux dans les ports américains, en attendant de se répandre dans l'intérieur de l'Union par la voie des fleuves et des chemins de fer. Durant l'année financière 1853-54, l'importation comprit 10 millions de boisseaux. L'année suivante, elle fut de 13 millions. En 1855-56, elle s'est élevée à 15,405,861 boisseaux. J'ignore les rapports du trésorier-fédéral pour 1857 et 58; mais nous y verrons probablement le chiffre de 17 millions, qui, soit pour l'achat, soit pour le frêt de la marchandise, auront coûté aux consommateurs américains trois à quatre millions de dollars. Une telle somme mérite à coup sûr quelque considération, surtout si l'on réfléchit que la dixième partie en eût largement suffi à naturaliser sur les rivages du Sud la fabrication du sel de mer par l'emploi scientifique de l'évaporation naturelle.

Mais passons sur le chiffre de ce tribut annuel, et revenons à l'importation, dont la marche envahissante mérite surtout d'être étudiée à la Nouvelle-Orléans.

Des articles importés dans cette métropole, le sel, à lui seul, dépasse d'abord en poids et quantité tous les autres réunis. En second lieu, le chiffre de sa progression fait d'autant mieux ressortir le défaut complet de concurrence indigène, montrant que, jusqu'à présent, pas un grain de sel américain n'est mis en vente dans le grand marché de la vallée du Mississipi. Par triste compensation, voici, pour les trois dernières années, le tableau des sels d'origine étrangère vendus à la Nouvelle-Orléans :

Qualité.	Lieux de provenance....	1854-55	1855-56	1856-57
Sel de chaudière. —	Sacs de Liverpool. . . .	605,298	1,055,284	1,051,190
Sel de mer. —	Boisseaux des Iles Turques et autres lieux.	582,298	755,282	592,778

Ainsi, outre les boisseaux de sel marin que la Nouvelle-Orléans reçoit exclusivement pour les saleurs de l'Ouest, elle importe 1,051,190 sacs de Liverpool en sel de chaudière destiné aux autres classes de consommateurs. Or, voilà, s'il en fut jamais, une importation aux proportions colossales, et qui venge bien *John Bull* des plaisanteries dont il est souvent l'objet de la part de l'*Oncle Sam!*

Oui, sans doute, la glorieuse indépendance, la victoire de la Nouvelle-Orléans, *le Détour aux Anglais*, donnent autant de coups de soleil à tout bon sujet britannique qui remonte le Mississipi. Mais, en dépit du sort, le sel dont il a rempli son navire remonte avec lui, et, sans bruit comme sans éclat, prend possession absolue de la métropole du Sud.

En somme, c'est environ quatre millions de Boisseaux ou le quart de l'importation totale aux États-Unis, qui, sortant chaque année soit de Liverpool, soit des Iles Turques, autre dépendance anglaise, vont se répandre dans toute la vallée du Mississipi; tandis que les ports de l'Atlantique s'approvisionnent auprès des mêmes producteurs, et que l'Union entière relève à cet égard de son ancienne métropole presque autant qu'avant d'en avoir secoué le joug. Or, où trouver pareil résultat commercial? Non, je n'en sache aucun d'aussi étonnant dans l'histoire des nations marchandes.

Ici donc saluons respectueusement n'importe quel producteur britannique; car, s'il est un titre de gloire pour lui, c'est à coup sûr de rester encore maître du marché américain, et d'y faire acheter, en dépit des frais de transport et de combustible, une denrée que l'évaporation atmosphérique y multipliera quelque jour de manière à rendre à l'Angleterre et à l'Ancien Monde tout le sel que le Nouveau a déjà pu recevoir de lui.

(Voir l'*Appendice* relatif à ce sujet.)

VIII.

TOSCANE ET LOUISIANE.

RÉMINISCENCES DE GÉOLOGIE INDUSTRIELLE.

On a pu remarquer, dans cet Essai, que nous recourions assez volontiers à la méthode comparative.

C'est, en effet, en comparant, c'est-à-dire en signalant les similitudes, les différences ou les oppositions radicales des diverses régions géologiques, qu'on est sûr d'apprendre et retenir simultanément deux ou plusieurs notions, au lieu d'une seule toujours prête par son isolement à s'échapper de nos souvenirs. Que le lecteur veuille donc, une dernière fois, me permettre la méthode des rapprochements : il y comprendra mieux de quelle inappréciable valeur serait pour la Louisiane l'exploration géologique qu'on a si souvent demandée pour elle. C'est en vue de l'exploration particulière des monts Vashita que je reproduis les lignes suivantes : elles serviront de pont de passage aux études pratiques dont cette région mérite d'être au plus tôt l'objet.

Parmi les Américains voyageant en Italie, bien peu connaissent et bien moins encore ont visité les *lagoni* et *fumarole*, justement renommés, de la Toscane. La géologie industrielle en a fait une source de richesse inattendue pour ce beau pays, et ils en sont, à coup sûr, le phénomène le plus singulier. Résolu de m'en faire une idée juste et de compléter par cet examen mon exploration des maremmes toscanes, je me dirigeai vers les colonnes de fumée qui s'élevaient dans le lointain, au-delà de la Cécina, sur les limites des territoires de Volterra et de Sienne. C'étaient les soufflards de *Monte Cerboli*, derniers soupiraux de volcans éteints, où l'eau bouillonne toujours au fond des anciens cratères. Derrière ces hauteurs et cachées à nos regards, étaient d'autres éruptions brûlantes, à *Castel-Nuovo*, à *Monte Rotondo*, *Cravalle*, etc., disposées sur une ligne d'environ trente milles de long, et assez régulière pour y faire supposer une fente mal soudée des premiers soulèvements volcaniques. Les jets de vapeurs exercent une action puissante sur le sol d'alentour. Ils y décomposent partout les roches calcaires, et s'échappent à la fois par 10, 20, 30 soupiraux distincts, à travers des terrains boueux et calcinés. Mais, chose plus merveilleuse que ces phénomènes, et audace encore sans copie, comme elle est sans modèle ! c'est d'y voir l'industrie humaine aux prises avec ces forces volcaniques, les dompter, les transformer en fidèles servantes, et, après de périlleux et constants efforts, s'emparer de leur chaleur naturelle et la faire servir à la production des sels borax.

Les colonnes de fumée qui s'élevaient en panaches blancs à l'horizon nous occupèrent d'abord. L'épaisseur et l'élévation en varient avec l'état de l'atmosphère. Quand le temps est à la pluie, l'air humide étant plus léger, la vapeur devient plus dense, plus pesante, se maintient plus près du sol, s'étend en nuages plus larges; et comme l'hydrogène sulfuré y domine, l'odeur nauséabonde s'en fait sentir à plusieurs milles de distance, tandis qu'augmente en même temps le bruit de l'eau en ébullition. Au contraire, lorsque le temps est sûr et clair, la vapeur qui acquiert en légèreté ce que l'air sec gagne en pesanteur spécifique, s'élève verticalement et prend la forme d'une haute colonne. Elle est alors moins épaisse et moins fétide, et le mouvement de l'eau qui la produit devient aussi moins bruyant. Les habitants du pays, qui observent la variation de ces phénomènes, y voient des signes certains des changements du temps, et leur sagacité naturelle en juge avec autant de précision que nous ferions nous-mêmes en observant les hauteurs barométriques.

En arrivant sur les lieux, où nous fûmes cordialement accueillis par les employés de notre compatriote, M. le comte Larderel, nous ne vîmes d'abord que l'image de la dévastation. C'étaient des terrains d'une aridité complète, où les roches mêmes, désagrégées par les vapeurs, y étaient réduites en poussière et en bouillie, et çà et là des amas d'eau épaisse, trouble et boueuse, constamment en ébullition et bouillonnant avec fracas. Attirés par l'étrangeté de ce bruit, nous nous approchions de ces lacs; mais notre guide nous ramenait vite au bon sentier. Il fallait, en effet, redouter les apparences d'un sol ferme et sec, et prendre nos précautions pour ne pas tomber dans des masses de vases brûlantes, et aussi pour éviter les éruptions de gaz s'échappant des fissures volcaniques comme de vraies chaudières à vapeur. L'odeur infecte d'œuf pourri y accusait surtout l'hydrogène sulfuré, dont la présence y explique aussi la haute température de ces exhalaisons.

L'irrégularité avec laquelle ces vapeurs se produisent rendait encore la promenade plus dangereuse. Il suffit, par exemple, d'enfoncer un bâton dans le sol pour en voir subitement échapper la vapeur; et si de l'eau est jetée dans ce fumarole artificiel, ou dans n'importe quelle fissure fumante, elle commence aussitôt à bouillir. On conçoit, dès-lors, les brûlures et les graves accidents auxquels on s'exposerait si on s'enfonçait par mégarde, et si l'on ouvrait avec ses pieds de semblables fumaroles. Quant à la portion du sol plus raffermie, elle est généralement si chaude, qu'il est impossible d'y rester long-temps sans avoir les chaussures brûlées. Tel est le phénomène des fumaroles de la Toscane, avec lesquels le pseudo-volcan louisianais de 1805 avait sans doute quelque analogie. Quoi qu'il en soit de ce dernier, c'est dans la région si mouvante des autres, qu'il a fallu bâtir les usines destinées à utiliser l'acide borique mêlé à leurs vapeurs et tenu en solution dans les lacs environnants.

Un mot d'abord sur la nature et l'utilité de cet acide, que nous trouvons simultanément à l'état liquide et solide. Ainsi que le sel, on l'obtient en le faisant cristalliser par évaporation dans les eaux où on l'a concentré. Comme il est peu soluble à froid, la cristallisation s'y opère par refroidissement; combiné ensuite avec la soude ou la potasse, il cristallise de nouveau et constitue les *borax* ou *tincal*, sel très-commun au Thibet, que l'on trouve encore à l'état natif dans plusieurs lacs de l'Inde, ainsi qu'au Pérou, mais qu'on ne peut obtenir économiquement en Europe qu'en employant l'acide borique de la Toscane. Ce sel, qui paraît avoir été connu des anciens sous le nom de *chrysocolle*, rend les tissus incombustibles, et a surtout la propriété de faciliter les alliages et les soudures des métaux; on s'en sert pour la peinture sur verre et sur émail. C'est un fondant sans égal dans les essais docimastiques, et c'est à lui qu'il faut peut-être attribuer la supériorité de la petite métallurgie anglaise.

Telle est l'importance de la nouvelle richesse, dont la Toscane possède le monopole incontesté, et dont la découverte a été le fruit d'études scientifiques sur les ressources naturelles de ce pays. La géologie industrielle y a fait là un vrai miracle. Il serait sans doute trop présomptueux d'espérer le renouveler en Louisiane. Pourtant cette belle contrée a aussi eu ses volcans, dont nous avons déjà parlé; et qui sait si l'on n'en découvrira pas d'autres entourés d'éléments de richesse pareille? Le fait est que les monts Washita pourront nous surprendre un jour par leurs ressources minéralogiques. Mais, pour les exploiter comme la Toscane a fait des siennes, la Louisiane attend d'en être positivement instruite par une exploration officielle. C'est à cette fin que l'exploitation des fumaroles de Monte Cerboli peut lui servir à la fois d'exemple et d'émulation ; aussi essaierons-nous de lui en donner une idée complète.

Et d'abord, comme dans tous les volcans et les solfatares, les jets de vapeur de Monte Cerboli entraînent, des profondeurs souterraines, une foule d'éléments à l'état gazeux : de l'hydrogène sulfuré, du gaz hydrochlorique, etc., enfin l'acide borique, qui distingue spécialement les fumaroles. D'un autre côté, cet acide se trouve en solution dans l'eau des lagoni, et se dépose en incrustations salines sur leurs bords. D'autres fois, il pénètre dans les fissures des roches voisines et s'y mêle à du soufre, du gypse, des oxydes de fer, du vitriol, de l'alun, et à d'autres produits incessamment formés sous l'influence des agents volcaniques.

A voir tant d'éléments nouveaux sortir de la décomposition des minéraux souterrains et des éléments primitifs du sol, on dirait un immense et merveilleux laboratoire de chimie naturelle. Les exhalaisons d'acide sulfurique y jouent aussi leur rôle, et les voyageurs s'en aperçoivent bientôt, en voyant avec quelle facilité de faux bijoux y perdent l'or qui les recouvrait. Cette propriété corrosive n'est pas non plus étrangère à l'acide borique, dont la fabrication doit maintenant nous occuper.

Ce dernier acide n'existe qu'en très-faibles proportions dans l'eau des lagoni, $^1/_2$ ou 1 pour cent. Or, pour l'en retirer en le faisant cristalliser, il eût fallu l'y concentrer à 25 pour cent environ, ce qui eût exigé des frais énormes de combustible. Une telle concentration par la chaleur artificielle étant impraticable, on fit un autre essai. Le but en valait la peine : il s'agissait de naturaliser en Toscane la matière première, dont l'Angleterre, la France et l'Allemagne se disputent à l'envi l'acquisition. Ce nouvel essai consistait à ramasser les diverses concrétions d'acide borique qui se formaient autour des lagoni et à les jeter dans un réservoir d'eaux bouillantes provenues des lacs supérieurs.

Les eaux, par ce moyen, se trouvaient en partie saturées avant d'arriver aux chaudières, et d'autant plus que, s'évaporant tout à la fois par leur propre chaleur et celle du sol à l'entour des fumaroles, elles se saturaient encore de l'acide borique contenu dans la vapeur brûlante de ces derniers. Néanmoins l'entreprise, insuffisante quant à la production, échouait de nouveau par la dépense du combustible.

C'est alors que la Compagnie créée pour cette exploitation vendit ses droits à M. de Larderel. Ce dernier a complété d'abord son œuvre diplomatique par l'achat de tous les lagoni et par un nouveau privilège d'exploitation obtenu du Grand-Duc. Il mit ensuite la main à l'œuvre, et, de sa personne, réalisa et compléta tantôt les idées, tantôt les ébauches de ses prédécesseurs. Un ingénieur italien avait déjà péri à l'œuvre, en glissant dans le terrain brûlant qu'il faisait creuser. M. de Larderel, plus habile et plus heureux, fit aussi creuser des canaux, et, conduisant les eaux chaudes des lagoni de l'un à l'autre fumarole, il les força de s'évaporer au contact des vapeurs brûlantes, tout en se saturant de leur acide borique. Il fit plus encore pour économiser les frais de combustible, difficulté suprême de l'opération ! — Il substitua la chaleur même des volcans à la chaleur artificielle. — Il osa jeter des voûtes sur les bouches fumantes, et il en emprisonna la vapeur corrosive, dévorante, dans des conduits de plomb. Maître alors d'une source inépuisable de chaleur, qu'il conduisit sous ses chaudières, l'évaporation complète des eaux ne lui coûta plus rien.

L'acide borique cristallisa de lui-même, presque sans frais de main-d'œuvre et de personnel, les seules dépenses se bornant à l'entretien des édifices dont les gaz corrodent toutes les ferrures, et que les ébranlements volcaniques du sol obligent sans cesse de reconstruire.

Arrivée à ce point de perfection, la fabrication réunissait la richesse des produits à l'extrême économie et simplicité des moyens. Une nouvelle société commerciale fut alors formée; les actions en furent émises pour une valeur de neuf millions. M. de Larderel en fut constitué directeur, et une immense fortune fut sa légitime récompense. Nul ne la lui envia; car la nouvelle industrie fut aussi un bienfait pour la contrée entière, où aujourd'hui non-seulement des usines, mais des villages s'élèvent près des fumaroles et jusque sur les bords redoutés des lagoni. La nature y est toujours affreuse et désolée, mais les populations y sont actives, laborieuses. Jadis elles semblaient n'y pouvoir résister aux fièvres intermittentes attribuées à l'influence lointaine des marécages. Maintenant, le bien-être matériel leur a été rendu avec le courage et la santé, et, familiarisées qu'elles sont avec les commotions du sol, elles reposent en sécurité parfaite au-dessus des volcans.

L'intrépide et heureux fondateur de cette œuvre ne fut point oublié du grand-duc Léopold II, qui le nomma comte de *Monte Cerboli*. Ajoutons que M. de Larderel use on ne peut plus noblement de sa brillante position. Une élégante chapelle, une salle d'asile pour les enfants des deux sexes, des écoles et pharmacies gratuites établies et entretenues à ses frais, sont de nouveaux titres à la reconnaissance des populations qu'il a dotées du bien-être le plus inattendu.

Revenus à l'établissement central, où nous attendait une hospitalité complète, nous fûmes invités par les employés à nous inscrire sur le livre des voyageurs. J'y laissai, comme on devine bien, le témoignage de mon admiration. Plus tard, quand je quittai l'Italie dont la situation rendait impossible la continuation de mes entreprises de salines, j'eus l'honneur de voir à Livourne M. de Larderel, et je lui parlai de quelques améliorations à introduire dans la fabrication de l'acide borique. « Jusqu'à présent, lui dis-je, pour connaître le » degré de saturation de vos eaux, vous employez une assiette contenant de » l'acide borique cristallisé; et selon que l'eau de chaque chaudière en dissout » plus ou moins, vous jugez approximativement de leur graduation. Mais en » juger avec précision vaudrait pour vous beaucoup mieux. A cet effet, l'aréo» mètre, employé comme il l'est sur nos salines, faciliterait à coup sûr la ma» nœuvre de vos eaux, et il accélèrerait d'autant la fabrication de vos produits. »

La réponse de M. de Larderel me prouva qu'il avait au plus haut degré l'esprit de perfectionnement. Après l'observation de quelques autres détails qui semblaient lui être échappés, j'ajoutai, sous forme de plaisanterie, que son monopole, tout formidable qu'il était, n'était pas sans un côté faible; qu'il y aurait peut-être moyen de lui faire concurrence! Ce fut comme une étincelle tombant près d'une poudrière. Mais un mot le rassura : « Ne craignez rien, » monsieur le comte; je pars pour les États-Unis, et ce n'est pas de l'acide » borique que j'espère fabriquer en Louisiane. »

TROISIÈME PARTIE.

APPENDICE A.

DÉCOUVERTE DES MANUSCRITS DE DE LA SALLE.

Une mauvaise classification de pièces a prévenu jusqu'ici la découverte des mémoires si long-temps cherchés du célèbre De la Salle. Je suis heureux de les avoir enfin trouvés, et non moins heureux de remercier ici le Directeur des cartes et plans du Ministère de la marine, M. l'amiral Mathieu, de m'avoir secondé et encouragé dans toutes mes recherches.

Nous tenons donc à présent les relations que je désirais tant pour ma *Géologie pratique de la Louisiane*, mais qui intéresse le Nouveau-Monde sous bien d'autres rapports !

On les trouve dans les *Archives scientifiques de la marine*, dans un cahier où ils sont en quelque sorte cachés par le titre de la première pièce. Les voici dans l'ordre où ils sont dans le carton C. 67^2, N° 15 :

« 1° Lettre du sieur Baron, 1729, sur la longitude et latitude de la Louisiane et » les bois de construction qu'on y trouve en abondance;

» 2° Relation du voyage de De la Salle à la rivière du Mississipi, 1698;

» 3° Relation du voyage de De la Salle à la rivière du Mississipi, 1680;

» 4° Relation de la découverte de l'embouchure du Mississipi, faite par De la Salle, » en 1682. »

Puis, on y lit en note :

« La première pièce détermine la latitude de la Nouvelle-Orléans, à 29° 57′.

» La deuxième est historique et relative au commerce que l'on peut faire par le » Mississipi.

» La troisième est une pièce historique, géographique et critique contre Jolliet et » le Père d'Aloès, jésuites.

» La quatrième et dernière est historique et géographique *seulement*. »

Seulement mérite d'être ici souligné ! !

Car telle est l'appréciation qui a peut-être contribué au long oubli des Mémoires de Robert De la Salle. C'étaient, en effet, de singulières recommandations pour les faire chercher, surtout le Mémoire au comte de Frontenac, du 9 novembre 1680, et la relation plus importante encore de 1682 que nous avons publiée ci-dessus (p. 17).

Une autre cause d'oubli a pu être l'antériorité donnée par le classificateur à la *Relation de 1698 par un De la Salle,* qui n'était pas notre voyageur. Ce nom pourtant devait exciter la curiosité, mais pour bientôt l'amortir à la lecture d'un récit trop au-dessous de ce grand nom. C'est ainsi que les chercheurs ont dû s'arrêter à ce N° 2, et négliger les suivants, où étaient les relations si désirées.

Quant au second voyage durant lequel De la Salle s'égara et périt si malheureusement au Texas, les pièces les plus intéressantes restent également à publier. Ce sont :

1° La lettre où De la Salle fait la description de ce qu'il nommait l'embouchure occidentale du Mississipi, 1685 ;

2° La lettre du sieur Tonti sur son voyage jusqu'à la rivière du Mississipi, avec un procès-verbal de sa route, le 24 août 1686 — en Canada. (*Voir* C. 67² N° 1, *Arch. scientif. de la marine.*)

C'est faute de connaître ou d'avoir consulté ces divers documents, que la plupart de ceux qui ont parlé de notre voyageur l'ont tour-à-tour amoindri ou défiguré aux yeux de l'histoire. Voyez, entre autres, l'esquisse de ses voyages dans la *Biographie universelle :* les erreurs de date, de faits et de lieux y abondent. Elle n'est d'ailleurs composée, quant à la première partie de sa vie active, que sur les souvenirs et les préventions de ses ennemis, ou tout au moins de ses jaloux ; le Père Charlevoix, avant tous, ne saurait être rangé que dans l'une ou l'autre de ces deux catégories.

Lié avec les Jésuites au début de sa carrière, et puis s'étant pour jamais séparé d'eux, De la Salle ne pouvait manquer, après sa mort comme pendant sa vie, de les avoir pour adversaires. Au début de ses voyages de découvertes, il s'est particulièrement trouvé en divergence et en opposition avec Jolliet et le Père d'Allouez. Or, ce qu'il raconte des assertions de ce voyageur et de la conduite de ce missionnaire, comme les réflexions judicieuses dont il accompagne ses propres récits, prouve bien qu'il n'avait point tout-à-fait tort.

Ce qu'il y a de plus regrettable enfin, c'est que des écrivains américains se soient faits de nos jours les échos des calomnies qui n'arrêtèrent point De la Salle dans sa grande entreprise de découverte. C'est ainsi qu'ils l'auraient sacrifié à Jolliet, dont le principal mérite, après la *découverte des Illinois*, semble d'avoir été l'élève des Pères Jésuites et de leur être toujours resté dévoué.

La biographie du célèbre De la Salle reste donc toute entière à écrire ; et c'est après avoir publié les cartes et les documents relatifs à sa fatale et dernière expédition, que nous l'entreprendrons avec tous les soins réclamés par un tel sujet.

APPENDICE B.

RELATION INÉDITE DE DE LA SALLE SUR LA NÉCESSITÉ DE POURSUIVRE LA DÉCOUVERTE DU MISSISSIPI, ADRESSÉE AU COMTE DE FRONTENAC, EN NOVEMBRE 1680.

Notions sur la rivière de Niagara, les lacs Erié et Huron, et sur le lac des Illinois; ses communications avec la Rivière Divine. — De la navigation qui peut conduire à la mer et au Nouveau-Mexique. — Critiques et plaisanteries sur le Sr Jolliet. — Sauvages appartenant aux trois nations par où Fernand Soto était passé. — Importance d'achever la découverte, de crainte que les Anglais de la Caroline ne viennent naviguer et commercer eux-mêmes chez les Illinois. — Ces Indiens offrent d'escorter De la Salle jusqu'à la mer. — Curieuse description de leur pays et de leurs mœurs. — De la Salle souhaite réconcilier les Illinois et les Iroquois, en vue des intérêts du commerce. — Baptêmes conférés par le Père d'Allouez; conduite ambiguë de ce Missionnaire. — De la Salle sauve la vie à un de ses calomniateurs. — Autres pièges qu'il soupçonne, et dont il entretient le Comte de Frontenac. — Sa préférence décidée pour les Pères Récollets.

« La riuière de Niagara est inauigable pendant dix lieües depuis le saut jusqu'à l'entrée du lac Erié, étant impossible d'y monter vne barque à moins d'auoir assez de monde pour estre à la voile, tirer au cou et toüer en mesme temps, et encore auec des circonspections si grandes que l'on ne peut espérer de réussir toujr.

» L'entrée du lac Erié est si trauersé de batures, que pour ne pas risquer tous les voiages un bastiment, il faut le laisser dans une riuière qui est six lieües auant dans le lac, n'y aiant plus près du bout, ny haure ny moüillage.

» Il y a dans le lac Erié trois grandes pointes, dont deux auancent plus de dix lieües au large. Se sont batures de sable, où l'on aborde deuant que de les voir, si l'on ne prend de grandes précautions.

» Il y a changement de vent pour entrer dans le détroit du lac Erié au lac Huron où il y a plus d'eau et grand courant. Grande difficulté au détroit de Missilimakina pour entrer du lac Huron en celuy des Ilinois; le courant y est d'ordre contre le vent, et le canal étroit à cause des batures qui portent au large des deux costez.

» Point ou très peu de mouillage dans le lac Huron; point de haures non plus que dans le lac des Ilinois du costé du nord, de l'ouest, du sud. Quantité d'isles dans l'un et dans l'autre, dangereuses dans celui des Ilinois à cause des batures de sable qui sont au large.

» Ce lac est peu profond et sujet à de terribles coups de vent, sans abry, et les batures empeschent l'approche des isles. Mais il se peut faire qu'auec une navigation plus fréquente les difficultez seront moindres et les ports et haures plus connus, comme il est arrivé du lac Frontenac dont la navigation est présentement et seure et facile.

» Le bassin où l'on entre pour aller du lac des Ilinois à la riuière Diuine n'est nullement propre pour la communication, n'y aiant point de rades, vents ny d'entrée pour un batiment ny mesme pour un canot, à moins d'un grand calme : les prairies, par où l'on prétendroit la communication, étant noyées toutes les fois qu'il pleut par les aualasses des coteaux voisins. Il est très difficile d'y faire et entretenir un canal qu'il ne se remplisse tout aussitost de sable et de grauier, et l'on ne peut foüiller dans la terre que l'on ne trouve l'eau ; et il y a des coteaux de sable entre le lac et les prairies. Et quand ce canal serait possible auec bien de la dépense, il seroit inutile parceque la riuière Diuine est innauigable pendant 40 lieües, depuis là jusqu'au grand village des Ilinois. Les canots n'y peuuent passer durant l'esté et mesme il y a un grand rapide en deçà de ce village.

» On n'y a point veu encore de mines quoique l'on trouue des morceaux de cuivre en plusieurs endroits, quand les eaux sont basses. Il y a d'excellent chanvre et du charbon de terre. Les Sauvages disent auoir vendu du métal jaune près du village ; mais ils le dépeignent trop pur pour être de mines d'or.

» Les bœufs y deuiennent plus rares depuis que les Ilinois ont la guerre auec leurs voisins, et les uns et les autres les tuant et chassant continuellement.

» Il y a navigation depuis le fort de Crèuecœur jusqu'à la mer, le nouueau Mexique n'est pas éloigné de plus de 20 journées à l'ouest de ce fort. Les Matontenta sont venus voir M. de la Salle, aiant apporté un pied de cheual des Espagnols qu'ils auoient tué en leur païs éloigné seulement de dix journées de ce fort, d'où l'on y peut aller par riuière.

» Ces Sauvages rapportent que les Espagnols qui leur font la guerre, se seruent de lances plus que de fusils.

» Il n'y a point d'Européan à l'embouchure de la grande riuière Colbert, et le monstre, dont le Sr Jolliet a apporté la figure, est un grotesque peint par quelque Sauuage de cette riuière dont personne n'a veu l'original. Il est à une journée et demie de Crèuecœur, et si le Sr Jolliet eust descendu un peu plus bas, il en eust veu vn plus affreux. Il n'a pas fait réflexion que les Mosopelea, qu'il marque dans sa carte, étoient entièrement détruits auant son voiage.

» Il marque dans cette même carte quantité de nations qui ne sont que les noms des familles qui composent celle des Ilinois : les Pronerea, Carcarchias, Tamaroa, Korakoenitanon, Chinko, Caokia, Cheponssea, Amanakoa, Ooukia, Acansa et plusieurs autres formant le village des Ilinois, composé d'environ 400 cabanes couvertes de nattes de jonc sans aucune fortification. J'y ay compté à peu pres 1800 cents combatans, qui n'ont plus de guerre qu'avec les Iroquois, avec les quels il serait facile de les accommoder, s'il n'y auoit pas lieu d'appréhender qu'estant d'accord avec eux et aiant une retraite de leur costé, ils ne voulussent faire la guerre aux Outaouaca qu'ils haïssent extrêmement, et ne troublassent par là notre commerce ; mais, tandis que l'on pourra faire en sorte qu'ils aient besoin de nous, on les tiendra aisément dans le deuoir et par leur moien les nations les plus éloignées de qui ils sont redoutez.

» Il y a de très beaux bois à bâtir des nauires le long de 7 à 8 riuières qui se déchargent dans celle de Colbert, dont la moindre a plus de trois cents lieües de cours sans saut.

» Mr. de la Salle a veu des Sauuages des trois nations par où passa Fernand Soto, sauoir : Sicachia, Casein et Aminoya d'où ses gens allèrent dans le Mexique, et qui asseurent y auoir une belle nauigation de Crèuecœur chez eux. Il est important d'acheuer cette découuerte, parce que la riuière sur la quelle demeurent les Sicachia et qui probablement est le Sukakoüa, prend sa source proche de la Caroline où sont les Anglois, à 300 lieües à l'est de la riuière Colbert dans la Floride Françoise proche de Palache, d'où les Anglois pouroient venir en barque jusqu'aux Ilinois, aux Miamis et proche de la baye des Puans et du païs des Nadouessioux, et attirer par là une grande partie de notre commerce.

» Il a cette année fait plus froid aux Ilinois qu'au fort Frontenac. On ne sème chez eux qu'une fois l'année et c'est à la lune de may, gelant tous les ans à glace au mois d'auril. Il est uray que la douceur du mois de janvier, qui a été égale au fort Frontenac, auoit fait d'abord croire que ce païs étoit doux comme la Prouence. Mais depuis nous auons reconnu que l'hyuer n'étoit pas moindre que celuy des Iroquois, puisque le 22 mars la riuière étoit encore glacée, et le lac des Ilinois du costé du sud aussi rempli de glaces, que le lac de Frontenac l'est ordnt au mois de janvier ; quoique le lac Erié en fust tellement net huit jours après, qu'il n'en paroissoit pas du tout dans les mares et les autres du costé du nord.

» Tout le païs d'entre le lac des Ilinois et le lac Erié, pendant l'espace de cent ou six vingt lieües, n'est qu'une chaine de montagnes d'où il descend quantité de riuières à l'ouest dans le lac des Ilinois, au nord dans le lac des Hurons, à l'est dans le lac Erié, et au sud dans la riuière Ohio. Leurs sources sont si proches les unes des autres sur le sommet de ces montagnes, qu'en trois jours de temps nous en auons passé vint deux ou vint trois plus considérables que celle de Saurel ou Richelieu. Le haut de ces montagnes est plat, couuert de marais perpétuels qui étant dégelez nous ont donné assez d'exercice.

» Il y a aussi quelques campagnes sèches et de très bonnes terres remplies d'un nombre incroïable d'ours, chevreuils et poules d'Inde, à qui les loups font une rude guerre, et qui sont si peu farouches que nous avons été plusieurs fois en danger de ne nous en pouvoir deffendre par des coups de fusil.

» Il y a au fond du lac Erié, dix lieües au delà du détroit, une riuière par la quelle on pouroit accourcir beaucoup le chemin des Ilinois, étant nauigable aux canots jusqu'à deux lieües proche de celle par où l'on y va. Mais il y en a encore une autre plus courte et meilleure, qui est celle d'Ohio, qui est nauigable aux barques et par où l'on éuiterait la difficulté du bassin qui est au bout du lac des Ilinois, et celle d'en faire la communication avec la riuière Divine et de la rendre nauigable jusqu'au fort Crèuecœur.

» Il ne faut pas s'imaginer que ces campagnes dont on parle dans le païs des Ilinois, soient des terres où il n'y a qu'à mettre la charrüe; car la plus part sont noiées pour peu qu'il pleuue; les autres sont trop sèches, et les meilleures demandent encore du travail pour en oster les trembles dont elles sont couuertes, égouter les mollures qui sont partout d'espace en espace.

» L'on passe seurement par toutes ces nations, aiant un calumet de paix. La plus part de celles où nous deuons aller le sauent déjà, et se préparent à nous bien receuoir.

» Les Ilinois se sont offerts à nous escorter jusqu'à la mer, dans l'espérance que nous leur auons donnée qu'il leur viendra par là tout ce qui leur est nécessaire; et le besoin qu'ont les autres nations de couteaux et de haches, &, augmente le désir qu'ils ont de nous auoir.

» Les petits bœufs sauvages sont aisez à appriuoiser et peuuent être d'un grand secour, aussi bien que les esclaues dont ces gens ont coustume de faire commerce et qu'ils obligent de trauailler.

» Il y a là autant de coquins qu'ailleurs, plus de femmes que d'hommes, ny aiant point d'homme qui n'ait plusieurs femmes; quelques uns en ont jusqu'à dix, et autant qu'ils peuuent, toutes sœurs, afin qu'elles s'accordent mieux comme en effet elles font.

» J'ay veu trois enfants baptisez à qui l'on a conféré ce sacrement en fort bonne santé, l'un s'appelle Pierre, l'autre Joseph, et la 3me Marie, fille du frère Sichagoist qui sont en grand danger de vivre comme leur père qui a trois sœurs pour femmes, y aiant peu d'apparence qu'ils aient d'autres instructions, puisque le Père d'Allouez, qui les a baptisez, a quitté les Ilinois; à moins que son baston qu'il a laissé bien enuelopé, pour marque que cette terre lui appartient, n'ait quelque vertu extraordinaire. Voilà les seuls chrestiens que je sache, qui n'y peuuent être que *in fide Ecclesiæ*.

» Le Père d'Allouez s'est retiré dans un village composé partie de Miamis, partie de Mascontens et d'Ochiatinens, qui ont abandonné leur ancien village et le plus grand nombre de leurs parents, pour faire alliance avec les Iroquois et faire auec eux la guerre aux Ilinois. Pour cela ils en enuoièrent cinq l'esté passé et une femme en embassade avec une lettre du Père d'Allouez.

» La fin de leur embassade étoit d'exciter les Iroquois à s'unir à eux pour faire la guerre aux Ilinois. Il y auoit 24 jours que cette affaire se négocioit, lorsque j'arriuay à Tanochioragon, village des Sonnontouâns; mais comme on seut que j'estois à Cannagaro, où étoit le Père Rafeix, il vint la nuit suiuante une femme de ce village, qui auoit été autres fois prise au Miamis, dire à ces embassadeurs qu'on leur casseroit la teste et qu'ils eussent à fuir de peur peut-être que, moy y étant, je ne pusse apprendre la fin de cette embassade.

» Il est pourtant uray que les Iroquois n'avoient pas enuie de leur faire du mal; car quoique cette fuite dust les rendre suspects, ils furent bien receus quand on les eust attrapez, mais ils ne voulurent point parler tant que je fus là.

» Depuis, aiant trouvé ces mesmes embassadeurs en leur païs dont l'un parloit Huron, j'en sceus des choses que je dois croire estre de l'invention de la malice sauuage. Néantmoins dès que la nouuelle a été portée au village où est le Père d'Allouez que j'étois arriué aux Ilinois, on a député le nommé Monceau, un des chefs, qui a apporté sous terre quatre grandes chaudières, douze haches et vint couteaux, pour dire aux Ilinois que j'étois frère de l'Iroquois; que je respirois de son haleine; que je mangeois les serpens de son païs; qu'ils m'avoient donné une seine pour les envelopper d'un costé, pendant que les Iroquois venoient de l'autre; que j'étois haÿ de toutes les robes noires qui m'abandonnoient, ne me regardant que comme un Iroquois; que j'auois déjà voulu tuer les Miamis; que j'en auois pris deux prisonniers, et que j'auois de la médecine pour empoisonner tout le monde.

» Il me fut aisé de détruire toutes ces faussetés, et peu s'en fallut que ce pauvre Monceau n'y demeurast pour les gages, lui ayant été répondu que c'estoit luy qui avoit le serpent Iroquois sous la langue; que ces camarades, qui avoient été en embassade, en avoient apporté et n'avoient pu fumer dans le même calumet sans respirer les haleines Iroquoises. Si je ne m'étois opposé, les Ilinois auroient tué ce Monceau.

» Voici une autre affaire où je soupçonne un piège, qui est apparemment une suite du désir que l'on avoit que Monseigneur le Comte de Frontenac fist la guerre aux Iroquois, quand on a vu qu'il abandonnoit les Ilinois. L'ardeur avec la quelle les Iroquois vouloient luy faire la guerre, s'est tout aussi tost rallentie quoiqu'en effet il en soit allé quelques uns en guerre. C'est ce que l'on cache aux Outaouaes, afin qu'ils continuent d'y aller en traite, et que les Iroquois les prenant pour des Ilinois on les tue afin de broüiller. Bien plus, on a négocié en sorte que le plus grand nombre des Miamis, qui sont nos alliez, vinssent s'habituer auec les Ilinois, afin que l'Iroquois ne pust fraper l'un sans l'autre, et que Monseigneur le Comte fust obligé ou d'abandonner ses alliez, ou de faire la guerre aux Iroquois pour empescher qu'ils ne la fissent aux Ilinois.

» Peut-être est-ce un jugement téméraire. Pourtant ce petit nombre de Miamis chez lesquels s'est retiré le Père d'Allouez, voiant que les Iroquois ne commencent pas la guerre assez tost contre les Ilinois, ont tué cet hyuer des Iroquois pour la haster, et ont coupé les doits à un Sonnontouân, qu'ils ont après renuoié en son païs pour dire que les Miamis se joignent aux Ilinois pour tuer les Iroquois.

» Il peut être que la connoissance qu'auroit le Père d'Allouez de la mauuaise inclination de ces Sauvages et de leur trahison, est ce qui l'oblige à les quitter comme il devoit faire ce printems. Cependant je suis seur d'arrester cette guerre, principalement si Monseigneur le Comte vient cette année pleurer les morts des Onnontaez, aiant empesché les Ilinois de partir pour venir chercher les Iroquois et obtenu qu'ils me rendroient quelques esclaues qu'ils ont; ce que les Iroquois aiant appris de moy m'en ont paru fort contens.

» Il ne faut pas s'étonner que les Iroquois parlent d'aller en guerre contre nos alliez, puisqu'ils en recoiuent tous les ans des insultes. J'ay vu à Missilimakinac, aux Pouteatamis, aux Miamis, les depouilles et les cheuelures de plusieurs Iroquois, que les Sauvages de ces lieux là ont tuez en trahison à la chasse, ce printems dernier et le précédent: ce qui n'est pas ignoré des Iroquois. Nos alliez aiant eu l'imprudence de le chanter en leur présence, lorsqu'ils étoient chez eux en traite, comme j'ay veu à Missilimakinac, aux Pouteatamis, qui, dansant auec le calumet, se vantoient de ces trahisons, tenant ces cheuelures pendues à leurs bras, à la veue de trois Agniez qui y étoient en traite.

» Je ne saurois omettre la rencontre que j'ay faite d'un Sauvage de la nation des Loups, et des motifs de la difficulté qu'il auoit à se déterminer dans le choix de notre religion ou de celle des Anglois par les deux différences qu'il trouue entre les Apostres, quelques Missionnaires de ce païs et les Ministres Anglois : voiant que ces derniers n'imitent point la chasteté des Apostres et les premiers estre fort éloignez de leur détachement par la recherche qu'ils font de la richesse, et enfin la consolation qu'il a eu, apprenant l'amour que les Pères Recollets ont pour la pauvreté; ce qui l'a déterminé à venir chercher le batesme dans le choix de notre religion.

» Il y a aux Ilinois quantité de perroquets vers, plus petits que ceux des Isles, de la grosseur de ceux d'Afrique. »

(Cette pièce porte au dos : *Dup[ta]. M. de Frontenac*, 9 *novembre* 1680).

APPENDICE C.

CARTOGRAPHIE DE L'ANCIENNE LOUISIANE.

Voici la série chronologique de toutes les anciennes Cartes de la Louisiane, dont j'ai pu jusqu'à présent avoir connaissance, prendre des extraits ou des *fac-simile*, et dont je parlerai avec plus de détails dans l'édition américaine de cet ouvrage.

Et d'abord, je n'ai point à insister ici sur les cartes manuscrites ou imprimées dressées sur une trop petite échelle, et représentant seulement les traditions vagues et légendaires de la découverte de la Louisiane. Ce n'est point la légende, mais bien l'histoire positive de sa géographie, qui doit nous servir de guide. Je commencerai donc par mentionner, à cet égard, et afin de n'y plus revenir, quelques catégories de Cartes simplement curieuses.

1° La belle *Cartographie américaine*, en cours de publication à Munich, par M. F. Kunstmann, ne peut jusqu'à présent servir qu'à l'histoire des découvertes faites dans le golfe Mexicain, antérieurement à celles qui nous occupent. Les premières livraisons de cet ouvrage n'ont paru que le 28 mars 1859. Néanmoins, les anciennes cartes espagnoles qu'on y trouve ont pu être connues de Robert De la Salle, contribuer dès-lors à son entreprise, et il importe de les mentionner. Le fait est qu'elles lui signalaient tantôt un *Rio escondido*, tantôt un *Rio de gigantes* ou bien un *Rio de loro (l'oro)*, vers l'emplacement où le cours du Missisipi vient aboutir au golfe du Mexique.

2° La *Mappemonde* de Sébastien Cabot, publiée en 1544 pour l'empereur Charles-Quint, représente également, vers les bouches actuelles de ce fleuve, un *Rio de loro* (rivière de l'or); tandis que d'autres cartes nomment de plus, entre le Texas et la Mobile, la *Costa Bllanca* (Côte-Blanche), l'un des points distinctifs du littoral. Quant au *Rio de l'oro*, dont rien en ces parages n'a jamais justifié l'appellation, ne la reçut-il point par l'altération d'une simple lettre, par le changement d'un *d* en *r*, qui l'aurait ainsi transformé de *Rio de lodo* (rivière de boue); d'où l'on aurait fait plus tard *Cabo de lodo* (cap boueux), qu'on retrouve dans les cartes espagnoles, et qui expliquerait aussi comment les navigateurs du XVIe siècle n'avaient point alors pénétré par l'embouchure de la rivière boueuse?

3° Quoi qu'il en soit de cette conjecture, nous touchons aux préludes de la découverte complète du Missisipi. L'existence en avait été vérifiée par Jolliet et le Père Marquette, et c'est le Père Hennequin qui en fit connaître le cours supérieur, au moment où son chef d'exploration, De la Salle, venait d'en découvrir l'embouchure. C'est avant que la relation de cette dernière découverte fût parvenue en France, que la carte suivante y fut publiée : « *Carte de la Nouvelle France et » de la Louisiane nouvellement découverte*, dédiée au Roy, l'an 1683, par le R. P. » Louis Hennepin, missionnaire Recollet et Notaire apostolique. »

Cette carte, qui ne représente que le cours supérieur du Mississipi, et où le cours inférieur du fleuve est seulement *ponctué*, confirme la relation authentique de l'auteur, et dément l'imposture ridicule qui lui aurait fait plus tard disputer à De la Salle l'honneur d'avoir découvert les bouches du fleuve. Un exemplaire de ce document est conservé (Porte-feuille 106, N° 35), à la Bibliothèque impériale, à Paris, dans le Département géographique, dont on ne saurait proclamer trop haut l'utilité.

Sous le N° 34 du même porte-feuille, est une autre carte qui viendrait à l'appui de l'imposture, mais imaginée bien plus tard, soit par le Père Hennepin, alors chassé de France et de son couvent, soit probablement par un autre faussaire, qui l'aurait mise sous son nom. En voici le titre :

« *Carte d'un très-grand pays nouvellement découvert dans l'Amérique Septentrio- » nale, entre le Nouveau Mexique et la Mer Glaciale, avec le cours du grand » fleuve* Meschasipi. — Dédiée à Guillaume III, roi de la Grande-Bretagne, par » le R. P. Louis de Hennepin ; chez Broedelet, à Utreght. »

Cette seconde carte n'est remarquable sous aucun rapport, si ce n'est pour servir à dévoiler les imposteurs : question à examiner plus tard.

4° Parmi les autres documents sans rapport très-direct avec notre sujet, un seul reste à citer, pour la représentation qu'on y trouve du grand delta du Mississipi : c'est le *Globe terrestre* du P. Coronelli, cosmographe de la république de Venise. Ce globe, qui fut donné à Louis XIV, a 12 pieds de diamètre, dimension prodigieuse pour son époque. Il fut terminé en 1687, deux années après la mort de l'infortuné De la Salle, et un an après que la lettre de Tonti eut appelé de nouveau l'attention sur le cours inférieur du Mississipi. Ce fleuve, tel qu'il est représenté sur le *Globe* et sur les cartes qui en ont été publiées, vient déboucher vers le *Rio Bravo*, au sud du Texas : grossière erreur de latitude et de longitude. Mais, sauf cette erreur, alors très-pardonnable, le cours du fleuve, avec ses deux bras principaux, y donne une assez juste idée du delta primitif. On y remarque, en outre, le bayou Manchac, nommé *Rivière aux Risques*, sans doute à cause de ses nombreux embarras qui obligèrent plus tard Iberville d'y faire plus de 80 portages dangereux. Ce même globe de Coronelli indique très-bien le *Gulf-Stream*, qu'il nomme *Canale de Bahama c'ha sempre il corso a settentrione;* et il en montre en même temps la direction à travers l'Atlantique, suivie par les navires qui retournaient des Indes-Occidentales en Europe. Ainsi, le *Gulf-Stream*, depuis long-temps découvert et pratiqué par les navigateurs espagnols, était parfaitement connu en 1687 ; mais

Franklin ne s'en était pas occupé, le capitaine Maury ne l'avait point décrit, le professeur Bache ne l'avait point sondé, et l'on en parlait beaucoup moins.

Rentrons maintenant dans le sujet de nos cartes spéciales. Leur nomenclature raisonnée est comme un dictionnaire, où l'histoire et la géologie de la Louisiane se donneront la main.

(**1684.**)

« *Carte de la Louisiane*, ou des voyages du sieur De la Salle et des pays qu'il a » découverts depuis la Nouvelle-France jusqu'au *golfe de Mexique*, les années » 1679-80-81 et 82, par Jean-Baptiste-Louis Franquelin, l'an 1684. Paris. »

(*Archives scientifiques de la marine* : N° 2 *de la boite* 29b.)

Cette précieuse carte, conservée au *Dépôt des cartes et plans de la marine*, dont le titre seul indique la valeur, et que je suis le premier à faire connaître au monde savant, est de 1m 80c de long sur 1m 40c de large.

Le trait caractéristique en est dans les bouches du Mississipi, telles qu'elles apparurent à l'époque de leur découverte. Or, on ne saurait mieux se les représenter aujourd'hui qu'en les supposant près des forts *Jackson* et *Saint-Philippe*, au détour des Plaquemines, là où le bayou *Liard* ouvrait jadis une passe occidentale, les bayous *Plaquemine* et *Carrancro* une seconde passe vers le nord-est, et où le cours central du fleuve formait, à perte de vue, de longues traînées d'îlots. C'est bien là du moins ce que représente la carte en question, et ce que De la Salle dut aussi apercevoir en pénétrant, durant l'étiage du fleuve et avec son canot d'écorce, parmi ces terrains de formation nouvelle. *(Fig. I, Pl. I.)*

Quant à sa valeur générale, cette carte, faite à Paris l'année même où De la Salle y organisait sa seconde expédition, peut, à bon droit, être considérée comme l'expression géographique de la première. L'importance en est d'ailleurs accrue par le fait que l'auteur, Louis Franquelin, s'était trouvé en 1681 à Québec, en la *Nouvelle-France*, dit-il, traçant alors une autre carte où il faisait déboucher le Mississipi dans la baie du Saint-Esprit ou de la Mobile[1].

Celle-ci n'était sans doute qu'un document préparatoire pour le prochain voyage; mais rien qu'à ce titre elle est encore intéressante, car la question géographique à résoudre était de savoir si la *Grande Rivière* n'aboutissait point à la baie de Mobile. Cette question, enfin, se compliquait d'une autre, politique et commerciale, sur laquelle De la Salle avait mis en éveil le comte de Frontenac et le gouvernement de France.

[1] Voici le titre complet de cette première carte, d'où le P. Hennepin semble avoir copié le cours inférieur du Mississipi pour sa carte de 1683, mais en ayant soin de l'y *ponctuer* :

« *Partie de l'Amérique septentrionale*, depuis 27° jusques à 44 degrés de latitude, et depuis 269 » degrés de longitude jusques à 300°, prenant le premier méridien aux Isles Açores....

» A Québec, en la Nouvelle-France, par Jean-Louis Franquelin, 1681. »

« M. De la Salle a veu, disait-il dans son Mémoire de 1680, des sauvages des trois » nations par où passa Fernand Soto, savoir : Sicachia, Casein et Aminoya d'où » ses gens allèrent dans le Mexique, et qui asseurent y auoir une belle nauigation » de Crèuecœur chez eux. Il est important d'acheuer cette découuerte, parce que la » rivière sur la quelle demeurent les Sicachia et qui probablement est le Sukakotta, » prend sa source proche de la Caroline, où sont les Anglois, à 300 lieües à l'est » de la riuière Colbert, dans la Floride Françoise, proche de Palache, d'où les » Anglois pouroient venir en barque jusqu'aux Ilinois, aux Miamis et proche de la » baye des Puans et du païs des Nadouessioux, et attirer par là une grande partie » de notre commerce. »

La découverte de l'embouchure du Mississipi à l'ouest de la Mobile dissipa toutes ces appréhensions, et De la Salle ne manqua pas de dire qu'il croyait cette embouchure à l'ouest de la baie en question. C'est ce que Franquelin marqua, de son côté, sur la seconde carte de 1684.

(**1685.**)

« *Carte de la Louisiane* avec l'embouchure de la Rivière du S[r] De la Salle. » Canada. *(May* 1685*), par Minet.*

(*Archives scientifiques :* N° 3 *de la boîte* 29[b].)

Cette carte, non moins précieuse que la précédente, en est la confirmation et le complément. On y lit : A. *Embouchure de la rivière, comme M. de la Salle le marque dans sa carte.* — B. *Costes et lacs par la hauteur de sa rivière, comme nous les avons trouvés.*

Cette dernière expression se rapporte aux côtes du Texas, où De la Salle cherchait alors la branche occidentale du Mississipi. L'auteur de cette carte en a laissé plusieurs autres d'un grand intérêt pour cette vaine et malheureuse recherche. Minet paraît, en outre, avoir été l'ingénieur hydrographe de cette seconde expédition, d'où il revint avec M. de Beaulieu. Le nom de la baie Minet, que nous retrouverons plus tard dans l'æstuaire de Mobile, ferait croire également qu'il accompagna ou suivit de près l'expédition d'Iberville, en 1699, et aurait sans doute alors relevé la carte du véritable Mississipi. Celle qui suit ne serait pas indigne d'être sortie de ses mains.

(**1700.**)

« *Carte de l'entrée du Mississipi* » (sans nom d'auteur), mais au dos de laquelle on lit : Envoyé à Paris en 1700.

(*Archives scientifiques : Boîte* 158 *bis*.)

Cette carte correspond parfaitement avec l'hydrographie des bouches du fleuve, telle que Franquelin l'avait esquissée d'après De la Salle. Elle confirme ainsi pleinement la découverte de ce dernier.

Nous en avons publié un extrait comme premier témoignage détaillé sur l'aspect général du pays qu'Iberville venait de reconnaître. La fidélité en est frappante ; et la grande île formée par le Mississipi et le bayou Lafourche, comme la zône de terre-ferme séparant le fleuve des lacs, y est on ne peut mieux caractérisée.

Les trois cartes qui précèdent, jointes aux relations des témoins oculaires, résument tous les préludes de la colonisation ; et nous en avons publié, dans la planche Ire, les extraits relatifs à l'embouchure du Mississipi. Ce point, étant le plus important pour apprécier, soit la découverte de 1682, soit la reconnaissance de 1699, se trouve de la sorte entouré de tous les documents propres à l'éclaircir.

(1701.)

« *Les costes aux environs de la Rivière de Misisipi*, découverte par M. De la Salle, » en 1683, et reconnues par M. le Chevallier d'Iberville en 1698 et 1699, par » N. de Fer, géographe de Monseigneur le Dauphin, 1701. »

Cette carte de N. de Fer, est combinée de deux autres ; la première est celle envoyée à Paris en 1700 et dont la Planche I (*Figure* 3) reproduit un extrait. La seconde est également conservée aux *Archives scientifiques de la marine ;* mais la combinaison des deux cartes, au lieu d'en avoir fait une troisième meilleure, en a fait, comme il arrive le plus souvent, une bien inférieure. Ceci n'est vrai toutefois que sous le rapport géographique ; car la carte de N. de Fer a le mérite de donner la statistique, peut-être la plus complète que l'on ait, des tribus indiennes contemporaines de l'expédition d'Iberville.

Le seul exemplaire imprimé, que j'en connaisse, fait partie de ma *collection Louisianaise.*

(1702.)

« *Carte de la rivière du Mississipi*, dressée sur les mémoires de M. Le Sueur, qui » en a pris avec la boussole *tous les tours et détours* depuis la mer jusqu'à la » rivière Saint-Pierre, et a pris la hauteur du pôle en plusieurs endroits ; par » Guillaume De l'Isle, géographe de l'Académie des sciences, 1702. »

(*Archives scientifiques de la marine, Pf.* 138 *bis.*)

Le Sueur, mentionné par Delisle, était un intrépide Canadien. C'est en remontant le fleuve jusqu'à 700 lieues de son embouchure qu'il en fit le beau relèvement en question, et dès l'année 1700 ; ce qui prouve combien l'esprit d'observation scientifique marchait alors de pair avec celui des aventures.

Le bayou Plaquemine est très-bien indiqué sur cette carte, mais comme se jetant dans le bayou Lafourche. Son cours s'y termine d'ailleurs *par une ligne ponctuée* signalant la présence d'un embarras vers son affluent.

(1713.)

« *Carte nouvelle de la Louisiane et de la rivière de Mississipi*, découverte par feu » M. de La Salle, ès-années 1681 et 1686, dans l'Amérique septentrionale, et de » plusieurs autres rivières, jusqu'ici inconnues, qui tombent dans la baie de » Saint-Louis; dressée par le sieur Joutel, qui était de ce voyage, 1713. »

(*Imprimée. Bibliothèque impériale, porte-feuille* 106, *N°* 46.)

Joutel, n'ayant fait partie que du second voyage, celui de 1686, n'a raconté que ce dernier, durant lequel De la Salle, après avoir manqué par mer l'embouchure du Mississipi, alla s'établir et périr au Texas. La carte y indique assez bien la baie de Saint-Louis, celle où se trouve aujourd'hui l'île du même nom, et qui, dans la pensée de Joutel, comprenait sans doute aussi la baie actuelle de Galveston.

Cette carte est également curieuse par le tracé des nombreux cours d'eau que Joutel dut traverser pour se rendre du Texas aux Arkansas. Les annotations qui l'accompagnent semblent enfin assez précises pour permettre de reconnaître et vérifier les lieux où débarqua l'expédition de 1685. Tous ces motifs font regretter que William Darby ait parlé de la carte de Joutel sans en avoir vu l'original, ni même une reproduction qui en fût tant soit peu fidèle (chap. 1er, pag. 1 et 2).

(1716.)

« *Carte nouvelle de la Louisiane et pays circonvoisins*, dressée sur les lieux pour » être présentée à Sa Majesté Très-Chrétienne, par F. Le Maire, prestre parisien » et missionnaire apostolique, 1716. »

(*Manuscrite. Bibliothèque impériale, collection Morin, N°* 315.)

Une note de l'auteur indique que ce qui nous intéresse le plus en ce moment sur cette carte, est malheureusement ce qu'il y a de moins exact. « Il faudra, dit-il, » s'attacher à cette carte pour le dedans des terres, pour la coste de la Caroline et » pour la baye de Saint-Bernard (ou Saint-Louis); mais pour l'entrée du Micíscipi, » aussi bien que pour les lacs de Pontchartrain, Maurepas et Manchac, il faut » *consulter* les deux autres cartes pour en dresser une qui soit exacte. »

Cette carte n'est qu'une esquisse de peu de valeur à cause de la petitesse de son échelle. Quant aux deux autres cartes à consulter, encore inconnues pour nous, elles servirent probablement aux géographes Guillaume De l'Isle et N. de Fer, pour dresser leur double carte de 1718.

(1717.)

« *Carte générale de la Louisiane ou du Miciscipi*, dressée sur plusieurs mémoires » et dessinée par le sieur Vermale, cy-devant cornette de dragons, 1717. »

Le ci-devant cornette n'était pas fort en géographie; il n'avait pas vu les lieux, et sa carte n'est ici mentionnée que pour mémoire.

(**Juin 1718.**)

« *Carte de la Louisiane et du cours du Mississipi*, dressée sur un grand nombre » de mémoires, entre autres sur ceux de M. Le Maire; par Guillaume De l'Isle, » de l'Académie royale des sciences. A Paris, chez l'auteur, le sieur Delisle, sur » le Quai-de-l'Horloge, juin 1718. »

(*Imprimée. Bibliothèque impériale, collection Barbier*, 30.)

Cette carte intéresse particulièrement sous le rapport historique, à cause des nombreux itinéraires dont on y trouve le tracé : entre autres ceux de Fernand de Soto (1539-42) et de Saint-Denis (1713-16). L'hydrographie du golfe du Mexique y est, au contraire, très-défectueuse; quant à celle du fleuve, elle est d'un grand intérêt pour le double delta que forme le Mississipi avec les bayous Lafourche et Iberville. Le bayou Plaquemine y est très-nettement indiqué sous le nom de *Rivière des Ouachas;* mais la carte le dirige à l'ouest, entre le plateau des Opelousas et la Rivière Rouge, et à travers le bassin de l'Atchafalaya qui, faute de communiquer avec le Mississipi, était alors et resta long-temps encore totalement inconnu.

Ces mêmes bayous s'y trouvent reproduits, sur une plus grande échelle, dans un cartouche comprenant les *Embouchures du Mississipi et de la Mobile.* En voici le titre complet :

« Les costes de la Louisiane, depuis la baye de l'Ascension jusqu'à celle de Saint- » Joseph, où se trouvent les embouchures des rivières Mississipi ou de Saint- » Louis, de la Mobile, de Pascagoula, etc., avec les îles, ports et habitations » ou possessions des Français. »

L'extrait que nous en donnons *(Planche II)* comprend tout le bayou Lafourche, dont l'embouchure, nommée *Baye de l'Ascension*, n'offrait encore aucun delta. C'est de-là que le cartouche s'étend jusqu'à la baie de Mobile, qui n'est elle-même à présent qu'un æstuaire non atterri.

(**1718.**)

« *Le cours du Mississipi ou de Saint-Louis*, *fameuse rivière de l'Amérique septen-* » *trionale, aux environs de laquelle se trouve le pays appelé Louisiane;* dressée » sur les relations et mémoires du père Hennepin et de MM. De la Salle, Tonti, » Laontan, Joutel, Des Hayes, Joliet et Le Maire, etc.; par N. De Fer, géographe » de Sa Majesté Catholique. Tous ces mémoires, relations et découvertes, se sont » faites depuis 1681 jusques en 1717, qui est l'année de l'établissement de la Com- » pagnie d'occident et pour laquelle cette carte a été dressée. A Paris, chez » l'auteur, Isle-du-Palais, à la Sphère-Royale, 1718. »

(*Conservée au Dépôt géographique de la Bibliothèque impériale, et marquée Pf.* 9. *AB*. 70.)

Cette carte est plus remarquable par les itinéraires et souvenirs historiques qu'elle relate, que par les notions géographiques dont elle dote la science. Dans la partie qui intéresse la Louisiane, elle montre, au centre, les bouches du Mississipi avec la grande île du bayou Lafourche; vers l'est, elle s'étend jusqu'à la Floride, en indiquant les îles et les sondages du golfe du Mexique, et vers l'ouest jusqu'au Texas, où l'établissement français de la baie Saint-Louis et la fin tragique de M. De la Salle se trouvent indiqués.

Cette carte de De Fer et la précédente de De l'Isle furent dressées à l'occasion de l'établissement de la Compagnie française d'Occident. Mais l'une et l'autre seront à vérifier et à corriger sur les documents originaux, quand il s'agira de publier la carte générale de l'ancienne Louisiane pour l'édition américaine de cet ouvrage.

(1719.)

« *Fleuve Saint-Louis, ci-devant Mississipi*, relevé à la boussole par le sieur Diron » l'an 1719, depuis la Nouvelle-Orléans, en montant jusqu'au village Cahokia, » pays des Illinois, distante de 230 lieues en ligne directe et de 400 lieues » suivant les circuits et détours. A Paris, le 20 mai 1732. » Longue de 2m 75c.

(*Manuscrite. Bibliothèque impériale, C.* 4139.)

Cette carte, très-curieuse pour l'histoire des contours du fleuve et dont les relevés datent de 1719, résout pour la troisième ou quatrième fois la question soulevée à propos du bayou Plaquemine. Elle ne permet plus, en effet, d'en nier l'ancienne existence; car elle le nomme *Rivière aux Plaquemines*, et le place dans sa vraie situation par rapport au *Manchacq*, aussi bien qu'au bayou Lafourche, appelé sur cette même carte *petite rivière des Chetimakas.*

Un autre fait à y signaler, c'est la mention du Grand Goufre et du Petit Goufre, à cinq lieues l'un de l'autre et chacun à dix lieues environ, celui-ci des *Natchez*, l'autre de la rivière des *Jazous.* Ce sont ces deux désignations, travesties et non traduites par les cartographes anglais, qui sont plus tard devenues les *Grand Gulf* et *Petit Gulf* de la carte de Lafond (1806), puis les *Grand Gulph* et *Petit Gulph* (*sic*) de la carte de W. Darby (1816).

Ainsi verrons-nous les cartes les plus récentes de la Louisiane n'être, à certains égards, que de médiocres compilations, et sous plus d'un rapport devenir de plus en plus incorrectes.

(1720.)

« *Carte des côtes de la Louisiane depuis les bouches du Mississipi jusqu'à la baie* » *de Saint-Joseph*; dressée sur les relèvements faits par M. De Sérigny, en 1719 » et 1720. »

(*Archives scientifiques de la marine, Pf.* 138 *bis*, *N*o 9.)

Cette carte de Sérigny est, sans comparaison, la plus importante pour l'étude des côtes de la Louisiane et du littoral appartenant aujourd'hui aux États du

Mississipi et de l'Alabama ; nous l'avons reproduite jusqu'à la baie de Pensacola inclusivement *(Pl. II.)*, la portion plus à l'est étant sans intérêt pour la Louisiane. Elle donne à l'*Ile à la Corne* le nom d'*Ile à Bienville*, qui mériterait bien de lui être restitué, et montre l'étonnante longueur qu'avait alors l'Ile Dauphine. Celle-ci, dont l'Ile *Petit Bois* n'avait point encore été détachée, comptait plus de vingt milles de long, en attendant d'être coupée en deux par quelques tempêtes, comme nous le verrons représenté sur la carte du chevalier De Noyan, en 1769.

Quant aux sondages de la carte Sérigny, il ne faut point s'étonner de leur nombre, car ils indiquaient le seul moyen qu'on eût alors de se reconnaître en approchant des bouches du Mississipi. Les navires allaient droit d'abord dans ce qu'on appelait l'*enfoncement du golfe du Mexique*, et après avoir reconnu la côte, ils venaient se présenter en vue des îles au Vaisseau et Chandeleurs. C'est ainsi qu'ils évitaient « le risque de tomber dans l'ouest », comme l'avaient fait De la Salle et M. de Beaujeu.

La note, relative à ce mode de reconnaissance, est tirée d'un mémoire manuscrit des mêmes Archives; et je l'ai guillemetée sur la carte, pour indiquer qu'elle ne fait point partie de l'original. J'en dis autant de tout ce qui est, ici ou ailleurs, entre deux parenthèses : ce sont des extraits de cartes et documents contemporains, dont je me réserve de citer exactement les sources dans l'édition américaine de ce travail.

Un dernier trait caractéristique de la carte Sérigny, et le plus important de tous, est la forme qu'offraient alors les bouches du Mississipi, d'après le relèvement de cet ingénieur. Ainsi, une passe sud-ouest était nettement tracée, mais beaucoup plus courte que celle d'aujourd'ui et en outre impassable. Quant à la bouche actuelle du sud, elle était encore à sortir du chaos des radeaux et des terrains mouvants, et les colons songèrent encore moins à elle qu'à la précédente. Sérigny, qui avait donné son nom à la première passe, parce qu'il l'avait découverte, n'y avait trouvé que 7 et 10 pieds d'eau. Or, à la différence de celle-ci, la passe de l'est avait 10, 14, 16, 18 pieds d'eau ; ce qui la fit considérer, dès le début, comme la seule bouche du Mississipi, et fit passer les autres sous un complet silence.

Les conditions impraticables de ces dernières, firent que les cartes espagnoles appliquèrent tantôt à celle du sud-ouest, tantôt à celle du sud, ou bien à toutes les deux réunies, la dénomination de *Cabo de lodo* ou *Cap de boue*. Il était difficile, à coup sûr, d'y mieux caractériser les monticules boueux *(Mud-lumps)*, qui n'ont jamais cessé d'y créer des embarras à la navigation.

Ajoutons, quant à la passe de l'est, qu'elle n'était encore formée que par de petites îles en pleine mer, sentinelles avancées de la formation du terrain actuel.

(1720.)

« *Carte anglaise de la Louisiane*, par Henri Moll. »

C'est une copie de celle publiée par Delisle, en 1718.

(Voir l'appréciation de cette carte, ci-dessus, chap. 1er, pag. 3.)

(**Novembre 1720.**)

« *Carte nouvelle de la partie de l'ouest de la province de la Louisiane*, sur les » observations et découvertes du sieur Bernard de La Harpe, commandant sur » la Rivière Rouge, et où paraisse ses routes coloriées de jaune et établissement » relatif à son journal. Dressée par le sieur De Beauvilliers, gentilhomme ser- » vant du Roy et son ingénieur ordinaire; de l'Académie royale des sciences. » (A Paris, en novembre 1720.)

L'année 1720 était celle où, après la fondation de la Nouvelle-Orléans depuis 1717, on songeait à la protéger en fortifiant l'entrée du fleuve. Aussi est-ce en vue de ces grands intérêts que semble avoir été dressée la carte en question. C'est du moins ce qu'indique son cartouche, représentant la cité naissante et les bouches du fleuve, où il s'agissait d'établir le port et la place maritime dont la carte suivante donnera le plan détaillé.

(**1721.**)

« *Cartes particulières de la Baie des Biloxy et du* Fort Maurepas, avec les projets » d'établissement et de fortification du nouveau Biloxy. »

(*Archives scientifiques de la marine.*)

D'après la carte du vieux Biloxi par l'ingénieur Le Blond de la Tour, cet emplacement comptait, outre « la direction, magasins et le logement de M. Bienville, la » baraque pour loger les filles de l'hôpital de la Salpetrière, les baraques des sœurs » dudit hôpital, enfin les baraques des officiers, soldats, forçats, tout meslé en- » semble; le 19 janvier 1721. »

C'est probablement pour éviter un pareil mélange que plusieurs colons demandaient la fondation du nouveau Biloxy, là où est aujourd'hui la jolie petite ville de ce nom. D'après d'autres relevés topographiques, une briquéterie y fournissait déjà des matériaux, sur l'arrière de la baie; quant à l'escarpement maritime, il abondait en sources d'eau douce, et un ruisseau voisin d'une eau excellente pouvait, en outre, passer au milieu de la ville projetée. Tout près de ce lieu, *l'Ile au Chevreuil*, qui lui fait face, avait alors ses cabanes d'Indiens, tandis que l'*Ile au Vaisseau* offrait dans son intérieur et au sud même du mouillage, un « étang où l'on fait provision d'eau. » Cette dernière île était, en outre, connue comme inondant par un gros vent.

(**1722.**)

« *Carte particulière des Natchitoches*, levée par J.-F. Broutin, ingénieur, en 1722. »

(*Archives scientifiques de la marine, N° 28 de la boîte 29.*)

On y lit sur le titre : « Les Natchitoches sont à 7 lieues et à l'est de l'établissement des Espagnols, appelé *les Adayes*. Entre deux sont de grands coteaux couverts de pins avec des prairies aux environs des Espagnols, dont le pays est très-beau. »

« *Nota.* Toutes les terres le long de la Rivière Rouge, des Natchitoches à son entrée dans le fleuve Mississipy, noyent partout à l'exception de quelques petites hauteurs à droite et à gauche, et sont pleins d'embarras d'arbres qu'on est souvent obligé de couper pour passer les voitures.

» *A.* Hauteur appelée la *Butte à Musler,* où il convient de placer le fort, elle commande l'île, où est actuellement le fort, de 20 pieds, et n'est commandée d'aucun endroit. Cette butte est escarpée du côté de la rivière et en pente douce du côté du lac. »

On lit au dos : *Louisiane. Carte du pays des sauvages Natchitoches*, par J.-F. Brontin, 1722.

Et au-dessus : 27 *août* 1735. *Joint à la lettre de MM. De Bienville et De Salmon du* 27 *août* 1735.

Cette carte est une des plus belles et des plus importantes pour la connaissance de l'ancienne Louisiane, dans le bassin de la Rivière Rouge. Nous l'avons reproduite, en même temps que le cours inférieur de cette rivière, dans la *Planche VI.*

(1722.)

« *Entrée du Mississipi en* 1722, avec un projet de fort et de place maritime » marqué en ligne jaune » ; par Leblond de la Tour.

Une copie de cette carte se trouve au *Dépôt géographique de la Bibliothèque impériale*, sous la date de 1723, et dédié à S. A. S. le Comte de Toulouse. Le *Dépôt des cartes et plans de la marine* en conserve l'original, et c'est de celui-ci qu'est tirée la *Fig. I* de la *Pl. III.* Les deux autres figures y représentent les conditions de l'entrée du fleuve en 1724 et 1731 : rapprochement dont il serait superflu de faire ressortir l'intérêt.

Quant à la carte de 1722, elle est de la plus haute importante pour l'histoire des bouches du Mississipi. Elle en donne, de la manière la plus précise, toutes les conditions pour cette même année : ce qui en fait un vrai point de départ pour l'étude des changements ultérieurs et le calcul des atterrissements.

Les documents hydrographiques ne peuvent, au surplus, se passer de commentaires. Or, voici ce que, dans une lettre datée de l'embouchure du Mississipi, le 25 janvier 1722, l'ingénieur Pauger écrivait à M. de Bienville :

« J'ai passé, dit-il, en canot par la passe du Sud, qui est plus droite que l'*ancienne passe*, mais plus étroite, sans endroit propre à fortifier, et une barre à sa sortie..... Cette sortie est à trois lieues et demy de la véritable embouchure du Mississipi. » Et il ajoute, à propos de l'*Isle de la Balise*, « qu'elle est *à babord à cinq cents toises en dedans.* »

On a donc, avec la Balise, un point fixe pour calculer le progrès des atterrissements; plus la barre qui était alors à trois lieues et demie de la véritable embouchure du fleuve.

(1724.)

« *Plan particulier de l'embouchure du fleuve Saint-Louis* (Mississipi) ; avec les » sondes prises à mer basse, marqués par pieds. »

On y lit au bas : « A la Nouvelle-Orléans, le 29e may 1724.

« De Pauger. »

L'entrée du Missisipi, dédoublée par le courant et sondée dans ses deux branches au moment même de cette transformation, est une notion précieuse donnée par cette belle carte hydrographique *(Pl. III, Fig. II)*. L'échelle en est exactement la même que celle du plan de 1722. Sauf le dédoublement de la passe, il est facile aussi de voir que les deux plans sont reproduits d'un même relevé. Celui de 1722 ayant été fait, sinon en commun, au moins en même temps, par De Pauger, l'ingénieur du Roy, et De la Tour, ingénieur de la Compagnie des Indes.

(1727.)

« *A map of* Carolana *and of the River Meschacebe.* » Elle accompagne la description de la *Carolana*, publiée par Daniel Coxe. (London, 1727.)

Cette carte, où l'auteur anglais s'ingénie à comprendre la Louisiane dans le domaine britannique de la Caroline, est très-curieuse par la forme qu'il donne au delta d'alors, par les noms britanniques dont il affuble différents lieux, par l'importance, alors très-réelle, qu'il donne au bayou Manchac; enfin, par la multitude de petites îles marquées autour des diverses bouches du fleuve, et qui rappellent si bien les *Mud-lumps* d'aujourd'hui.

(Mars 1731.)

« *Cartes des iles de l'Amérique et de la terre-ferme autour du golfe du Mexique*, » par Danville, géographe ordinaire du Roi. » (Mars 1731.)

Danville y représente, vis-à-vis la bouche sud-ouest du Mississipi, le *Cabo de lodo* ou *Cap de boue*, qu'il mentionne d'après les cartes espagnoles.

(20 Avril 1731.)

« *Carte des embouchures du fleuve Saint-Louis ou Mississipi et du port de la* » *Balise*, au 20 avril 1731, exécutée au Dépôt des cartes et plans de la marine, » par P. Buache, mars 1732; reproduite par N. Bellin, ingénieur de la marine, » 1744. »

La carte manuscrite du 20 avril 1731 est conservée aux *Archives scientifiques de la marine*, *porte-feuille* 158 *bis*, *f.* 9.

(1733.)

« *British Empire in America, with the French et Spanish Settlements adjacent* » *thereto*, by Hen. Popple. »

(Bibliothèque impériale, Département géographique.)

Ce bel atlas, sans date, est dédié à la Reine d'Angleterre ; il est dit avoir été entrepris avec l'approbation des Lords commissaires du commerce et des plantations, et avoir été fait avec grand soin, d'après la comparaison de toutes les cartes que l'auteur avait pu se procurer. Outre la carte générale qui porte le même titre que l'atlas, il en est vingt autres particulières dont la dernière seule accuse une date. *London, engrav'd, by Willm Henry Toms*, 1733. C'est la neuvième de ces cartes qui représente la Louisiane, en la copiant de l'original français publié dès 1718, par Guillaume Delisle.

(1740.)

« *Carte de la province de la Louisiane, autrefois le Mississipi* » (postérieure à 1739).

(Dépôt de la marine, porte-feuille 138 *bis, pièce* 17.)

Cette carte, faite par Dumont de Montigny, est des plus médiocres quant aux contours géographiques. Mais la statistique suivante y est annexée et mérite une reproduction. Ce sera une preuve de plus que les cartes de l'ancienne Louisiane sont presque autant historiques que géographiques.

« 1° Ile Dauphine, premier établissement de la colonie française en 1716, sous la direction de la Compagnie des Indes.

» 2° Fort de Pensacola aux Espagnols, pris par l'escadre du Roy commandée par le sieur De Chamelain, le 7 septembre 1719.

» 3° Second établissement de la Compagnie en 1720.

» 4° Troisième établissement, *id.* en 1721.

» 5° Quatrième, *id.* en 1722, nommé la Nouvelle-Orléans. C'est la capitale présentement du pays. Elle a été faite par le sieur Leblond de La Tour, chevalier de Saint-Louis, lieutenant-général et brigadier des ingénieurs[1]. *Les îles ou quartiers des bourgeois sont entourés d'eau pendant trois mois de l'année, vu le débordement des eaux du fleuve depuis le* 25 *mars jusqu'au* 24 *juin. Devant la ville il y a une levée, et par derrière un fossé et d'autres découlements.* Dans cette ville il y a un état-major, un commandant-général, un intendant et des conseillers. La paroisse est desservie par les RR. PP. Capucins ; les maisons sont faites de briques, etc.

» 6° Fort de la Balise construit par le sieur de Paugé en 1723. Ce fort servait de

[1] Cette assertion de l'auteur vers 1740, nous surprendra moins si l'on remarque que dans l'histoire de la Louisiane, Leblond de La Tour s'est trouvé maintes fois en opposition avec Bienville. Quant aux lignes suivantes, nous les avons soulignées, pour rappeler d'où elles provenaient, sur notre *Planche II*, en dessous de la vue de la Nouvelle-Orléans. Quant à cette vue, elle a été prise de la carte envoyée par Bernard de La Harpe et dressée, à Paris, en 1720.

clef pour empêcher l'entrée du fleuve. Les vaisseaux n'entrent plus par là, mais par la passe de l'est.

» 7° Poste des Français aux Natchez, à 100 lieues de la capitale. C'est le meilleur endroit du pays, mais il a été détruit en 1729. Il y a toujours garnison, et fort peu d'habitants.

» 8° Poste des Arkansas, établi dès 1686 par le sieur De Tonti, du temps du fameux et malheureux De la Salle. Il subsiste toujours, quoique éloigné de la capitale de 200 lieues. Il y a toujours une petite garnison. Les sauvages de ce lieu ont toujours été amis des Français.

» 9° Fort Saint-Charles des Illinois, poste aux Français à 500 lieues de la capitale. Les RR. PP. Jésuites y sont missionnaires et curés. Les sauvages de ce lieu sont la plupart mariés avec des Français. Il y vient de très-bon et beau froment.

» 10° Fort Louis de la Mobile. Il est bien construit de briques, a 4 bastions, demi-lunes, fossés, chemin couvert et glacis. Il a été fait en 1722.

» 11° Fort de Tombecbé, qui a servi d'entrepôt à l'armée du pays allant en guerre sur les Chicachas, qui avaient donné retraite aux sauvages Natchez, après le massacre qu'ils ont exercé sur les Français au fort Rosalie. Marqué, en l'année 1729, le 29 novembre.

» 12° Fort des Chicachas, sauvages attaqués par les Français le 26 may 1736, et dont on n'a pas su se rendre maître.

» 13° Fort de Saint-François, qui a servi d'entrepôt à la même armée allant en guerre sur les Chicachas, en 1739.

» 14° Fort de l'Assomption, où l'armée a resté tenter pendant six mois, au bout desquels on a donné la paix aux ennemis. Les chiffres 11, 13, 14, marquant trois postes, ont été détruits et ont servi de feux d'artifice pour la paix.

» *N. B.* Dans la rivière des Naquitoches, il y a un poste et fort français, ainsi que sur la rivière des Allibamons, qui vient se jeter dans la Rivière de la Mobile, etc. »

(1746.)

« *Carte de la Coste et Province de la Louisiane avec les sondes le long de ladite » Coste.* » Nouvelle-Orléans, 5 octobre 1746.

(*Manuscrite sur velin. Bibliothèque impériale. Reg. B.* 2497.)

Cette carte, fort médiocre, mais faite sur place, s'accorde avec plusieurs autres dont nous parlerons plus tard, pour montrer de nouveaux atterrissements occupant toute la baie, à l'ouest des bouches du Mississipi. On y dirait un soulèvement du fonds maritime qui aurait, de ce côté, arrêté toutes les alluvions du fleuve.

Un autre fait à y signaler est l'étymologie du *Rio Perdido* actuel, entre la Mobile et Pensacola. Il est nommé *Rivière Perdrix ou Perdrides*, c'est-à-dire des perdrix; ce qui montre qu'il se nommait *Perdrido* et non *Perdido* (perdu). Dans sa carte de 1744, l'ingénieur Bellin la nomme RIVIÈRE PERDIDE, *dont on ne connait pas le cours ;* observation qui n'a pu que confirmer l'oubli du premier et véritable nom.

(**1750.**)

« *Carte de la Louisiane et des pays voisins*, dédié à M. Rouillé, secrétaire d'État, » ayant le département de la marine; par le sieur Bellin, ingénieur ordinaire » de la marine. Paris, 1750. »

Le petit atlas maritime du même ingénieur publié en 1764, par ordre du Duc de Choiseul, contient diverses autres cartes de la Louisiane, dont les originaux manuscrits sont conservés au Dépôt des cartes et plans de la marine, et dont la date est bien antérieure à leur publication. Le plus ancien de ces originaux, qui est de 1722, est intitulé : *Embouchure du fleuve St.-Louis ou Mississipi;* mais Bellin, en le reproduisant, l'a modifié et altéré par le mélange des motions postérieures : ce qui en amoindrit la valeur pour l'étude du progrès des atterrissements.

Une deuxième carte très-fidèlement reproduite dans le même atlas, est celle que nous avons publiée sous le titre de *Bassin inférieur de la Rivière Rouge à l'origine de la Colonisation (Planche VI).* Enfin, une troisième carte est celle intitulée : *Cours du fleuve St.-Louis depuis ses embouchures jusqu'à la Rivière d'Iberville et des costes voisines.* On y remarque le sondage de la Baie de Barataria, depuis la passe qui avait 18 pieds de fond, jusqu'à l'île du même nom, où les navires trouvaient 12 pieds d'eau. Ces sondages avaient eu probablement pour but de faciliter le transport des bois de construction navale dont cette île était alors si abondamment pourvue. Les anciennes branches du Mississipi qui venaient aboutir à la Baie Barataria, méritent également d'y être remarquées, car c'est par elles que les alluvions du fleuve sont venues atterrir toute cette portion de la Basse-Louisiane.

(**1757.**)

« *Le littoral de la Louisiane en* 1757. »

Carte publiée par le Page Du Pratz, en 1757, dans son *Histoire de la Louisiane.* (Mentionnée pour mémoire.)

(**1769.**)

« *Carte de l'enfoncement du Golfe de Mexique*, donnée par le chevalier De Noyan, » enseigne de vaisseau, en 1769. »

Cette carte est des plus curieuses et très-importante par les sondages du golfe, par la division en deux de l'Ile Dauphine, le progrès des atterrissements aux bouches du Mississipi, les débordements du fleuve en plusieurs endroits de ses rives ; enfin, par une île nouvelle qui se trouve vers la latitude du *Ship island Shoal*, lequel ne peut être que le dernier reste de cette île disparue sur la route conduisant à Galveston.

N'oublions pas que la *Rivière des Praquemines* et la *Fourche des Scitimachas* y réunissent leurs cours et vont ensemble se jeter dans la baie de l'Ascension.

Enfin, l'Atchafalaya y est représenté comme un *Bayou qui se rend à la Rivière Rouge*, mais au confluent de cette dernière avec le Mississipi.

(**1778.**)

« *Carte de la Floride et de la Louisiane, depuis son embouchure jusqu'à la* » *Rivière Rouge* », publiée par ordre de M. de Sartine, ministre de la marine. Paris, 1778.

C'est la première carte, à ma connaissance, où l'Atchafalaya, déjà représenté en 1769 comme un *bayou qui se rend à la Rivière Rouge*, figure comme branche directe du Mississipi à la mer. Encore y est-il nommé *Rivière du Vermiou*, comme si l'on eût cru que la rivière actuelle du Vermillon en était le cours inférieur. Ajoutons pourtant que l'Atchafalaya se caractérise beaucoup mieux sur cette même carte, par l'embranchement qui le réunit au bayou Plaquemine d'abord, et ensuite au bayou Lafourche. Sa jonction avec ce dernier se fait vers l'emplacement actuel de Napoléon-Ville : ce qui intéressera peut-être les planteurs et capitalistes qui pensent à réunir maintenant par un canal le bassin du Lafourche à celui de l'Atchafalaya.

On a cru généralement qu'*Atchafalaya* signifiait, en indien, *grande eau*. William Darby affirme, avec beaucoup plus de vraisemblance, que ce mot veut dire *eau perdue* : ce qui serait à la fois plus pittoresque et plus conforme au passé de cette branche actuelle du Mississipi.

(**1796.**)

« *Carte manuscrite du cours du Mississipi*, par le général Collot (1796). »

Précieux rouleau de la Bibliothèque impériale, département géographique.

(**1797-1798**).

« *Carte d'une partie du cours du Mississipi, depuis la rivière des Ilinois jusqu'au-* » *dessous de la Nouvelle-Madrid* comprenant, la Louisiane supérieure, connue » sous le nom *des Ilinois*, et la partie des Ilinois dépendante des États-Unis » d'Amérique, 1797 et 1798 ; par Don Nicolas de Finiels, ingénieur extraordi- » naire au service de S. M. C. à la Louisiane. »

Rapportée de la Louisiane en 1805, par M. de Laussat, préfet colonial.

(**1798.**)

« *Littoral de la Louisiane et rives du Mississipi, l'Ile Barataria en* 1798. »

Baudry des Lauzières, dans son premier voyage en Louisiane fait de 1794 à

1798, parle de l'*Ile de Barataria*, *située au milieu d'un lac, à quelques lieues de la Nouvelle-Orléans* (page 328). « Elle offrait de si beaux bois de construction » qu'elle aurait pu, disait-il, fournir les flottes entières. » C'est ce qu'on voit très-bien indiqué sur la carte espagnole de 1799.

(**1799.**)

« *Carta esferica que comprende las Costas del Seno Mexicano*, *construida de » orden del Rey, ano de* 1799. »

(Bibliothèque impériale, dépôt géographique.)

Belle et précieuse carte hydrographique, indiquant tous les sondages faits autour du golfe du Mexique, et donnant spécialement ceux de la Louisiane : ainsi, pour les lacs Borgne, Pontchartrain et Maurepas, d'un côté ; de l'autre, pour l'Atchafalaya-Bay, qu'elle fait communiquer avec le bayou Plaquemine ; et pour les autres lacs du littoral jusqu'aux bouches du Mississipi.

Le bayou Lafourche n'y est point indiqué; mais on lit près d'une vaste baie : *Grand Cayu*, et plus vers l'est, *El Cayu.* D'où ce mot, probablement indien, a été dénaturé en celui de Grand et de Petit Caillou.

Les bouches du Mississipi, à l'exception de la passe de la *Balise* et de la passe à la *Loutre*, reposent toutes sur le Cap de Boue *(Cabo de Lodo)*, que Danville avait remarqué dès l'an 1731, sur le témoignage de cartes espagnoles antérieures. Ainsi, quand les sondages de la pleine mer, vis-à-vis les deux premières passes, varient entre 25, 17, 25 brasses, on ne voit qu'une seule brasse sur le plateau boueux, dont la branche Sud-Ouest n'a pas encore dépassé les limites; ce qui sûrement l'a tenue hors d'usage, jusqu'au moment où elle a pu atteindre la mer libre.

(**1803.**)

« *Cours du Mississipi comprenant la Louisiane*, *les deux Florides*, *une partie » des États-Unis et pays adjacents*, par J.-B. Poirson, ingénieur-géogra» phe (1803). »

Poirson a copié cette carte de plusieurs autres, la plupart espagnoles, et toutes médiocres, dont il paraît en avoir fait une plus mauvaise. Il importe, néanmoins, d'y remarquer, à propos des bouches du Mississipi, que tout en donnant le tracé des passes à la Loutre et de l'Est, et marquant la passe du Sud comme la continuation du fleuve, il nomme seulement la passe Sud-Ouest, sans en tracer le cours. Cette passe ne fut, en effet, reconnue navigable que vers 1810, quand les mesures de l'*embargo* prises par le Gouvernement Fédéral forcèrent plusieurs navires à s'échapper à l'improviste par cette issue.

En allant vers l'ouest, la même carte nomme l'*El Cayu*, nom très-probablement d'origine indienne, comme nous l'avons dit, et sans rapport avec les lieux en question, où on ne trouve pas le plus petit caillou ni le moindre galet.

Enfin, plus à l'ouest, au-delà du Vermillon, on y voit la Rivière des Loups marins, *Rivière de Lobos,* lesquels s'appelaient aussi *Lamentins* ou en patois français *Lamentaou*, dont on a peut-être fait le *Mementaou* de la Louisiane moderne.

(**1803.**)

« *An accurate chart of the coast of west Florida and the coast of Louisiana,* » *describing the entrance of the river Mississipi, Bay of Mobile, Pensacola, etc.* » Magnifique carte hydrographique, relevée par George Gault, de 1764 à 1771, et publiée par l'Amirauté britannique, en 1803.

(Voir à ce sujet la note de la page LV.)

Un point essentiel, et beaucoup trop oublié sur d'autres cartes, y est marqué : c'est la distinction de l'ancienne et de la nouvelle Balise.

(**1803.**)

« *Plan de l'entrée du fleuve du Mississipi*, par A. Dugay, capitaine de la *Sophie*; d'après les renseignements des pilotes de la Balise et de Ronquille, pilote major (1803). »

« *Nota.* La mer ne monte que de 18 pouces à deux pieds. *Il ne reste dans la passe que* 13 *pieds.* » C'était la passe de l'Est dont il est ici question.

Ce *plan,* relevé par des hommes pratiques, ne peut rester sans valeur pour le calcul des atterrissements. Le raccourcissement de la passe Sud-Ouest en est un des traits distinctifs. Ajoutons, à ce propos, que la carte suivante de Lafon ne diffère, au fond, de celle du capitaine Duguay, qu'en ce qu'elle allonge beaucoup plus cette même passe, tout en la maintenant bien plus courte que celle de l'Est. C'est l'inverse qu'on voit aujourd'hui sur les cartes du *Coast-Survey,* la passe Sud-Ouest y dépassant en longueur toutes les autres. Ce qui nous donne une mesure de la marche des alluvions du Mississipi.

(**1805.**)

« *Carte de la Louisiane,* par Lafon (1805), » imprimée à la Nouvelle-Orléans en 1806.

Je n'ai qu'à répéter sur cette carte le témoignage qu'en a porté William Darby :

« *Lafon's map,* published in 1805, *considering the then state of geographical* » *knowledge respecting Louisiana, possesses much real merits.* »

Lafon fit ce travail en s'aidant de plusieurs cartes antérieures à la sienne; ce qui donne à celle-ci beaucoup plus de valeur qu'on ne lui en attribue généralement. La carte précédente, conservée au Dépôt de la marine, semble, entre autres, lui avoir servi pour les bouches du Mississipi. Lafon a aussi manifesté dans son travail des intentions géologiques ; indiquant, par exemple, près du cours supérieur de la rivière Sabine, des montagnes *sulfureuses*, où, dit-il, se font de temps à autre des explosions bruyantes.

(1816.)

« *A map of the state of Louisiana with a part of the Mississipi territory*; from » actual survey by William Darby. (Enterred according to act of Congress the » 8 april 1816). — Philadelphia, 1st may 1816. »

Cette carte n'est guère aujourd'hui curieuse que par la série de buttes, de collines et prairies détachées qui distinguent la région Sud-Ouest de la Louisiane, et reparaissent au-delà de la Rivière Rouge, le long de la *Rivière aux Bœufs* et autres affluents du *Washita*. L'auteur les représente d'une manière plus correcte et un peu plus complète que ne l'avait fait Lafon dans sa carte de 1805.

Les bouches du Mississipi mériteraient aussi d'être signalées, si Darby ne leur avait consacré un travail spécial dans la 2e édition de sa carte de la Louisiane.

(1817.)

« *Louisiana from Darby's map published at Philadelphia*, 1816. — London, published 3rd January 1817, by A. Arrowsmith, hydrographer. »

C'est une pâle copie, et sur une moindre échelle, de la carte précédente, publiée par Darby en mai 1816.

(1853.)

« *Map of Louisiana*, by G. W. R. Bayley, civil engineer. 1853. »

(1854.)

« *Map of Louisiana*, by Colton. — New-York. 1854. »

(1855.)

« *Map of Louisiana representing the several land districts, prepared to accompany » the Surveyors general annual reports*, by W. J. M. Culloh, surveyor general. Donaldsonville. La. October 1855. »

(1856.)

« *Map of a part of the state of Louisiana exhibiting the route of the New-Orleans » and Opelousas Rail Road* », by G. W. R. Bayley, chief engineer.

Pour laisser moins incomplète cette nomenclature de Cartes générales ou particulières de la Louisiane, n'oublions pas celles que les ingénieurs de l'État ont l'habitude de joindre à leurs rapports officiels. La collection de ces dernières est conservée à Baton-Rouge, et je remercie M. le colonel Louis Hébert d'en avoir mis plusieurs à ma disposition. Malheureusement, comme il l'a remarqué lui-même, ces dernières cartes, faites à la hâte et pour satisfaire à des demandes spéciales de la Législature, se copient trop les unes les autres, quant aux relèvements généraux de la contrée. C'est d'ailleurs le même reproche qu'on pourrait adresser à la plupart de celles mentionnées ci-dessus, chacune d'elles n'étant guère utile que pour les relèvements spéciaux qu'elle s'était proposés. Cet état de choses prouve qu'une bonne carte de la Louisiane reste encore à faire, et qu'il serait difficile de la réaliser, sans demander aux documents antérieurs ce que chacun d'eux a pu nous transmettre de plus exact.

(1839-1858.)

« *Relèvements du Corps des ingénieurs topographes et du Coast-Survey.* »

Je ne saurais mieux terminer cet Appendice sur la Cartographie de la Louisiane, qu'en rappelant, avec gratitude, les magnifiques cartes hydrographiques du capitaine Andrew Talcott et du *Coast-Survey,* distribuées avec tant de libéralité par le Gouvernement fédéral des États-Unis.

Celle du capitaine Talcott est d'abord le travail spécial le plus complet que nous ayons sur les bouches du Mississipi; elle en donne une représentation des plus exactes pour 1839, époque de sa publication. Depuis lors, la reconnaissance des mêmes lieux, faite en 1851-52 par le *Coast-Survey*, sous la direction générale du professeur Bache, y a constaté des changements et des progrès notables dans la marche des alluvions. Or, par la comparaison de ces cartes, nous avons le moyen précis et mathématique d'y calculer les atterrissements durant la même période. C'est à cette fin que nous en avons publié des extraits, et avons rapproché, dans la même planche, le relevé de 1839 et la reconnaissance de 1851. La différence y saute aux yeux, et permet d'y mesurer au compas l'accroissement des alluvions.

Rappelons toutefois, à ce dernier sujet, que la reconnaissance dirigée par le savant M. Bache, dans un pur intérêt d'hydrographie nautique, n'a pas été faite en vue de la géologie de la Louisiane. Il ne faut donc pas être surpris qu'on y ait négligé certains atterrissements survenus depuis 1839 dans l'intérieur du delta, entre autres la portion de terre-ferme qui a surgi en tête de l'embranchement de la Passe-à-Loutre et de la passe Nord-Est. Un groupe d'étoiles signale, dans notre planche comparative, cette formation alluviale, dont nous donnerons plus tard le relèvement, et qui, d'après certains pilotes, aurait depuis 15 à 20 ans contribué à dévier le courant du fleuve et accroître l'importance de la Passe-à-Loutre. Nous y avons indiqué de même la station des bateaux remorqueurs, et le lieu voisin où nous sommes allé visiter trois *Mud-Lumps* en cours de formation. Ajoutons que cette planche, destinée à l'édition américaine de cet Essai, n'est qu'un fragment d'un travail d'ensemble sur les bouches du Mississipi. Elle peut servir aussi de spécimen, quant à notre méthode d'investigation, qui prend toujours la Cartographie pour base et en fait son point de départ essentiel.

Il nous resterait à parler, sous un dernier rapport, des travaux en cours d'exécution auprès du Corps des ingénieurs topographes [1], et des relèvements hydrographiques, déjà publiés par le *Coast-Survey*, en vue d'améliorer les conditions du Mississipi. Qu'il suffise d'ajouter à ce propos que, malgré les subdivisions compliquées des bouches de son delta, le fleuve peut être maintenant considéré comme ayant seulement deux embouchures essentielles : celle du Nord-Est nommée la Passe-à-Loutre, et celle du Sud-Ouest. Une troisième, celle du Sud, qui était jadis la seule entrée du fleuve, est à moitié comblée et perdue pour les gros navires.

Quant aux deux précédentes, elles se suppléent l'une l'autre, selon la direction des vents : ce qui combine leurs avantages, au profit de la navigation, sur un des points les plus importants du monde commercial. La principale de ces branches est, pour le moment, celle du Sud-Ouest, qui, restée impraticable jusqu'à vers 1810, décharge maintenant un tiers environ de la totalité des eaux du fleuve. Elle offre, en outre, à l'intérieur comme au-dehors de sa barre, un encrage et un port excellents. Cette barre, dont la profondeur est assez récente, ne fait que se déplacer, comme si elle roulait sur elle-même, sous l'impulsion des eaux qui creusent l'intérieur du chenal et rejettent les sédiments au-dehors. C'est ainsi qu'elle avance dans le golfe, à mesure que la branche fluviale s'y prolonge elle-même. Les progrès actuels de cette Passe-Sud-Ouest, maintenant la plus allongée, ne doivent point nous faire oublier combien long-temps les anciennes cartes nous l'ont montrée retardée par rapport à la marche des autres passes. Son importance présente est un autre changement inattendu dans l'histoire des bouches du fleuve.

Cependant le commerce du Mississipi est devenu une des merveilles du Nouveau Monde, et la question s'agite toujours. Comment mettre les bouches de ce fleuve en rapport avec les progrès de sa navigation ? Dès l'origine de la colonisation de la Louisiane, Bienville se préoccupa de ce problème. Ainsi, le 20 avril 1722, il écrivait, du fort Louis, à la Mobile, pour faire comprendre au Gouvernement Français la nécessité, non-seulement « d'abandonner l'établissement de Biloxi, dont l'abord » était si difficile, mais de se transporter sur les bords du Mississipi, où tout vais- » seau arrivant de France serait, disait-il, déchargé en deux jours ! » A cette facilité de débarquement si importante pour le commerce, il ajoutait « que des vaisseaux, » ne tirant pas plus de 13 pieds d'eau, pourraient entrer dans le fleuve à pleine

[1] *Voir*, à ce sujet, le Rapport du capitaine A. A. Humphrey : *Nature and extent of the investigations and Surveys of the Delta of the Mississipi river.* « Made under the act of Congress directing the topographical and hydrographical survey of the Delta of the Mississipi river, with such investigations as might lead to determine the most practicable plan for securing it from inundation. » (Washington, D. C. 1858.)

» voile sans toucher, et qu'il ne serait pas difficile de rendre la passe praticable » pour de plus gros navires, le fond n'étant qu'une vase molle et mouvante. » C'est exactement ce qu'on voit aujourd'hui ; de sorte que la nature, comme la profondeur des bouches du fleuve, n'a presque pas varié depuis Bienville.

Plusieurs commissions d'ingénieurs ont présenté leurs vues sur cet important sujet. Pour creuser la Passe-N.-E. et S.-O., faut-il resserrer les embouchures, afin d'y accroître la force du courant? Ou bien faut-il les draguer, quand une seule inondation remplit tous les vides artificiels? Enfin, faut-il labourer le fond avec des charrues marines? Tous ces projets se valent en théorie : mais c'est le plus applicable qu'il faut découvrir. Or, le fait bien établi que depuis 140 ans les passes conservent à très-peu de chose près la même profondeur, semble indiquer que la nature règle ici toute chose et devrait être prise pour premier guide.

Voilà du moins ce qui résulte à première vue de la Cartographie et d'un aperçu historique des lieux. Mais ce n'est point un simple aperçu qui doit suffire en matière aussi grave ; aussi m'appliquerai-je, dans l'édition américaine de cet Essai, à marquer avec les plus grands détails les transformations des bouches du fleuve, pour y démêler ce qu'il y a de permanent et découvrir ainsi leur véritable loi. Ce n'est en effet qu'après la découverte de ce régime, qu'il sera permis d'émettre un avis sérieux sur les futures améliorations des passes du Mississipi. Or, comme une Cartographie complète et raisonnée donnerait la clef de ce problème, on comprend une fois de plus l'importance de ces documents, et la place que j'ai tâché de leur donner dans cet Appendice.

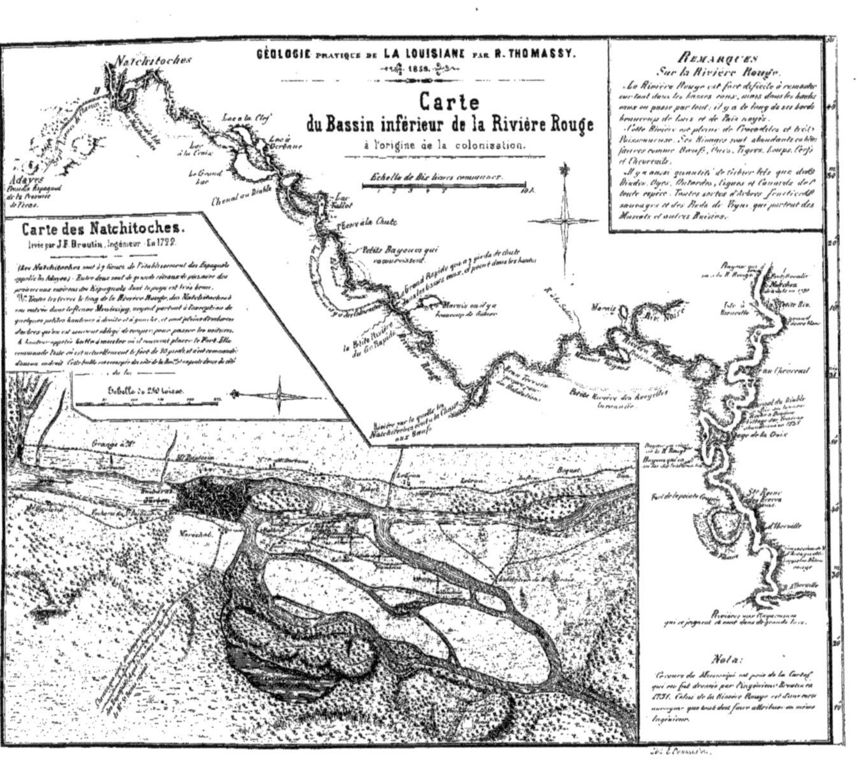

GÉOLOGIE PRATIQUE DE LA LOUISIANE PAR R. THOMASSY.
1858.
Carte
du Bassin inférieur de la Rivière Rouge
à l'origine de la colonisation.
Echelle de Dix lieues communes.
Remarques
Sur la Rivière Rouge.
Carte des Natchitoches.
levée par J.F. Broutin, Ingénieur En 1722.
Natchitoches
Adayes
Lac à la Croix
Le Grand Lac
Chenal au Diable
Lac Tallot
l'Ecore à la Chute
Petite Bayoucou qui
Marais
Natchez
Pointe Coupée
Nota:

APPENDICE D.

BASSIN INFÉRIEUR DE LA RIVIÈRE ROUGE; — ANCIEN ET NOUVEAU RÉGIME DE CETTE RIVIÈRE.

Quoique nos études soient actuellement limitées au *grand Delta du Mississipi*, nous ne saurions oublier entièrement la Rivière Rouge, dont les eaux y ont charrié une part si notable d'alluvions. Les eaux pluviales y ont également entraîné les sables blancs des hauteurs de la Sabine et les détritus du massif des monts Washita. C'est de ces apports si divers que s'est formé le terrain inférieur de la Rivière Rouge. Quant à sa structure et à la superposition des couches dont il se compose, elles vont nous révéler une alternance multipliée de période de repos et d'agitation.

Nature du bassin de la Rivière Rouge, d'après le puits artésien de M. Phanor Prudhomme [1].

PROFONDEUR DU PUITS — 310 pieds.

Épaisseur des couches.	Nature des couches.
1° 40 pieds.....	Couche végétale. Anciennes battures de sable et d'argile.
2° 15 à 20 pieds.	Marne veinée et compacte.
3° 10 à 12 pieds.	Sables blancs, très-mouvants et très-fins comme celui des Pinières de la Sabine, et grossissant vers le fond.
4°............	Couche de terre noirâtre ou fond de lac composé de détritus végétaux.
5°............	Sables fins, blanchâtres et plus gros que ceux du N° 3.
6°	Second fond de lac ou terre noire, analogue au N° 4.
7°...........	Sables comme ceux des N°s 3 et 5, toujours plus fins à la surface et puis grossissants, mêlés de petits cailloux qui augmentent aussi de grosseur vers le fond.
8°...........	Troisième fond de lac ou terre noire, comme les N°s 4 et 6.
9°...........	Sables et petits cailloux pareils à ceux du N° 7.

[1] Les notions dont il s'agit ici, ne m'ont été données par M. Phanor Prudhomme qu'à titre de renseignements approximatifs.

On rencontra une 4e et 5e alternance de terres noires, de sables et de cailloux, avant d'atteindre la profondeur de 310 pieds; la perpendiculaire, ayant alors été perdue, fit abandonner le puits. Avant cette profondeur, des traces carbonifères avaient, de plus, été remarquées, ainsi qu'un tuf calcaire jaunâtre dont les échantillons furent rapportés en poussière.

Pour mieux apprécier ces notions, n'oublions pas la localité d'où elles proviennent. Celle-ci est située au sud-est des écors des Natchitoches, c'est-à-dire dans le dernier des bassins topographiques, que traverse la Rivière Rouge pour affluer dans le Mississipi. Les rapports du grand fleuve avec cette rivière ont pu, dès-lors, commencer dans ce bassin, qui s'étend jusqu'aux Rapides d'Alexandrie, et d'où ils sont devenus plus intimes en se rapprochant du Washita, dit aussi la Rivière Noire.

Quoi qu'il en soit, la Rivière Rouge, comme on le voit par la carte ci-jointe, se distinguait, dès l'origine de la colonisation, par son inextricable réseau de lacs et de bayoux. Tandis que son grand rival s'était fait route nette, elle semblait, au contraire, vouloir fermer la sienne avec d'innombrables radeaux et des embarras de toutes sortes. C'est sans doute ce qui fit que Bienville, pour se rendre du lac des *Taensa* chez les *Acassé*, préféra à cette rivière une route de terre directe, à travers les cours d'eau et les nombreux marais qui le séparaient de cette dernière tribu.

Les progrès de l'établissement français aux Natchitoches mirent enfin les colons aux prises avec la Rivière Rouge elle-même; et c'est alors que diverses cartes, empreintes d'une exactitude remarquable, la firent connaître avec des détails du plus haut intérêt pour sa géologie. Ainsi, la carte particulière des Natchitoches [1], reproduite d'après l'original dans la planche ci-jointe, nous y montre le radeau qui, en 1722, en embarrassait le cours devant cet emplacement. La seconde carte de la même planche est d'un intérêt plus général encore, et elle est accompagnée de notes qui en augmentent singulièrement le prix. En voici le titre, avec la principale des annotations :

« *Le cours de la Rivière Rouge, relevé avec la boussole et toute la régularité possible.*

» Cette rivière est fort rapide lorsque les eaux sont basses, et elles sont dans ce tems là saumaches et bourbeuses. On croit que cela provient des salines qui se trouvent au dessus et au dessous du fort des Natchitoches, où les sauvages font du sel. Elle est très difficile à monter à cause de sa rapidité, et l'on est souvent obligé de faire des portages. Elle a quantité de branches qui tombent dans des lacs et dans des pays noyés; on peut y naviguer en tous tems, jusqu'au lieu appelé le Grand Rapide, et non au dessus, à moins que les eaux

[1] L'original en est conservé aux Archives scientifiques de la marine, à Paris.

ne soient à demy hautes, ou débordées ; ce qui rend le chemin plus court, parce qu'on passe à travers les bois où il n'y a point de courants, avec des pirogues seulement. C'est par ce moyen que les voyageurs françois se sont rendus, en cinq jours, de l'entrée de la rivière au fort distant de 73 lieues $^3/_4$, suivant le rapport qu'ils m'en ont fait.

» Quand j'ay remonté cette rivière, les eaux étoient à demy hautes. J'ay observé que les arbres, qu'elle avoit mouillés, étoient teints depuis le bas jusqu'à dix pieds de hauteur d'une couleur rougeâtre, de mesme que ses bords ; ce qui lui a fait donner par les sauvages le nom de *Rivière Rouge*.

» Quand le fleuve du Mississipy déborde et que la Rivière Rouge se trouve basse, elle est refoulée par le Mississipy pendant plus de vingt lieues.

» On trouve dans les principales branches plusieurs embarras d'arbres et beaucoup de rapides, ce qui oblige les voyageurs de les quitter pour suivre la route tracée dans cette carte ; et on s'égareroit, si on n'avoit avec soy de bons guides sauvages, qui souvent même se trompent. Cette rivière est pleine de crocodilles et très poissonneuse. Ses rivages sont très abondants en bettes fauves, comme bœufs, ours, tigres, loups, cerfs et chevreuils. Il y a aussi quantité de gibier, tel que des dindes, oyes, outardes, cignes et canards de toute espèce. On y trouve encore des asseminiers, des piaqueminiers, des paquaniers, des pêchers, des oliviers et plusieurs autres sortes d'arbres fruitiers sauvages, avec des pieds de vignes qui portent du muscat et du raisin d'un assez bon gout[1]. »

L'ancien régime de la Rivière Rouge est on ne peut mieux indiqué par cette annotation générale. Depuis lors, un régime nouveau a commencé pour elle ; la colonisation de ses rives, les tentatives faites par le Gouvernement Fédéral pour en améliorer le cours, enfin les coupures pratiquées à travers les radeaux qui en suspendaient la navigation dans la Haute-Louisiane, y ont ouvert aux eaux d'inondation une issue sans obstacle. Aussi le fleuve, se précipitant durant les hautes crues à travers les resserrements de son cours, cherche-t-il sans cesse la voie la plus courte. Coupant alors les presqu'îles de ses méandres, et modifiant sa direction principale par des raccourcis, il déplace les voies et moyens de transport, et compromet parfois la fortune des planteurs établis sur ses embranchements secondaires. Si l'on eût prévu ce résultat, on eût sans doute beaucoup mieux apprécié le rôle de certains lacs qu'on s'est efforcé de dessécher, et l'on eût, au contraire, secondé la nature, qui en avait fait des réservoirs analogues à ceux que l'industrie s'efforce de créer dans les vallées supérieures, pour aménager l'irrigation des bassins inférieurs. Un système général d'hydraulique eût présidé à toutes les améliorations partielles, et au

[1] Cette carte, manuscrite et sans nom d'auteur, ne peut être attribuée, si j'en juge par les caractères de l'écriture et la connaissance si précise des lieux, qu'à l'ingénieur Broutin, l'auteur de la *Carte particulière des Natchitoches*. (Planche ci-jointe.)

lieu de sept ou huit mois de navigation qu'on avait auparavant sur la Rivière Rouge, on n'en serait pas réduit à n'en avoir guère plus de trois. De là, tant d'inconvénients pour les planteurs : précipitation dans les achats, cherté des approvisionnements nécessaires, et parfois même défaut des choses utiles. Quand les familles habituées à l'aisance souffrent de telles privations, la population ouvrière et le pays tout entier s'en ressent ; de sorte que le manque ou l'insuffisance des moyens de communication fait enfin comprendre toute l'importance de la Rivière Rouge, et des améliorations mieux entendues dont elle aurait été susceptible.

L'inondation d'août 1849 transforma tout le bassin de cette rivière en une véritable mer, où les bateaux à vapeur perdaient le cours du fleuve et allaient s'échouer dans des champs à coton. Tout fut submergé depuis Schreveport jusqu'au Mississipi, à l'exception de quelques collines et quelques liserés de terres sur les bords occupés par les planteurs. Au-delà de ces lieux abrités, les arbres, colorés et noircis par les eaux, attestent encore la hauteur effrayante de cette crue et les désastres qui en furent la suite.

Cependant la rivière, en se précipitant par une marche plus directe vers le Mississipi, a creusé et surtout élargi son lit, dont la capacité a diminué d'autant le danger des inondations ultérieures ; une révolution économique en est aussi résultée par le dessèchement progressif des basses terres. On m'a montré une foule d'emplacements, marais inabordables il y a quelques années à peine, et maintenant livrés à une riche culture. Le Lac Espagnol, où l'on a construit un bateau à vapeur, j'ai pu le traverser à cheval ; j'y ai vu aussi comment quelques digues, ou mieux encore, l'exhaussement progressif du sol par l'aménagement des alluvions fluviales, le transformeraient bientôt en un admirable champ à coton. Plusieurs autres lacs, atterris à demi et entièrement perdus pour la pêche, sont de même tout prêts pour la culture, et il ne manque à leur complète bonification que d'y appliquer le système de dessèchement et d'assainissement par les *colmates*.

Ajoutons que les changements de la Rivière Rouge ne sont qu'un accessoire d'une révolution fluviale bien plus importante. Celle-ci, comme nous l'avons précédemment indiqué, se manifeste sur des proportions grandioses dans le régime nouveau du Mississipi. Avec les progrès de la culture et le dessèchement progressif des lacs riverains et des basses terres, le grand fleuve reçoit instantanément toutes les eaux de pluies, si abondantes dans son bassin moyen et inférieur. Les lacs, qui en étaient les anciens réservoirs, s'y déversant de leur côté tout d'un coup, contribuent à ses crues soudaines et les rendent plus redoutables. Ainsi tout semble marcher vers un changement très-grave des conditions primitives du Nil américain. L'hydraulique de l'Égypte, qui utilisait si bien les réservoirs naturels, et en créait d'artificiels pour aménager à la fois les eaux et les alluvions, serait-elle donc perdue pour la Louisiane ?

Quelle qu'en soit l'application à la Rivière Rouge, les plantations s'y multiplient, ou plutôt les anciennes s'y étendent et s'améliorent avec la division des héritages et l'accroissement des familles. Ce progrès naturel de la culture et de la population ne répond sans doute pas à l'impatience des spéculateurs de terres; aussi le prennent-ils en pitié, et parlent-ils de la Rivière Rouge avec un dédain qui honore au plus haut degré les habitants attachés aux anciens patrimoines. Cet attachement au sol comme aux traditions sauvegarde la ville des Natchitoches, en attendant le développement de ses ressources locales, entre autres la viticulture, dont les avantages furent entrevus par les premiers explorateurs français, et qui tôt ou tard viendra lui rendre l'importance qu'elle n'aurait jamais dû perdre.

Par un singulier contraste avec les habitudes locales, la Rivière Rouge se complaît aux changements les plus inattendus; et, soit dans son cours principal, soit dans ses innombrables sinuosités, tout y est en voie de transformation. Au-dessous des Natchitoches, par exemple, l'ancien cours navigable a cessé de l'être depuis une vingtaine d'années, et *le Rigolet du bon Dieu,* qui était la branche secondaire, en est depuis lors devenu la branche principale. Vers la même époque, les eaux firent un énorme raccourci en débouchant dans le Mississipi, et maintenant elles tendent à se jeter plus directement dans l'Atchafalaya qui les avait reçues précédemment. Ainsi, les rives se font et défont à chaque crue de la rivière, au gré de ses remous occasionnés par les sinuosités de son cours, par les ensablements formés autour des chicots, et par des bois de dérive, dont les plus anciens radeaux apparaissent sur les bords décharnés par les inondations.

Ces radeaux, perdus dans les vieilles alluvions, sont des témoins qu'il importera de faire parler; car la nature de leurs arbres nous dira de quelle région supérieure ceux-ci furent entraînés, ou s'ils grandirent là même où on les trouve aujourd'hui. On connaîtra mieux encore les houilles ou lignites à demi carbonisés, voisins des mêmes radeaux et placés à des étages inférieurs. D'autres radeaux, plus anciens encore et carbonisés par des influences thermales ou des émanations volcaniques, forment les bancs de lignite qu'on remarque en amont de Schreveport, et surtout aux environs des Natchitoches, au Petit et au Grand *Ecors,* au lac Campté et au Lac Espagnol.

Des bois pétrifiés, d'autres débris organiques silicifiés et ramassés sur les hauteurs des Natchitoches, aussi bien que les sources minérales des environs, attestent également les forces hydro-thermales qui ont dû concourir à la formation particulière de ces terrains. Quant aux changements tout modernes survenus dans les conditions générales de la Rivière Rouge, ils nous reportent, des causes actuelles, à celles qui durent présider à la formation de son bassin inférieur. Or, la question est ici de savoir si ces causes suffisent à expliquer les alternances des anciennes couches, superposées dans le puits artésien de M. Phanor Prudhomme, ou s'il faut y voir l'action des agents qu'on est convenu d'appeler *diluviens.*

Remarquons, comme exemple à ce propos, l'action des fortes pluies, ravinant les terres mises nouvellement en culture ou de formation récente. Quand ces terres sont sablonneuses, l'érosion en est d'autant plus rapide, sillonnées qu'elles sont en tous sens, et laissant entre chaque sillon des crêtes dentelées, excavées, et déchiquetées de la façon la plus capricieuse. Viennent ensuite les fortes sècheresses, si propres à crevasser et fissurer les terrains argileux, et le sous-sol d'argile qui supportait les sables, s'ouvrant à son tour, n'attend plus que de nouvelles pluies pour leur faciliter de plus profondes dégradations. Les premiers sillons deviennent alors des fossés, puis des ravines, lesquelles se transforment en lits torrentueux et en gigantesques excavations, capables parfois de changer le cours primitif des fleuves. Des contrées prennent ainsi en peu d'années une physionomie nouvelle : témoin le bassin de la Rivière Rouge, où pareilles transformations s'opèrent fréquemment par le simple effet des pluies.

C'est de ces phénomènes, auxquels nous sommes tous familiarisés, qu'il faudra remonter à la période diluvienne, pour en mieux comprendre les résultats. Nous ne serons plus alors surpris que les eaux d'inondation aient labouré en tous sens les strates des terrains tertiaires, et creusé des vallées ou formé des battures qui étaient à celles de la Rivière Rouge et du Mississipi actuels, ce que ces fleuves sont eux-mêmes à l'Océan primitif et aux marées, qui mêlèrent et jetèrent à la surface du globe tous les détritus des formations antérieures.

Le rôle providentiel du diluvium semble avoir été de créer, par ce mélange universel, la terre productive et habitable pour l'espèce humaine, c'est-à-dire le vrai sol végétal qui seul pouvait la nourrir. Eh bien ! les *écors* ou *bluffs* du Mississipi datent la plupart de cette même époque, et les sables de Wickburg, des Natchez et autres falaises du fleuve, ne furent la plupart que les *battures* de cette révolution maritime. Ce n'est guère qu'au point de vue pratique que nous avons à nous occuper en ce moment de ces formations; néanmoins leur témoignage, bien que limité à ce point de vue, ne saurait manquer d'avoir son intérêt.

APPENDICE E.

DES ÉCORS OU BLUFFS DU MISSISSIPI, ET DE CEUX DE LA RIVIÈRE ROUGE.

Importance des écors sur les rives du Mississipi et celles de la Rivière Rouge. — Ils en sont les points les plus abrités et les plus salubres. — Véritables positions stratégiques pour l'agriculture, le commerce et la navigation. — Les écors de la Rivière Rouge se distinguent par leurs argiles à lignite. — Trois sortes d'argile y représentent les systèmes de la Rivière Rouge, du massif de la Sabine et des monts Washita. — Importance du lignite pour cette région, où il servira également de combustible et d'engrais.

Nous savons déjà que les terrains tertiaires, limitant au nord les lacs Borgne, Pontchartrain et Maurepas, apparaissent dès Bâton-Rouge sur les bords du Mississipi, et qu'ils ne s'en éloignent par intervalles que pour y revenir. C'est ainsi qu'ils se montrent sur le fleuve, aux *écors* ou *bluffs* de *Port Hudson, Grand Goufre, Ellis' Cliffs, Natchez, Wicksburg, Memphis, Randolph.* Ces écors appartiennent la plupart à la période tertiaire moderne; ce qui les classe en dehors du présent travail. Aussi n'en parlons-nous ici qu'à titre de transition pour des études ultérieures.

Et d'abord, ces escarpements riverains, si fort appréciés des colons, le long des fleuves du Nouveau-Monde, le sont tout particulièrement sur le cours inférieur du Mississipi. La population, qui s'accroît rapidement sur ces bords, y recherche à l'envi les situations les plus stables et les plus salubres. Or, les écors, par leur élévation comme par leur ancienneté, réunissent le mieux ces conditions indispensables à des établissements nouveaux. Dominant les terres basses et trop souvent marécageuses qui les avoisinent, ils constituent de vraies citadelles, non-seulement contre les invasions du fleuve, mais aussi contre celles de la *malaria*. C'est donc là que des villes peuvent se fonder avec succès, et qu'en vue de leur fondation chacun voudrait y occuper la première place. En attendant ces cités à venir, qui bien souvent n'auront pas eu d'autre cause d'existence, le commerce, la navigation, l'agriculture se donnent un commun rendez-vous sur tous les emplacements riverains abrités des crues du fleuve. C'est ainsi que Wicksburg, Natchez ou Bâton-Rouge, ont dû leur fondation ou tout au moins leur importance aux écors sur lesquels on les a bâtis. Ajoutons que, par leur petit nombre, ces positions deviennent encore plus enviables. Leur géologie ne saurait donc être trop bien étudiée; et l'utilité ne s'en bornera pas à la Louisiane, car la vallée entière du Mississipi est intéressée à connaître ce genre de formations, où gisent bien des éléments agricoles et industriels dont elle recherchera plus tard l'emploi.

Le bassin de la Rivière Rouge a aussi ses écors, dont l'occupation remonte à l'origine même de la colonisation française : positions également enviées, dont le petit nombre accroît l'importance, et où les nouveaux habitants concentrent de leur côté les produits de l'agriculture et du commerce. La géologie pratique de ces écors mérite d'autant plus notre attention, qu'ils se distinguent de ceux du Mississipi par l'abondance des argiles à lignite. Par exemple, au Grand Écor des Natchitoches, on voit très-bien deux couches de lignite entre trois bancs d'argile. Le plus élevé de ceux-ci est d'argile rouge appartenant au système de la Rivière Rouge ; le second, d'argile pâle avec cailloux et silex dépendant du massif blanchâtre de la Sabine ; et le troisième ou l'inférieur, d'argile noirâtre se rattachant au système des monts Washita.

La position de Schreveport nous donne, à cet égard, le complément des notions recueillies au Grand Écor. C'est une colline parallèle au cours de la Rivière Rouge, formant à la fois promontoire et presqu'île, et s'unissant par son isthme au système des mamelons blancs de la Sabine. Les couches supérieures de cet isthme et de Schreveport appartiennent de nouveau au système rouge, tandis que la couche inférieure des failles appartient au système des sables pâles et à silex des mamelons voisins. Les argiles blanchâtres y dépendent également de ce dernier système, et ce qui en indique encore l'identité avec les argiles médiaires de la formation du Grand Écor, c'est que les unes et les autres renferment des paillettes de mica.

Quant aux argiles rouges de Schreveport, elles se distinguent par l'abondance de l'oxyde de fer, lequel se transforme en mâchefer dans la cuisson des briques. Ce même système rouge, qui dans les basses terres environnantes n'offre aucun caillou, en offre au contraire ici un grand nombre, presque tous noircis, siliceux et mêlés à du minerai d'oxyde de fer. La plupart des silex y sont, en outre, fracturés et brisés, comme s'ils venaient de l'être sur place par l'effet d'un coup de marteau, ou d'une chaleur soudaine qui les aurait fait éclater en les carbonisant d'un noir aussi foncé que brillant. Un tel état s'expliquerait par les pseudo-volcans ou éruptions gazeuses, dont la carte de Lafon nous a certifié l'existence sur le cours supérieur et voisin de la Sabine. Presque tous les autres cailloux sont d'un noir terreux qui tient de l'anthracite. En un mot, tout y porte l'indice d'un sol carbonisé, et le caractère s'en fait reconnaître bientôt au lignite qu'on trouve, à deux milles de là, dans une anse que je vis, en 1857, inondée par la crue du fleuve.

Au sud-ouest de cette anse, les collines appartiennent au système des sables pâles, dont les lacs de cette région sont environnés, soit au sud vers le Texas, soit au nord vers les gradins inférieurs des monts Washita. Ces collines abondent en minerai de fer, qu'on trouve aussi aux bords des lacs et le long des bayoux. C'est ce qui avait fait naître l'idée de l'exploiter, pour en retirer des fontes brutes et moulues, avec des fers bruts, laminés ou martelés; mais, au lieu de rencontrer le minerai par masses qui en rendraient l'extraction facile, on ne l'a vu jusqu'ici qu'à l'état d'extrême diffusion : ce qui a fait craindre des frais d'exploitation trop onéreux, et a suspendu les entreprises dirigées vers ce but utile. Tout cependant porte à croire qu'on reviendra plus tard à cette industrie des fontes. On n'en a recherché encore les éléments qu'à la superficie du sol ; mais rien ne fait désespérer d'en trouver en dessous de plus abondants et d'une qualité supérieure. Qu'on n'oublie pas non plus la facilité d'y avoir sur place les charbons de bois, autre condition indispensable pour obtenir les meilleures qualités de fer.

Puisque les argiles à lignite caractérisent les écors de la Rivière Rouge, c'est du lignite dont il faut nous occuper, en le considérant à la fois comme combustible et comme engrais. Le bassin inférieur de la Rivière Rouge est un des plus riches en dépôts de ce minerai, et si l'exploitation en a été négligée jusqu'à ce jour, c'est uniquement parce que l'attention des riches habitants, endormie dans une aisance traditionnelle, ne s'est encore tournée que vers l'agriculture. Le moment approche toutefois, où l'aiguillon du besoin chez les uns, l'ambition du mieux chez les autres, appelleront dans un intérêt commun les grandes entreprises du commerce et de l'industrie, et forceront les entrailles de la terre à rendre tous les trésors que la Providence y a déposés. C'est en vue de cet avenir que nous donnerons quelques indications à suivre, pour arriver à la connaissance des richesses souterraines, dont les vestiges apparaissent si nombreux à la surface du sol.

Dans un pays généralement dépourvu de chutes d'eau, et où les forces mécaniques devront être mues par la vapeur, l'industrie, quoique ayant aujourd'hui d'immenses forêts pour ses fourneaux, ne saurait tôt ou tard se développer sans le secours du combustible minéral. Or, ce combustible, bien qu'il n'y soit connu jusqu'à présent que sous forme de lignite, abonde dans la région centrale du bassin géologique qui nous occupe : je veux parler des *Natchitoches*, qui par-là même sembleraient destinées à devenir industrielles autant qu'agricoles, et à doubler ainsi leur importance.

Le lignite se montre d'abord en trois endroits, caractéristiques de la presqu'île où cette ville est appelée à fonder son avenir : d'abord, au Grand Écor, sur le flanc escarpé du fleuve ; puis, à dix milles des Natchitoches, sur le bayou Provençal, où le colonel de Roussi le croit de la meilleure qualité ; enfin, sous un écor du lac espagnol [1]. Ce qui ne laisse pas douter que la presqu'île entière ne repose sur des bancs de lignite. Ces bancs doivent, en outre, s'étendre sept ou huit milles au sud et en aval de la *Côte Joyeuse*, jusque chez M. Fanor

[1] Ce lignite se montre à des intervalles très-rapprochés, sur une longueur d'un mille environ, aux bords occidentaux de ce dernier lac, là où la côte présente un écor. La couche que j'y ai vue est à quelques mètres au-dessous de la superficie du sol, et offre une épaisseur de plus de 2 pieds, dans un terrain qui fait supposer d'autres couches inférieures.

Prudhomme, où des vestiges carbonifères ont été trouvés dans un puits artésien, à 300 pieds environ de profondeur.

Cette houille se trouve également à huit et dix milles des Natchitoches, et visible à basses eaux, sur les côtes à pinières formant la rive gauche de la Rivière Rouge, d'abord au Petit Écor, et ensuite au lac Campté. La couche de ce dernier lieu paraît la plus abondante et aussi d'excellente qualité, si j'en juge par les échantillons que j'en ai. A la différence de plusieurs lignites du même bassin, ceux-ci sont tout-à-fait exempts de sulfures de fer. L'exploitation en serait très-facile ; et, grâce à la rivière, le transport et la vente des produits seraient également lucratifs. Ces deux derniers emplacements à lignite sont jusqu'ici les seuls connus sur la rive gauche du fleuve.

D'après MM. Hyams frères, des Natchitoches, en remontant la Rivière Rouge, et toujours sous des côtes à pinières, le lignite est encore visible : 1° sur le *bayou Dolet,* entre le bayou Pierre et la route des Natchitoches à Schreveport; 2° plus en amont, sur le *bayou Pierre,* à la côte *Mac-Don;* 3° à trois milles de Schreveport, au pied de *Coster Bluff*, entre *Silver lake* et l'origine du bayou Pierre ; 4° enfin, je l'ai remarqué au-dessus de Schreveport, et on en trouve tout le long du fameux *Raft,* lequel s'étend à 60 et 80 milles au-dessus de cette place.

Comme nous venons de le remarquer, le lignite connu jusqu'à présent n'est visible que sur les côtes élevées et à pinières ; et comme c'est à leur seul exhaussement qu'il doit d'être apparent, on ne peut guère douter de sa présence et de son extension sous la plupart des basses terres environnantes. Si donc il n'a point encore été trouvé dans celles-ci, ce n'est point faute d'y exister, mais uniquement faute d'y avoir été cherché, comme le prouvent les indices carbonifères découverts en maints endroits.

Quoi qu'il advienne de son exploitation, dans l'extrême abondance de combustible dont on jouit encore en Louisiane, c'est surtout comme engrais que le lignite doit être considéré. A cet effet, il n'y a qu'à le prendre dans son état naturel, en ayant soin de l'excaver et l'exposer à l'air plusieurs mois avant d'en faire usage. L'action atmosphérique le réduit en petits morceaux cubiques, ou le désagrège si bien, qu'on peut l'employer aisément en cet état fragmentaire, qui est le plus convenable pour en faire un excellent amendement de terres. Huit ou dix charretées d'un pareil lignite, répandu et labouré légèrement dans le sol, suffiraient largement par acre, et son influence s'y ferait sentir durant six ou huit années. Même le lignite, dont les sulfures de fer feraient un mauvais combustible, pourrait servir à cet emploi [1].

[1] Tuomey, dans sa *Géologie de la Caroline du Sud*, a très-bien remarqué l'importance croissante du lignite :

« *Since a few year, the lignite has gained an importance ; it has been found out that it is not only a very good fuel, but that its ashes, as well as the lignite in its natural state, if*

Une autre réflexion concerne la découverte des meilleurs lignites. Leur facilité à devenir friables par l'action de l'air, nous indique déjà qu'il ne faut point les apprécier par leur couche d'affleurement. La qualité, consistante et exploitable, en est le plus souvent cachée. Pour la découvrir, il faudrait creuser, dans la couche visible, une tranchée de quelques mètres; et si la qualité s'améliorait, comme on aurait lieu d'espérer mieux encore par des fouilles nouvelles, il faudrait les continuer jusqu'à solution complète du problème.

N'oublions pas, enfin, que les argiles à lignite abondent dans le Texas et dans le massif des monts Washita, aussi bien que sur les bords de la Rivière Rouge. C'est ce qui nous conduira, des écors de cette dernière, aux formations plus anciennes dont nous aurons à nous occuper plus tard.

either pulverised or allowed to crumble to small fragments by exposure to the air & the operation of the rays of sun, make an excellent manure. In Europe the lignite is used extensively for fuel in stoves as well as furnaces, for blacksmith's shop and steam engine; & if free or nearly so from sulfuret of iron, it is good substitute for wood & coal.»

APPENDICE F.

DE L'EXPLOITATION DES TOURBES ET DE L'INTRODUCTION DU BUFFLE D'ITALIE DANS LES MARAIS DE LA LOUISIANE. — COMMENT Y UTILISER LA DOUBLE MÉTHODE HOLLANDAISE DE S'ÉTABLIR SUR LES RIVAGES MARITIMES.

En Louisiane, comme dans les régions basses de l'Égypte, de l'Italie et de la Hollande, on voit les îles flottantes se fixer, devenir bientôt prairies tremblantes, et, par l'accumulation des matières végétales fermentées sous l'eau, se changer en dépôts de tourbe, combustible des siècles à venir.

Ces îles, garnies d'abord de roseaux, de joncs, de plantes aquatiques et de mousses liées entre elles, sont assez mobiles et tout ensemble assez solides, pour que le vent les pousse çà et là sur les flots. Quand elles deviennent plus pesantes et plus étendues, ou bien lorsqu'elles tiennent au fond et aux rives des marais par de fortes racines, elles se fixent, mais oscillent sous la moindre pression et constituent les prairies tremblantes, terrains peu stables et dangereux, les uns à fouler du pied, les autres à recevoir des habitations. Cependant les plantes aquatiques, qui se propagent par marcottes, poussent de nouvelles racines et de nouvelles branches, qui multiplient et fortifient par la base cette forêt tremblante. Les détritus végétaux et terrestres y viennent à leur tour, s'accumulent par la partie supérieure, et y donnent naissance à une végétation luxuriante qui contribue à l'accroissement et à la solidité du plancher mobile et flottant.

Quand ces planchers s'alourdissent trop, ils coulent bas ou descendent dans les eaux qui les supportaient; et c'est là que la décomposition des herbes grasses forme, loin du contact de l'air, les diverses sortes de tourbes, dont la qualité dépend des éléments qui entrent dans leur composition, et qu'on emploie comme combustible après les avoir fait sécher.

La Louisiane doit savoir la richesse qu'elle possède en ce genre, et dont elle ne manquera pas d'user dans un avenir plus ou moins prochain. Déjà même, certaines régions sucrières, où le combustible renchérit, seront forcées d'y recourir, aussi bien qu'à l'emploi de la bagasse. La tourbe est donc un autre élément tenu en réserve pour chauffer un jour à bon marché; et elle sera d'autant plus précieuse aux planteurs, qu'ils la trouveront là où le bois à brûler ne saurait bien venir sur place. On ne s'est point encore avisé d'en faire du combustible; mais quand les forêts seront épuisées, nul doute que les populations Louisianaises ne soient forcées d'y recourir. Le besoin s'en fait de même sentir en Italie; et pour peu qu'on y détruise encore les dernières forêts survivantes, il faudra y suppléer, comme en Hollande, en cherchant sous terre un aliment au feu [1].

Cette analogie de situation avec l'Italie en rappelle une autre dont la Louisiane ferait, à peu de frais, un profit immense. Je veux parler de la naturalisation du buffle des Marais-Pontins, sur les bords du Mississipi et du golfe du Mexique. Le buffle, originaire de l'Inde et connu d'Aristote sous le nom de *bœuf d'Arachosie*, fit sa première apparition en Italie vers la fin du XVIe siècle. Son espèce s'y multiplia, et aujourd'hui les buffles paissent en troupeaux nombreux dans les maremmes romaines. Ils y sont d'une grande ressource pour le laitage, pour le charroi et même pour la boucherie, leur viande étant recherchée pour son bas prix par les classes laborieuses. Le buffle est un être presque amphibie par ses habitudes; il se plaît surtout dans les pâturages épais des terres humides, et rien ne serait plus facile que de le naturaliser dans les marais improductifs de la Basse-Louisiane. Les frais de cette introduction ne coûteraient guère que le prix d'achat et de transport de quelques couples de ces animaux, et les bénéfices qu'en retireraient les planteurs, avec la cherté actuelle des bêtes de trait, seraient une ressource aussi précieuse qu'inattendue. L'introduction du chameau au Texas est devenue un objet d'intérêt Fédéral. Celle que je propose, d'après l'expérience dont j'ai été témoin, ne me semble pas moins digne de fixer l'attention de la législature Louisianaise : elle doublerait et décuplerait peut-être la valeur des terres marécageuses appartenant en si grand nombre à l'État.

Ne laissons pas la question des marais, sans l'accompagner d'une considération complémentaire des précédentes. Nous avons déjà vu (p. 136-155) les deux systèmes d'endiguement et de colmatage, et l'appréciation dont ils ont été l'objet en Hollande. Il nous reste à parler d'un colmatage maritime usité dans les mêmes pays bas, et de l'expérience qui serait à en retirer pour la Louisiane.

La fécondité prodigieuse des marais maritimes de la Hollande explique d'abord fort bien comment les habitants sont tous avides de les posséder, et comment ils les ont souvent endigués pour les soumettre à la culture, tandis qu'ils laissaient, derrière ces marais, tant d'autres terrains incultes et livrés à un complet abandon. Ces marais endigués prirent à l'origine le nom général de *Polders*, et comme leur existence purement artificielle fut toujours exposée aux plus graves inconvénients, elle ne manqua pas de donner lieu aux mêmes débats sur les dessèchements, qui occupent aujourd'hui l'attention de la Louisiane. La question des digues et levées, qui protègent ces basses terres contre la mer ou

[1] L'Italie ne le cède en rien à la Hollande sur le rapport de la tourbe ni sur la manière de la préparer. Le savant Targioni Tozzetti cite à ce propos le remarquable traité des tourbes combustibles de *Carlo Patino*, avec ceux d'Antoine Zanon et du comte Fabio Asquino, sur les tourbes découvertes, au siècle dernier, dans le Frioul vénitien.

emprisonnent les fleuves et en rejettent les précieuses alluvions à l'Océan, a donc été discutée non-seulement de nos jours, mais aussi dès le dernier siècle, et par des savants du plus haut mérite.

Le célèbre De Luc en fit l'objet d'une de ses lettres à la reine d'Angleterre [1], et, bien qu'il fût étranger à la Hollande, ses observations n'en furent pas moins d'une exactitude remarquable. Il rendit d'ailleurs un notable service au public Européen, qu'il mit en éveil sur la grave question des atterrissements.

De Luc, citant donc les *Marsch* ou marais formés par les dépôts marins et fluviatiles, et les endiguements qui en faisaient des terres aisément cultivables, ajoute ces réflexions judicieuses : « L'Elbe a continué ses atterrissements depuis que ces marais sont enfermés de digues, et ils se sont même tellement accrus en quelques endroits, qu'ils égalent presque la largeur des anciens marais, et forment des établissements extrêmement prisés. Instruits par l'expérience, ceux qui ont pris possession de ces terrains naissants ne les ont point enfermés de digues; ils se sont contentés d'élever le sol, sur lequel ils ont établi leurs habitations, pour le mettre au-dessus du niveau des plus hautes eaux ; et ayant ainsi pourvu à leur sûreté, ils ont cultivé le terrain comme s'il était totalement à l'abri de l'inondation. De dix récoltes, ils en perdent une : c'est à quoi se réduit le danger, et ils regardent cette perte, comme les habitants des *marsch* renfermés regardent les frais d'établissement et d'entretien des digues; mais avec cette différence bien avantageuse, que le limon de l'*Elbe*, semblable à celui du *Nil*, engraisse les terres et en même temps les élève et les met à l'abri de toute inondation, excepté peut-être une fois tous les 50 ans, et enfin tous les siècles. Partout où l'on se trouve enfermé de digues, on regrette que les premiers cultivateurs n'aient pas procédé de cette manière : mais ils voulaient jouir plus tôt et jouir en paix; et il est sûr que ces premières possessions sont ou bien retardées ou accompagnées d'assez de trouble.

» Le mode d'occupation, auquel l'expérience a ramené les possesseurs de terrains nouveaux sur les bords de l'Elbe, rappelle entièrement celui usité en Égypte de temps immémorial, et il n'a rien de nouveau, non plus que sur les bords de la mer du Nord. Il y existe de temps immémorial, et c'est ainsi qu'on a exploité tous les *Pays Bas* durant une longue suite de siècles. On s'établissait premièrement au bord des prairies, couvertes quelquefois seulement par la mer ; et pour pouvoir habiter ces prairies elles-mêmes, on y élevait des monticules en terre, analogues aux *tumulus* et suffisants pour que des hommes et des troupeaux pussent s'y réfugier pendant les grandes marées. C'est ce qui se pratique encore dans le *Zuyderzée*, à l'île de *Marken*, où les habitants ont placé leurs maisons sur des monticules artificiels unis les uns aux autres par de petits ponts qui en assurent les communications, quand la mer est haute.

[1] Voir les Œuvres de De Luc : *Lettres physiques et morales sur l'histoire de la terre et de l'homme*, adressées à la reine d'Angleterre, T. V, p. 122. (10 septembre 1778.)

Dans tout le reste du temps, ils parcourent librement les espaces que la mer découvre. Ces espaces, suivant leur élévation, peuvent non-seulement servir de pâturage, mais aussi donner du foin : on le fauche et on l'enlève dans l'intervalle des marées. »

Cette pratique traditionnelle nous explique enfin comment les anciens *Bataves* tiraient parti de leur pays marécageux, avant l'introduction de la civilisation romaine. Les monticules qui existent encore, et où l'on a trouvé des ustensiles des temps barbares, ne laissent aucun doute à cet égard.

Nous comprenons à notre tour comment les Indiens de la Louisiane durent exploiter à leur façon les marais du Mississipi et les bords du golfe de Mexique; les Monts Indiens n'y étaient également que des lieux d'abri contre les tempêtes et les inondations, et les indigènes, n'ayant pas de bétail à sauvegarder, se contentaient d'y trouver un pied à terre. La civilisation romaine ayant donné des habitudes plus pastorales aux *Bataves,* ceux-ci agrandirent leurs *tumulus,* et en firent la base d'un système d'exploitation, propre aux terrains que la mer ne pouvait inonder que rarement. Sur les terres assez basses pour être fréquemment inondées, un pareil système eût été intolérable et partant impraticable; c'est alors que le besoin d'espace, le prix du sol, l'accroissement de la population, firent recourir au système des digues et aux moyens artificiels, dont les Romains avaient donné les premiers exemples.

Quant au littoral Louisianais, dont une grande portion est déjà abritée de la mer, on pourrait, en y bien dirigeant et utilisant les eaux limoneuses du Mississipi, contribuer à l'exhaussement de ce territoire, et l'abriter peu à peu des marées extraordinaires. On voit du moins comment les antécédents historiques, même ceux fournis par les temps barbares, jettent d'utiles lumières sur cette question. Les questions, dont la solution dépend avant tout de la nature et de la géographie, constituent la meilleure part de la géologie pratique, et il n'en est aucune de ce genre qui ne doive nous intéresser.

APPENDICE G.

DES PRÉCAUTIONS A PRENDRE POUR LES ÉTABLISSEMENTS NOUVEAUX, PARTICULIÈREMENT SUR LE SOL DES PINIÈRES. — DIVERS MOYENS D'AMENDER LES TERRAINS STÉRILES. — DES ESPÈCES NOUVELLES A Y NATURALISER, ET DE LA VITICULTURE EN LOUISIANE. — DU SOUFRAGE CONSIDÉRÉ COMME REMÈDE A LA MALADIE DE LA VIGNE ET A D'AUTRES FLÉAUX DU RÈGNE VÉGÉTAL. — NOTION D'UN INTÉRÊT MAJEUR POUR LES PLANTEURS AMÉRICAINS.

L'eau potable, cette première préoccupation de tout nouvel établissement, doit être spécialement recherchée en Louisiane, partout où le Mississipi n'est point là pour fournir la sienne. Les citernes n'y manquent sans doute jamais de l'eau de pluie; on sent néanmoins l'avantage d'utiliser d'abord les sources qu'on a sous la main. Les *glaizes* ou *licks*, qui abondent dans certaines régions des pinières, peuvent en altérer les bonnes qualités. D'autres fois, les sources, avant de surgir, ont traversé des fonds de lac et en ont entraîné des matières organiques, principe trop fréquent des fièvres intermittentes. C'est dans ce dernier cas surtout qu'il importerait de les purifier en les filtrant : ce qui se pratique, soit en prolongeant le cours d'eau à travers les sables ou graviers argileux qu'on peut avoir tout voisins, soit en lui donnant pour débouché un puits rempli de brisures de charbon de bois. La source s'y dépouillerait de ses matières organiques, et fournirait une boisson salubre.

Ces soins et d'autres semblables une fois donnés à la santé, il s'agit d'utiliser le sol et de le forcer à produire, s'il est rebelle. Or, trop souvent on le trouve frappé d'une stérilité complète, mais pourtant passagère et remédiable. C'est ce qui a lieu dans la majeure portion des terrains qui entourent et dominent l'ancien æstuaire du Mississipi. Ces terrains, tertiaires modernes ou quaternaires, ne sont guère composés que de sables blancs, pâles, jaunes ou rougeâtres. La plupart sont siliceux, d'autres argileux, calcaires ou magnésiens; et pour connaître le meilleur parti à tirer de chaque espèce, il faudrait d'abord les bien distinguer.

Ainsi, l'acide sulfurique versé sur ces sables donne-t-il du sulfate de magnésie, ces sables sont magnésiens. De l'acide carbonique donne-t-il avec effervescence du carbonate de chaux, ces sables sont calcaires; et s'il n'y a pas d'effervescence avec ce dernier acide ni avec le précédent, ce seront des sables siliceux ou argileux. On reconnaîtrait encore qu'ils sont argileux, en les empâtant avec de l'eau et les faisant cuire comme de la brique : si la brique se forme au feu, les sables étaient de l'argile provenant des détritus de roches primitives qui en contenaient. On voit donc par cet exemple que l'étude des roches ne sauroit rester étrangère au cultivateur, et qu'une des plus belles destinations de la géologie pratique est de venir en aide à l'économie agricole.

En attendant des expériences plus complètes à cet égard, on sait que les sables de la Louisiane sont à peine capables de porter une première récolte; aussi la stérilité en est-elle devenue proverbiale. La fécondation pourrait toutefois, selon la nature de ces terrains et selon le prix qu'y attachent les planteurs, s'opérer de diverses manières. La première serait d'y semer diverses plantes oléagineuses ou du lupin, pour les enfouir lorsqu'elles arriveraient en fleur, car c'est le moment où elles ont déjà pris à l'atmosphère tous les éléments qu'il peut leur fournir. Par deux ou trois cultures de ce genre, on créerait un sol végétal, et on donnerait au terrain primitif la fertilité qui lui manquait. C'est ce que j'ai vu faire avec succès, dans le fond desséché du lac de Harlem, sur la portion exclusivement formée de sables marins et siliceux.

Il ne serait pas plus difficile de rendre la fertilité aux sables argileux : il suffirait de les faire cuire [1]. Le carbone et l'oxygène leur communiqueraient la propriété qu'a la brique brisée, d'être employée comme engrais et avec un profit notable. Quant aux sables magnésiens, ils ne vaudraient nulle part le travail qu'on leur consacrerait, à moins d'y faire des semis de nouveaux pins, et d'y laisser pousser n'importe quelle végétation. Les pins à pignon, de France ou d'Italie, dont l'espèce est inconnue en Louisiane, pourraient s'y naturaliser avec double profit, et pour la récolte des fruits et pour l'exploitation du bois. L'introduction de cette nouvelle espèce n'intéresserait pas moins, ce me semble, le règne végétal en Louisiane, que celle du buffle des Marais-Pontins le règne animal.

La situation des pinières pourrait également s'améliorer sous bien d'autres rapports. A cet effet, je prends l'hypothèse d'un de mes amis, qui, voulant habiter un lieu d'une salubrité parfaite, choisit une résidence au-delà du lac Pontchartrain, ou bien le long du chemin de fer de la Nouvelle-Orléans à Jackson, dans l'État du Mississipi. Il y a là un parcours de cent milles et plus, où l'on peut à pleins poumons respirer l'harmonie des forêts, lire à plaisir les poësies de Lamartine ou de Longfellow, mais où il n'y a pas une récolte de maïs assurée, ni une seule denrée vitale qu'on puisse avec certitude obtenir du sol. Telle est la situation du nouveau-venu sur ces terrains, considérés par de trop bonnes raisons comme entièrement stériles, mais qui pourtant ne le sont guère plus que les pinières de la Virginie Orientale, qu'on a su rendre productives par des engrais naturels, entre autres par le marnage. Les Louisianais pourraient de même améliorer leurs pinières, par un intelligent emploi des marnes ou des argiles qui abondent en mille endroits, soit sur les bluffs riverains, soit dans les coulées des hautes terres d'alentour. Ils le pourraient plus facilement encore avec du sel, s'ils l'avaient à bon marché, et à son

[1] Tuomey, dans sa *Géologie de la Caroline du Sud*, donne les principaux détails de cette cuisson des sables. On fait aussi brûler les terres épuisées, en y utilisant les mauvaises herbes comme combustible.

défaut avec des terres salées, nommées *glaizes* par les anciens Créoles et *licks* par les Américains. Ces *glaizes* ou ces *licks* abondent dans les bassins de la Rivière-Rouge et du Washita, et aussi, dit-on, dans les prairies du Calcassieu et de la Sabine. Or, le transport de ces argiles salées sur les sables voisins y ferait sans trop de frais un mélange des plus fertiles [1].

De vastes terrains sableux se trouvent aussi en France, qu'ils traversent par le milieu depuis le cap du Finistère jusqu'à la Savoie. Ils y forment presque un cinquième du territoire, et ce qu'on appelle la *région des Landes et des Ajoncs*. Cette région manque surtout, comme en Louisiane, de l'élément salin et calcaire. Or, partout où il a été possible d'employer largement la chaux ou le sel comme amendement, le sol s'est transformé à vue d'œil, les prairies artificielles se sont étendues, et avec les engrais provenant de la multiplication du bétail, le froment s'est substitué au seigle. C'est ce qui s'est fait en Vendée, dans l'Anjou et le Poitou, où les chemins de fer, par leur transport économique, soit des combustibles, soit de la chaux elle-même, facilitent de plus en plus l'emploi du chaulage. La Louisiane n'a pas encore ces moyens de transport; mais elle en a de bien préférables : ce sont les voies fluviales dont la nature l'a si bien pourvue. Il ne lui manque qu'une abondance de pierres à chaux, qu'il serait pourtant aisé de trouver dans les monts Washita, et aussi sur le prolongement du chemin de fer des Opelousas, où cette voie ferrée contribuerait pour sa part à la révolution agricole qui nous occupe.

En résumé, le *chaulage*, le *marnage* et l'*argilage* des terrains sableux étendront la culture de la Louisiane, et la porteront des terres basses et alluviales où elle est encore limitée, aux terres à pinières et à prairies qui forment une part si considérable de l'État. Le marnage et l'argilage pourront surtout se généraliser de plus en plus, particulièrement dans le voisinage des écors, dont les argiles sont la plupart calcarifères et constituent des marnes de première qualité.

Un autre moyen d'accroître la valeur des pinières, dans les lieux où un sous-sol argileux peut être atteint, serait d'y creuser de larges fossés parallèles, et d'en relever l'entre-deux avec les déblais des excavations. Le fond des fossés fournirait l'argile, correctif indispensable des éléments trop siliceux de la surface. L'écoulement latéral des eaux infiltrées les empêche aussi de rester stagnantes, et devient une circonstance des plus propices à la végétation. C'est alors qu'un sol, incapable de produire d'autres essences que des pins, deviendrait, par la variété des éléments du sol, propre à la culture de nouvelles espèces d'arbres. Que dis-je? la vigne pourrait très-bien y être alors cultivée, à l'exemple de celles qui ont si bien réussi sur les dunes de la Gascogne. Ce qui

[1] Je ne reviendrai point ici sur l'emploi du sel en agriculture, particulièrement dans les terres à coton. Les articles que j'ai publiés à ce sujet m'ont valu les plus honorables encouragements de la législature de la Géorgie, et m'ont conduit à faire l'ouvrage dont le sommaire se trouve dans le dernier appendice, et que je compte très-prochainement publier en anglais.

semblerait aussi plus favorable à la viticulture dans les sables de nos pinières, c'est la production spontanée de plusieurs espèces de raisin, que leur état sauvage n'empêche point d'être bonnes, et que des soins spéciaux amélioreraient infailliblement. Les *vins de sable* du Cap-Breton ont acquis en France une renommée, qui pourrait bien un jour trouver son émule en Louisiane; les sables qui les produisent sont presque entièrement composés de quartz hyalin, absolument mobiles et rappelant la plupart des terrains à pinières des bords de la Rivière-Rouge et du Missisipi. « Les ceps sont enterrés dans ce sable et les grappes y sont couchées à la surface, qui, réchauffée par le soleil, les mûrit avec rapidité. Lorsque le vallon, où ces vignes sont plantées, commence à s'emplir de sable par l'effet du vent et la marche des dunes, on enlève les ceps, on les transporte dans un autre vallon mieux disposé [1]. »

Inutile d'ajouter que pareils déplacements ne seraient aucunement à craindre en Louisiane. La culture et le choix des ceps devraient d'ailleurs s'y approprier au climat; et quelles que fussent les difficultés de cette entreprise, elles ne seraient pas supérieures à celles qui ont été si bien résolues dans les sables du Cap-Breton.

La viticulture, dont nous venons de parler, dotera sûrement la Louisiane, sinon d'un vin de première qualité, du moins d'excellents et abondants raisins de table. C'est en vue de cet avenir qu'il faut signaler aussi le mal qui pourrait le compromettre, c'est-à-dire la maladie qui, après avoir ravagé la vigne dans l'ancien monde, semble devoir la poursuivre jusque dans le nouveau. Les îles fortunées, Madère surtout, ne lui ont point échappé; et rien probablement ne l'empêchera de traverser l'Atlantique, si ce n'est déjà fait; car la maladie qui a tué tant de superbes cocotiers aux Antilles et à Key-West, pourrait très-bien n'être qu'une autre forme du même fléau. Il faut donc être prêt, s'il vient jamais en Louisiane, à l'en expulser, comme on fait en France, partout où il renouvelle sa funeste apparition.

Ce fléau, qu'on pourrait appeler un *choléra végétal,* et qui, en frappant la vigne, a menacé de détruire une des plus grandes cultures du monde civilisé, est d'origine cryptogamique. C'est l'*oïdium,* champignon microscopique, qui attaque non-seulement la vigne, mais aussi d'autres plantes, et pourrait bien par conséquent nuire un jour au coton ou à d'autres espèces d'un intérêt majeur pour les États-Unis.

Ce cryptogame fut d'abord observé dans une serre chaude britannique, appartenant à M. Tucker : d'où le nom *oïdium Tuckeri,* dérivé de son premier observateur. Qu'il soit ensuite sorti d'Angleterre ou venu d'ailleurs sur le continent Européen, peu importe; l'essentiel est que la France, plus intéressée qu'aucun autre pays à guérir ce mal, y réussit complètement chaque année; car chaque année l'*oïdium* reparaît dans une multitude de vignobles, où il

[1] *Voyage botanique et agronomique dans les départements du Sud-Ouest*, par M. de Candolle.

s'attache indifféremment au cep, à la feuille, à la fleur ou au fruit. De là, nécessité fréquente d'y appliquer plusieurs fois le même remède. Ce remède, efficace et même infaillible, est la fleur de soufre, dont l'emploi s'est généralisé par le bon marché et la facilité du transport.

Ce soufre en poudre doit être répandu sur la plante, afin que l'action du soleil le vaporise : condition indispensable pour qu'il tue l'*oïdium*, soit à sa naissance, soit à tout autre degré de développement. Or, non-seulement il détruit ce cryptogame, mais il donne une nouvelle vigueur à la plante, et en chasse aussi les insectes qui viendraient la ronger ou y déposer leurs œufs. Par ce dernier effet de la vapeur sulfureuse, et n'en eût-elle pas d'autre, on comprend déjà que l'emploi du soufre ne saurait rester étranger à l'économie agricole. Son action y est à la fois préventive et curative, et elle ne se limite point à la vigne. Elle convient également aux arbres fruitiers, dont elle active la sève ; elle en accroît enfin la production, de manière à rétribuer largement la précaution du soufrage.

Ce remède, éprouvé en mille vignobles et vergers du midi de la France, ne pourrait faillir dans son application en Amérique, particulièrement dans les États du sud, où les conditions de son succès sont parfaitement assurées. Une fois, en effet, la fleur de soufre répandue sur les plantes, il lui faut, pour s'y volatiliser et devenir efficace contre l'*oïdium*, une chaleur solaire d'environ 20° centigrades ou 73° Farhenheit : cette condition essentielle ne lui fera sûrement pas défaut en Louisiane. Pour le meilleur emploi du soufre et pour en activer l'action, il faut, en outre, un temps sec, un soleil brillant, un vent léger qui aide à la dispersion des vapeurs sulfureuses. Ces autres conditions, qui complètent et régularisent l'efficacité du remède, se trouveront également réunies en Louisiane, pour le moins autant que dans le midi de la France. L'application du soufrage y sera donc une sauvegarde de plus pour l'agriculture.

Ce n'est point tout ; car ce qui profite si bien aux plantes, comment, s'il est bien appliqué, ne profiterait-il pas également aux animaux et à l'espèce humaine ? Si les fièvres et autres épidémies sont d'origine cryptogamique, comme l'ont cru d'illustres médecins [1], il semble donc que le soufre ne devrait pas avoir moins d'efficacité contre elles que contre l'*oïdium*. Le mode et la mesure de cette intervention restent sans doute à découvrir. Néanmoins, il est heureux de savoir que le remède végétal guérira peut-être également certaines maladies humaines. C'est à cette fin que les effets du soufrage sur la santé et la vigueur des plantes sont également dignes de l'attention des médecins et de celles des planteurs.

[1] Voir *On the Cryptogamous Origin of Malarious and Epidemic Fevers*. By J. K. Mitchell, A. M., M. D., Professor of Pratical Medicine in the Jefferson Medical College of Philadelphia. — Philad. Lea and Blanchard, 1849.

APPENDICE H.

DES MODIFICATIONS INTRODUITES DANS LE SOL DE LA LOUISIANE PAR LES CAUSES ACTUELLES. — ANCIEN ET NOUVEAU RÉGIME DU MISSISSIPI.

Éléments complexes de cette question. — Premiers effets de la colonisation sur l'ancien régime du fleuve. — Les progrès agricoles en rendent les débordements plus soudains et plus boueux. — Raccourcis et modifications des rives. — Exhaussement du sol provenant des eaux motrices des scieries, et de l'irrigation des jardins. — Exemple pris du sol de la Nouvelle-Orléans en 1719, 1722, 1758, 1811. — Formation de la zone actuelle des plantations sucrières. — Continuation irrégulière des mêmes atterrissements. — Comment l'art devrait les diriger. — Applications suggérées à l'hydraulique et à l'économie agricole. — Les rizières de la Pointe-à-la-Hache signalent une nouvelle source de richesses pour la Louisiane. — Fonctions géologiques de leur culture sur le cours principal du Missisipi et sur les bayous.

L'hydrologie du Missisipi resterait trop incomplète, surtout au point de vue pratique, sans la connaissance exacte du régime de ce fleuve. Ce régime n'a pas toujours été le même, et il importe de le bien étudier dans son état présent. Inutile ici d'ajouter qu'il n'est point question de ses lois, lesquelles ne changent point de nature, mais seulement des circonstances qui en ont fait varier les effets. L'histoire de la colonisation nous en a déjà montré les conditions anciennes. Le Missisipi, entièrement livré à lui-même, dominait alors le sol inférieur de la Louisiane, débordant à plaisir sur les rives qu'il n'avait point encore suffisamment exhaussées, et que rien ne mettait à l'abri de ses inondations. Quant à son bassin supérieur, les forêts, les arbustes et broussailles de la nature primitive en protégeaient les terres-vierges, contre les pluies torrentielles et l'irruption des eaux provenant de la fonte des neiges. Ces eaux, arrêtées par les mille obstacles d'une végétation sauvage, avaient alors le temps d'être partiellement absorbées par le sol, et comme le reste ne pouvait s'en écouler que lentement, la moyenne des inondations s'en trouvait amoindrie ; ce qui régularisait d'autant l'ancien régime du fleuve.

Ce régime normal et naturel a changé peu à peu avec les progrès de la colonisation ; et, comme on l'a remarqué depuis long-temps pour les fleuves de l'Europe, ceux des États-Unis d'Amérique sont, à leur tour, devenus aussi redoutables que capricieux. Cette transformation a été le résultat inévitable des progrès de la culture ; et, quoi qu'on dise ou qu'on fasse, il ne pourra qu'empirer, à mesure que les pentes escarpées se déboisent de toutes parts, et que les tranchées d'écoulement s'ouvrent pour faciliter et accélérer la disparition des eaux surabondantes. Les forêts éclaircies, les marais et les étangs entr'ouverts, les couches arables dénudées, tout ce qui retenait autrefois les eaux de pluie, les dégorge maintenant au fond des vallées, et, en les rejetant par masses concentrées dans les rivières et les fleuves, fait parfois qu'un simple orage suffit à produire une redoutable inondation. Ainsi, bon gré mal gré, la colonisation d'en-haut tend à inonder celle d'en-bas; et c'est la culture et le déboisement des rives supérieures du Missisipi, qui en menacent de plus en plus les rives inférieures. Qu'on juge par là du régime tout récent du fleuve et des graves questions qui s'y rattachent.

Ces questions sont d'ailleurs d'autant plus délicates qu'on y rencontre des données contradictoires. Ainsi, les progrès de la culture et le défrichement des forêts, en facilitant l'évaporation et rendant le sol et le climat plus secs, devront réduire la quantité des pluies; d'où il résulterait que les inondations deviendraient moins fréquentes, ce qui serait certes un grand bien. Mais voici le mal qui l'accompagne : ce sont les écoulements artificiels multipliés de tous côtés, accélérant l'accumulation des eaux pluviales, et rendant les débordements d'autant plus funestes qu'ils seront plus soudains. Les déboisements et le besoin incessant de combustible diminueront, à leur tour, les bois de dérive. Les forêts flottantes ne sont déjà plus qu'un souvenir sur le Missisipi, et leurs épaves ne tarderont pas à s'y montrer aussi rares qu'elles le sont déjà sur l'Hudson ou le Potomack. Les pluies y entraîneront, au contraire, du haut des terres défrichées, des masses d'alluvions infiniment plus considérables, et la question des atterrissements se compliquera en proportion.

On voit dès-lors comment le nouveau régime du Missisipi devient un problème des plus complexes. Le sujet n'en mérite donc que mieux d'être éclairci, et c'est pour en montrer les divers aspects que nous le prenons à son origine.

En mars 1699, quand la Louisiane commençait à devenir colonie française [1], Iberville trouva, en remontant le Missisipi au-dessus de Bâton-Rouge, que le fleuve, par un détour d'une douzaine de lieues, formait une presqu'île facile à traverser par son isthme : c'est ce qu'il entreprit aussitôt, en faisant couper les arbres et traîner directement ses pirogues de l'autre côté. Qu'en résulta-t-il peu d'années après? Un cours tout nouveau du grand fleuve nommé *le raccourci de Pointe coupée*, tandis que l'ancien cours n'est plus qu'un bras mort atterri déjà par un bout et prêt à l'être de l'autre : ce qui en fera tôt ou tard un lac à forme de croissant, comme il y en a tant d'autres de même origine dans la vallée du Missisipi [2].

[1] Voir le *Journal historique concernant l'établissement des Français à la Louisiane* : Manuscrit conservé à la bibliothèque de l'État, à Bâton-Rouge.

[2] Une observation d'hydraulique naturelle se présente ici avec à-propos :

L'eau, dès qu'elle trouve un écoulement sur les terres d'alluvion, les coupe et les emporte comme la scie coupe le bois et en emporte les débris, soit par les deux extrémités de la rainure, soit en les jetant sur les deux côtés. Ainsi fait la marée avec les terres vaseuses, et j'en eus un exemple

Sous l'ancien régime du fleuve, et dès la fondation de la Nouvelle-Orléans, les jardins et les rizières, étant les principales cultures de la Louisiane, y remplirent des fonctions géologiques beaucoup trop oubliées. L'époque de leur irrigation coïncidait avec les crues de mars, avril, mai et juin, période des eaux les plus troubles; aussi les sédiments du fleuve ne manquaient-ils jamais alors d'exhausser les terrains arrosés. On a calculé, en moyenne, un exhaussement d'un à deux pouces par année : ce qui, à la longue, a transformé une multitude de bas-fonds en terres hautes. Celles-ci s'élevaient même tellement, que l'irrigation y devenant impraticable, la culture du riz y était abandonnée. On recourait alors à d'autres bas-fonds, qui s'exhaussaient par le même procédé d'atterrissement. Quant aux saignées qui avaient d'abord introduit l'eau des rizières, comme elles continuaient à la déverser à 30 et 40 arpents sur l'arrière des habitations, leurs fonctions sédimentaires n'y étaient point interrompues, et augmentaient chaque année l'étendue des zones riveraines.

Une autre industrie concourait au même résultat, tout en fournissant au commerce d'exportation une immense quantité de planches pour les constructions navales ou coloniales. A cet effet, des canaux d'irrigation utilisaient, jour et nuit, les crues du fleuve pour mettre en mouvement des scieries [1]; et l'eau trouble, après y avoir servi de moteur industriel, allait de nouveau exhausser les fonds marécageux. C'est par ce procédé et le précédent qu'a été formée la majeure portion des terres riveraines, actuellement occupées par les plantations de canne à sucre.

Mais quel a été le progrès de ces atterrissements latéraux ? Quelle en a été la marche, soit séculaire, soit annuelle ? Cette question n'est pas sans intérêt; et il est aisé d'y répondre, grâce aux cartes et rapports officiels, qui, en faisant connaître, à diverses époques, la zone de la Nouvelle-Orléans, permettent d'en calculer approximativement l'extension.

En 1719, cette cité naissante n'était qu'un emplacement à peine habitable durant les crues (*Pl. II*). Les îles ou quartiers des bourgeois étaient entourés d'eau pendant les trois mois de l'année où le fleuve débordait.

curieux, en 1844, à Venise, à propos d'un contrebandier que poursuivaient les douaniers autrichiens. Pour leur échapper, il s'élance sur un bas-fond inaccessible aux barques de ses ennemis, et y traînant sur la boue son léger canot, il y trace un sillon dont la marée profite à chaque flux et reflux ; aussitôt le sillon se creuse, et au bout d'une semaine, telle en était la profondeur, que nul n'aurait été assez hardi pour le traverser à pied, même à marée basse. Ce fut un petit *cut off*, comme les eaux du Missisipi nous en offrent de grands exemples.

[1] Le nombre de ces établissements a toujours été considérable. D'après la carte du Missisipi, relevée en 1731 par l'ingénieur Broutin, il y en avait trois sur la rive droite du fleuve, tout auprès de la Nouvelle-Orléans. Le moins rapproché en amont était le *Moulin à planches du Sr de Léry*, puis celui de l'*Habitation de la Chaise*, et le troisième sur l'*Habitation de la Compagnie*, ce dernier faisant face à la cité.

En 1720, Pauger, l'ingénieur du Roi, écrivait au sujet de la même ville : « Les maisons y sont placées sur le devant des rives, et ont, à l'arrière, du » terrain pour y faire un jardin, qui est ici la moitié de la vie. » Ce qui montrait assez clairement qu'au-delà des jardins, le sol n'était guère alors cultivable.

Plus tard, le *Terrier* de la ville n'indiquait, en plus d'un endroit, que 80 arpents entre le fleuve et le lac Pontchartrain ; et en 1758, « la Nouvelle-» Orléans, disait-on, est bâtie sur une langue de terre qui n'a qu'une lieue de » largeur » (3 milles). Or maintenant, c'est-à-dire depuis un siècle, c'est une zone près de deux fois plus large : ce qui atteste bien le progrès des atterrissements latéraux, et à raison de 1609 mètres par mille, les fixerait en moyenne à 48 mètres par année. Ce chiffre n'est d'ailleurs pas éloigné de l'empiètement actuel des cyprières sur le lac Ponchartrain, ni de l'extension qu'on est, de temps à autre, obligé d'y donner aux quais de débarquement.

A l'étendue de ces atterrissements, il faut joindre aussi leur profondeur, qui nous est certifiée par un témoin oculaire, quand on creusait, en 1811, le bassin Carondelet. C'était à 12 arpents du fleuve ; et à 11 pieds de profondeur, M. Joseph Nicolas (de Thibodeaux) reconnut un sol vierge, à la surface duquel les feuilles s'étaient si bien conservées, que l'on pouvait distinguer l'espèce d'arbre à laquelle elles appartenaient. « J'y trouvais, m'a-t-il » écrit, des poteries provençales, non indiennes ; des troncs de cyprès couchés » à terre et qui avaient été coupés visiblement avec des instruments acérés. Je » conclus de là que ce pouvait avoir été le commencement d'un établissement » français, peut-être de la Nouvelle-Orléans elle-même. » De sorte que, près de deux cents ans auraient suffi à produire cet exhaussement de *11 pieds*. Il y a certes loin de là aux quelques millimètres par siècle, attribués seulement à l'exhaussement du Caire, en Basse-Égypte.

Voici toutefois un document qui réduira quelque peu l'élévation que le sol de la Nouvelle-Orléans aurait reçue des alluvions naturelles du Mississipi. On y verra, d'un autre côté, une singulière manière d'exhausser les terrains dominés par ce fleuve. Je la recommande aux ingénieurs qui m'ont nié, deux années durant, la puissance de ses alluvions, si bien démontrée par l'irrigation des rizières, mais pourtant négligée jusqu'à ce jour, comme si l'on tenait à perpétuer l'exemple suivant, donné par le Conseil municipal de 1807 :

« *Ordinance of the city Council*[1]. — *On the repeated complaints of many citizens, that they are obliged to buy the earth necessary for building and filling up their yards and for constructing their banquettes, and that a gread number of them have not the means adequate to this disbursement, the city Council, considering that it is incumbent on them to bring some relief to the painful situation of the inhabitants of the city in this occurence,*

[1] Voir *Public Lands*, vol. II, p. 20 et 21.

» Resolve, *that, notwithstanding the work abready commenced by the corporation and momentaneous detriment by which the interest of the city and part of the commerce shall be affected, the Mayor is provisionally authorized to cause the earth from the batture opposite Fort Saint-Louis, to be delivered gratis to all proprietors of lots and houses, in town and the faubourg St Mary, who may be able to prove the indispensable necessity of this relief.*

» *Approved the 15th of 8[ber] 1807.*

» Charles TRUDEAU, *président*, James MATHER, *mayor*, *certified*, M. BOURGEOIS, *city clerk*. »

Pour mieux comprendre cet acte, il faut y joindre celui qui suit :

» Je soussigné, certifie que la portion de terre, en dehors de la levée, située entre le faubourg Sainte-Marie et le lieu où se placent les bâtiments, ladite partie faisant face au fort Saint-Louis communément appelé *batture* et possédée par la ville de la Nouvelle-Orléans, contient deux mille toises superficielles qui peuvent être creusées jusqu'à la profondeur de plus de quatre pieds, avant d'arriver au niveau des eaux basses; *que ladite portion augmente tous les ans par l'alluvion du fleuve, et que la terre qu'on peut en enlever dans le courant d'une année est remplacée par les dépôts du fleuve l'année suivante.*

» Je suis aussi d'opinion que cette partie de batture, avec celle de Bernard Marigny, aujourd'hui la propriété de la ville, ainsi que celle qui se trouve vis-à-vis le fort Saint-Charles, peuvent fournir une quantité de terre suffisante aux besoins présents de la ville.

» Nouvelle-Orléans, le 20 septembre 1808. » LAFON. »

On voit, par ces documents officiels, ce que peut faire un seul atterrissement latéral du Mississipi. On comprend de même, qu'au lieu d'enlever une batture à grand renfort de bras, de charriots et d'argent, il serait bien plus simple de charger le fleuve du transport de ses propres alluvions dans les bas-fonds à exhausser. L'irrigation des rizières est le rudiment des colmates que nous avons proposée à cette fin. On ne saurait donc trop encourager la culture, qui a déjà produit en petit les mêmes résultats, surtout quand d'autres intérêts de premier ordre se rattachent à son développement.

La culture du riz, qui, dès l'origine de la colonisation, fut une des premières introduites dans les colonies de l'Amérique du Nord, particulièrement dans la Louisiane, n'a conservé son importance primitive que dans la Caroline du Sud et la Géorgie. Par une expérience traditionnelle jointe à un but constant d'amélioration, ces deux États ont porté cette industrie agricole à une telle perfection, qu'ils en ont fait une science aussi admirable par la simplicité de ses procédés que par l'étendue de ses produits. Pour prix de tant d'efforts intelligents, ils ont conquis le monopole de la fourniture du riz en Amérique. Mais le conserveront-ils sans partage; et la Louisiane ne viendra-t-elle pas leur faire concurrence, ou plutôt leur demander sa part légitime dans l'extension d'une culture essentielle au bien-être des populations américaines, et on peut dire aussi de l'humanité?

Telle est la question, dont l'examen s'offre avec à-propos sur les rives du Mississipi, et qu'on ne pourrait, grâce à l'influence réfrigérante du fleuve, hésiter un seul instant à résoudre en faveur des planteurs de la Louisiane [1]. Ils n'auront point en effet à émigrer durant les fortes chaleurs, comme font les riziers de la Géorgie et de la Caroline. Ils pourront mieux utiliser aussi le travail blanc, qui n'y sera jamais mortel, ni même dangereux, pour qui prendra ses précautions. En un mot, le climat, les eaux et le sol concourent également à développer la culture qui a déjà fait la prospérité de la *Pointe à la Hache*, et qui rivaliserait en peu d'années avec les cultures grandioses de la canne à sucre et du coton.

Mais je reviens à mon point de départ, en rappelant une dernière conclusion pratique résultant du nouveau régime du fleuve : c'est l'accroissement de sa puissance sédimentaire. Or, une plus grande abondance d'alluvions est une richesse de plus pour le pays qui sait les utiliser. L'hydraulique et l'économie agricole peuvent en faire un égal emploi : la première, pour atterrir les bas-fonds, exhausser les terres riveraines et les fortifier contre les inondations; la seconde, pour engraisser les champs épuisés par la culture, ou bien les faire passer de la culture humide à la culture à sec. C'est ainsi que nous avons vu les anciens champs de riz transformés peu à peu en plantations de canne à sucre, et que les rizières de nos jours passent par la même transformation. D'immenses bas-fonds, pour décupler ainsi de valeur sur les bords du Mississipi et de ses bayous, n'attendent plus à leur tour que la production du riz; malheureusement, la Louisiane considère encore cette denrée vitale comme la moindre de ses richesses agricoles, et c'est contre cette erreur que nous ne saurions trop protester.

[1] Les éléments économiques de cette question se trouvent dans l'excellent recueil de M. de Bow : *Resources of the Southern & Western States*, vol. II, p. 419-27. — New-Orléans.

APPENDICE I.

DE LA PART QUI REVIENT A LA MER, DANS L'ATTERRISSEMENT DE L'ÆSTUAIRE DU MISSISSIPI, ET EN GÉNÉRAL DANS LA FORMATION DES DELTAS.

Le cordon littoral de la Louisiane, vu des bouches du Missisipi.— Distinction des alluvions fluviales et des alluvions maritimes dans sa formation. — Ces divers dépôts sont régis par les mêmes lois. — Leur alternance et leur superposition dans tout le delta, démontrées par le puits artésien de la Nouvelle-Orléans.— Lumières qui peuvent en résulter pour l'étude des formations anciennes.

Revenons aux bouches du Missississipi, au *Cap boueux* des Espagnols.

Ce cap est un point d'observation essentiel; car, de là regardant au nord, nous trouvons, vers la direction des *îles Chandeleurs,* la vraie limite sous-marine du delta, dont ces îles et leurs voisines ne sont que les sommets émergés. Regardant à l'ouest, nous y voyons de même l'*île Dernière* et les bas-fonds parallèles au rivage former de ce côté la seconde limite des terres en voie de formation. Or, sur les deux limites, nous pouvons observer également le rôle des alluvions fluviales et des alluvions maritimes, et nous faire une première idée de leurs rapports.

Des deux côtés, nous voyons d'abord les dépôts marins, que les atterrissements du fleuve n'ont pu encore recouvrir. C'est ainsi qu'à partir des rivages nord-est, ces dépôts, formés de sables blancs, caractérisent les *îles Chandeleurs* et l'*île au Breton.* Ils se cachent ensuite sous les dépôts actuels que le fleuve accumule à son embouchure; mais ils reparaissent bientôt au-delà, après la baie *Sébastien,* d'où ils suivent la côte vers l'ouest jusqu'au delta particulier du bayou Lafourche. Interrompus sur ce point par les atterrissements du bayou, ils se montrent de nouveau dès qu'ils l'ont dépassé; et on les remarque tantôt sur les îles, tantôt en des positions isolées appartenant à un même alignement sur la terre-ferme. Cet alignement se rattache au cordon littoral, qu'on n'aperçoit le plus souvent qu'à la base des æstuaires, mais qui n'en existent pas moins, cachées par les alluvions fluviales, sur des lignes parallèles et multiples, indiquant la marche millénaire des deltas. Ce qu'il importe le plus au sujet de leur atterrissement, c'est d'y éviter une confusion maintes fois commise, et de bien distinguer dans la formation du delta du Mississipi les dépôts du fleuve et ceux de la mer.

Or, ces derniers, tels que nous venons de les signaler d'après les capitaines et pilotes de la Balise, tels que je les ai vus d'ailleurs sur les bords des lacs Borgne et Pontchartrain, ne permettent pas de se méprendre sur leur nature ni sur leur importance. Les anciennes alluvions maritimes, sous le rapport de la composition et du mode sédimentaire, ressemblent sans doute en général à celles d'eau douce, et à défaut de fossiles pour déterminer les unes et les autres, on peut aisément les confondre. Mais il n'en est point de même des dépôts tout modernes, que leur fraîcheur rend nettement reconnaissables : témoin les dépôts qui nous occupent, et la dissemblance qui règne partout entre les sédiments du fleuve et ceux des fortes marées. Cette dissemblance étant frappante, incontestable, il s'agit d'étudier le rôle actuel des alluvions maritimes, pour en mieux comprendre l'importance dans la formation des anciens deltas.

Nous savons déjà, par l'exemple du Mississipi et de ses bayous, comment les fleuves limoneux exercent leur action atterrissante depuis leur source jusqu'à leur embouchure, et sur le littoral maritime aussi bien que sur leurs terres riveraines. Sur celles-ci se dépose d'abord tout ce que les eaux courantes tiennent difficilement en suspension, c'est-à-dire le gros et le menu gravier, ensuite le sable, enfin les particules impalpables, qui ne restent suspendues dans l'eau que tant qu'elles conservent quelque mouvement. Or, comme ce mouvement ne se trouve nulle part plus ralenti qu'au conflit des marées montantes, et cesse même entièrement durant les calmes qui séparent chaque marée de la suivante, il en résulte à ce même endroit le précipité de tout ce qui restait en suspension. C'est ainsi que les particules limoneuses se déposent toujours vers l'embouchure des cours d'eau, sur les portions du littoral où les calmes alternatifs se font sentir, et où l'action des marées neutralise davantage celle des courants d'eau douce. Telle est l'action des fleuves sur le comblement de leur æstuaire, sur la formation et le développement de leur delta.

Mais la mer vient, à son tour, jouer son rôle, et fournir sa part d'éléments à la formation des terres nouvelles. Tantôt, délayant les couches sédimentaires de son propre fond, elle en rejette au rivage les parties constituantes, qu'on remarque partout où les atterrissements d'eau douce sont inappréciables. Tantôt, reprenant les matériaux entraînés dans son sein, elle les décompose mécaniquement ou chimiquement, et, sous forme de gravier, de sable ou de limon, elle les rend au continent dont ils avaient fait partie. Chaque marée contribue à cette restitution, et c'est ainsi que les dépôts marins se font en sens inverse des dépôts fluviatiles. Inutile d'ajouter que les uns et les autres sont régis par les mêmes lois. Les sables de mer les plus grossiers s'arrêtent donc aux premiers obstacles qu'ils rencontrent vers les rivages, c'est-à-dire à la chaîne d'îles extérieures formant le cordon littoral; mais là ne s'arrêtent point toutes les alluvions maritimes. Grâce à l'agitation des eaux, les parties fines qui s'y trouvent en suspension ne se fixent point encore; elles sont entraînées plus loin vers l'intérieur des terres, et forment alors ces marais à surface argileuse qu'on rencontre à l'arrière de tous les rivages. Ces marais caractérisent également la face continentale des îles du littoral, comme on le remarque fort bien en Louisiane. De là, le contraste des deux côtés de ces îles: celui de la pleine mer toujours sablonneux, et celui de la terre-ferme mêlé d'argile et plus riche en sol végétal. D'ailleurs, les atterrissements des bayous voisins recouvrent légèrement ce rivage intérieur des îles, lesquelles semblent ainsi appartenir, moitié aux formations d'eau douce, moitié aux dépôts et relais des mers. Ces derniers apparaissent encore en maints endroits sur la terre-ferme, tantôt à découvert, tantôt sous une couche récente de terre végétale, tantôt enfin et à des profondeurs variables sous d'anciens dépôts formés d'argile ou de sable fluvial. Or, ce travail maritime, qu'on n'aperçoit bien que dans le voisinage du cordon littoral actuel, s'est reproduit à la formation de chaque cordon antérieur; de sorte qu'en remontant de l'un à l'autre, et de la base du grand æstuaire à celle des triangles plus petits qu'il renferme et qui ont marqué le progrès de son atterrissement, on arrive à voir partout l'action de la mer, et à la croire pour le moins égale à celle des eaux douces.

Ce qui n'est pas moins caractéristique des diverses couches dont se compose le delta, c'est leur alternance qui atteste la périodicité des phénomènes, d'où est résultée leur formation. Le percement du puits artésien de la Nouvelle-Orléans n'a laissé aucun doute à ce sujet. L'échelle des terrains traversés par la sonde y a montré une alternance à peu près constante de couches imperméables et de sables imbibés d'eau, les premières fluviales ou lacustres, et les autres maritimes. Ainsi, de 20 à 30 pieds de profondeur sous le sol végétal, ce fut une couche imperméable d'argile pareille aux dépôts actuels du Mississipi; mais à 42 pieds de profondeur, l'eau abondait dans un sable rempli de coquilles marines (*voy.* ci-dessus, p. 95). C'était là une ancienne plage atterrie, dont la profondeur actuelle correspond au lit du fleuve, et qui, par sa propre nature perméable, fonctionne à son égard comme un véritable puits absorbant.

Le tube ayant traversé cette couche de sables marins par l'effet de son propre poids, rencontra, à 56 pieds de profondeur, une nouvelle couche imperméable. Il fallut perforer celle-ci, et au-dessous se rencontrèrent des racines de cypres, qui attestaient une autre formation d'eau douce. Or, à 76 pieds, une seconde plage marine fut attestée par d'autres coquilles; et à 95 pieds, ce fut une couche d'argile sableuse, qui, d'après le Dr Bénédict, ressemblait, sous tous les rapports, aux dépôts du Mississipi. C'était donc une troisième formation d'eau douce. Bientôt après le tube descendit de son propre poids, tandis qu'on s'occupait à le débarrasser intérieurement. Il traversa un sable impalpable et aussi fin que l'émeri, jusqu'à 108 pieds, où il s'arrêta sur un quatrième banc d'argile. Cette couche alla durcissant de plus en plus jusqu'à 122 pieds, où le sondeur crut reconnaître un calcaire argileux, dont l'origine reste incertaine. Cependant, à 149 pieds, la sonde rencontra une autre formation marine, attestée par des coquilles, d'espèces encore vivantes, et qui ont été, comme les précédents, déterminés par M. Deshayes. Enfin, 5 pieds au-dessous, ce fut un tronc de cèdre en état parfait de conservation : *A log of cedar, sound et firm;* ce qui prouve une quatrième formation d'eau douce dans l'échelle que nous venons de descendre. Sans donc aller plus bas, il semble que l'alternance des couches marines et fluviales n'est pas moins bien démontrée que leur diverse origine. Or, dans l'alternance des couches, nous entrevoyons l'alternance des phénomènes qui les ont produites, et par suite le rôle important de la mer dans la formation de leur ensemble.

Par ce qui se passe maintenant, quand certaines des couches inférieures sont mises à jour, nous comprendrons peut-être mieux encore comment elles se sont parfois superposées.

Lorsqu'on creusait les fondements de l'écluse du canal Barataria (je cite ici le témoignage de M. Lavergne, président de la Compagnie), on arriva à la couche de sable vif qu'on trouve presque partout dans le sous-sol de la Nouvelle-Orléans. On y vit alors ce sable, qui s'élevait comme un liquide, ramener à sa surface des troncs de cypres auparavant enfoncés. Or, n'est-ce pas là un indice que la cyprière, ainsi submergée, s'était d'abord enfoncée comme font les navires naufragés sur des bancs sablonneux. A chaque mouvement des vagues, on voit leur carcasse s'engloutir peu à peu, comme si elle était aspirée par l'abyme ; et cela dure jusqu'à ce que, touchant à un fond solide, celui-ci la retienne et laisse seulement l'extrémité des mâts signaler le lieu de sa sépulture. C'est ainsi précisément qu'ont dû s'enfoncer bien des cyprières, et qu'avec les bois de dérive elles ont contribué à bâtir les assises supérieures du delta de la Louisiane.

Ce naufrage des cyprières, et celui de tant de radeaux qui ont de même coulé bas dans les sables marins du littoral, semblent un nouveau trait de lumière, pour l'intelligence des anciennes formations à caractères mixtes et difficiles à déterminer. Toute l'histoire du delta proclame, au surplus, le rôle que la mer a joué dans le progrès de ses atterrissements, à commencer par la plage où le Missisipi a creusé son cours, et dont la Nouvelle-Orléans n'est séparée que par une couche de 41 pieds d'épaisseur. Cette plage atteste la dernière marée millénaire qui fit dominer les eaux salées dans l'æstuaire du fleuve. Depuis lors, les eaux douces y ont repris leur empire et y bâtissent leur quatrième assise connue, dans l'ensemble du grand delta.

FIN.

TABLE DES MATIÈRES.

DEUXIÈME PARTIE.

TROISIÈME PARTIE.

Montpellier, imprimerie de J. MARTEL aîné.

EXPLICATION DES PLANCHES.

Ire Planche. — Cartes 1o de la découverte, 2o de la recherche, 3o de la reconnaissance des bouches du Mississipi. . . . . Pag. 17

IIe Planche. — 1o Relèvement hydrographique du golfe du Mexique, depuis les bouches du Mississipi jusqu'à la baie de Pensacola, en 1719 et 1720. 2o Delta du fleuve, jusqu'au bayou Plaquemine, en 1718. 3o Vue de la Nouvelle-Orléans, en 1719. . . . . Pag. 265

IIIe Planche. — Cartes de l'entrée du Mississipi, en 1722, 1724 et 1731. Pag. 266

IVe Planche. — 1o Coupe théorique des *Mud-lumps*, ou îles de boue. 2o *Mud-lump* provenant d'une source d'eau douce. 3o *Mud-lump* provenant d'une source salée. 4o *Mud-lump* rappelant le *cap boueux* des Espagnols.. Pag. 47

Ve Planche. — 1o Carte générale du bassin inférieur de la Rivière Rouge, à l'origine de la colonisation. 2o Carte particulière des Natchitodes, en 1722. Pag. 227

VIe Planche. — 1o Carte réduite des bouches du Mississipi, en 1851. 2o Carte des bouches Sud-Est, Nord-Est et Passe-à-Loutre, d'après la carte du capitaine Talcott, en 1839. 3o État des mêmes passes, d'après la reconnaissance du *Coast Survey*, en 1851. Pag. 267

PRINCIPAUX ERRATA.

Page xxx, à la note, au lieu de *ovar flowing*, lisez : *overflowing*

Page xxxii, lignes 14 et 18, *au lieu de* anénométrique et anénomètre, *lisez :* anémométrique et anémomètre

Page 20, ligne 7, *au lieu de* 1784, *lisez :* 1684

Page 27, ligne 12, *au lieu de* radeaux, dépôts sédimentaires, *lisez :* radeaux et dépôts sédimentaires

Page 91, ligne 21, *au lieu de* la plus grande partie, *lisez :* une grande partie

Id. ligne 22, *au lieu de* (environ 35 milles), *lisez :* (soit 35 kilomètres)

Page 96, ligne 2, *au lieu de* vu les lieux, *lisez :* vu les bouches du fleuve

Page 205, avant-dernière ligne, *au lieu de* le Père Hennepin, *lisez :* le Père Hennepin

Page 208, ligne 27, *au lieu de* M. de Beaulieu, *lisez :* M. de Beaujeu

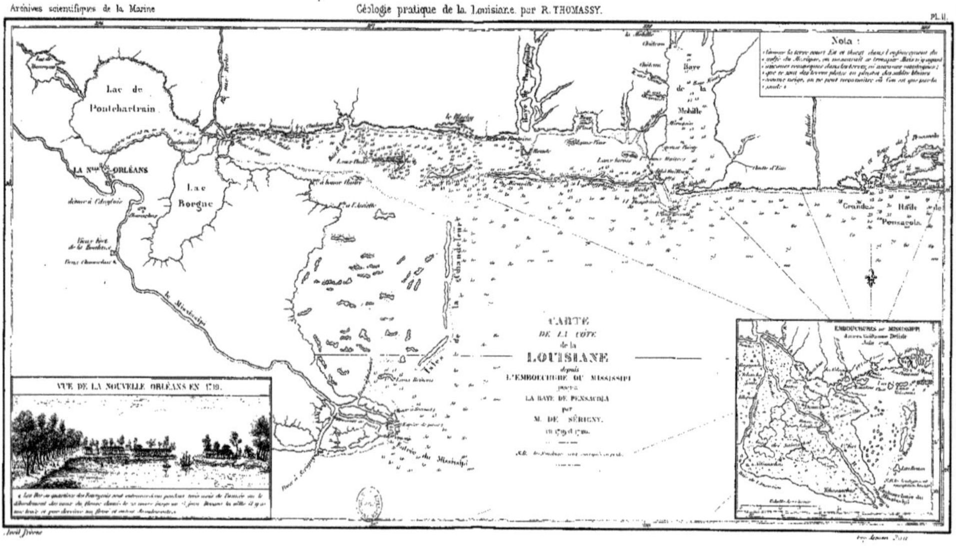

CARTE
DE LA CÔTE
de la
LOUISIANE
depuis
L'EMBOUCHURE DU MISSISSIPI
jusqu'à
LA BAYE DE PENSACOLA
par
M. DE SÉRIGNY,
en 1719 et 1720.

Nota :

Lac de Pontchartrain

LA Nlle ORLÉANS

Lac Borgne

Baye de la Mobille

Grande Rade de Pensacola

Isles de la Chandeleur

VUE DE LA NOUVELLE ORLÉANS EN 1719.

EMBOUCHURES DU MISSISSIPI

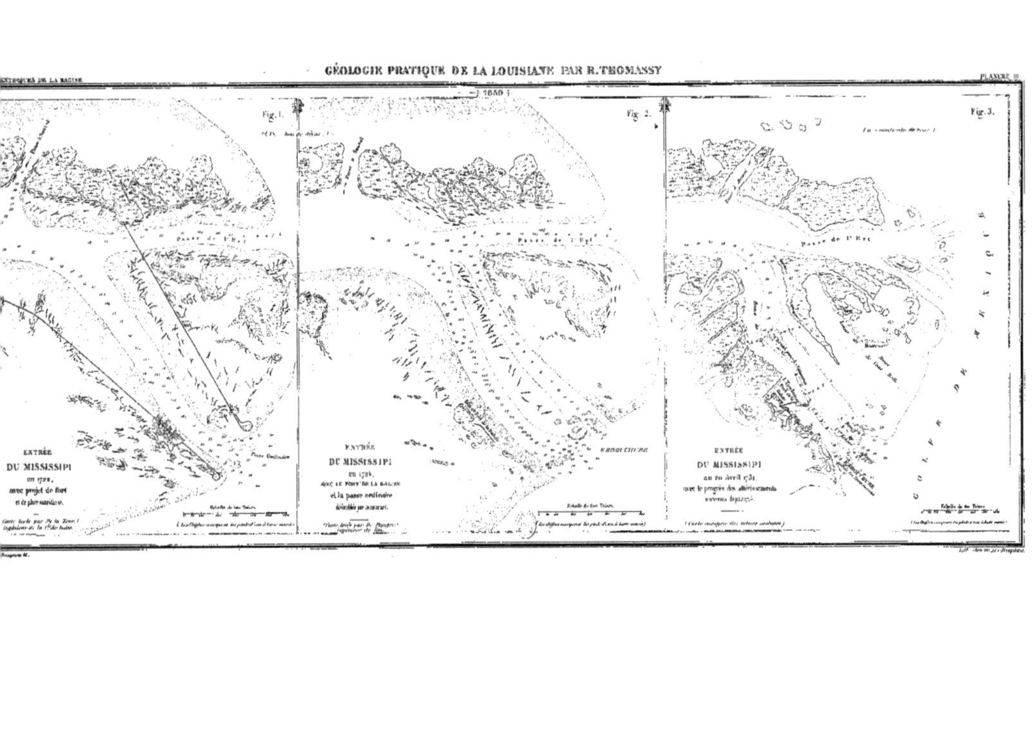
GÉOLOGIE PRATIQUE DE LA LOUISIANE PAR R. THOMASSY
PLANCHE III
1859
Fig. 1.
Fig. 2.
Fig. 3.
Passe de l'Est
ENTRÉE
DU MISSISSIPI
en 1722,
avec projet de fort
et de place maritime.
Passe Ordinaire
ENTRÉE
DU MISSISSIPI
en 1724,
et la passe ordinaire
EMBOUCHURE
ENTRÉE
DU MISSISSIPI
au 20 Avril 1731,
avec le progrès des atterrissements
GOLFE DU MEXIQUE
Echelle de 600 Toises.

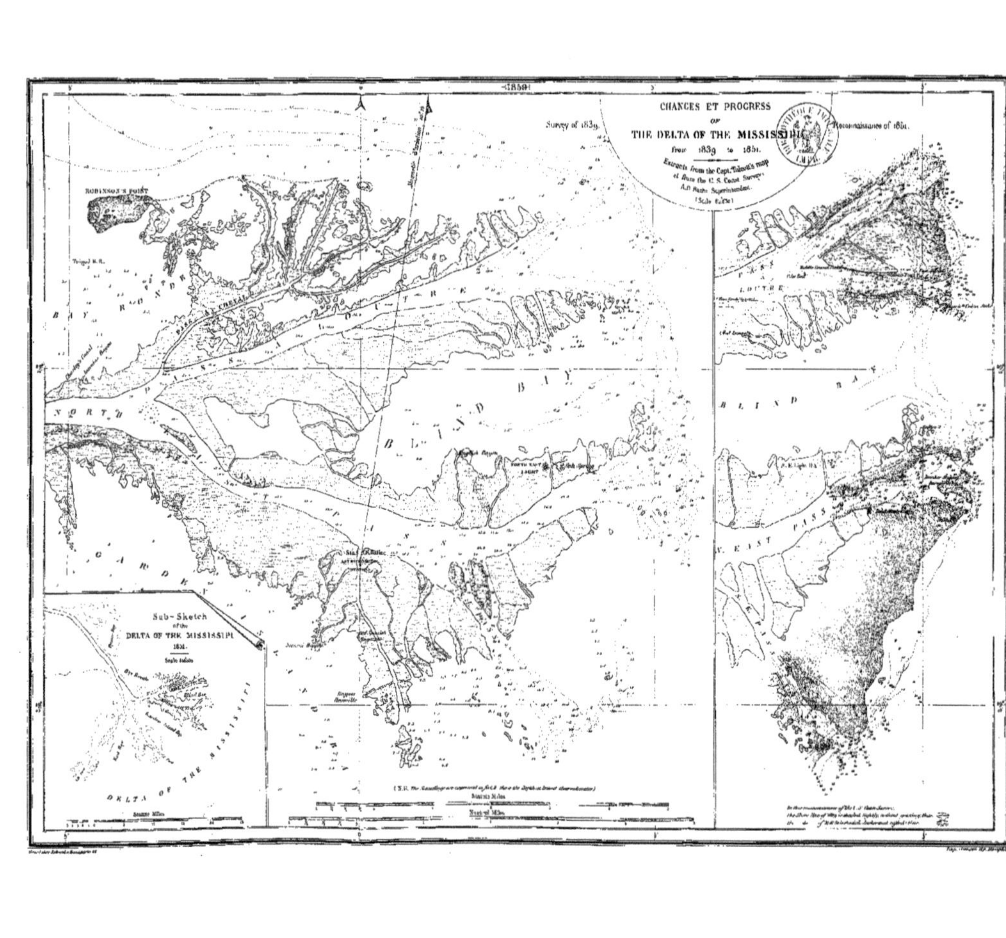
CHANGES ET PROGRESS
OF
THE DELTA OF THE MISSISSIPI
from 1839 to 1851.
Extracts from the Capt. Talcott's map et from the U. S. Coast Survey
A.D. Bache Superintendent.
Survey of 1839.
Reconnaissance of 1851.
ROBINSON'S POINT
BAY RONDE
NORTH
BLIND BAY
PASS A LOUTRE
BLIND BAY
N. EAST PASS
GARDEN ISLAND
Sub-Sketch
of the
DELTA OF THE MISSISSIPI
1851.
DELTA OF THE MISSISSIPI
Statute Miles
Nautical Miles

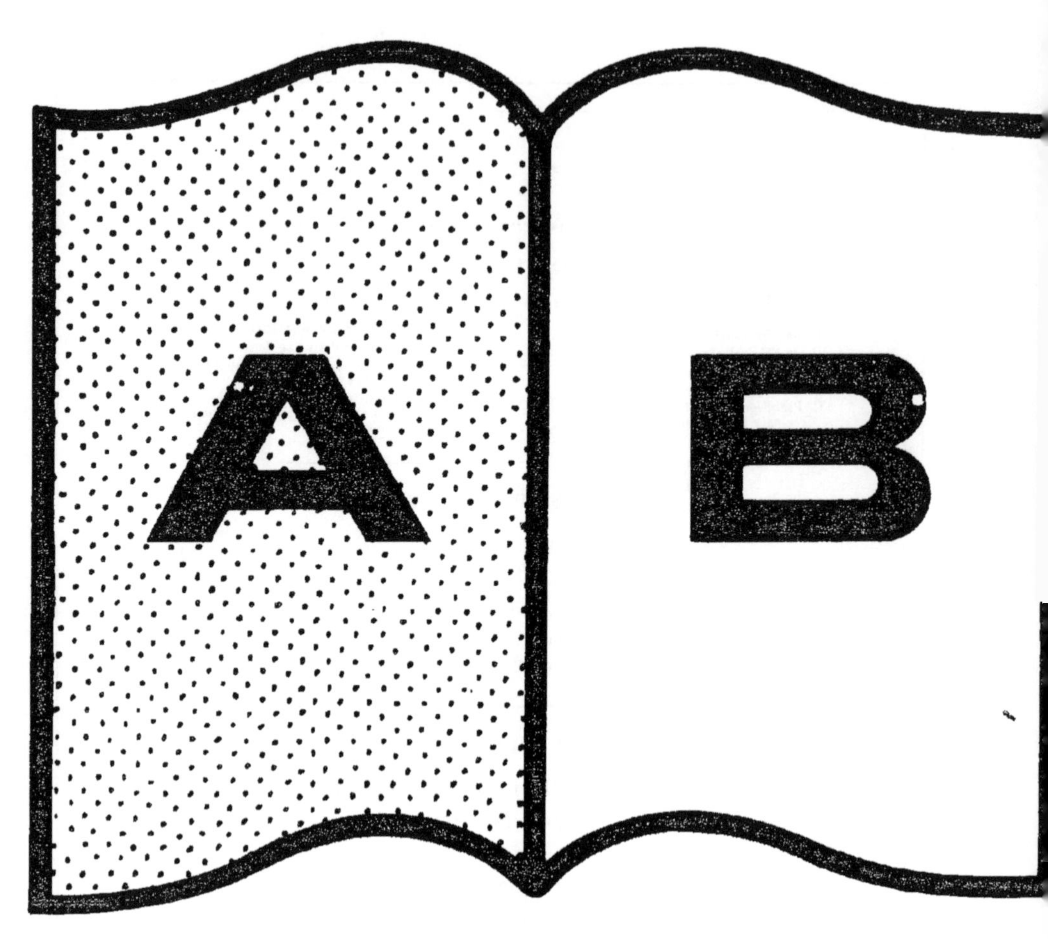

Contraste insuffisant

NF Z 43-120-14

www.ingramcontent.com/pod-product-compliance
Ingram Content Group UK Ltd.
Pitfield, Milton Keynes, MK11 3LW, UK
UKHW020429200726
13857UKWH00002B/349